EUCLID'S ELEMENTS IN GREEK

VOLUME I

BOOKS 1–4

The Greek text of J.L. Heiberg (1883)

from *Euclidis Elementa, edidit et Latine interpretatus est I.L. Heiberg, Uol. I, Libros I-IV continens, Lipsiae, in aedibus B.G. Teubneri, 1883*

with an accompanying English translation by

Richard Fitzpatrick

For Faith

Preface

Euclid's Elements is by far the most famous mathematical work of classical antiquity, and also has the distinction of being the world's oldest continuously used mathematical textbook. Little is known about the author, beyond the fact that he lived in Alexandria around 300 BCE. The main subject of this work is Geometry, which was something of an obsession for the Ancient Greeks. Most of the theorems appearing in Euclid's Elements were not discovered by Euclid himself, but were the work of earlier Greek mathematicians such as Pythagoras (and his school), Hippocrates of Chios, Theaetetus, and Eudoxus of Cnidos. However, Euclid is generally credited with arranging these theorems in a logical manner, so as to demonstrate (admittedly, not always with the rigour demanded by modern mathematics) that they necessarily follow from five simple axioms. Euclid is also credited with devising a number of particularly ingenious proofs of previously discovered theorems: *e.g.*, Theorem 48 in Book 1.

It is natural that anyone with a knowledge of Ancient Greek, combined with a general interest in Mathematics, would wish to read the Elements in its original form. It is therefore extremely surprizing that, whilst translations of this work into modern languages are easily available, the Greek text has been completely unobtainable (as a book) for many years.

This purpose of this publication is to make the definitive Greek text of Euclid's Elements—*i.e.*, that edited by J.L. Heiberg (1883-1888)—again available to the general public in book form. The Greek text is accompanied by my own English translation.

The aim of my translation is to be as literal as possible, whilst still (approximately) remaining within the bounds of idiomatic English. Text within square parenthesis (in both Greek and English) indicates material identified by Heiberg as being later interpolations to the original text (some particularly obvious or unhelpful interpolations are omitted altogether). Text within round parenthesis (in English) indicates material which is implied, but but not actually present, in the Greek text.

My thanks goes to Mariusz Wodzicki for advice regarding the typesetting of this work.

Richard Fitzpatrick; Austin, Texas; September, 2005.

References

Euclidus Opera Ominia, J.L. Heiberg & H. Menge (editors), Teubner (1883-1916).

Euclid in Greek, Book 1, T.L. Heath (translator), Cambridge (1920).

Euclid's Elements, T.L. Heath (translator), Dover (1956).

History of Greek Mathematics, T.L. Heath, Dover (1981).

ΣΤΟΙΧΕΙΩΝ α΄

ELEMENTS BOOK 1

Fundamentals of plane geometry involving straight-lines

ΣΤΟΙΧΕΙΩΝ α΄

Ὅροι

α΄ Σημεῖόν ἐστιν, οὗ μέρος οὐθέν.

β΄ Γραμμὴ δὲ μῆκος ἀπλατές.

γ΄ Γραμμῆς δὲ πέρατα σημεῖα.

δ΄ Εὐθεῖα γραμμή ἐστιν, ἥτις ἐξ ἴσου τοῖς ἐφ᾽ ἑαυτῆς σημείοις κεῖται.

ε΄ Ἐπιφάνεια δέ ἐστιν, ὃ μῆκος καὶ πλάτος μόνον ἔχει.

ϛ΄ Ἐπιφανείας δὲ πέρατα γραμμαί.

ζ΄ Ἐπίπεδος ἐπιφάνειά ἐστιν, ἥτις ἐξ ἴσου ταῖς ἐφ᾽ ἑαυτῆς εὐθείαις κεῖται.

η΄ Ἐπίπεδος δὲ γωνία ἐστὶν ἡ ἐν ἐπιπέδῳ δύο γραμμῶν ἁπτομένων ἀλλήλων καὶ μὴ ἐπ᾽ εὐθείας κειμένων πρὸς ἀλλήλας τῶν γραμμῶν κλίσις.

θ΄ Ὅταν δὲ αἱ περιέχουσαι τὴν γωνίαν γραμμαὶ εὐθεῖαι ὦσιν, εὐθύγραμμος καλεῖται ἡ γωνία.

ι΄ Ὅταν δὲ εὐθεῖα ἐπ᾽ εὐθεῖαν σταθεῖσα τὰς ἐφεξῆς γωνίας ἴσας ἀλλήλαις ποιῇ, ὀρθὴ ἑκατέρα τῶν ἴσων γωνιῶν ἐστι, καὶ ἡ ἐφεστηκυῖα εὐθεῖα κάθετος καλεῖται, ἐφ᾽ ἣν ἐφέστηκεν.

ια΄ Ἀμβλεῖα γωνία ἐστὶν ἡ μείζων ὀρθῆς.

ιβ΄ Ὀξεῖα δὲ ἡ ἐλάσσων ὀρθῆς.

ιγ΄ Ὅρος ἐστίν, ὅ τινός ἐστι πέρας.

ιδ΄ Σχῆμά ἐστι τὸ ὑπό τινος ἤ τινων ὅρων περιεχόμενον.

ιε΄ Κύκλος ἐστὶ σχῆμα ἐπίπεδον ὑπὸ μιᾶς γραμμῆς περιεχόμενον [ἣ καλεῖται περιφέρεια], πρὸς ἣν ἀφ᾽ ἑνὸς σημείου τῶν ἐντὸς τοῦ σχήματος κειμένων πᾶσαι αἱ προσπίπτουσαι εὐθεῖαι [πρὸς τὴν τοῦ κύκλου περιφέρειαν] ἴσαι ἀλλήλαις εἰσίν.

ιϛ΄ Κέντρον δὲ τοῦ κύκλου τὸ σημεῖον καλεῖται.

ιζ΄ Διάμετρος δὲ τοῦ κύκλου ἐστὶν εὐθεῖά τις διὰ τοῦ κέντρου ἠγμένη καὶ περατουμένη ἐφ᾽ ἑκάτερα τὰ μέρη ὑπὸ τῆς τοῦ κύκλου περιφερείας, ἥτις καὶ δίχα τέμνει τὸν κύκλον.

ιη΄ Ἡμικύκλιον δέ ἐστι τὸ περιεχόμενον σχῆμα ὑπό τε τῆς διαμέτρου καὶ τῆς ἀπολαμβανομένης ὑπ᾽ αὐτῆς περιφερείας. κέντρον δὲ τοῦ ἡμικυκλίου τὸ αὐτό, ὃ καὶ τοῦ κύκλου ἐστίν.

ιθ΄ Σχήματα εὐθύγραμμά ἐστι τὰ ὑπὸ εὐθειῶν περιεχόμενα, τρίπλευρα μὲν τὰ ὑπὸ τριῶν, τετράπλευρα δὲ τὰ ὑπὸ τεσσάρων, πολύπλευρα δὲ τὰ ὑπὸ πλειόνων ἢ τεσσάρων εὐθειῶν περιεχόμενα.

ELEMENTS BOOK 1

Definitions

1 A point is that of which there is no part.

2 And a line is a length without breadth.

3 And the extremities of a line are points.

4 A straight-line is whatever lies evenly with points upon itself.

5 And a surface is that which has length and breadth alone.

6 And the extremities of a surface are lines.

7 A plane surface is whatever lies evenly with straight-lines upon itself.

8 And a plane angle is the inclination of the lines, when two lines in a plane meet one another, and are not laid down straight-on with respect to one another.

9 And when the lines containing the angle are straight then the angle is called rectilinear.

10 And when a straight-line stood upon (another) straight-line makes adjacent angles (which are) equal to one another, each of the equal angles is a right-angle, and the former straight-line is called perpendicular to that upon which it stands.

11 An obtuse angle is greater than a right-angle.

12 And an acute angle is less than a right-angle.

13 A boundary is that which is the extremity of something.

14 A figure is that which is contained by some boundary or boundaries.

15 A circle is a plane figure contained by a single line [which is called a circumference], (such that) all of the straight-lines radiating towards [the circumference] from a single point lying inside the figure are equal to one another.

16 And the point is called the center of the circle.

17 And a diameter of the circle is any straight-line, being drawn through the center, which is brought to an end in each direction by the circumference of the circle. And any such (straight-line) cuts the circle in half.[1]

18 And a semi-circle is the figure contained by the diameter and the circumference it cuts off. And the center of the semi-circle is the same (point) as (the center of) the circle.

19 Rectilinear figures are those figures contained by straight-lines: trilateral figures being contained by three straight-lines, quadrilateral by four, and multilateral by more than four.

[1]This should really be counted as a postulate, rather than as part of a definition.

κ´ Τῶν δὲ τριπλεύρων σχημάτων ἰσόπλευρον μὲν τρίγωνόν ἐστι τὸ τὰς τρεῖς ἴσας ἔχον πλευράς, ἰσοσκελὲς δὲ τὸ τὰς δύο μόνας ἴσας ἔχον πλευράς, σκαληνὸν δὲ τὸ τὰς τρεῖς ἀνίσους ἔχον πλευράς.

κα´ Ἔτι δὲ τῶν τριπλεύρων σχημάτων ὀρθογώνιον μὲν τρίγωνόν ἐστι τὸ ἔχον ὀρθὴν γωνίαν, ἀμβλυγώνιον δὲ τὸ ἔχον ἀμβλεῖαν γωνίαν, ὀξυγώνιον δὲ τὸ τὰς τρεῖς ὀξείας ἔχον γωνίας.

κβ´ Τὼν δὲ τετραπλεύρων σχημάτων τετράγωνον μέν ἐστιν, ὃ ἰσόπλευρόν τέ ἐστι καὶ ὀρθογώνιον, ἑτερόμηκες δέ, ὃ ὀρθογώνιον μέν, οὐκ ἰσόπλευρον δέ, ῥόμβος δέ, ὃ ἰσόπλευρον μέν, οὐκ ὀρθογώνιον δέ, ῥομβοειδὲς δὲ τὸ τὰς ἀπεναντίον πλευράς τε καὶ γωνίας ἴσας ἀλλήλαις ἔχον, ὃ οὔτε ἰσόπλευρόν ἐστιν οὔτε ὀρθογώνιον· τὰ δὲ παρὰ ταῦτα τετράπλευρα τραπέζια καλείσθω.

κγ´ Παράλληλοί εἰσιν εὐθεῖαι, αἵτινες ἐν τῷ αὐτῷ ἐπιπέδῳ οὖσαι καὶ ἐκβαλλόμεναι εἰς ἄπειρον ἐφ᾽ ἑκάτερα τὰ μέρη ἐπὶ μηδέτερα συμπίπτουσιν ἀλλήλαις.

Αἰτήματα

α´ Ἠιτήσθω ἀπὸ παντὸς σημείου ἐπὶ πᾶν σημεῖον εὐθεῖαν γραμμὴν ἀγαγεῖν.

β´ Καὶ πεπερασμένην εὐθεῖαν κατὰ τὸ συνεχὲς ἐπ᾽ εὐθείας ἐκβαλεῖν.

γ´ Καὶ παντὶ κέντρῳ καὶ διαστήματι κύκλον γράφεσθαι.

δ´ Καὶ πάσας τὰς ὀρθὰς γωνίας ἴσας ἀλλήλαις εἶναι.

ε´ Καὶ ἐὰν εἰς δύο εὐθείας εὐθεῖα ἐμπίπτουσα τὰς ἐντὸς καὶ ἐπὶ τὰ αὐτὰ μέρη γωνίας δύο ὀρθῶν ἐλάσσονας ποιῇ, ἐκβαλλομένας τὰς δύο εὐθείας ἐπ᾽ ἄπειρον συμπίπτειν, ἐφ᾽ ἃ μέρη εἰσὶν αἱ τῶν δύο ὀρθῶν ἐλάσσονες.

Κοιναὶ ἔννοιαι

α´ Τὰ τῷ αὐτῷ ἴσα καὶ ἀλλήλοις ἐστὶν ἴσα.

β´ Καὶ ἐὰν ἴσοις ἴσα προστεθῇ, τὰ ὅλα ἐστὶν ἴσα.

γ´ Καὶ ἐὰν ἀπὸ ἴσων ἴσα ἀφαιρεθῇ, τὰ καταλειπόμενά ἐστιν ἴσα.

δ´ Καὶ τὰ ἐφαρμόζοντα ἐπ᾽ ἀλλήλα ἴσα ἀλλήλοις ἐστίν.

ε´ Καὶ τὸ ὅλον τοῦ μέρους μεῖζόν [ἐστιν].

20 And of the trilateral figures: an equilateral triangle is that having three equal sides, an isosceles (triangle) that having only two equal sides, and a scalene (triangle) that having three unequal sides.

21 And further of the trilateral figures: a right-angled triangle is that having a right-angle, an obtuse-angled (triangle) that having an obtuse angle, and an acute-angled (triangle) that having three acute angles.

22 And of the quadrilateral figures: a square is that which is right-angled and equilateral, a rectangle that which is right-angled but not equilateral, a rhombus that which is equilateral but not right-angled, and a rhomboid that having opposite sides and angles equal to one another which is neither right-angled nor equilateral. And let quadrilateral figures besides these be called trapezia.

23 Parallel lines are straight-lines which, being in the same plane, and being produced to infinity in each direction, meet with one another in neither (of these directions).

Postulates

1 Let it have been postulated to draw a straight-line from any point to any point.

2 And to produce a finite straight-line continuously in a straight-line.

3 And to draw a circle with any center and radius.

4 And that all right-angles are equal to one another.

5 And that if a straight-line falling across two (other) straight-lines makes internal angles on the same side (of itself) less than two right-angles, being produced to infinity, the two (other) straight-lines meet on that side (of the original straight-line) that the (internal angles) are less than two right-angles (and do not meet on the other side).[2]

Common Notions

1 Things equal to the same thing are also equal to one another.

2 And if equal things are added to equal things then the wholes are equal.

3 And if equal things are subtracted from equal things then the remainders are equal.[3]

4 And things coinciding with one another are equal to one another.

5 And the whole [is] greater than the part.

[2]This postulate effectively specifies that we are dealing with the geometry of *flat*, rather than curved, space.

[3]As an obvious extension of C.N.s 2 & 3—if equal things are added or subtracted from the two sides of an inequality then the inequality remains an inequality of the same type.

ΣΤΟΙΧΕΙΩΝ α´

α´

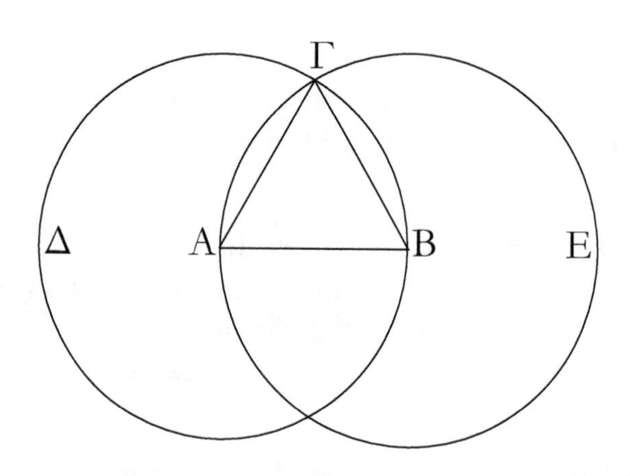

Ἐπὶ τῆς δοθείσης εὐθείας πεπερασμένης τρίγωνον ἰσόπλευρον συστήσασθαι.

Ἔστω ἡ δοθεῖσα εὐθεῖα πεπερασμένη ἡ ΑΒ.

Δεῖ δὴ ἐπὶ τῆς ΑΒ εὐθείας τρίγωνον ἰσόπλευρον συστήσασθαι.

Κέντρῳ μὲν τῷ Α διαστήματι δὲ τῷ ΑΒ κύκλος γεγράφθω ὁ ΒΓΔ, καὶ πάλιν κέντρῳ μὲν τῷ Β διαστήματι δὲ τῷ ΒΑ κύκλος γεγράφθω ὁ ΑΓΕ, καὶ ἀπὸ τοῦ Γ σημείου, καθ᾽ ὃ τέμνουσιν ἀλλήλους οἱ κύκλοι, ἐπί τὰ Α, Β σημεῖα ἐπεζεύχθωσαν εὐθεῖαι αἱ ΓΑ, ΓΒ.

Καὶ ἐπεὶ τὸ Α σημεῖον κέντρον ἐστὶ τοῦ ΓΔΒ κύκλου, ἴση ἐστὶν ἡ ΑΓ τῇ ΑΒ· πάλιν, ἐπεὶ τὸ Β σημεῖον κέντρον ἐστὶ τοῦ ΓΑΕ κύκλου, ἴση ἐστὶν ἡ ΒΓ τῇ ΒΑ. ἐδείχθη δὲ καὶ ἡ ΓΑ τῇ ΑΒ ἴση· ἑκατέρα ἄρα τῶν ΓΑ, ΓΒ τῇ ΑΒ ἐστιν ἴση. τὰ δὲ τῷ αὐτῷ ἴσα καὶ ἀλλήλοις ἐστὶν ἴσα· καὶ ἡ ΓΑ ἄρα τῇ ΓΒ ἐστιν ἴση· αἱ τρεῖς ἄρα αἱ ΓΑ, ΑΒ, ΒΓ ἴσαι ἀλλήλαις εἰσίν.

Ἰσόπλευρον ἄρα ἐστὶ τὸ ΑΒΓ τρίγωνον. καὶ συνέσταται ἐπὶ τῆς δοθείσης εὐθείας πεπερασμένης τῆς ΑΒ· ὅπερ ἔδει ποιῆσαι.

Proposition 1

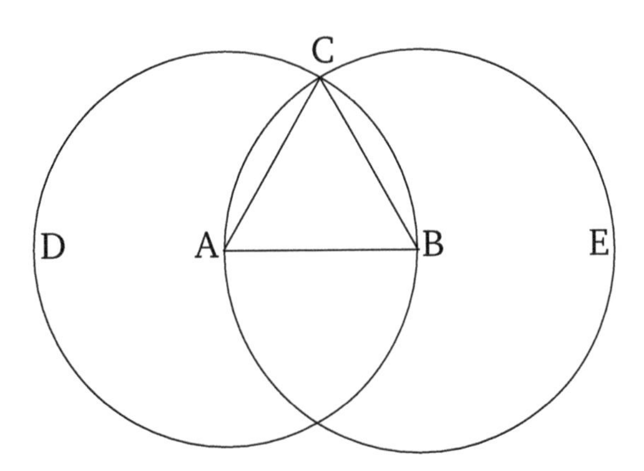

To construct an equilateral triangle on a given finite straight-line.

Let AB be the given finite straight-line.

So it is required to construct an equilateral triangle on the straight-line AB.

Let the circle BCD with center A and radius AB have been drawn [Post. 3], and again let the circle ACE with center B and radius BA have been drawn [Post. 3]. And let the straight-lines CA and CB have been joined from the point C, where the circles cut one another,[4] to the points A and B (respectively) [Post. 1].

And since the point A is the center of the circle CDB, AC is equal to AB [Def. 1.15]. Again, since the point B is the center of the circle CAE, BC is equal to BA [Def. 1.15]. But CA was also shown (to be) equal to AB. Thus, CA and CB are each equal to AB. But things equal to the same thing are also equal to one another [C.N. 1]. Thus, CA is also equal to CB. Thus, the three (straight-lines) CA, AB, and BC are equal to one another.

Thus, the triangle ABC is equilateral, and has been constructed on the given finite straight-line AB. (Which is) the very thing it was required to do.

[4]The assumption that the circles do indeed cut one another should be counted as an additional postulate. There is also an implicit assumption that two straight-lines cannot share a common segment.

β΄

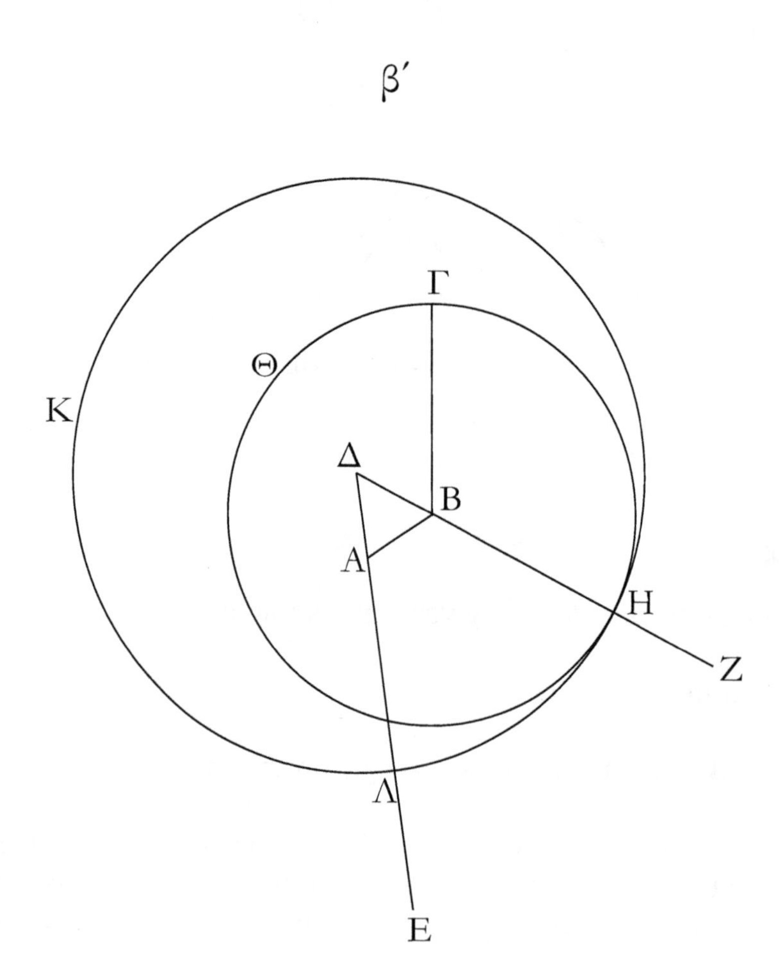

Πρὸς τῷ δοθέντι σημείῳ τῇ δοθείσῃ εὐθείᾳ ἴσην εὐθεῖαν θέσθαι.

Ἔστω τὸ μὲν δοθὲν σημεῖον τὸ Α, ἡ δὲ δοθεῖσα εὐθεῖα ἡ ΒΓ· δεῖ δὴ πρὸς τῷ Α σημείῳ τῇ δοθείσῃ εὐθείᾳ τῇ ΒΓ ἴσην εὐθεῖαν θέσθαι.

Ἐπεζεύχθω γὰρ ἀπὸ τοῦ Α σημείου ἐπί τὸ Β σημεῖον εὐθεῖα ἡ ΑΒ, καὶ συνεστάτω ἐπ᾽ αὐτῆς τρίγωνον ἰσόπλευρον τὸ ΔΑΒ, καὶ ἐκβεβλήσθωσαν ἐπ᾽ εὐθείας ταῖς ΔΑ, ΔΒ εὐθεῖαι αἱ ΑΕ, ΒΖ, καὶ κέντρῳ μὲν τῷ Β διαστήματι δὲ τῷ ΒΓ κύκλος γεγράφθω ὁ ΓΗΘ, καὶ πάλιν κέντρῳ τῷ Δ καὶ διαστήματι τῷ ΔΗ κύκλος γεγράφθω ὁ ΗΚΛ.

Ἐπεὶ οὖν τὸ Β σημεῖον κέντρον ἐστὶ τοῦ ΓΗΘ, ἴση ἐστὶν ἡ ΒΓ τῇ ΒΗ. πάλιν, ἐπεὶ τὸ Δ σημεῖον κέντρον ἐστὶ τοῦ ΗΚΛ κύκλου, ἴση ἐστὶν ἡ ΔΛ τῇ ΔΗ, ὧν ἡ ΔΑ τῇ ΔΒ ἴση ἐστίν. λοιπὴ ἄρα ἡ ΑΛ λοιπῇ τῇ ΒΗ ἐστιν ἴση. ἐδείχθη δὲ καὶ ἡ ΒΓ τῇ ΒΗ ἴση. ἑκατέρα ἄρα τῶν ΑΛ, ΒΓ τῇ ΒΗ ἐστιν ἴση. τὰ δὲ τῷ αὐτῷ ἴσα καὶ ἀλλήλοις ἐστὶν ἴσα· καὶ ἡ ΑΛ ἄρα τῇ ΒΓ ἐστιν ἴση.

Πρὸς ἄρα τῷ δοθέντι σημείῳ τῷ Α τῇ δοθείσῃ εὐθείᾳ τῇ ΒΓ ἴση εὐθεῖα κεῖται ἡ ΑΛ· ὅπερ ἔδει ποιῆσαι.

Proposition 2 [5]

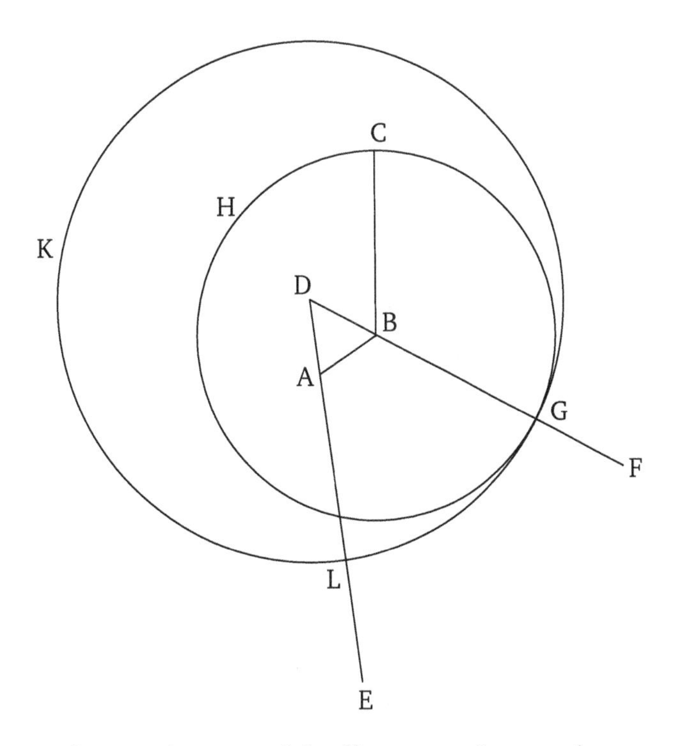

To place a straight-line equal to a given straight-line at a given point.

Let A be the given point, and BC the given straight-line. So it is required to place a straight-line at point A equal to the given straight-line BC.

For let the line AB have been joined from point A to point B [Post. 1], and let the equilateral triangle DAB have been been constructed upon it [Prop. 1.1]. And let the straight-lines AE and BF have been produced in a straight-line with DA and DB (respectively) [Post. 2]. And let the circle CGH with center B and radius BC have been drawn [Post. 3], and again let the circle GKL with center D and radius DG have been drawn [Post. 3].

Therefore, since the point B is the center of (the circle) CGH, BC is equal to BG [Def. 1.15]. Again, since the point D is the center of the circle GKL, DL is equal to DG [Def. 1.15]. And within these, DA is equal to DB. Thus, the remainder AL is equal to the remainder BG [C.N. 3]. But BC was also shown (to be) equal to BG. Thus, AL and BC are each equal to BG. But things equal to the same thing are also equal to one another [C.N. 1]. Thus, AL is also equal to BC.

Thus, the straight-line AL, equal to the given straight-line BC, has been placed at the given point A. (Which is) the very thing it was required to do.

[5] This proposition admits of a number of different cases, depending on the relative positions of the point A and the line BC. In such situations, Euclid invariably only considers one particular case—usually, the most difficult—and leaves the remaining cases as exercises for the reader.

ΣΤΟΙΧΕΙΩΝ α΄

γ΄

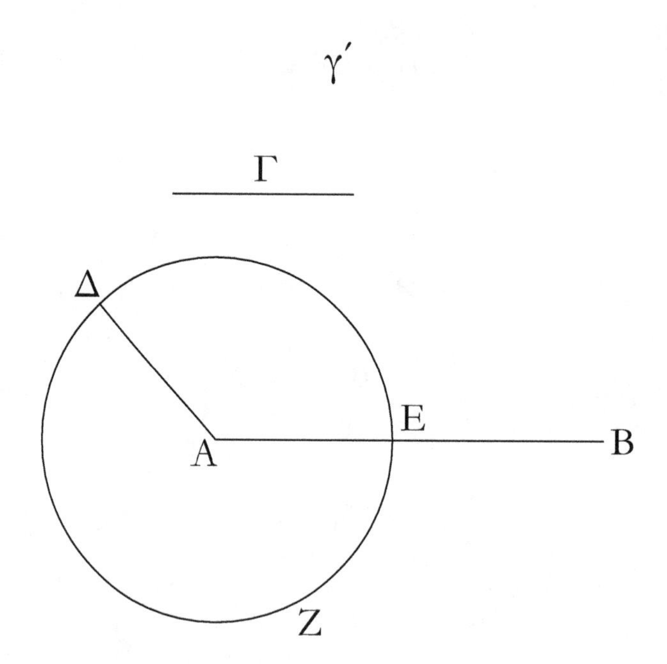

Δύο δοθεισῶν εὐθειῶν ἀνίσων ἀπὸ τῆς μείζονος τῇ ἐλάσσονι ἴσην εὐθεῖαν ἀφελεῖν.

Ἔστωσαν αἱ δοθεῖσαι δύο εὐθεῖαι ἄνισοι αἱ ΑΒ, Γ, ὧν μείζων ἔστω ἡ ΑΒ· δεῖ δὴ ἀπὸ τῆς μείζονος τῆς ΑΒ τῇ ἐλάσσονι τῇ Γ ἴσην εὐθεῖαν ἀφελεῖν.

Κείσθω πρὸς τῷ Α σημείῳ τῇ Γ εὐθείᾳ ἴση ἡ ΑΔ· καὶ κέντρῳ μὲν τῷ Α διαστήματι δὲ τῷ ΑΔ κύκλος γεγράφθω ὁ ΔΕΖ.

Καὶ ἐπεὶ τὸ Α σημεῖον κέντρον ἐστὶ τοῦ ΔΕΖ κύκλου, ἴση ἐστὶν ἡ ΑΕ τῇ ΑΔ· ἀλλὰ καὶ ἡ Γ τῇ ΑΔ ἐστιν ἴση. ἑκατέρα ἄρα τῶν ΑΕ, Γ τῇ ΑΔ ἐστιν ἴση· ὥστε καὶ ἡ ΑΕ τῇ Γ ἐστιν ἴση.

Δύο ἄρα δοθεισῶν εὐθειῶν ἀνίσων τῶν ΑΒ, Γ ἀπὸ τῆς μείζονος τῆς ΑΒ τῇ ἐλάσσονι τῇ Γ ἴση ἀφῄρηται ἡ ΑΕ· ὅπερ ἔδει ποιῆσαι.

Proposition 3

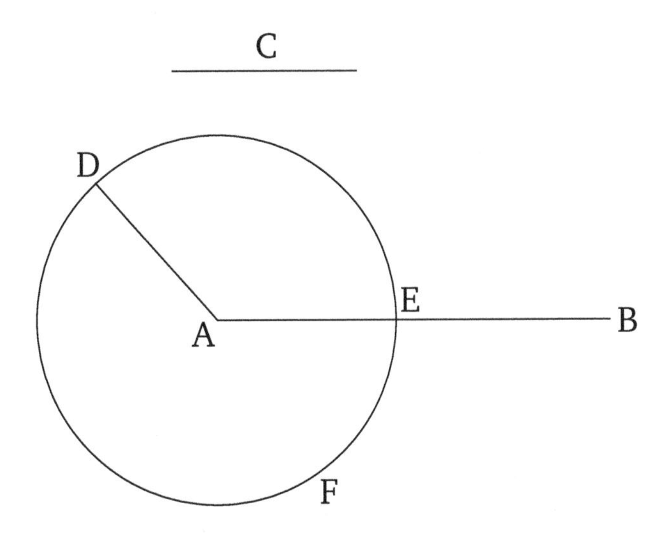

For two given unequal straight-lines, to cut off from the greater a straight-line equal to the lesser.

Let AB and C be the two given unequal straight-lines, of which let the greater be AB. So it is required to cut off a straight-line equal to the lesser C from the greater AB.

Let the line AD, equal to the straight-line C, have been placed at point A [Prop. 1.2]. And let the circle DEF have been drawn with center A and radius AD [Post. 3].

And since point A is the center of circle DEF, AE is equal to AD [Def. 1.15]. But, C is also equal to AD. Thus, AE and C are each equal to AD. So AE is also equal to C [C.N. 1].

Thus, for two given unequal straight-lines, AB and C, the (straight-line) AE, equal to the lesser C, has been cut off from the greater AB. (Which is) the very thing it was required to do.

ΣΤΟΙΧΕΙΩΝ α΄

δ΄

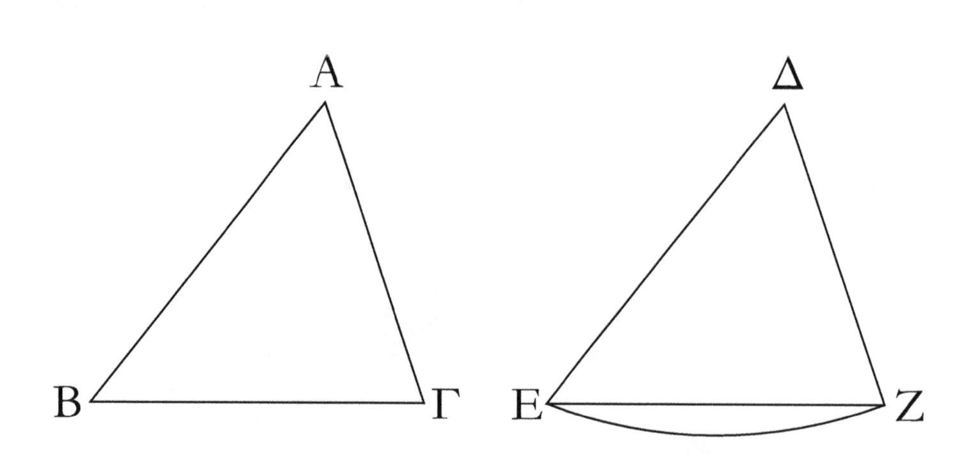

Ἐὰν δύο τρίγωνα τὰς δύο πλευρὰς [ταῖς] δυσὶ πλευραῖς ἴσας ἔχῃ ἑκατέραν ἑκατέρᾳ καὶ τὴν γωνίαν τῇ γωνίᾳ ἴσην ἔχῃ τὴν ὑπὸ τῶν ἴσων εὐθειῶν περιεχομένην, καὶ τὴν βάσιν τῇ βάσει ἴσην ἕξει, καὶ τὸ τρίγωνον τῷ τριγώνῳ ἴσον ἔσται, καὶ αἱ λοιπαὶ γωνίαι ταῖς λοιπαῖς γωνίαις ἴσαι ἔσονται ἑκατέρα ἑκατέρᾳ, ὑφ᾽ ἃς αἱ ἴσαι πλευραὶ ὑποτείνουσιν.

Ἔστω δύο τρίγωνα τὰ ΑΒΓ, ΔΕΖ τὰς δύο πλευρὰς τὰς ΑΒ, ΑΓ ταῖς δυσὶ πλευραῖς ταῖς ΔΕ, ΔΖ ἴσας ἔχοντα ἑκατέραν ἑκατέρᾳ τὴν μὲν ΑΒ τῇ ΔΕ τὴν δὲ ΑΓ τῇ ΔΖ καὶ γωνίαν τὴν ὑπὸ ΒΑΓ γωνίᾳ τῇ ὑπὸ ΕΔΖ ἴσην. λέγω, ὅτι καὶ βάσις ἡ ΒΓ βάσει τῇ ΕΖ ἴση ἐστίν, καὶ τὸ ΑΒΓ τρίγωνον τῷ ΔΕΖ τριγώνῳ ἴσον ἔσται, καὶ αἱ λοιπαὶ γωνίαι ταῖς λοιπαῖς γωνίαις ἴσαι ἔσονται ἑκατέρα ἑκατέρᾳ, ὑφ᾽ ἃς αἱ ἶσαι πλευραὶ ὑποτείνουσιν, ἡ μὲν ὑπὸ ΑΒΓ τῇ ὑπὸ ΔΕΖ, ἡ δὲ ὑπὸ ΑΓΒ τῇ ὑπὸ ΔΖΕ.

Ἐφαρμοζομένου γὰρ τοῦ ΑΒΓ τριγώνου ἐπὶ τὸ ΔΕΖ τρίγωνον καὶ τιθεμένου τοῦ μὲν Α σημείου ἐπὶ τὸ Δ σημεῖον τῆς δὲ ΑΒ εὐθείας ἐπὶ τὴν ΔΕ, ἐφαρμόσει καὶ τὸ Β σημεῖον ἐπὶ τὸ Ε διὰ τὸ ἴσην εἶναι τὴν ΑΒ τῇ ΔΕ· ἐφαρμοσάσης δὴ τῆς ΑΒ ἐπὶ τὴν ΔΕ ἐφαρμόσει καὶ ἡ ΑΓ εὐθεῖα ἐπὶ τὴν ΔΖ διὰ τὸ ἴσην εἶναι τὴν ὑπὸ ΒΑΓ γωνίαν τῇ ὑπὸ ΕΔΖ· ὥστε καὶ τὸ Γ σημεῖον ἐπὶ τὸ Ζ σημεῖον ἐφαρμόσει διὰ τὸ ἴσην πάλιν εἶναι τὴν ΑΓ τῇ ΔΖ. ἀλλὰ μὴν καὶ τὸ Β ἐπὶ τὸ Ε ἐφηρμόκει· ὥστε βάσις ἡ ΒΓ ἐπὶ βάσιν τὴν ΕΖ ἐφαρμόσει. εἰ γὰρ τοῦ μὲν Β ἐπὶ τὸ Ε ἐφαρμόσαντος τοῦ δὲ Γ ἐπὶ τὸ Ζ ἡ ΒΓ βάσις ἐπὶ τὴν ΕΖ οὐκ ἐφαρμόσει, δύο εὐθεῖαι χωρίον περιέξουσιν· ὅπερ ἐστὶν ἀδύνατον. ἐφαρμόσει ἄρα ἡ ΒΓ βάσις ἐπὶ τὴν ΕΖ καὶ ἴση αὐτῇ ἔσται· ὥστε καὶ ὅλον τὸ ΑΒΓ τρίγωνον ἐπὶ ὅλον τὸ ΔΕΖ τρίγωνον ἐφαρμόσει καὶ ἴσον αὐτῷ ἔσται, καὶ αἱ λοιπαὶ γωνίαι ἐπὶ τὰς λοιπὰς γωνίας ἐφαρμόσουσι καὶ ἴσαι αὐταῖς ἔσονται, ἡ μὲν ὑπὸ ΑΒΓ τῇ ὑπὸ ΔΕΖ ἡ δὲ ὑπὸ ΑΓΒ τῇ ὑπὸ ΔΖΕ.

Ἐὰν ἄρα δύο τρίγωνα τὰς δύο πλευρὰς [ταῖς] δύο πλευραῖς ἴσας ἔχῃ ἑκατέραν ἑκατέρᾳ καὶ τὴν γωνίαν τῇ γωνίᾳ ἴσην ἔχῃ τὴν ὑπὸ τῶν ἴσων εὐθειῶν περιεχομένην, καὶ τὴν βάσιν τῇ βάσει ἴσην ἕξει, καὶ τὸ τρίγωνον τῷ τριγώνῳ ἴσον ἔσται, καὶ αἱ λοιπαὶ γωνίαι ταῖς λοιπαῖς γωνίαις ἴσαι ἔσονται ἑκατέρα ἑκατέρᾳ, ὑφ᾽ ἃς αἱ ἴσαι πλευραὶ ὑποτείνουσιν· ὅπερ ἔδει δεῖξαι.

Proposition 4

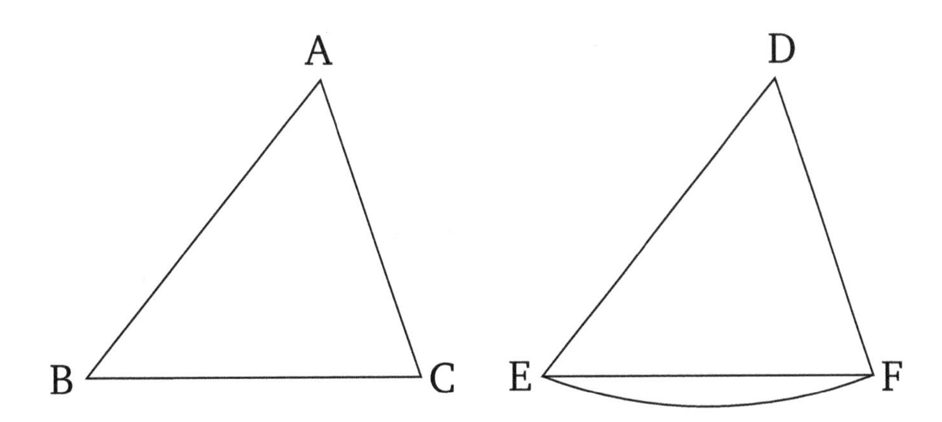

If two triangles have two corresponding sides equal, and have the angles enclosed by the equal sides equal, then they will also have equal bases, and the two triangles will be equal, and the remaining angles subtended by the equal sides will be equal to the corresponding remaining angles.

Let ABC and DEF be two triangles having the two sides AB and AC equal to the two sides DE and DF, respectively. (That is) AB to DE, and AC to DF. And (let) the angle BAC (be) equal to the angle EDF. I say that the base BC is also equal to the base EF, and triangle ABC will be equal to triangle DEF, and the remaining angles subtended by the equal sides will be equal to the corresponding remaining angles. (That is) ABC to DEF, and ACB to DFE.

Let the triangle ABC be applied to the triangle DEF,[6] the point A being placed on the point D, and the straight-line AB on DE. The point B will also coincide with E, on account of AB being equal to DE. So (because of) AB coinciding with DE, the straight-line AC will also coincide with DF, on account of the angle BAC being equal to EDF. So the point C will also coincide with the point F, again on account of AC being equal to DF. But, point B certainly also coincided with point E, so that the base BC will coincide with the base EF. For if B coincides with E, and C with F, and the base BC does not coincide with EF, then two straight-lines will encompass a space. The very thing is impossible [Post. 1].[7] Thus, the base BC will coincide with EF, and will be equal to it [C.N. 4]. So the whole triangle ABC will coincide with the whole triangle DEF, and will be equal to it [C.N. 4]. And the remaining angles will coincide with the remaining angles, and will be equal to them [C.N. 4]. (That is) ABC to DEF, and ACB to DFE [C.N. 4].

Thus, if two triangles have two corresponding sides equal, and have the angles enclosed by the equal sides equal, then they will also have equal bases, and the two triangles will be equal, and the remaining angles subtended by the equal sides will be equal to the corresponding remaining angles. (Which is) the very thing it was required to show.

[6] The application of one figure to another should be counted as an additional postulate.

[7] Since Post. 1 implicitly assumes that the straight-line joining two given points is unique.

ΣΤΟΙΧΕΙΩΝ α΄

ε΄

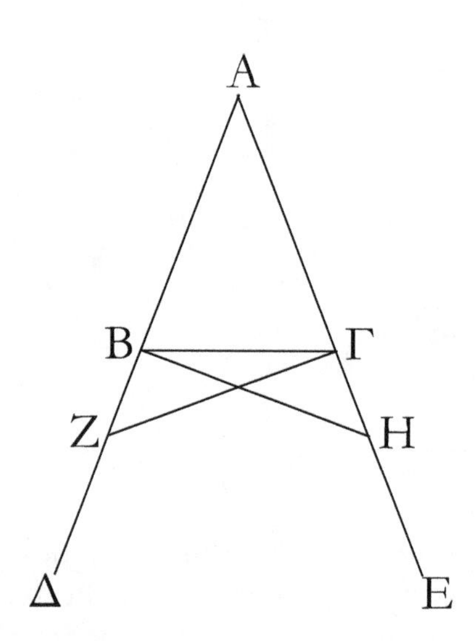

Τῶν ἰσοσκελῶν τριγώνων αἱ πρὸς τῇ βάσει γωνίαι ἴσαι ἀλλήλαις εἰσίν, καὶ προσεκβληθεισῶν τῶν ἴσων εὐθειῶν αἱ ὑπὸ τὴν βάσιν γωνίαι ἴσαι ἀλλήλαις ἔσονται.

Ἔστω τρίγωνον ἰσοσκελὲς τὸ ΑΒΓ ἴσην ἔχον τὴν ΑΒ πλευρὰν τῇ ΑΓ πλευρᾷ, καὶ προσεκβεβλήσθωσαν ἐπ᾽ εὐθείας ταῖς ΑΒ, ΑΓ εὐθεῖαι αἱ ΒΔ, ΓΕ· λέγω, ὅτι ἡ μὲν ὑπὸ ΑΒΓ γωνία τῇ ὑπὸ ΑΓΒ ἴση ἐστίν, ἡ δὲ ὑπὸ ΓΒΔ τῇ ὑπὸ ΒΓΕ.

Εἰλήφθω γὰρ ἐπὶ τῆς ΒΔ τυχὸν σημεῖον τὸ Ζ, καὶ ἀφῃρήσθω ἀπὸ τῆς μείζονος τῆς ΑΕ τῇ ἐλάσσονι τῇ ΑΖ ἴση ἡ ΑΗ, καὶ ἐπεζεύχθωσαν αἱ ΖΓ, ΗΒ εὐθεῖαι.

Ἐπεὶ οὖν ἴση ἐστὶν ἡ μὲν ΑΖ τῇ ΑΗ ἡ δὲ ΑΒ τῇ ΑΓ, δύο δὴ αἱ ΖΑ, ΑΓ δυσὶ ταῖς ΗΑ, ΑΒ ἴσαι εἰσὶν ἑκατέρα ἑκατέρᾳ· καὶ γωνίαν κοινὴν περιέχουσι τὴν ὑπὸ ΖΑΗ· βάσις ἄρα ἡ ΖΓ βάσει τῇ ΗΒ ἴση ἐστίν, καὶ τὸ ΑΖΓ τρίγωνον τῷ ΑΗΒ τριγώνῳ ἴσον ἔσται, καὶ αἱ λοιπαὶ γωνίαι ταῖς λοιπαῖς γωνίαις ἴσαι ἔσονται ἑκατέρα ἑκατέρᾳ, ὑφ᾽ ἃς αἱ ἴσαι πλευραὶ ὑποτείνουσιν, ἡ μὲν ὑπὸ ΑΓΖ τῇ ὑπὸ ΑΒΗ, ἡ δὲ ὑπὸ ΑΖΓ τῇ ὑπὸ ΑΗΒ. καὶ ἐπεὶ ὅλη ἡ ΑΖ ὅλῃ τῇ ΑΗ ἐστιν ἴση, ὧν ἡ ΑΒ τῇ ΑΓ ἐστιν ἴση, λοιπὴ ἄρα ἡ ΒΖ λοιπῇ τῇ ΓΗ ἐστιν ἴση. ἐδείχθη δὲ καὶ ἡ ΖΓ τῇ ΗΒ ἴση· δύο δὴ αἱ ΒΖ, ΖΓ δυσὶ ταῖς ΓΗ, ΗΒ ἴσαι εἰσὶν ἑκατέρα ἑκατέρᾳ· καὶ γωνία ἡ ὑπὸ ΒΖΓ γωνίᾳ τῃ ὑπὸ ΓΗΒ ἴση, καὶ βάσις αὐτῶν κοινὴ ἡ ΒΓ· καὶ τὸ ΒΖΓ ἄρα τρίγωνον τῷ ΓΗΒ τριγώνῳ ἴσον ἔσται, καὶ αἱ λοιπαὶ γωνίαι ταῖς λοιπαῖς γωνίαις ἴσαι ἔσονται ἑκατέρα ἑκατέρᾳ, ὑφ᾽ ἃς αἱ ἴσαι πλευραὶ ὑποτείνουσιν· ἴση ἄρα ἐστὶν ἡ μὲν ὑπὸ ΖΒΓ τῇ ὑπὸ ΗΓΒ ἡ δὲ ὑπὸ ΒΓΖ τῇ ὑπὸ ΓΒΗ. ἐπεὶ οὖν ὅλη ἡ ὑπὸ ΑΒΗ γωνία ὅλῃ τῇ ὑπὸ ΑΓΖ γωνίᾳ ἐδείχθη ἴση, ὧν ἡ ὑπὸ ΓΒΗ τῇ ὑπὸ ΒΓΖ ἴση, λοιπὴ ἄρα ἡ ὑπὸ ΑΒΓ λοιπῇ τῇ ὑπὸ ΑΓΒ ἐστιν ἴση· καί εἰσι πρὸς τῇ βάσει τοῦ ΑΒΓ τριγώνου. ἐδείχθη δὲ καὶ ἡ ὑπὸ ΖΒΓ τῇ ὑπὸ ΗΓΒ ἴση· καί εἰσιν ὑπὸ τὴν βάσιν.

Τῶν ἄρα ἰσοσκελῶν τριγώνων αἱ πρὸς τῇ βάσει γωνίαι ἴσαι ἀλλήλαις εἰσίν, καὶ προσεκβληθεισῶν τῶν ἴσων εὐθειῶν αἱ ὑπὸ τὴν βάσιν γωνίαι ἴσαι ἀλλήλαις ἔσονται· ὅπερ ἔδει δεῖξαι.

Proposition 5

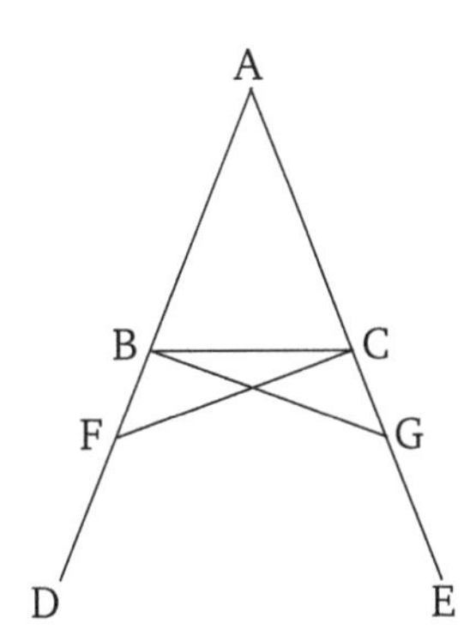

For isosceles triangles, the angles at the base are equal to one another, and if the equal sides are produced then the angles under the base will be equal to one another.

Let ABC be an isosceles triangle having the side AB equal to the side AC, and let the straight-lines BD and CE have been produced in a straight-line with AB and AC (respectively) [Post. 2]. I say that the angle ABC is equal to ACB, and (angle) CBD to BCE.

For let the point F have been taken somewhere on BD, and let AG have been cut off from the greater AE, equal to the lesser AF [Prop. 1.3]. Also, let the straight-lines FC and GB have been joined [Post. 1].

In fact, since AF is equal to AG and AB to AC, the two (straight-lines) FA, AC are equal to the two (straight-lines) GA, AB, respectively. They also encompass a common angle FAG. Thus, the base FC is equal to the base GB, and the triangle AFC will be equal to the triangle AGB, and the remaining angles subtendend by the equal sides will be equal to the corresponding remaining angles [Prop. 1.4]. (That is) ACF to ABG, and AFC to AGB. And since the whole of AF is equal to the whole of AG, within which AB is equal to AC, the remainder BF is thus equal to the remainder CG [C.N. 3]. But FC was also shown (to be) equal to GB. So the two (straight-lines) BF, FC are equal to the two (straight-lines) CG, GB, respectively, and the angle BFC (is) equal to the angle CGB, and the base BC is common to them. Thus, the triangle BFC will be equal to the triangle CGB, and the remaining angles subtended by the equal sides will be equal to the corresponding remaining angles [Prop. 1.4]. Thus, FBC is equal to GCB, and BCF to CBG. Therefore, since the whole angle ABG was shown (to be) equal to the whole angle ACF, within which CBG is equal to BCF, the remainder ABC is thus equal to the remainder ACB [C.N. 3]. And they are at the base of triangle ABC. And FBC was also shown (to be) equal to GCB. And they are under the base.

Thus, for isosceles triangles, the angles at the base are equal to one another, and if the equal sides are produced then the angles under the base will be equal to one another. (Which is) the very thing it was required to show.

ΣΤΟΙΧΕΙΩΝ α´

ς´

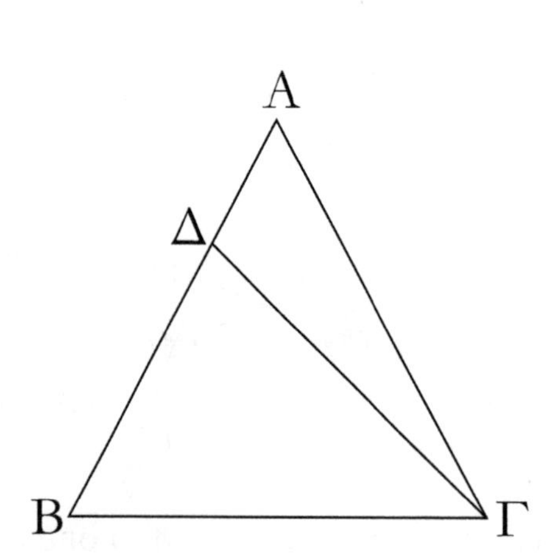

Ἐὰν τριγώνου αἱ δύο γωνίαι ἴσαι ἀλλήλαις ὦσιν, καὶ αἱ ὑπὸ τὰς ἴσας γωνίας ὑποτείνουσαι πλευραὶ ἴσαι ἀλλήλαις ἔσονται.

Ἔστω τρίγωνον τὸ ΑΒΓ ἴσην ἔχον τὴν ὑπὸ ΑΒΓ γωνίαν τῇ ὑπὸ ΑΓΒ γωνίᾳ· λέγω, ὅτι καὶ πλευρὰ ἡ ΑΒ πλευρᾷ τῇ ΑΓ ἐστιν ἴση.

Εἰ γὰρ ἄνισός ἐστιν ἡ ΑΒ τῇ ΑΓ, ἡ ἑτέρα αὐτῶν μείζων ἐστίν. ἔστω μείζων ἡ ΑΒ, καὶ ἀφῃρήσθω ἀπὸ τῆς μείζονος τῆς ΑΒ τῇ ἐλάττονι τῇ ΑΓ ἴση ἡ ΔΒ, καὶ ἐπεζεύχθω ἡ ΔΓ.

Ἐπεὶ οὖν ἴση ἐστὶν ἡ ΔΒ τῇ ΑΓ κοινὴ δὲ ἡ ΒΓ, δύο δὴ αἱ ΔΒ, ΒΓ δύο ταῖς ΑΓ, ΓΒ ἴσαι εἰσὶν ἑκατέρα ἑκατέρᾳ, καὶ γωνία ἡ ὑπὸ ΔΒΓ γωνιᾳ τῇ ὑπὸ ΑΓΒ ἐστιν ἴση· βάσις ἄρα ἡ ΔΓ βάσει τῇ ΑΒ ἴση ἐστίν, καὶ τὸ ΔΒΓ τρίγωνον τῷ ΑΓΒ τριγώνῳ ἴσον ἔσται, τὸ ἔλασσον τῷ μείζονι· ὅπερ ἄτοπον· οὐκ ἄρα ἄνισός ἐστιν ἡ ΑΒ τῇ ΑΓ· ἴση ἄρα.

Ἐὰν ἄρα τριγώνου αἱ δύο γωνίαι ἴσαι ἀλλήλαις ὦσιν, καὶ αἱ ὑπὸ τὰς ἴσας γωνίας ὑποτείνουσαι πλευραὶ ἴσαι ἀλλήλαις ἔσονται· ὅπερ ἔδει δεῖξαι.

Proposition 6

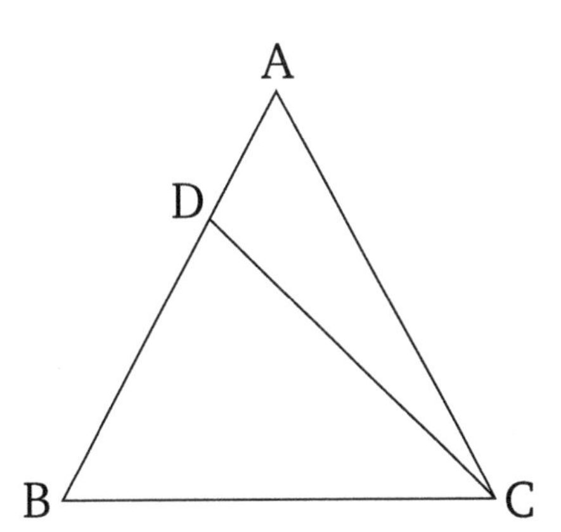

If a triangle has two angles equal to one another then the sides subtending the equal angles will also be equal to one another.

Let ABC be a triangle having the angle ABC equal to the angle ACB. I say that side AB is also equal to side AC.

For if AB is unequal to AC then one of them is greater. Let AB be greater. And let DB, equal to the lesser AC, have been cut off from the greater AB [Prop. 1.3]. And let DC have been joined [Post. 1].

Therefore, since DB is equal to AC, and BC (is) common, the two sides DB, BC are equal to the two sides AC, CB, respectively, and the angle DBC is equal to the angle ACB. Thus, the base DC is equal to the base AB, and the triangle DBC will be equal to the triangle ACB [Prop. 1.4], the lesser to the greater. The very notion (is) absurd [C.N. 5]. Thus, AB is not unequal to AC. Thus, (it is) equal.[8]

Thus, if a triangle has two angles equal to one another then the sides subtending the equal angles will also be equal to one another. (Which is) the very thing it was required to show.

[8]Here, use is made of the previously unmentioned common notion that if two quantities are not unequal then they must be equal. Later on, use is made of the closely related common notion that if two quantities are not greater than or less than one another, respectively, then they must be equal to one another.

ζ΄

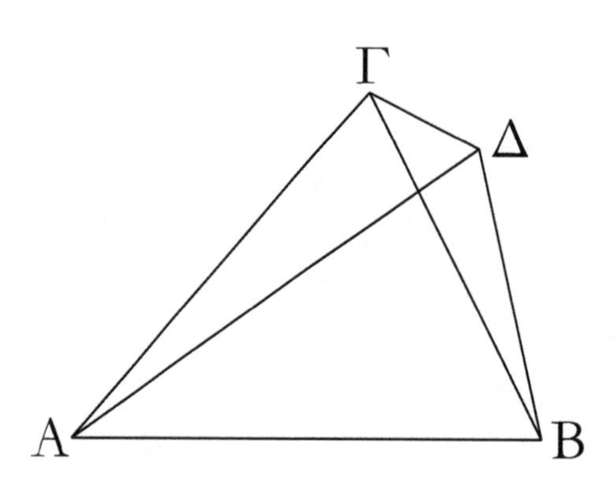

Ἐπὶ τῆς αὐτῆς εὐθείας δύο ταῖς αὐταῖς εὐθείαις ἄλλαι δύο εὐθεῖαι ἴσαι ἑκατέρα ἑκατέρᾳ οὐ συσταθήσονται πρὸς ἄλλῳ καὶ ἄλλῳ σημείῳ ἐπὶ τὰ αὐτὰ μέρη τὰ αὐτὰ πέρατα ἔχουσαι ταῖς ἐξ ἀρχῆς εὐθείαις.

Εἰ γὰρ δυνατόν, ἐπὶ τῆς αὐτῆς εὐθείας τῆς ΑΒ δύο ταῖς αὐταῖς εὐθείαις ταῖς ΑΓ, ΓΒ ἄλλαι δύο εὐθεῖαι αἱ ΑΔ, ΔΒ ἴσαι ἑκατέρα ἑκατερᾳ συνεστάτωσαν πρὸς ἄλλῳ καὶ ἄλλῳ σημείῳ τῷ τε Γ καὶ Δ ἐπὶ τὰ αὐτὰ μέρη τὰ αὐτὰ πέρατα ἔχουσαι, ὥστε ἴσην εἶναι τὴν μὲν ΓΑ τῇ ΔΑ τὸ αὐτὸ πέρας ἔχουσαν αὐτῇ τὸ Α, τὴν δὲ ΓΒ τῇ ΔΒ τὸ αὐτὸ πέρας ἔχουσαν αὐτῇ τὸ Β, καὶ ἐπεζεύχθω ἡ ΓΔ.

Ἐπεὶ οὖν ἴση ἐστὶν ἡ ΑΓ τῇ ΑΔ, ἴση ἐστὶ καὶ γωνία ἡ ὑπὸ ΑΓΔ τῇ ὑπὸ ΑΔΓ· μείζων ἄρα ἡ ὑπὸ ΑΔΓ τῆς ὑπὸ ΔΓΒ· πολλῷ ἄρα ἡ ὑπὸ ΓΔΒ μείζων ἐστί τῆς ὑπὸ ΔΓΒ. πάλιν ἐπεὶ ἴση ἐστὶν ἡ ΓΒ τῇ ΔΒ, ἴση ἐστὶ καὶ γωνία ἡ ὑπὸ ΓΔΒ γωνίᾳ τῇ ὑπὸ ΔΓΒ. ἐδείχθη δὲ αὐτῆς καὶ πολλῷ μείζων· ὅπερ ἐστὶν ἀδύατον.

Οὐκ ἄρα ἐπὶ τῆς αὐτῆς εὐθείας δύο ταῖς αὐταῖς εὐθείαις ἄλλαι δύο εὐθεῖαι ἴσαι ἑκατέρα ἑκατέρᾳ συσταθήσονται πρὸς ἄλλῳ καὶ ἄλλῳ σημείῳ ἐπὶ τὰ αὐτὰ μέρη τὰ αὐτὰ πέρατα ἔχουσαι ταῖς ἐξ ἀρχῆς εὐθείαις· ὅπερ ἔδει δεῖξαι.

Proposition 7

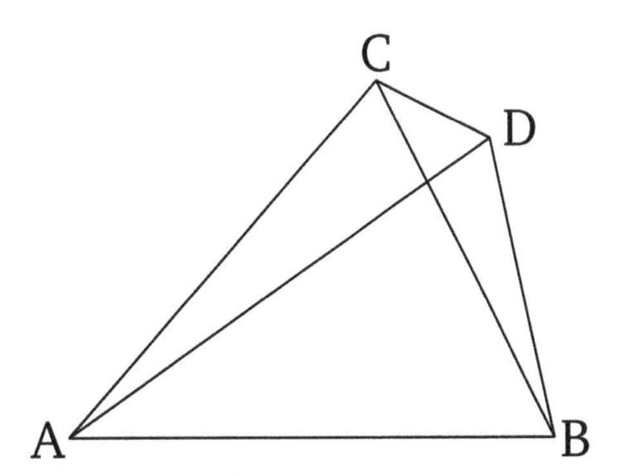

On the same straight-line, two other straight-lines equal, respectively, to two (given) straight-lines (which meet) cannot be constructed (meeting) at different points on the same side (of the straight-line), but having the same ends as the given straight-lines.

For, if possible, let the two straight-lines AD, DB, equal to two (given) straight-lines AC, CB, respectively, have been constructed on the same straight-line AB, meeting at different points, C and D, on the same side (of AB), and having the same ends (on AB). So CA and DA are equal, having the same ends at A, and CB and DB are equal, having the same ends at B. And let CD have been joined [Post. 1].

Therefore, since AC is equal to AD, the angle ACD is also equal to angle ADC [Prop. 1.5]. Thus, ADC (is) greater than DCB [C.N. 5]. Thus, CDB is much greater than DCB [C.N. 5]. Again, since CB is equal to DB, the angle CDB is also equal to angle DCB [Prop. 1.5]. But it was shown that the former (angle) is also much greater (than the latter). The very thing is impossible.

Thus, on the same straight-line, two other straight-lines equal, respectively, to two (given) straight-lines (which meet) cannot be constructed (meeting) at different points on the same side (of the straight-line), but having the same ends as the given straight-lines. (Which is) the very thing it was required to show.

η´

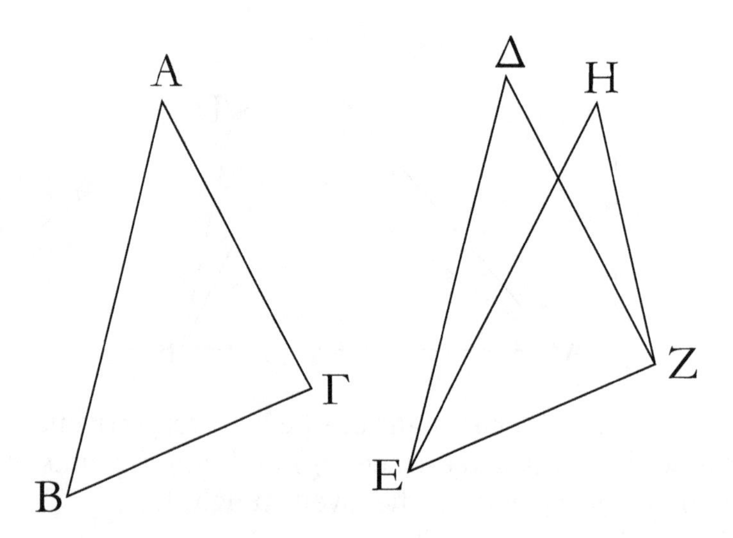

Ἐὰν δύο τρίγωνα τὰς δύο πλευρὰς [ταῖς] δύο πλευραῖς ἴσας ἔχῃ ἑκατέραν ἑκατέρᾳ, ἔχῃ δὲ καὶ τὴν βάσιν τῇ βάσει ἴσην, καὶ τὴν γωνίαν τῇ γωνίᾳ ἴσην ἕξει τὴν ὑπὸ τῶν ἴσων εὐθειῶν περιεχομένην.

Ἔστω δύο τρίγωνα τὰ ΑΒΓ, ΔΕΖ τὰς δύο πλευρὰς τὰς ΑΒ, ΑΓ ταῖς δύο πλευραῖς ταῖς ΔΕ, ΔΖ ἴσας ἔχοντα ἑκατέραν ἑκατέρᾳ, τὴν μὲν ΑΒ τῇ ΔΕ τὴν δὲ ΑΓ τῇ ΔΖ· ἐχέτω δὲ καὶ βάσιν τὴν ΒΓ βάσει τῇ ΕΖ ἴσην· λέγω, ὅτι καὶ γωνία ἡ ὑπὸ ΒΑΓ γωνίᾳ τῇ ὑπὸ ΕΔΖ ἐστιν ἴση.

Ἐφαρμοζομένου γὰρ τοῦ ΑΒΓ τριγώνου ἐπὶ τὸ ΔΕΖ τρίγωνον καὶ τιθεμένου τοῦ μὲν Β σημείου ἐπὶ τὸ Ε σημεῖον τῆς δὲ ΒΓ εὐθείας ἐπὶ τὴν ΕΖ ἐφαρμόσει καὶ τὸ Γ σημεῖον ἐπὶ τὸ Ζ διὰ τὸ ἴσην εἶναι τὴν ΒΓ τῇ ΕΖ· ἐφαρμοσάσης δὴ τῆς ΒΓ ἐπὶ τὴν ΕΖ ἐφαρμόσουσι καὶ αἱ ΒΑ, ΓΑ ἐπὶ τὰς ΕΔ, ΔΖ. εἰ γὰρ βάσις μὲν ἡ ΒΓ ἐπὶ βάσιν τὴν ΕΖ ἐφαρμόσει, αἱ δὲ ΒΑ, ΑΓ πλευραὶ ἐπὶ τὰς ΕΔ, ΔΖ οὐκ ἐφαρμόσουσιν ἀλλὰ παραλλάξουσιν ὡς αἱ ΕΗ, ΗΖ, συσταθήσονται ἐπὶ τῆς αὐτῆς εὐθείας δύο ταῖς αὐταῖς εὐθείαις ἄλλαι δύο εὐθεῖαι ἴσαι ἑκατέρα ἑκατέρᾳ πρὸς ἄλλῳ καὶ ἄλλῳ σημείῳ ἐπὶ τὰ αὐτὰ μέρη τὰ αὐτὰ πέρατα ἔχουσαι. οὐ συνίστανται δέ· οὐκ ἄρα ἐφαρμοζομένης τῆς ΒΓ βάσεως ἐπὶ τὴν ΕΖ βάσιν οὐκ ἐφαρμόσουσι καὶ αἱ ΒΑ, ΑΓ πλευραὶ ἐπὶ τὰς ΕΔ, ΔΖ. ἐφαρμόσουσιν ἄρα· ὥστε καὶ γωνία ἡ ὑπὸ ΒΑΓ ἐπὶ γωνίαν τὴν ὑπὸ ΕΔΖ ἐφαρμόσει καὶ ἴση αὐτῇ ἔσται.

Ἐὰν ἄρα δύο τρίγωνα τὰς δύο πλευρὰς [ταῖς] δύο πλευραῖς ἴσας ἔχῃ ἑκατέραν ἑκατέρᾳ καὶ τὴν βάσιν τῇ βάσει ἴσην ἔχῃ, καὶ τὴν γωνίαν τῇ γωνίᾳ ἴσην ἕξει τὴν ὑπὸ τῶν ἴσων εὐθειῶν περιεχομένην· ὅπερ ἔδει δεῖξαι.

Proposition 8

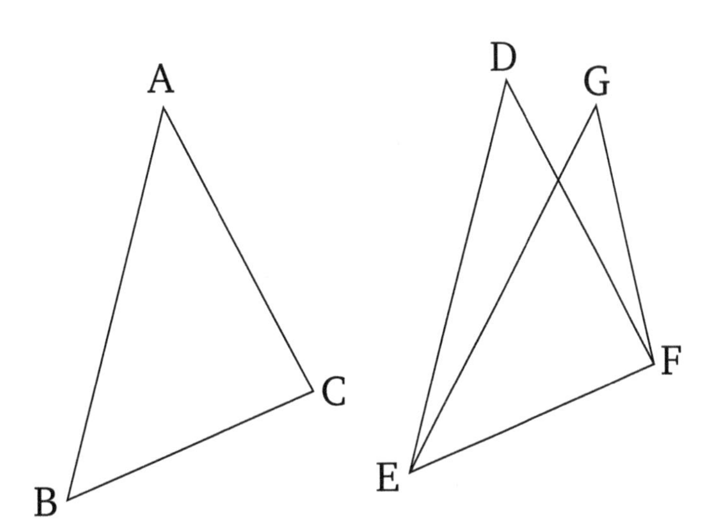

If two triangles have two corresponding sides equal, and also have equal bases, then the angles encompassed by the equal straight-lines will also be equal.

Let ABC and DEF be two triangles having the two sides AB and AC equal to the two sides DE and DF, respectively. (That is) AB to DE, and AC to DF. Let them also have the base BC equal to the base EF. I say that the angle BAC is also equal to the angle EDF.

For if triangle ABC is applied to triangle DEF, the point B being placed on point E, and the straight-line BC on EF, point C will also coincide with F on account of BC being equal to EF. So (because of) BC coinciding with EF, (the sides) BA and CA will also coincide with ED and DF (respectively). For if base BC coincides with base EF, but the sides AB and AC do not coincide with ED and DF (respectively), but miss like EG and GF (in the above figure), then we will have constructed upon the same straight-line, two other straight-lines equal, respectively, to two (given) straight-lines, and (meeting) at different points on the same side (of the straight-line), but having the same ends. But (such straight-lines) cannot be constructed [Prop. 1.7]. Thus, the base BC being applied to the base EF, the sides BA and AC cannot not coincide with ED and DF (respectively). Thus, they will coincide. So the angle BAC will also coincide with angle EDF, and they will be equal [C.N. 4].

Thus, if two triangles have two corresponding sides equal, and have equal bases, then the angles encompassed by the equal straight-lines will also be equal. (Which is) the very thing it was required to show.

θ΄

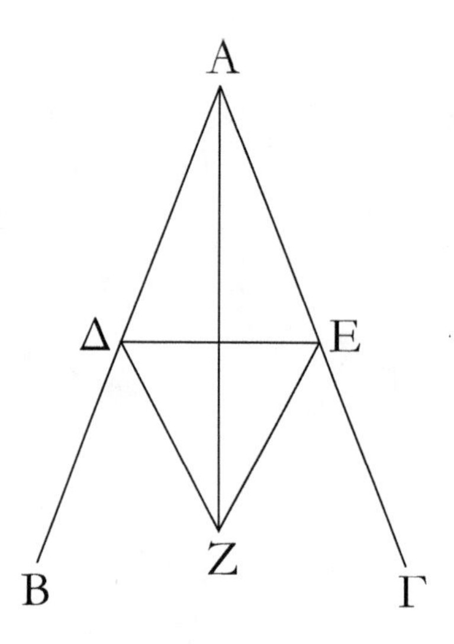

Τὴν δοθεῖσαν γωνίαν εὐθύγραμμον δίχα τεμεῖν.

Ἔστω ἡ δοθεῖσα γωνία εὐθύγραμμος ἡ ὑπὸ ΒΑΓ. δεῖ δὴ αὐτὴν δίχα τεμεῖν.

Εἰλήφθω ἐπὶ τῆς ΑΒ τυχὸν σημεῖον τὸ Δ, καὶ ἀφῃρήσθω ἀπὸ τῆς ΑΓ τῇ ΑΔ ἴση ἡ ΑΕ, καὶ ἐπεζεύχθω ἡ ΔΕ, καὶ συνεστάτω ἐπὶ τῆς ΔΕ τρίγωνον ἰσόπλευρον τὸ ΔΕΖ, καὶ ἐπεζεύχθω ἡ ΑΖ· λέγω, ὅτι ἡ ὑπὸ ΒΑΓ γωνία δίχα τέτμηται ὑπὸ τῆς ΑΖ εὐθείας.

Ἐπεὶ γὰρ ἴση ἐστὶν ἡ ΑΔ τῇ ΑΕ, κοινὴ δὲ ἡ ΑΖ, δύο δὴ αἱ ΔΑ, ΑΖ δυσὶ ταῖς ΕΑ, ΑΖ ἴσαι εἰσὶν ἑκατέρα ἑκατέρᾳ. καὶ βάσις ἡ ΔΖ βάσει τῇ ΕΖ ἴση ἐστίν· γωνία ἄρα ἡ ὑπὸ ΔΑΖ γωνίᾳ τῇ ὑπὸ ΕΑΖ ἴση ἐστίν.

Ἡ ἄρα δοθεῖσα γωνία εὐθύγραμμος ἡ ὑπὸ ΒΑΓ δίχα τέτμηται ὑπὸ τῆς ΑΖ εὐθείας· ὅπερ ἔδει ποιῆσαι.

Proposition 9

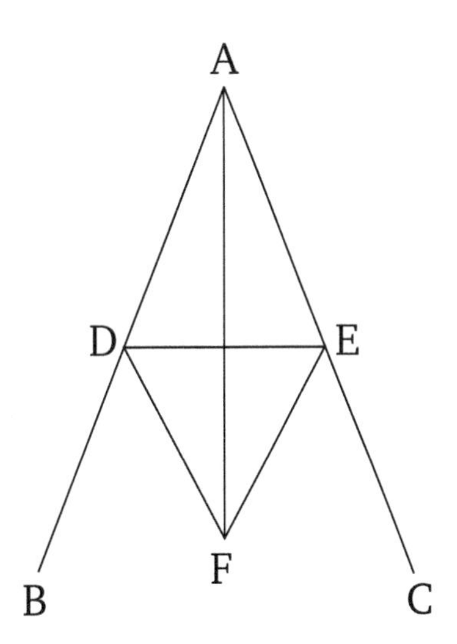

To cut a given rectilinear angle in half.

Let BAC be the given rectilinear angle. So it is required to cut it in half.

Let the point D have been taken somewhere on AB, and let AE, equal to AD, have been cut off from AC [Prop. 1.3], and let DE have been joined. And let the equilateral triangle DEF have been constructed upon DE [Prop. 1.1], and let AF have been joined. I say that the angle BAC has been cut in half by the straight-line AF.

For since AD is equal to AE, and AF is common, the two (straight-lines) DA, AF are equal to the two (straight-lines) EA, AF, respectively. And the base DF is equal to the base EF. Thus, angle DAF is equal to angle EAF [Prop. 1.8].

Thus, the given rectilinear angle BAC has been cut in half by the straight-line AF. (Which is) the very thing it was required to do.

ΣΤΟΙΧΕΙΩΝ α΄

ι΄

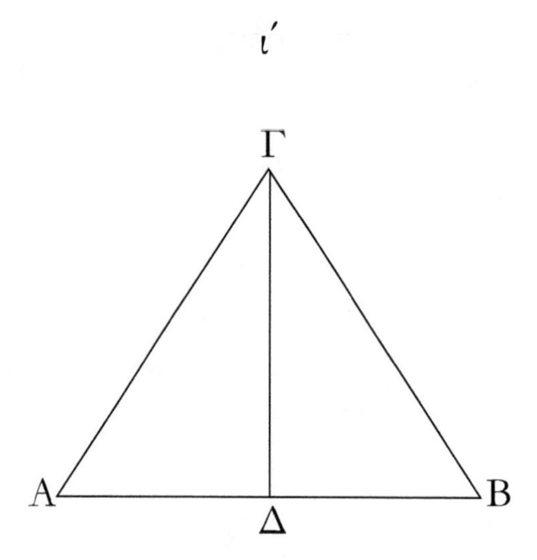

Τὴν δοθεῖσαν εὐθεῖαν πεπερασμένην δίχα τεμεῖν.

Ἔστω ἡ δοθεῖσα εὐθεῖα πεπερασμένη ἡ ΑΒ· δεῖ δὴ τὴν ΑΒ εὐθεῖαν πεπερασμένην δίχα τεμεῖν.

Συνεστάτω ἐπ᾽ αὐτῆς τρίγωνον ἰσόπλευρον τὸ ΑΒΓ, καὶ τετμήσθω ἡ ὑπὸ ΑΓΒ γωνία δίχα τῇ ΓΔ εὐθείᾳ· λέγω, ὅτι ἡ ΑΒ εὐθεῖα δίχα τέτμηται κατὰ τὸ Δ σημεῖον.

Ἐπεὶ γὰρ ἴση ἐστὶν ἡ ΑΓ τῇ ΓΒ, κοινὴ δὲ ἡ ΓΔ, δύο δὴ αἱ ΑΓ, ΓΔ δύο ταῖς ΒΓ, ΓΔ ἴσαι εἰσὶν ἑκατέρα ἑκατέρᾳ· καὶ γωνία ἡ ὑπὸ ΑΓΔ γωνίᾳ τῇ ὑπὸ ΒΓΔ ἴση ἐστίν· βάσις ἄρα ἡ ΑΔ βάσει τῇ ΒΔ ἴση ἐστίν.

Ἡ ἄρα δοθεῖσα εὐθεῖα πεπερασμένη ἡ ΑΒ δίχα τέτμηται κατὰ τὸ Δ· ὅπερ ἔδει ποιῆσαι.

Proposition 10

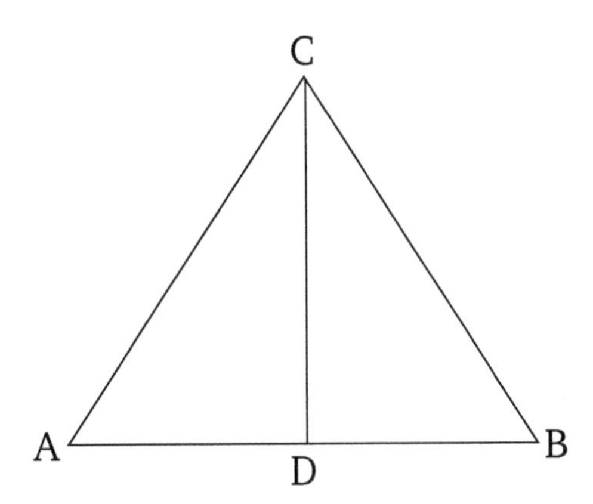

To cut a given finite straight-line in half.

Let AB be the given finite straight-line. So it is required to cut the finite straight-line AB in half.

Let the equilateral triangle ABC have been constructed upon (AB) [Prop. 1.1], and let the angle ACB have been cut in half by the straight-line CD [Prop. 1.9]. I say that the straight-line AB has been cut in half at point D.

For since AC is equal to CB, and CD (is) common, the two (straight-lines) AC, CD are equal to the two (straight-lines) BC, CD, respectively. And the angle ACD is equal to the angle BCD. Thus, the base AD is equal to the base BD [Prop. 1.4].

Thus, the given finite straight-line AB has been cut in half at (point) D. (Which is) the very thing it was required to do.

ια΄

Ζ

Α Β

Δ Γ Ε

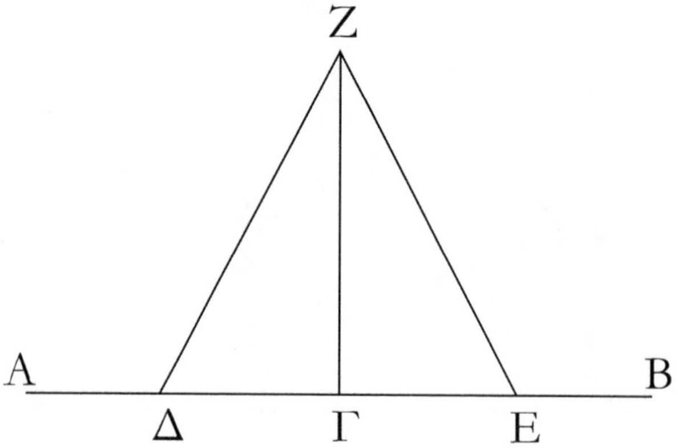

Τῇ δοθείσῃ εὐθείᾳ ἀπὸ τοῦ πρὸς αὐτῃ δοθέντος σημείου πρὸς ὀρθὰς γωνίας εὐθεῖαν γραμμὴν ἀγαγεῖν.

Ἔστω ἡ μὲν δοθεῖσα εὐθεῖα ἡ ΑΒ τὸ δὲ δοθὲν σημεῖον ἐπ᾽ αὐτῆς τὸ Γ· δεῖ δὴ ἀπὸ τοῦ Γ σημείου τῇ ΑΒ εὐθείᾳ πρὸς ὀρθὰς γωνίας εὐθεῖαν γραμμὴν ἀγαγεῖν.

Εἰλήφθω ἐπὶ τῆς ΑΓ τυχὸν σημεῖον τὸ Δ, καὶ κείσθω τῇ ΓΔ ἴση ἡ ΓΕ, καὶ συνεστάτω ἐπὶ τῆς ΔΕ τρίγωνον ἰσόπλευρον τὸ ΖΔΕ, καὶ ἐπεζεύχθω ἡ ΖΓ· λέγω, ὅτι τῇ δοθείσῃ εὐθείᾳ τῇ ΑΒ ἀπὸ τοῦ πρὸς αὐτῇ δοθέντος σημείου τοῦ Γ πρὸς ὀρθὰς γωνίας εὐθεῖα γραμμὴ ἦκται ἡ ΖΓ.

Ἐπεὶ γὰρ ἴση ἐστὶν ἡ ΔΓ τῇ ΓΕ, κοινὴ δὲ ἡ ΓΖ, δύο δὴ αἱ ΔΓ, ΓΖ δυσὶ ταῖς ΕΓ, ΓΖ ἴσαι εἰσὶν ἑκατέρα ἑκατέρᾳ· καὶ βάσις ἡ ΔΖ βάσει τῇ ΖΕ ἴση ἐστίν· γωνία ἄρα ἡ ὑπὸ ΔΓΖ γωνίᾳ τῇ ὑπὸ ΕΓΖ ἴση ἐστίν· καί εἰσιν ἐφεξῆς. ὅταν δὲ εὐθεῖα ἐπ᾽ εὐθεῖαν σταθεῖσα τὰς ἐφεξῆς γωνίας ἴσας ἀλλήλαις ποιῇ, ὀρθὴ ἑκατέρα τῶν ἴσων γωνιῶν ἐστιν· ὀρθὴ ἄρα ἐστὶν ἑκατέρα τῶν ὑπὸ ΔΓΖ, ΖΓΕ.

Τῇ ἄρα δοθείσῃ εὐθείᾳ τῇ ΑΒ ἀπὸ τοῦ πρὸς αὐτῇ δοθέντος σημείου τοῦ Γ πρὸς ὀρθὰς γωνίας εὐθεῖα γραμμὴ ἦκται ἡ ΖΓ· ὅπερ ἔδει ποιῆσαι.

Proposition 11

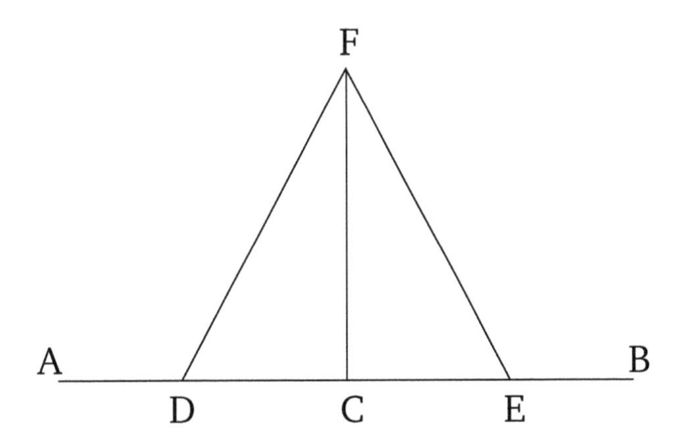

To draw a straight-line at right-angles to a given straight-line from a given point on it.

Let AB be the given straight-line, and C the given point on it. So it is required to draw a straight-line from the point C at right-angles to the straight-line AB.

Let the point D be have been taken somewhere on AC, and let CE be made equal to CD [Prop. 1.3], and let the equilateral triangle FDE have been constructed on DE [Prop. 1.1], and let FC have been joined. I say that the straight-line FC has been drawn at right-angles to the given straight-line AB from the given point C on it.

For since DC is equal to CE, and CF is common, the two (straight-lines) DC, CF are equal to the two (straight-lines), EC, CF, respectively. And the base DF is equal to the base FE. Thus, the angle DCF is equal to the angle ECF [Prop. 1.8], and they are adjacent. But when a straight-line stood on a(nother) straight-line makes the adjacent angles equal to one another, each of the equal angles is a right-angle [Def. 1.10]. Thus, each of the (angles) DCF and FCE is a right-angle.

Thus, the straight-line CF has been drawn at right-angles to the given straight-line AB from the given point C on it. (Which is) the very thing it was required to do.

ΣΤΟΙΧΕΙΩΝ α΄

ιβ΄

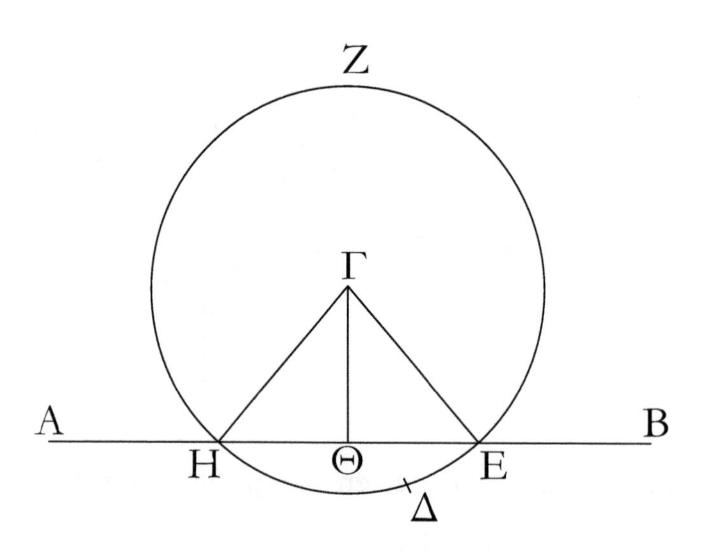

Ἐπὶ τὴν δοθεῖσαν εὐθεῖαν ἄπειρον ἀπὸ τοῦ δοθέντος σημείου, ὃ μή ἐστιν ἐπ᾽ αὐτῆς, κάθετον εὐθεῖαν γραμμὴν ἀγαγεῖν.

Ἔστω ἡ μὲν δοθεῖσα εὐθεῖα ἄπειρος ἡ ΑΒ τὸ δὲ δοθὲν σημεῖον, ὃ μή ἐστιν ἐπ᾽ αὐτῆς, τὸ Γ· δεῖ δὴ ἐπὶ τὴν δοθεῖσαν εὐθεῖαν ἄπειρον τὴν ΑΒ ἀπὸ τοῦ δοθέντος σημείου τοῦ Γ, ὃ μή ἐστιν ἐπ᾽ αὐτῆς, κάθετον εὐθεῖαν γραμμὴν ἀγαγεῖν.

Εἰλήφθω γὰρ ἐπὶ τὰ ἕτερα μέρη τῆς ΑΒ εὐθείας τυχὸν σημεῖον τὸ Δ, καὶ κέντρῳ μὲν τῷ Γ διαστήματι δὲ τῷ ΓΔ κύκλος γεγράφθω ὁ ΕΖΗ, καὶ τετμήσθω ἡ ΕΗ εὐθεῖα δίχα κατὰ τὸ Θ, καὶ ἐπεζεύχθωσαν αἱ ΓΗ, ΓΘ, ΓΕ εὐθεῖαι· λέγω, ὅτι ἐπὶ τὴν δοθεῖσαν εὐθεῖαν ἄπειρον τὴν ΑΒ ἀπὸ τοῦ δοθέντος σημείου τοῦ Γ, ὃ μή ἐστιν ἐπ᾽ αὐτῆς, κάθετος ἦκται ἡ ΓΘ.

Ἐπεὶ γὰρ ἴση ἐστὶν ἡ ΗΘ τῇ ΘΕ, κοινὴ δὲ ἡ ΘΓ, δύο δὴ αἱ ΗΘ, ΘΓ δύο ταῖς ΕΘ, ΘΓ ἴσαι εἰσὶν ἑκατέρα ἑκατέρᾳ· καὶ βάσις ἡ ΓΗ βάσει τῇ ΓΕ ἐστιν ἴση· γωνία ἄρα ἡ ὑπὸ ΓΘΗ γωνίᾳ τῇ ὑπὸ ΕΘΓ ἐστιν ἴση. καί εἰσιν ἐφεξῆς. ὅταν δὲ εὐθεῖα ἐπ᾽ εὐθεῖαν σταθεῖσα τὰς ἐφεξῆς γωνίας ἴσας ἀλλήλαις ποιῇ, ὀρθὴ ἑκατέρα τῶν ἴσων γωνιῶν ἐστιν, καὶ ἡ ἐφεστηκυῖα εὐθεῖα κάθετος καλεῖται ἐφ᾽ ἣν ἐφέστηκεν.

Ἐπὶ τὴν δοθεῖσαν ἄρα εὐθεῖαν ἄπειρον τὴν ΑΒ ἀπὸ τοῦ δοθέντος σημείου τοῦ Γ, ὃ μή ἐστιν ἐπ᾽ αὐτῆς, κάθετος ἦκται ἡ ΓΘ· ὅπερ ἔδει ποιῆσαι.

Proposition 12

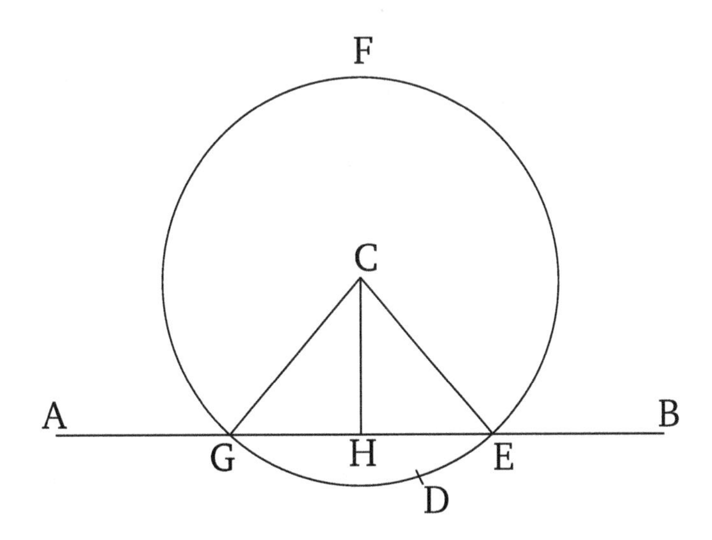

To draw a straight-line perpendicular to a given infinite straight-line from a given point which is not on it.

Let AB be the given infinite straight-line and C the given point, which is not on (AB). So it is required to draw a straight-line perpendicular to the given infinite straight-line AB from the given point C, which is not on (AB).

For let point D have been taken somewhere on the other side (to C) of the straight-line AB, and let the circle EFG have been drawn with center C and radius CD [Post. 3], and let the straight-line EG have been cut in half at (point) H [Prop. 1.10], and let the straight-lines CG, CH, and CE have been joined. I say that a (straight-line) CH has been drawn perpendicular to the given infinite straight-line AB from the given point C, which is not on (AB).

For since GH is equal to HE, and HC (is) common, the two (straight-lines) GH, HC are equal to the two straight-lines EH, HC, respectively, and the base CG is equal to the base CE. Thus, the angle CHG is equal to the angle EHC [Prop. 1.8], and they are adjacent. But when a straight-line stood on a(nother) straight-line makes the adjacent angles equal to one another, each of the equal angles is a right-angle, and the former straight-line is called perpendicular to that upon which it stands [Def. 1.10].

Thus, the (straight-line) CH has been drawn perpendicular to the given infinite straight-line AB from the given point C, which is not on (AB). (Which is) the very thing it was required to do.

ΣΤΟΙΧΕΙΩΝ α΄

ιγ΄

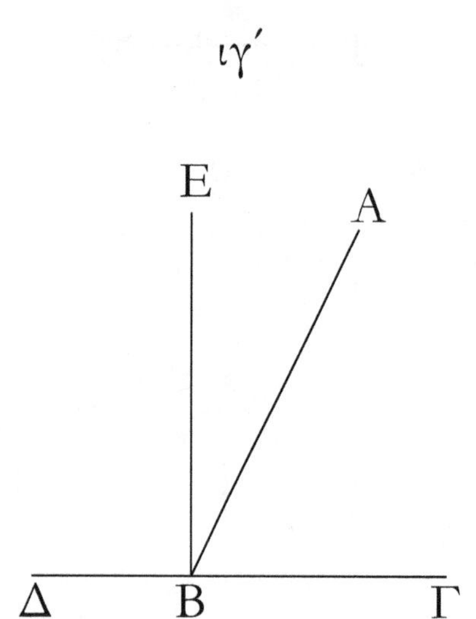

Ἐὰν εὐθεῖα ἐπ᾽ εὐθεῖαν σταθεῖσα γωνίας ποιῇ, ἤτοι δύο ὀρθὰς ἢ δυσὶν ὀρθαῖς ἴσας ποιήσει.

Εὐθεῖα γάρ τις ἡ ΑΒ ἐπ᾽ εὐθεῖαν τὴν ΓΔ σταθεῖσα γωνίας ποιείτω τὰς ὑπὸ ΓΒΑ, ΑΒΔ· λέγω, ὅτι αἱ ὑπὸ ΓΒΑ, ΑΒΔ γωνίαι ἤτοι δύο ὀρθαί εἰσιν ἢ δυσὶν ὀρθαῖς ἴσαι.

Εἰ μὲν οὖν ἴση ἐστὶν ἡ ὑπὸ ΓΒΑ τῇ ὑπὸ ΑΒΔ, δύο ὀρθαί εἰσιν. εἰ δὲ οὔ, ἤχθω ἀπὸ τοῦ Β σημείου τῇ ΓΔ [εὐθείᾳ] πρὸς ὀρθὰς ἡ ΒΕ· αἱ ἄρα ὑπὸ ΓΒΕ, ΕΒΔ δύο ὀρθαί εἰσιν· καὶ ἐπεὶ ἡ ὑπὸ ΓΒΕ δυσὶ ταῖς ὑπὸ ΓΒΑ, ΑΒΕ ἴση ἐστίν, κοινὴ προσκείσθω ἡ ὑπὸ ΕΒΔ· αἱ ἄρα ὑπὸ ΓΒΕ, ΕΒΔ τρισὶ ταῖς ὑπὸ ΓΒΑ, ΑΒΕ, ΕΒΔ ἴσαι εἰσίν. πάλιν, ἐπεὶ ἡ ὑπὸ ΔΒΑ δυσὶ ταῖς ὑπὸ ΔΒΕ, ΕΒΑ ἴση ἐστίν, κοινὴ προσκείσθω ἡ ὑπὸ ΑΒΓ· αἱ ἄρα ὑπό ΔΒΑ, ΑΒΓ τρισὶ ταῖς ὑπὸ ΔΒΕ, ΕΒΑ, ΑΒΓ ἴσαι εἰσίν. ἐδείχθησαν δὲ καὶ αἱ ὑπὸ ΓΒΕ, ΕΒΔ τρισὶ ταῖς αὐταῖς ἴσαι· τὰ δὲ τῷ αὐτῷ ἴσα καὶ ἀλλήλοις ἐστὶν ἴσα· καὶ αἱ ὑπὸ ΓΒΕ, ΕΒΔ ἄρα ταῖς ὑπὸ ΔΒΑ, ΑΒΓ ἴσαι εἰσίν· ἀλλὰ αἱ ὑπὸ ΓΒΕ, ΕΒΔ δύο ὀρθαί εἰσιν· καὶ αἱ ὑπὸ ΔΒΑ, ΑΒΓ ἄρα δυσὶν ὀρθαῖς ἴσαι εἰσίν.

Ἐὰν ἄρα εὐθεῖα ἐπ᾽ εὐθεῖαν σταθεῖσα γωνίας ποιῇ, ἤτοι δύο ὀρθὰς ἢ δυσὶν ὀρθαῖς ἴσας ποιήσει· ὅπερ ἔδει δεῖξαι.

Proposition 13

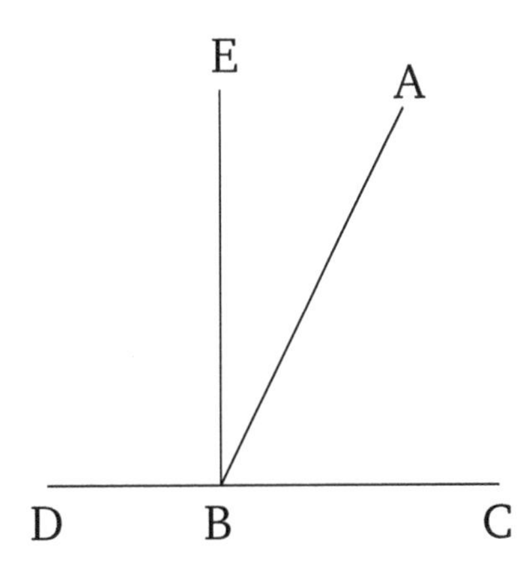

If a straight-line stood on a(nother) straight-line makes angles, it will certainly either make two right-angles, or (angles whose sum is) equal to two right-angles.

For let some straight-line AB stood on the straight-line CD make the angles CBA and ABD. I say that the angles CBA and ABD are certainly either two right-angles, or (have a sum) equal to two right-angles.

In fact, if CBA is equal to ABD then they are two right-angles [Def. 1.10]. But, if not, let BE have been drawn from the point B at right-angles to [the straight-line] CD [Prop. 1.11]. Thus, CBE and EBD are two right-angles. And since CBE is equal to the two (angles) CBA and ABE, let EBD have been added to both. Thus, the (angles) CBE and EBD are equal to the three (angles) CBA, ABE, and EBD [C.N. 2]. Again, since DBA is equal to the two (angles) DBE and EBA, let ABC have been added to both. Thus, the (angles) DBA and ABC are equal to the three (angles) DBE, EBA, and ABC [C.N. 2]. But CBE and EBD were also shown (to be) equal to the same three (angles). And things equal to the same thing are also equal to one another [C.N. 1]. Therefore, CBE and EBD are also equal to DBA and ABC. But, CBE and EBD are two right-angles. Thus, ABD and ABC are also equal to two right-angles.

Thus, if a straight-line stood on a(nother) straight-line makes angles, it will certainly either make two right-angles, or (angles whose sum is) equal to two right-angles. (Which is) the very thing it was required to show.

ιδ΄

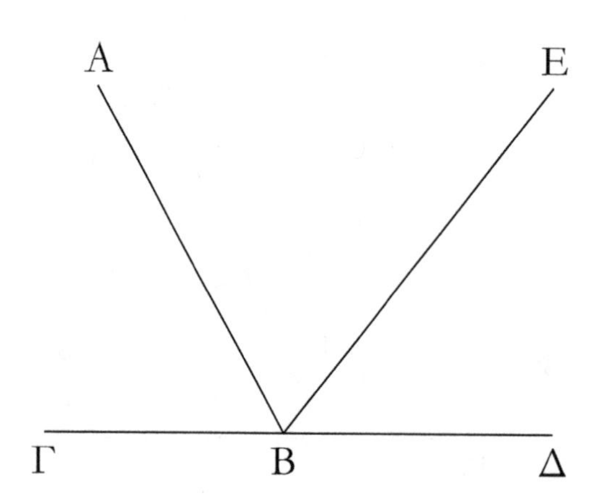

Ἐὰν πρός τινι εὐθείᾳ καὶ τῷ πρὸς αὐτῇ σημείῳ δύο εὐθεῖαι μὴ ἐπὶ τὰ αὐτὰ μέρη κείμεναι τὰς ἐφεξῆς γωνίας δυσὶν ὀρθαῖς ἴσας ποιῶσιν, ἐπ᾽ εὐθείας ἔσονται ἀλλήλαις αἱ εὐθεῖαι.

Πρὸς γάρ τινι εὐθείᾳ τῇ ΑΒ καὶ τῷ πρὸς αὐτῇ σημείῳ τῷ Β δύο εὐθεῖαι αἱ ΒΓ, ΒΔ μὴ ἐπὶ τὰ αὐτὰ μέρη κείμεναι τὰς ἐφεξῆς γωνίας τὰς ὑπὸ ΑΒΓ, ΑΒΔ δύο ὀρθαῖς ἴσας ποιείτωσαν· λέγω, ὅτι ἐπ᾽ εὐθείας ἐστὶ τῇ ΓΒ ἡ ΒΔ.

Εἰ γὰρ μή ἐστι τῇ ΒΓ ἐπ᾽ εὐθείας ἡ ΒΔ, ἔστω τῇ ΓΒ ἐπ᾽ εὐθείας ἡ ΒΕ.

Ἐπεὶ οὖν εὐθεῖα ἡ ΑΒ ἐπ᾽ εὐθεῖαν τὴν ΓΒΕ ἐφέστηκεν, αἱ ἄρα ὑπὸ ΑΒΓ, ΑΒΕ γωνίαι δύο ὀρθαῖς ἴσαι εἰσίν· εἰσὶ δὲ καὶ αἱ ὑπὸ ΑΒΓ, ΑΒΔ δύο ὀρθαῖς ἴσαι· αἱ ἄρα ὑπὸ ΓΒΑ, ΑΒΕ ταῖς ὑπὸ ΓΒΑ, ΑΒΔ ἴσαι εἰσίν. κοινὴ ἀφῃρήσθω ἡ ὑπὸ ΓΒΑ· λοιπὴ ἄρα ἡ ὑπὸ ΑΒΕ λοιπῇ τῇ ὑπὸ ΑΒΔ ἐστιν ἴση, ἡ ἐλάσσων τῇ μείζονι· ὅπερ ἐστὶν ἀδύνατον. οὐκ ἄρα ἐπ᾽ εὐθείας ἐστὶν ἡ ΒΕ τῇ ΓΒ. ὁμοίως δὴ δείξομεν, ὅτι οὐδὲ ἄλλη τις πλὴν τῆς ΒΔ· ἐπ᾽ εὐθείας ἄρα ἐστὶν ἡ ΓΒ τῇ ΒΔ.

Ἐὰν ἄρα πρός τινι εὐθείᾳ καὶ τῷ πρὸς αὐτῇ σημείῳ δύο εὐθεῖαι μὴ ἐπὶ αὐτὰ μέρη κείμεναι τὰς ἐφεξῆς γωνίας δυσὶν ὀρθαῖς ἴσας ποιῶσιν, ἐπ᾽ εὐθείας ἔσονται ἀλλήλαις αἱ εὐθεῖαι· ὅπερ ἔδει δεῖξαι.

Proposition 14

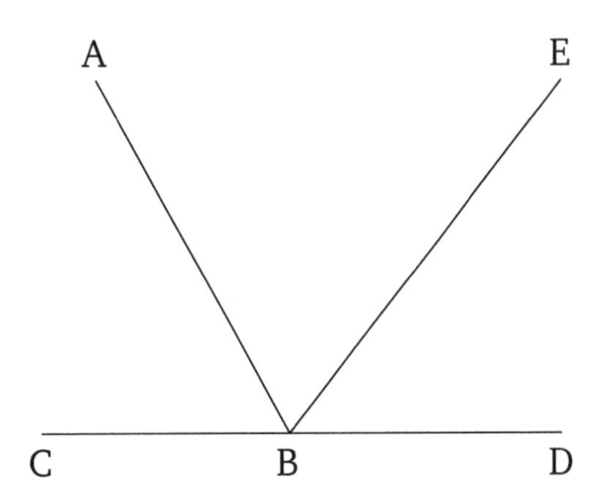

If two straight-lines, not lying on the same side, make adjacent angles equal to two right-angles at the same point on some straight-line, then the two straight-lines will be straight-on (with respect) to one another.

For let two straight-lines BC and BD, not lying on the same side, make adjacent angles ABC and ABD equal to two right-angles at the same point B on some straight-line AB. I say that BD is straight-on with respect to CB.

For if BD is not straight-on to BC then let BE be straight-on to CB.

Therefore, since the straight-line AB stands on the straight-line CBE, the angles ABC and ABE are thus equal to two right-angles [Prop. 1.13]. But ABC and ABD are also equal to two right-angles. Thus, (angles) CBA and ABE are equal to (angles) CBA and ABD [C.N. 1]. Let (angle) CBA have been subtracted from both. Thus, the remainder ABE is equal to the remainder ABD [C.N. 3], the lesser to the greater. The very thing is impossible. Thus, BE is not straight-on with respect to CB. Similarly, we can show that neither (is) any other (straight-line) than BD. Thus, CB is straight-on with respect to BD.

Thus, if two straight-lines, not lying on the same side, make adjacent angles equal to two right-angles at the same point on some straight-line, then the two straight-lines will be straight-on (with respect) to one another. (Which is) the very thing it was required to show.

ΣΤΟΙΧΕΙΩΝ α΄

ιε΄

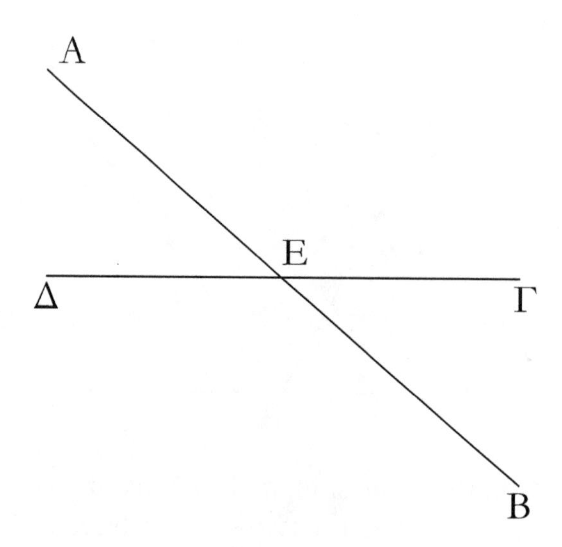

Ἐὰν δύο εὐθεῖαι τέμνωσιν ἀλλήλας, τὰς κατὰ κορυφὴν γωνίας ἴσας ἀλλήλαις ποιοῦσιν.

Δύο γὰρ εὐθεῖαι αἱ ΑΒ, ΓΔ τεμνέτωσαν ἀλλήλας κατὰ τὸ Ε σημεῖον· λέγω, ὅτι ἴση ἐστὶν ἡ μὲν ὑπὸ ΑΕΓ γωνία τῇ ὑπὸ ΔΕΒ, ἡ δὲ ὑπὸ ΓΕΒ τῇ ὑπὸ ΑΕΔ.

Ἐπεὶ γὰρ εὐθεῖα ἡ ΑΕ ἐπ᾽ εὐθεῖαν τὴν ΓΔ ἐφέστηκε γωνίας ποιοῦσα τὰς ὑπὸ ΓΕΑ, ΑΕΔ, αἱ ἄρα ὑπὸ ΓΕΑ, ΑΕΔ γωνίαι δυσὶν ὀρθαῖς ἴσαι εἰσίν. πάλιν, ἐπεὶ εὐθεῖα ἡ ΔΕ ἐπ᾽ εὐθεῖαν τὴν ΑΒ ἐφέστηκε γωνίας ποιοῦσα τὰς ὑπὸ ΑΕΔ, ΔΕΒ, αἱ ἄρα ὑπὸ ΑΕΔ, ΔΕΒ γωνίαι δυσὶν ὀρθαῖς ἴσαι εἰσίν. ἐδείχθησαν δὲ καὶ αἱ ὑπὸ ΓΕΑ, ΑΕΔ δυσὶν ὀρθαῖς ἴσαι· ἁι ἄρα ὑπὸ ΓΕΑ, ΑΕΔ ταῖς ὑπὸ ΑΕΔ, ΔΕΒ ἴσαι εἰσίν. κοινὴ ἀφῃρήσθω ἡ ὑπὸ ΑΕΔ· λοιπὴ ἄρα ἡ ὑπὸ ΓΕΑ λοιπῇ τῇ ὑπὸ ΒΕΔ ἴση ἐστίν· ὁμοίως δὴ δειχθήσεται, ὅτι καὶ αἱ ὑπὸ ΓΕΒ, ΔΕΑ ἴσαι εἰσίν.

Ἐὰν ἄρα δύο εὐθεῖαι τέμνωσιν ἀλλήλας, τὰς κατὰ κορυφὴν γωνίας ἴσας ἀλλήλαις ποιοῦσιν· ὅπερ ἔδει δεῖξαι.

Proposition 15

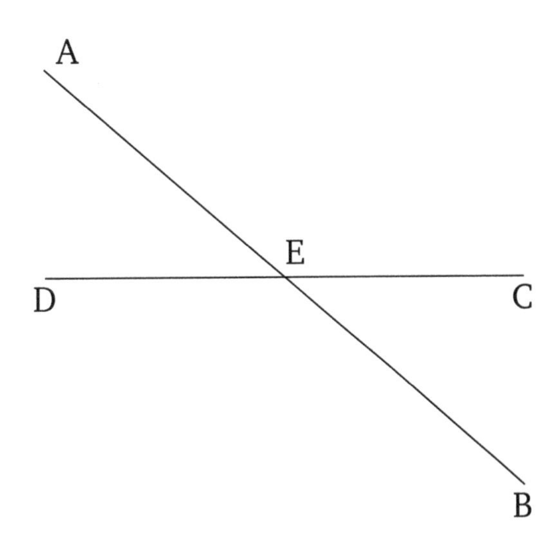

If two straight-lines cut one another then they make the vertically opposite angles equal to one another.

For let the two straight-lines AB and CD cut one another at the point E. I say that angle AEC is equal to (angle) DEB, and (angle) CEB to (angle) AED.

For since the straight-line AE stands on the straight-line CD, making the angles CEA and AED, the angles CEA and AED are thus equal to two right-angles [Prop. 1.13]. Again, since the straight-line DE stands on the straight-line AB, making the angles AED and DEB, the angles AED and DEB are thus equal to two right-angles [Prop. 1.13]. But CEA and AED were also shown (to be) equal to two right-angles. Thus, CEA and AED are equal to AED and DEB [C.N. 1]. Let AED have been subtracted from both. Thus, the remainder CEA is equal to the remainder BED [C.N. 3]. Similarly, it can be shown that CEB and DEA are also equal.

Thus, if two straight-lines cut one another then they make the vertically opposite angles equal to one another. (Which is) the very thing it was required to show.

ΣΤΟΙΧΕΙΩΝ α´

ις´

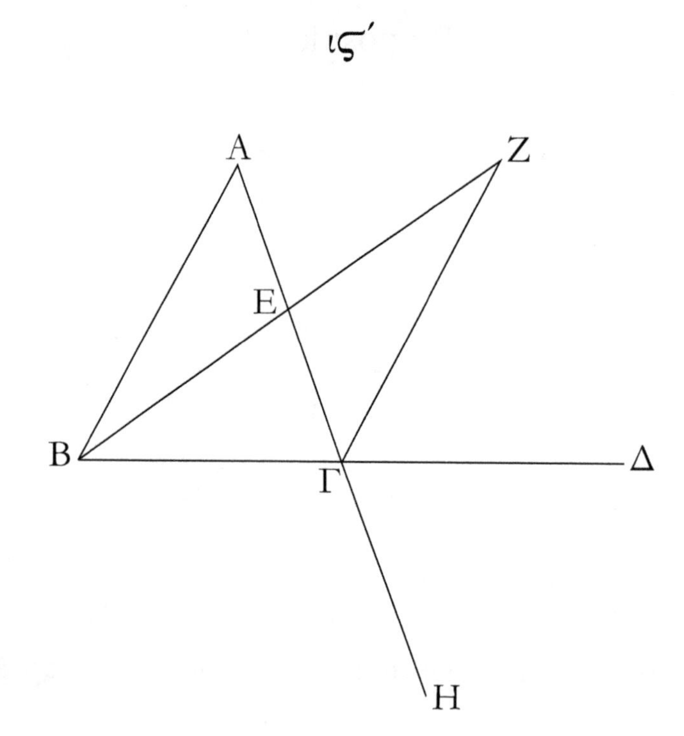

Παντὸς τριγώνου μιᾶς τῶν πλευρῶν προσεκβληθείσης ἡ ἐκτὸς γωνία ἑκατέρας τῶν ἐντὸς καὶ ἀπεναντίον γωνιῶν μείζων ἐστίν.

Ἔστω τρίγωνον τὸ ΑΒΓ, καὶ προσεκβεβλήσθω αὐτοῦ μία πλευρὰ ἡ ΒΓ ἐπὶ τὸ Δ· λὲγω, ὅτι ἡ ἐκτὸς γωνία ἡ ὑπὸ ΑΓΔ μείζων ἐστὶν ἑκατέρας τῶν ἐντὸς καὶ ἀπεναντίον τῶν ὑπὸ ΓΒΑ, ΒΑΓ γωνιῶν.

Τετμήσθω ἡ ΑΓ δίχα κατὰ τὸ Ε, καὶ ἐπιζευχθεῖσα ἡ ΒΕ ἐκβεβλήσθω ἐπ᾽ εὐθείας ἐπὶ τὸ Ζ, καὶ κείσθω τῇ ΒΕ ἴση ἡ ΕΖ, καὶ ἐπεζεύχθω ἡ ΖΓ, καὶ διήχθω ἡ ΑΓ ἐπὶ τὸ Η.

Ἐπεὶ οὖν ἴση ἐστὶν ἡ μὲν ΑΕ τῇ ΕΓ, ἡ δὲ ΒΕ τῇ ΕΖ, δύο δὴ αἱ ΑΕ, ΕΒ δυσὶ ταῖς ΓΕ, ΕΖ ἴσαι εἰσὶν ἑκατέρα ἑκατέρᾳ· καὶ γωνία ἡ ὑπὸ ΑΕΒ γωνίᾳ τῇ ὑπὸ ΖΕΓ ἴση ἐστίν· κατὰ κορυφὴν γάρ· βάσις ἄρα ἡ ΑΒ βάσει τῇ ΖΓ ἴση ἐστίν, καὶ τὸ ΑΒΕ τρίγωνον τῷ ΖΕΓ τριγώνῳ ἐστὶν ἴσον, καὶ αἱ λοιπαὶ γωνίαι ταῖς λοιπαῖς γωνίαις ἴσαι εἰσὶν ἑκατέρα ἑκατέρᾳ, ὑφ᾽ ἃς αἱ ἴσας πλευραὶ ὑποτείνουσιν· ἴση ἄρα ἐστὶν ἡ ὑπὸ ΒΑΕ τῇ ὑπὸ ΕΓΖ. μείζων δέ ἐστιν ἡ ὑπὸ ΕΓΔ τῆς ὑπὸ ΕΓΖ· μείζων ἄρα ἡ ὑπὸ ΑΓΔ τῆς ὑπὸ ΒΑΕ. Ὁμοίως δὴ τῆς ΒΓ τετμημένης δίχα δειχθήσεται καὶ ἡ ὑπὸ ΒΓΗ, τουτέστιν ἡ ὑπὸ ΑΓΔ, μείζων καὶ τῆς ὑπὸ ΑΒΓ.

Παντὸς ἄρα τριγώνου μιᾶς τῶν πλευρῶν προσεκβληθείσης ἡ ἐκτὸς γωνία ἑκατέρας τῶν ἐντὸς καὶ ἀπεναντίον γωνιῶν μείζων ἐστίν· ὅπερ ἔδει δεῖξαι.

Proposition 16

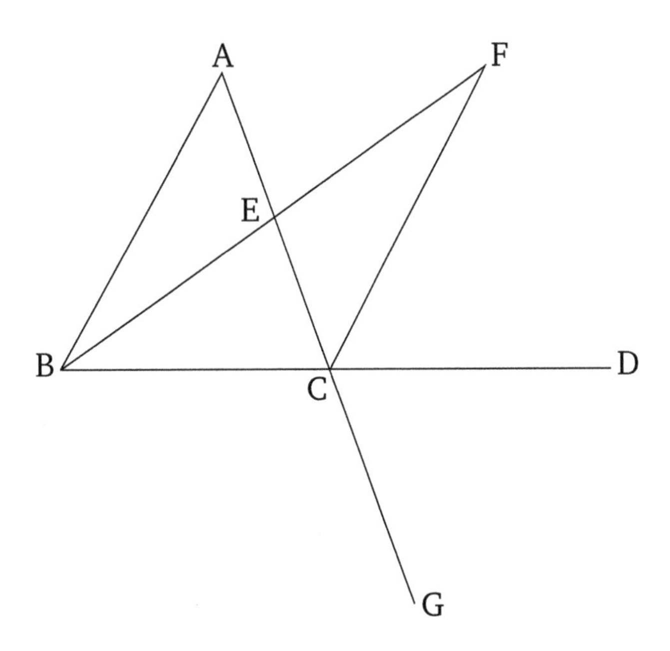

For any triangle, when one of the sides is produced, the external angle is greater than each of the internal and opposite angles.

Let ABC be a triangle, and let one of its sides BC have been produced to D. I say that the external angle ACD is greater than each of the internal and opposite angles, CBA and BAC.

Let the (straight-line) AC have been cut in half at (point) E [Prop. 1.10]. And BE being joined, let it have been produced in a straight-line to (point) F.[9] And let EF be made equal to BE [Prop. 1.3], and let FC have been joined, and let AC have been drawn through to (point) G.

Therefore, since AE is equal to EC, and BE to EF, the two (straight-lines) AE, EB are equal to the two (straight-lines) CE, EF, respectively. Also, angle AEB is equal to angle FEC, for (they are) vertically opposite [Prop. 1.15]. Thus, the base AB is equal to the base FC, and the triangle ABE is equal to the triangle FEC, and the remaining angles subtended by the equal sides are equal to the corresponding remaining angles [Prop. 1.4]. Thus, BAE is equal to ECF. But ECD is greater than ECF. Thus, ACD is greater than BAE. Similarly, by having cut BC in half, it can be shown (that) BCG—that is to say, ACD—(is) also greater than ABC.

Thus, for any triangle, when one of the sides is produced, the external angle is greater than each of the internal and opposite angles. (Which is) the very thing it was required to show.

---

[9]The implicit assumption that the point F lies in the interior of the angle ABC should be counted as an additional postulate.

ΣΤΟΙΧΕΙΩΝ α΄

ιζ΄

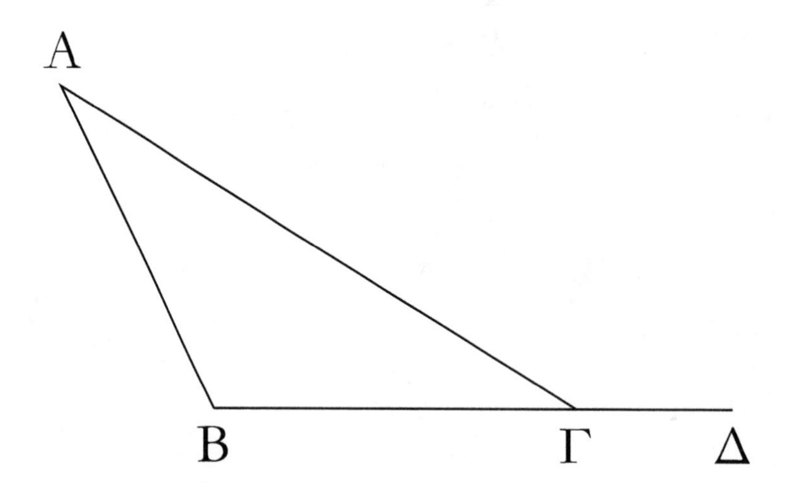

Παντὸς τριγώνου αἱ δύο γωνίαι δύο ὀρθῶν ἐλάσσονές εἰσι πάντῃ μεταλαμβανόμεναι.

Ἔστω τρίγωνον τὸ ΑΒΓ· λέγω, ὅτι τοῦ ΑΒΓ τριγώνου αἱ δύο γωνίαι δύο ὀρθῶν ἐλάττονές εἰσι πάντη μεταλαμβανόμεναι.

Ἐκβεβλήσθω γὰρ ἡ ΒΓ ἐπὶ τὸ Δ.

Καὶ ἐπεὶ τριγώνου τοῦ ΑΒΓ ἐκτός ἐστι γωνία ἡ ὑπὸ ΑΓΔ, μείζων ἐστὶ τῆς ἐντὸς καὶ ἀπεναντίον τῆς ὑπὸ ΑΒΓ. κοινὴ προσκείσθω ἡ ὑπὸ ΑΓΒ· αἱ ἄρα ὑπὸ ΑΓΔ, ΑΓΒ τῶν ὑπὸ ΑΒΓ, ΒΓΑ μείζονές εἰσιν. ἀλλ᾽ αἱ ὑπὸ ΑΓΔ, ΑΓΒ δύο ὀρθαῖς ἴσαι εἰσίν· αἱ ἄρα ὑπὸ ΑΒΓ, ΒΓΑ δύο ὀρθῶν ἐλάσσονές εἰσιν. ὁμοίως δὴ δείξομεν, ὅτι καὶ αἱ ὑπὸ ΒΑΓ, ΑΓΒ δύο ὀρθῶν ἐλάσσονές εἰσι καὶ ἔτι αἱ ὑπὸ ΓΑΒ, ΑΒΓ.

Παντὸς ἄρα τριγώνου αἱ δύο γωνίαι δύο ὀρθῶν ἐλάσσονές εἰσι πάντῃ μεταλαμβανόμεναι· ὅπερ ἔδει δεῖξαι.

Proposition 17

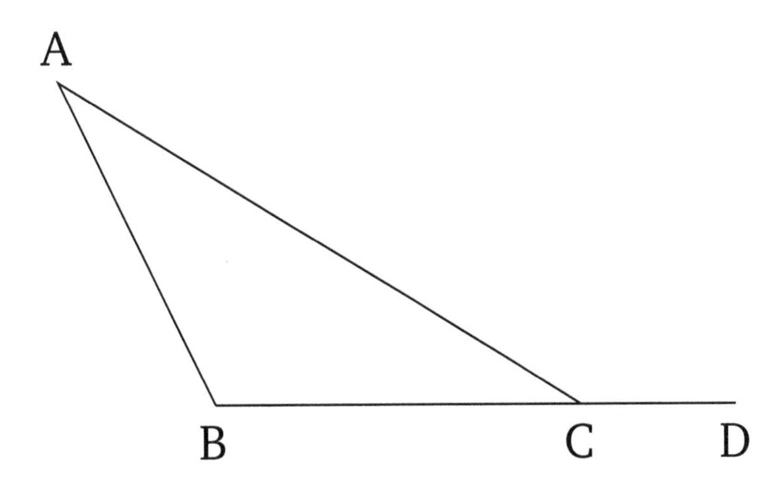

For any triangle, (any) two angles are less than two right-angles, (the angles) being taken up in any (possible way).

Let ABC be a triangle. I say that (any) two angles of triangle ABC are less than two right-angles, (the angles) being taken up in any (possible way).

For let BC have been produced to D.

And since the angle ACD is external to triangle ABC, it is greater than the internal and opposite angle ABC [Prop. 1.16]. Let ACB have been added to both. Thus, the (angles) ACD and ACB are greater than the (angles) ABC and BCA. But, ACD and ACB are equal to two right-angles [Prop. 1.13]. Thus, ABC and BCA are less than two right-angles. Similarly, we can show that BAC and ACB are also less than two right-angles, and again CAB and ABC (are less than two right-angles).

Thus, for any triangle, (any) two angles are less than two right-angles, (the angles) being taken up in any (possible way). (Which is) the very thing it was required to show.

ΣΤΟΙΧΕΙΩΝ α´

ιη´

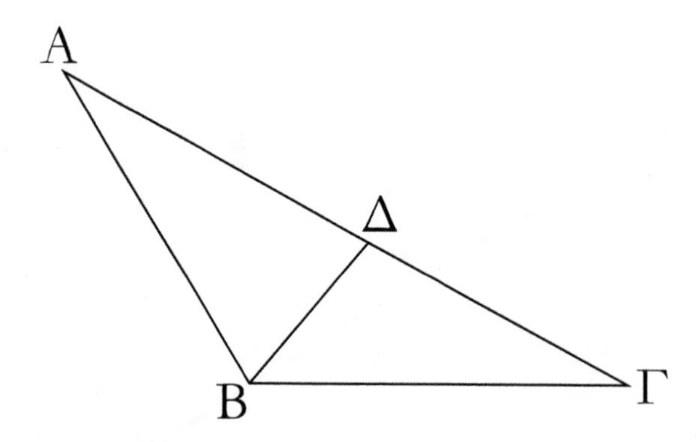

Παντὸς τριγώνου ἡ μείζων πλευρὰ τὴν μείζονα γωνίαν ὑποτείνει.

Ἔστω γὰρ τρίγωνον τὸ ΑΒΓ μείζονα ἔχον τὴν ΑΓ πλευρὰν τῆς ΑΒ· λέγω, ὅτι καὶ γωνία ἡ ὑπὸ ΑΒΓ μείζων ἐστὶ τῆς ὑπὸ ΒΓΑ·

Ἐπεὶ γὰρ μείζων ἐστὶν ἡ ΑΓ τῆς ΑΒ, κείσθω τῇ ΑΒ ἴση ἡ ΑΔ, καὶ ἐπεζεύχθω ἡ ΒΔ.

Καὶ ἐπεὶ τριγώνου τοῦ ΒΓΔ ἐκτός ἐστι γωνία ἡ ὑπὸ ΑΔΒ, μείζων ἐστὶ τῆς ἐντὸς καὶ ἀπεναντίον τῆς ὑπὸ ΔΓΒ· ἴση δὲ ἡ ὑπὸ ΑΔΒ τῇ ὑπὸ ΑΒΔ, ἐπεὶ καὶ πλευρὰ ἡ ΑΒ τῇ ΑΔ ἐστιν ἴση· μείζων ἄρα καὶ ἡ ὑπὸ ΑΒΔ τῆς ὑπὸ ΑΓΒ· πολλῷ ἄρα ἡ ὑπὸ ΑΒΓ μείζων ἐστὶ τῆς ὑπὸ ΑΓΒ.

Παντὸς ἄρα τριγώνου ἡ μείζων πλευρὰ τὴν μείζονα γωνίαν ὑποτείνει· ὅπερ ἔδει δεῖξαι.

Proposition 18

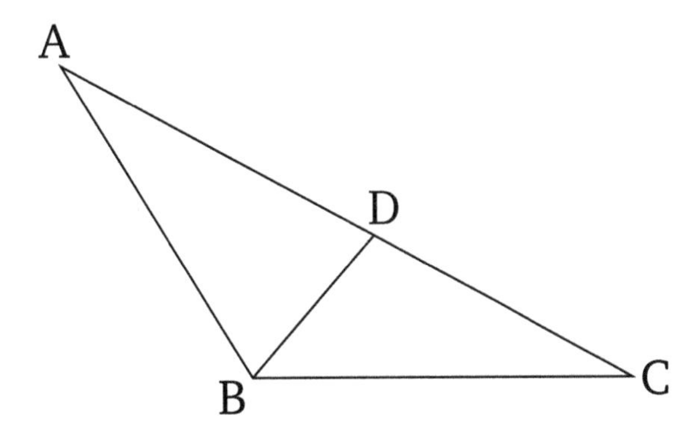

For any triangle, the greater side subtends the greater angle.

For let ABC be a triangle having side AC greater than AB. I say that angle ABC is also greater than BCA.

For since AC is greater than AB, let AD be made equal to AB [Prop. 1.3], and let BD have been joined.

And since angle ADB is external to triangle BCD, it is greater than the internal and opposite (angle) DCB. But ADB (is) equal to ABD, since side AB is also equal to side AD [Prop. 1.5]. Thus, ABD is also greater than ACB. Thus, ABC is much greater than ACB.

Thus, for any triangle, the greater side subtends the greater angle. (Which is) the very thing it was required to show.

ΣΤΟΙΧΕΙΩΝ α΄

ιϑ΄

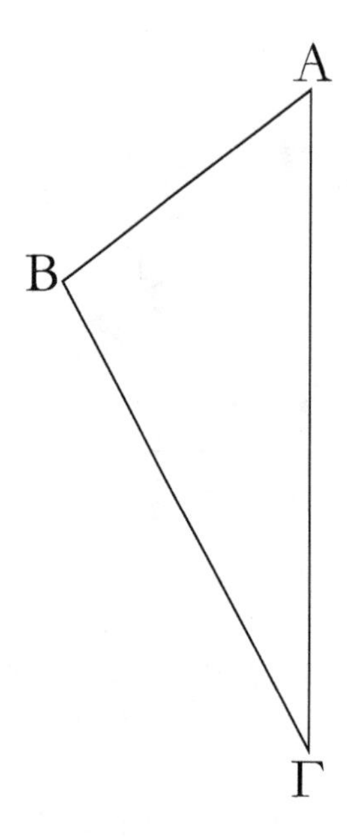

Παντὸς τριγώνου ὑπὸ τὴν μείζονα γωνίαν ἡ μείζων πλευρὰ ὑποτείνει.

Ἔστω τρίγωνον τὸ ΑΒΓ μείζονα ἔχον τὴν ὑπὸ ΑΒΓ γωνίαν τῆς ὑπὸ ΒΓΑ· λέγω, ὅτι καὶ πλευρὰ ἡ ΑΓ πλευρᾶς τῆς ΑΒ μείζων ἐστίν.

Εἰ γὰρ μή, ἤτοι ἴση ἐστὶν ἡ ΑΓ τῇ ΑΒ ἢ ἐλάσσων· ἴση μὲν οὖν οὐκ ἔστιν ἡ ΑΓ τῇ ΑΒ· ἴση γὰρ ἂν ἦν καὶ γωνία ἡ ὑπὸ ΑΒΓ τῇ ὑπὸ ΑΓΒ· οὐκ ἔστι δέ· οὐκ ἄρα ἴση ἐστὶν ἡ ΑΓ τῇ ΑΒ. οὐδὲ μὴν ἐλάσσων ἐστὶν ἡ ΑΓ τῆς ΑΒ· ἐλάσσων γὰρ ἂν ἦν καὶ γωνία ἡ ὑπὸ ΑΒΓ τῆς ὑπὸ ΑΓΒ· οὐκ ἔστι δέ· οὐκ ἄρα ἐλάσσων ἐστὶν ἡ ΑΓ τῆς ΑΒ. ἐδείχθη δέ, ὅτι οὐδὲ ἴση ἐστίν. μείζων ἄρα ἐστὶν ἡ ΑΓ τῆς ΑΒ.

Παντὸς ἄρα τριγώνου ὑπὸ τὴν μείζονα γωνίαν ἡ μείζων πλευρὰ ὑποτείνει· ὅπερ ἔδει δεῖξαι.

Proposition 19

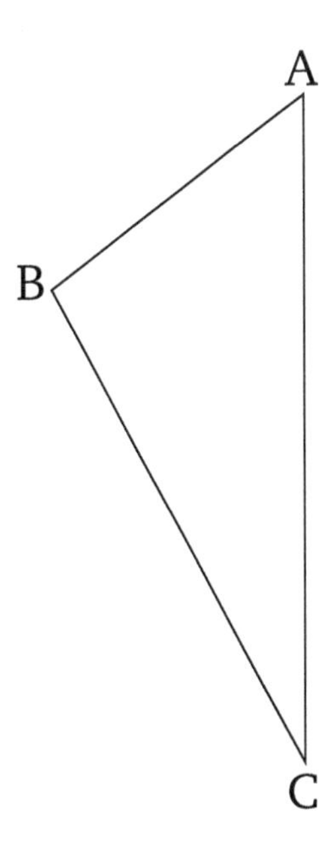

For any triangle, the greater angle is subtended by the greater side.

Let ABC be a triangle having the angle ABC greater than BCA. I say that side AC is also greater than side AB.

For if not, AC is certainly either equal to or less than AB. In fact, AC is not equal to AB. For then angle ABC would also have been equal to ACB [Prop. 1.5]. But it is not. Thus, AC is not equal to AB. Neither, indeed, is AC less than AB. For then angle ABC would also have been less than ACB [Prop. 1.18]. But it is not. Thus, AC is not less than AB. But it was shown that (AC) is also not equal (to AB). Thus, AC is greater than AB.

Thus, for any triangle, the greater angle is subtended by the greater side. (Which is) the very thing it was required to show.

κ΄

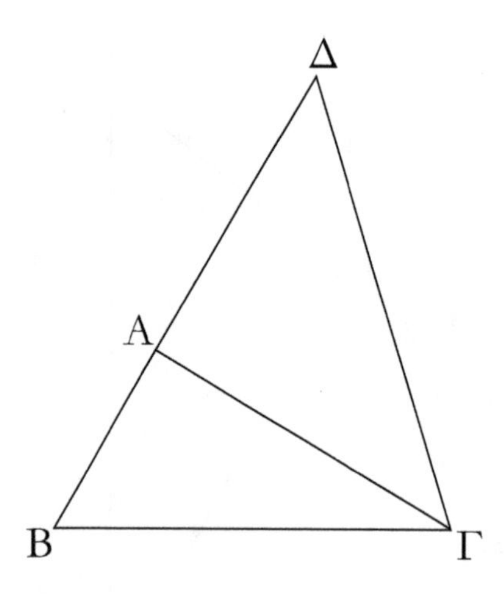

Παντὸς τριγώνου αἱ δύο πλευραὶ τῆς λοιπῆς μείζονές εἰσι πάντῃ μεταλαμβανόμεναι.

Ἔστω γὰρ τρίγωνον τὸ ΑΒΓ· λέγω, ὅτι τοῦ ΑΒΓ τριγώνου αἱ δύο πλευραὶ τῆς λοιπῆς μείζονές εἰσι παντη μεταλαμβανόμεναι, αἱ μὲν ΒΑ, ΑΓ τῆς ΒΓ, αἱ δὲ ΑΒ, ΒΓ τῆς ΑΓ, αἱ δὲ ΒΓ, ΓΑ τῆς ΑΒ.

Διήχθω γὰρ ἡ ΒΑ ἐπὶ τὸ Δ σημεῖον, καὶ κείσθω τῇ ΓΑ ἴση ἡ ΑΔ, καὶ ἐπεζεύχθω ἡ ΔΓ.

Ἐπεὶ οὖν ἴση ἐστὶν ἡ ΔΑ τῇ ΑΓ, ἴση ἐστὶ καὶ γωνία ἡ ὑπὸ ΑΔΓ τῇ ὑπὸ ΑΓΔ· μείζων ἄρα ἡ ὑπὸ ΒΓΔ τῆς ὑπὸ ΑΔΓ· καὶ ἐπεὶ τρίγωνόν ἐστι τὸ ΔΓΒ μείζονα ἔχον τὴν ὑπὸ ΒΓΔ γωνίαν τῆς ὑπὸ ΒΔΓ, ὑπὸ δὲ τὴν μείζονα γωνίαν ἡ μείζων πλευρὰ ὑποτείνει, ἡ ΔΒ ἄρα τῆς ΒΓ ἐστι μείζων. ἴση δὲ ἡ ΔΑ τῇ ΑΓ· μείζονες ἄρα αἱ ΒΑ, ΑΓ τῆς ΒΓ· ὁμοίως δὴ δείξομεν, ὅτι καὶ αἱ μὲν ΑΒ, ΒΓ τῆς ΓΑ μείζονές εἰσιν, αἱ δὲ ΒΓ, ΓΑ τῆς ΑΒ.

Παντὸς ἄρα τριγώνου αἱ δύο πλευραὶ τῆς λοιπῆς μείζονές εἰσι πάντῃ μεταλαμβανόμεναι· ὅπερ ἔδει δεῖξαι.

Proposition 20

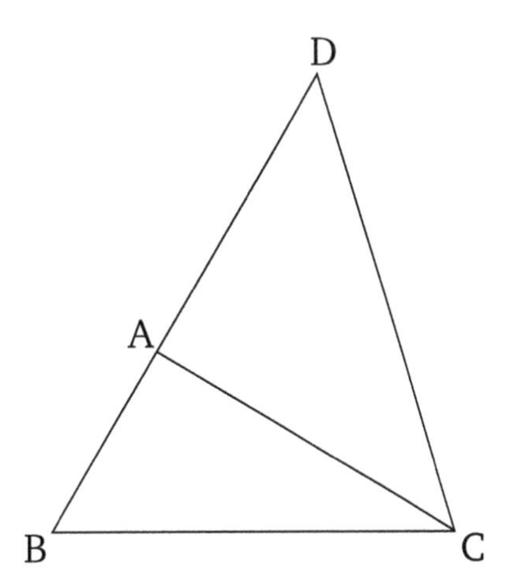

For any triangle, (any) two sides are greater than the remaining (side), (the sides) being taken up in any (possible way).

For let ABC be a triangle. I say that for triangle ABC (any) two sides are greater than the remaining (side), (the sides) being taken up in any (possible way). (So), BA and AC (are greater) than BC, AB and BC than AC, and BC and CA than AB.

For let BA have been drawn through to point D, and let AD be made equal to CA [Prop. 1.3], and let DC have been joined.

Therefore, since DA is equal to AC, the angle ADC is also equal to ACD [Prop. 1.5]. Thus, BCD is greater than ADC. And since triangle DCB has the angle BCD greater than BDC, and the greater angle subtends the greater side [Prop. 1.19], DB is thus greater than BC. But DA is equal to AC. Thus, BA and AC are greater than BC. Similarly, we can show that AB and BC are also greater than CA, and BC and CA than AB.

Thus, for any triangle, (any) two sides are greater than the remaining (side), (the sides) being taken up in any (possible way). (Which is) the very thing it was required to show.

κα΄

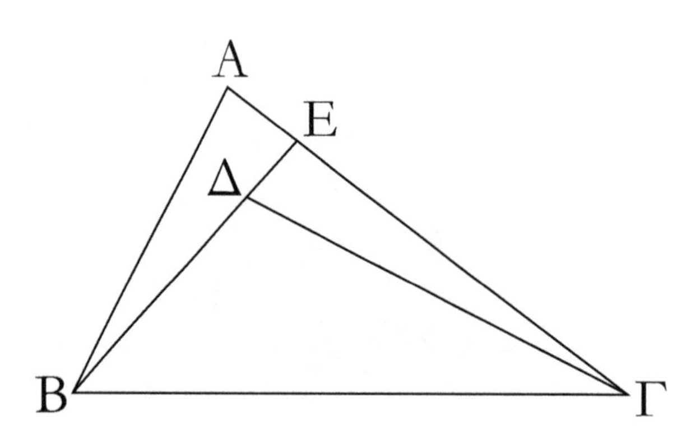

Ἐὰν τριγώνου ἐπὶ μιᾶς τῶν πλευρῶν ἀπὸ τῶν περάτων δύο εὐθεῖαι ἐντὸς συσταθῶσιν, αἱ συσταθεῖσαι τῶν λοιπῶν τοῦ τριγώνου δύο πλευρῶν ἐλάττονες μὲν ἔσονται, μείζονα δὲ γωνίαν περιέξουσιν.

Τριγώνου γὰρ τοῦ ΑΒΓ ἐπὶ μιᾶς τῶν πλευρῶν τῆς ΒΓ ἀπὸ τῶν περάτων τῶν Β, Γ δύο εὐθεῖαι ἐντὸς συνεστάτωσαν αἱ ΒΔ, ΔΓ· λέγω, ὅτι αἱ ΒΔ, ΔΓ τῶν λοιπῶν τοῦ τριγώνου δύο πλευρῶν τῶν ΒΑ, ΑΓ ἐλάσσονες μέν εἰσιν, μείζονα δὲ γωνίαν περιέχουσι τὴν ὑπὸ ΒΔΓ τῆς ὑπὸ ΒΑΓ.

Διήχθω γὰρ ἡ ΒΔ ἐπὶ τὸ Ε. καὶ ἐπεὶ παντὸς τριγώνου αἱ δύο πλευραὶ τῆς λοιπῆς μείζονές εἰσιν, τοῦ ΑΒΕ ἄρα τριγώνου αἱ δύο πλευραὶ αἱ ΑΒ, ΑΕ τῆς ΒΕ μείζονές εἰσιν· κοινὴ προσκείσθω ἡ ΕΓ· αἱ ἄρα ΒΑ, ΑΓ τῶν ΒΕ, ΕΓ μείζονές εἰσιν. πάλιν, ἐπεὶ τοῦ ΓΕΔ τριγώνου αἱ δύο πλευραὶ αἱ ΓΕ, ΕΔ τῆς ΓΔ μείζονές εἰσιν, κοινὴ προσκείσθω ἡ ΔΒ· αἱ ΓΕ, ΕΒ ἄρα τῶν ΓΔ, ΔΒ μείζονές εἰσιν. ἀλλὰ τῶν ΒΕ, ΕΓ μείζονες ἐδείχθησαν αἱ ΒΑ, ΑΓ· πολλῷ ἄρα αἱ ΒΑ, ΑΓ τῶν ΒΔ, ΔΓ μείζονές εἰσιν.

Πάλιν, ἐπεὶ παντὸς τριγώνου ἡ ἐκτὸς γωνία τῆς ἐντὸς καὶ ἀπεναντίον μείζων ἐστίν, τοῦ ΓΔΕ ἄρα τριγώνου ἡ ἐκτὸς γωνία ἡ ὑπὸ ΒΔΓ μείζων ἐστὶ τῆς ὑπὸ ΓΕΔ. διὰ ταὐτὰ τοίνυν καὶ τοῦ ΑΒΕ τριγώνου ἡ ἐκτὸς γωνία ἡ ὑπὸ ΓΕΒ μείζων ἐστὶ τῆς ὑπὸ ΒΑΓ. ἀλλὰ τῆς ὑπὸ ΓΕΒ μείζων ἐδείχθη ἡ ὑπὸ ΒΔΓ· πολλῷ ἄρα ἡ ὑπὸ ΒΔΓ μείζων ἐστὶ τῆς ὑπὸ ΒΑΓ.

Ἐὰν ἄρα τριγώνου ἐπὶ μιᾶς τῶν πλευρῶν ἀπὸ τῶν περάτων δύο εὐθεῖαι ἐντὸς συσταθῶσιν, αἱ συσταθεῖσαι τῶν λοιπῶν τοῦ τριγώνου δύο πλευρῶν ἐλάττονες μέν εἰσιν, μείζονα δὲ γωνίαν περιέχουσιν· ὅπερ ἔδει δεῖξαι.

Proposition 21

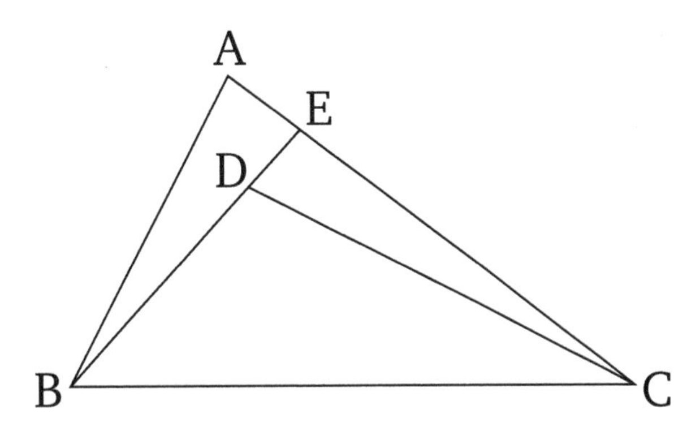

If two internal straight-lines are constructed on one of the sides of a triangle, from its ends, the constructed (straight-lines) will be less than the two remaining sides of the triangle, but will encompass a greater angle.

For let the two internal straight-lines BD and DC have been constructed on one of the sides BC of the triangle ABC, from its ends B and C (respectively). I say that BD and DC are less than the two remaining sides of the triangle BA and AC, but encompass an angle BDC greater than BAC.

For let BD have been drawn through to E. And since for every triangle (any) two sides are greater than the remaining (side) [Prop. 1.20], for triangle ABE the two sides AB and AE are thus greater than BE. Let EC have been added to both. Thus, BA and AC are greater than BE and EC. Again, since in triangle CED the two sides CE and ED are greater than CD, let DB have been added to both. Thus, CE and EB are greater than CD and DB. But, BA and AC were shown (to be) greater than BE and EC. Thus, BA and AC are much greater than BD and DC.

Again, since for every triangle the external angle is greater than the internal and opposite (angles) [Prop. 1.16], for triangle CDE the external angle BDC is thus greater than CED. Accordingly, for the same (reason), the external angle CEB of the triangle ABE is also greater than BAC. But, BDC was shown (to be) greater than CEB. Thus, BDC is much greater than BAC.

Thus, if two internal straight-lines are constructed on one of the sides of a triangle, from its ends, the constructed (straight-lines) are less than the two remaining sides of the triangle, but encompass a greater angle. (Which is) the very thing it was required to show.

ΣΤΟΙΧΕΙΩΝ α΄

κβ΄

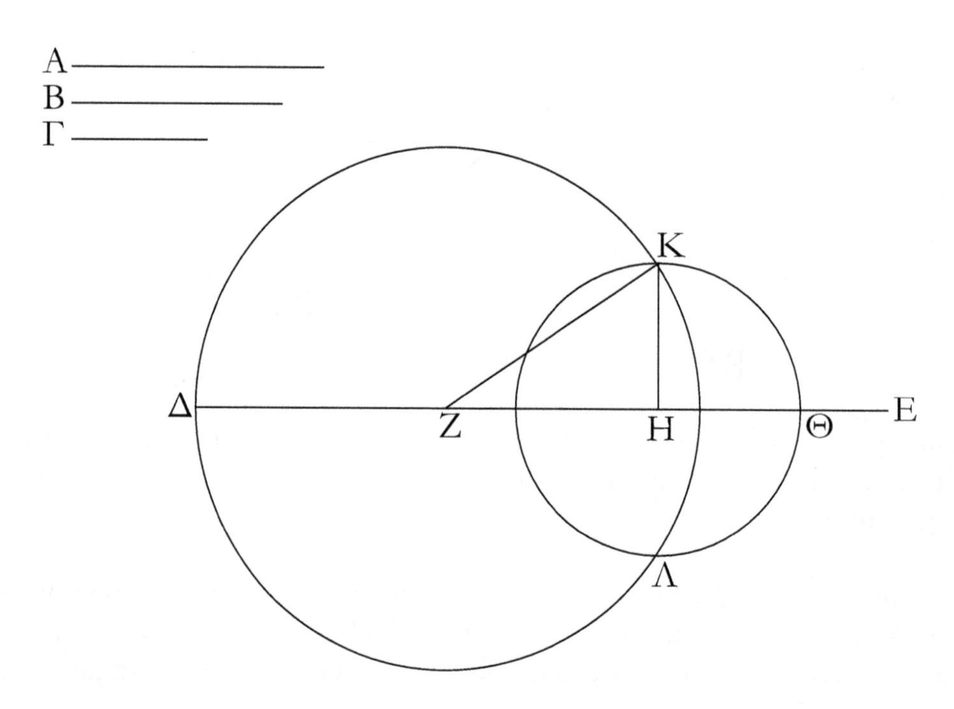

Ἐκ τριῶν εὐθειῶν, αἵ εἰσιν ἴσαι τρισὶ ταῖς δοθείσαις [εὐθείαις], τρίγωνον συστήσασθαι· δεῖ δὲ τὰς δύο τῆς λοιπῆς μείζονας εἶναι πάντῃ μεταλαμβανομένας [διὰ τὸ καὶ παντὸς τριγώνου τὰς δύο πλευρὰς τῆς λοιπῆς μείζονας εἶναι πάντῃ μεταλαμβανομένας].

Ἔστωσαν αἱ δοθεῖσαι τρεῖς εὐθεῖαι αἱ Α, Β, Γ, ὧν αἱ δύο τῆς λοιπῆς μείζονες ἔστωσαν πάντῃ μεταλαμβανόμεναι, αἱ μὲν Α, Β τῆς Γ, αἱ δὲ Α, Γ τῆς Β, καὶ ἔτι αἱ Β, Γ τῆς Α· δεῖ δὴ ἐκ τῶν ἴσων ταῖς Α, Β, Γ τρίγωνον συστήσασθαι.

Ἐκκείσθω τις εὐθεῖα ἡ ΔΕ πεπερασμένη μὲν κατὰ τὸ Δ ἄπειρος δὲ κατὰ τὸ Ε, καὶ κείσθω τῇ μὲν Α ἴση ἡ ΔΖ, τῇ δὲ Β ἴση ἡ ΖΗ, τῇ δὲ Γ ἴση ἡ ΗΘ· καὶ κέντρῳ μὲν τῷ Ζ, διαστήματι δὲ τῷ ΖΔ κύκλος γεγράφθω ὁ ΔΚΛ· πάλιν κέντρῳ μὲν τῷ Η, διαστήματι δὲ τῷ ΗΘ κύκλος γεγράφθω ὁ ΚΛΘ, καὶ ἐπεζεύχθωσαν αἱ ΚΖ, ΚΗ· λέγω, ὅτι ἐκ τριῶν εὐθειῶν τῶν ἴσων ταῖς Α, Β, Γ τρίγωνον συνέσταται τὸ ΚΖΗ.

Ἐπεὶ γὰρ τὸ Ζ σημεῖον κέντρον ἐστὶ τοῦ ΔΚΛ κύκλου, ἴση ἐστὶν ἡ ΖΔ τῇ ΖΚ· ἀλλὰ ἡ ΖΔ τῇ Α ἐστιν ἴση. καὶ ἡ ΚΖ ἄρα τῇ Α ἐστιν ἴση. πάλιν, ἐπεὶ τὸ Η σημεῖον κέντρον ἐστὶ τοῦ ΛΚΘ κύκλου, ἴση ἐστὶν ἡ ΗΘ τῇ ΗΚ· ἀλλὰ ἡ ΗΘ τῇ Γ ἐστιν ἴση· καὶ ἡ ΚΗ ἄρα τῇ Γ ἐστιν ἴση. ἐστὶ δὲ καὶ ἡ ΖΗ τῇ Β ἴση· αἱ τρεῖς ἄρα εὐθεῖαι αἱ ΚΖ, ΖΗ, ΗΚ τρισὶ ταῖς Α, Β, Γ ἴσαι εἰσίν.

Ἐκ τριῶν ἄρα εὐθειῶν τῶν ΚΖ, ΖΗ, ΗΚ, αἵ εἰσιν ἴσαι τρισὶ ταῖς δοθείσαις εὐθείαις ταῖς Α, Β, Γ, τρίγωνον συνέσταται τὸ ΚΖΗ· ὅπερ ἔδει ποιῆσαι.

Proposition 22

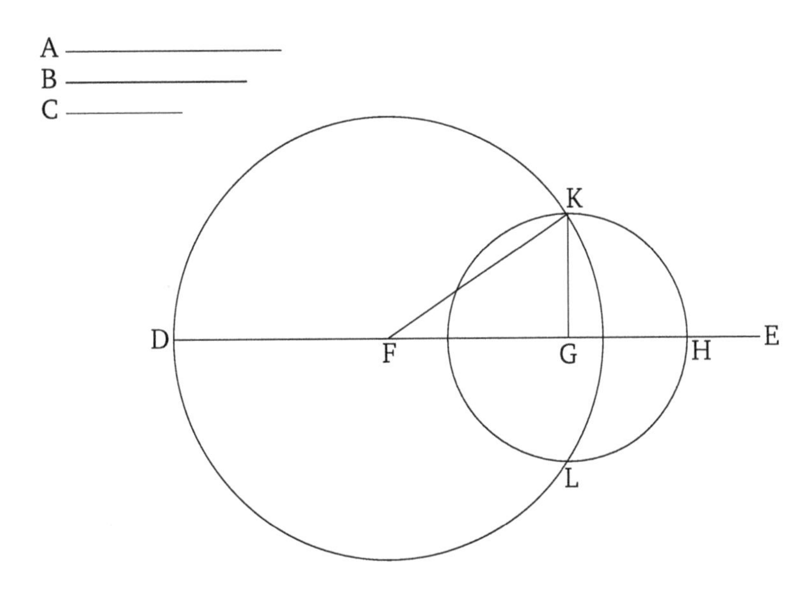

To construct a triangle from three straight-lines which are equal to three given [straight-lines]. It is necessary for two (of the straight-lines) to be greater than the remaining (one), (the straight-lines) being taken up in any (possible way) [on account of the (fact that) for every triangle (any) two sides are greater than the remaining (one), (the sides) being taken up in any (possible way) [Prop. 1.20]].

Let A, B, and C be the three given straight-lines, of which let (any) two be greater than the remaining (one), (the straight-lines) being taken up in (any possible way). (Thus), A and B (are greater) than C, A and C than B, and also B and C than A. So it is required to construct a triangle from (straight-lines) equal to A, B, and C.

Let some straight-line DE be set out, terminated at D, and infinite in the direction of E. And let DF made equal to A [Prop. 1.3], and FG equal to B [Prop. 1.3], and GH equal to C [Prop. 1.3]. And let the circle DKL have been drawn with center F and radius FD. Again, let the circle KLH have been drawn with center G and radius GH. And let KF and KG have been joined. I say that the triangle KFG has been constructed from three straight-lines equal to A, B, and C.

For since point F is the center of the circle DKL, FD is equal to FK. But, FD is equal to A. Thus, KF is also equal to A. Again, since point G is the center of the circle LKH, GH is equal to GK. But, GH is equal to C. Thus, KG is also equal to C. And FG is equal to B. Thus, the three straight-lines KF, FG, and GK are equal to A, B, and C (respectively).

Thus, the triangle KFG has been constructed from the three straight-lines KF, FG, and GK, which are equal to the three given straight-lines A, B, and C (respectively). (Which is) the very thing it was required to do.

ΣΤΟΙΧΕΙΩΝ α′

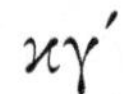

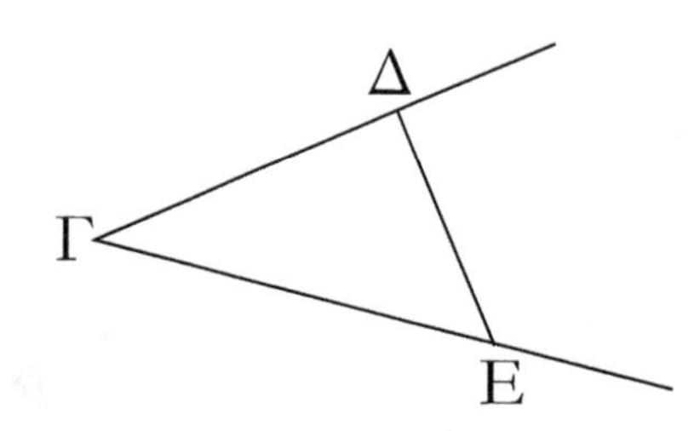

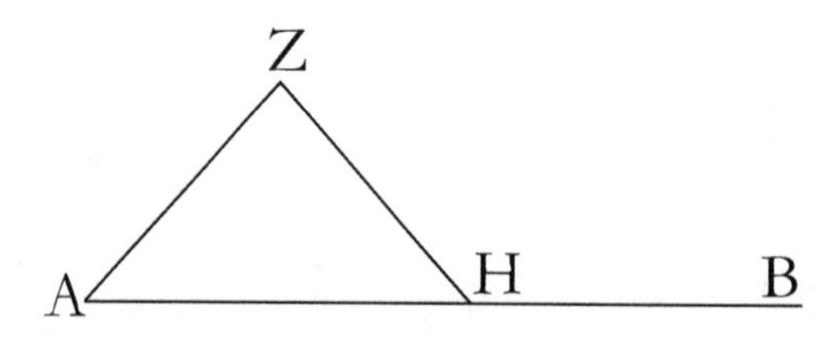

Πρὸς τῇ δοθείσῃ εὐθείᾳ καὶ τῷ πρὸς αὐτῃ σημείῳ τῇ δοθείσῃ γωνίᾳ εὐθυγράμμῳ ἴσην γωνίαν εὐθύγραμμον συστήσασθαι.

Ἔστω ἡ μὲν δοθεῖσα εὐθεῖα ἡ ΑΒ, τὸ δὲ πρὸς αὐτῇ σημεῖον τὸ Α, ἡ δὲ δοθεῖσα γωνία εὐθύγραμμος ἡ ὑπὸ ΔΓΕ· δεῖ δὴ πρὸς τῇ δοθεῖσῃ εὐθείᾳ τῇ ΑΒ καὶ τῷ πρὸς αὐτῇ σημείῳ τῷ Α τῇ δοθείσῃ γωνίᾳ εὐθυγράμμῳ τῇ ὑπὸ ΔΓΕ ἴσην γωνίαν εὐθύγραμμον συστήσασθαι.

Εἰλήφθω ἐφ᾽ ἑκατέρας τῶν ΓΔ, ΓΕ τυχόντα σημεῖα τὰ Δ, Ε, καὶ ἐπεζεύχθω ἡ ΔΕ· καὶ ἐκ τριῶν εὐθειῶν, αἵ εἰσιν ἴσαι τρισὶ ταῖς ΓΔ, ΔΕ, ΓΕ, τρίγωνον συνεστάτω τὸ ΑΖΗ, ὥστε ἴσην εἶναι τὴν μὲν ΓΔ τῇ ΑΖ, τὴν δὲ ΓΕ τῇ ΑΗ, καὶ ἔτι τὴν ΔΕ τῇ ΖΗ.

Ἐπεὶ οὖν δύο αἱ ΔΓ, ΓΕ δύο ταῖς ΖΑ, ΑΗ ἴσαι εἰσὶν ἑκατέρα ἑκατέρᾳ, καὶ βάσις ἡ ΔΕ βάσει τῇ ΖΗ ἴση, γωνία ἄρα ἡ ὑπὸ ΔΓΕ γωνίᾳ τῇ ὑπὸ ΖΑΗ ἐστιν ἴση.

Πρὸς ἄρα τῇ δοθείσῃ εὐθείᾳ τῇ ΑΒ καὶ τῷ πρὸς αὐτῇ σημείῳ τῷ Α τῇ δοθείσῃ γωνίᾳ εὐθυγράμμῳ τῇ ὑπὸ ΔΓΕ ἴση γωνία εὐθύγραμμος συνέσταται ἡ ὑπὸ ΖΑΗ· ὅπερ ἔδει ποιῆσαι.

Proposition 23

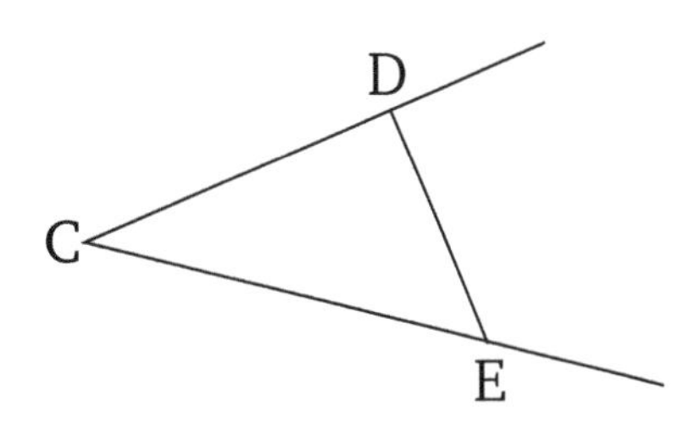

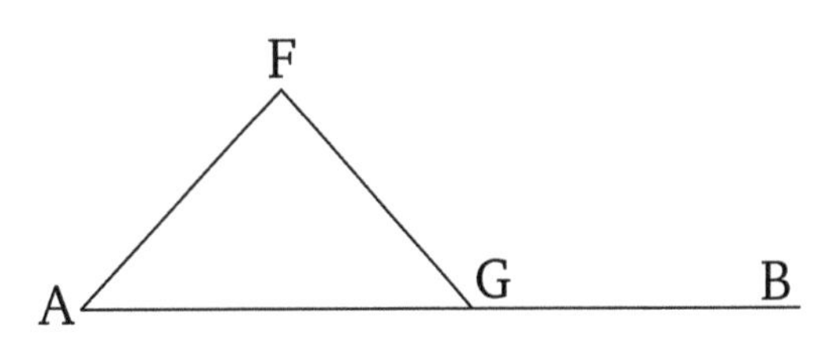

To construct a rectilinear angle equal to a given rectilinear angle at a (given) point on a given straight-line.

Let AB be the given straight-line, A the (given) point on it, and DCE the given rectilinear angle. So it is required to construct a rectilinear angle equal to the given rectilinear angle DCE at the (given) point A on the given straight-line AB.

Let the points D and E have been taken somewhere on each of the (straight-lines) CD and CE (respectively), and let DE have been joined. And let the triangle AFG have been constructed from three straight-lines which are equal to CD, DE, and CE, such that CD is equal to AF, CE to AG, and also DE to FG [Prop. 1.22].

Therefore, since the two (straight-lines) DC, CE are equal to the two straight-lines FA, AG, respectively, and the base DE is equal to the base FG, the angle DCE is thus equal to the angle FAG [Prop. 1.8].

Thus, the rectilinear angle FAG, equal to the given rectilinear angle DCE, has been constructed at the (given) point A on the given straight-line AB. (Which is) the very thing it was required to do.

ΣΤΟΙΧΕΙΩΝ α΄

κδ΄

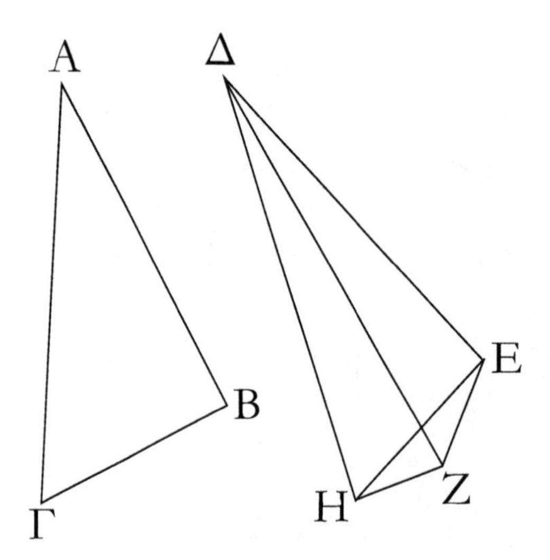

Ἐὰν δύο τρίγωνα τὰς δύο πλευρὰς [ταῖς] δύο πλευραῖς ἴσας ἔχῃ ἑκατέραν ἑκατέρᾳ, τὴν δὲ γωνίαν τῆς γωνίας μείζονα ἔχῃ τὴν ὑπὸ τῶν ἴσων εὐθειῶν περιεχομένην, καὶ τὴν βάσιν τῆς βάσεως μείζονα ἕξει.

Ἔστω δύο τρίγωνα τὰ ΑΒΓ, ΔΕΖ τὰς δύο πλευρὰς τὰς ΑΒ, ΑΓ ταῖς δύο πλευραῖς ταῖς ΔΕ, ΔΖ ἴσας ἔχοντα ἑκατέραν ἑκατέρᾳ, τὴν μὲν ΑΒ τῇ ΔΕ τὴν δὲ ΑΓ τῇ ΔΖ, ἡ δὲ πρὸς τῷ Α γωνία τῆς πρὸς τῷ Δ γωνίας μείζων ἔστω· λέγω, ὅτι καὶ βάσις ἡ ΒΓ βάσεως τῆς ΕΖ μείζων ἐστίν.

Ἐπεὶ γὰρ μείζων ἡ ὑπὸ ΒΑΓ γωνία τῆς ὑπὸ ΕΔΖ γωνίας, συνεστάτω πρὸς τῇ ΔΕ εὐθείᾳ καὶ τῷ πρὸς αὐτῇ σημείῳ τῷ Δ τῇ ὑπὸ ΒΑΓ γωνίᾳ ἴση ἡ ὑπὸ ΕΔΗ, καὶ κείσθω ὁποτέρᾳ τῶν ΑΓ, ΔΖ ἴση ἡ ΔΗ, καὶ ἐπεζεύχθωσαν αἱ ΕΗ, ΖΗ.

Ἐπεὶ οὖν ἴση ἐστὶν ἡ μὲν ΑΒ τῇ ΔΕ, ἡ δὲ ΑΓ τῇ ΔΗ, δύο δὴ αἱ ΒΑ, ΑΓ δυσὶ ταῖς ΕΔ, ΔΗ ἴσαι εἰσὶν ἑκατέρα ἑκατέρᾳ· καὶ γωνία ἡ ὑπὸ ΒΑΓ γωνίᾳ τῇ ὑπὸ ΕΔΗ ἴση· βάσις ἄρα ἡ ΒΓ βάσει τῇ ΕΗ ἐστιν ἴση. πάλιν, ἐπεὶ ἴση ἐστὶν ἡ ΔΖ τῇ ΔΗ, ἴση ἐστὶ καὶ ἡ ὑπὸ ΔΗΖ γωνία τῇ ὑπὸ ΔΖΗ· μείζων ἄρα ἡ ὑπὸ ΔΖΗ τῆς ὑπὸ ΕΗΖ· πολλῷ ἄρα μείζων ἐστὶν ἡ ὑπὸ ΕΖΗ τῆς ὑπὸ ΕΗΖ. καὶ ἐπεὶ τρίγωνόν ἐστι τὸ ΕΖΗ μείζονα ἔχον τὴν ὑπὸ ΕΖΗ γωνίαν τῆς ὑπὸ ΕΗΖ, ὑπὸ δὲ τὴν μείζονα γωνίαν ἡ μείζων πλευρὰ ὑποτείνει, μείζων ἄρα καὶ πλευρὰ ἡ ΕΗ τῆς ΕΖ. ἴση δὲ ἡ ΕΗ τῇ ΒΓ· μείζων ἄρα καὶ ἡ ΒΓ τῆς ΕΖ.

Ἐὰν ἄρα δύο τρίγωνα τὰς δύο πλευρὰς δυσὶ πλευραῖς ἴσας ἔχῃ ἑκατέραν ἑκατέρᾳ, τὴν δὲ γωνίαν τῆς γωνίας μείζονα ἔχῃ τὴν ὑπὸ τῶν ἴσων εὐθειῶν περιεχομένην, καὶ τὴν βάσιν τῆς βάσεως μείζονα ἕξει· ὅπερ ἔδει δεῖξαι.

Proposition 24

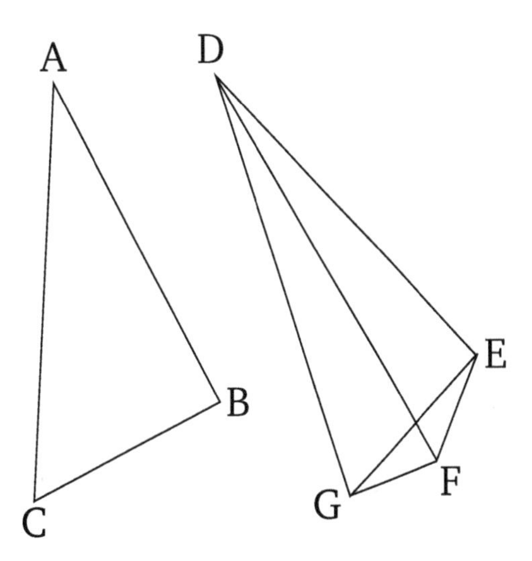

If two triangles have two sides equal to two sides, respectively, but (one) has the angle encompassed by the equal straight-lines greater than the (corresponding) angle (in the other), then (the former triangle) will also have a base greater than the base (of the latter).

Let ABC and DEF be two triangles having the two sides AB and AC equal to the two sides DE and DF, respectively. (That is), AB to DE, and AC to DF. Let them also have the angle at A greater than the angle at D. I say that the base BC is greater than the base EF.

For since angle BAC is greater than angle EDF, let (angle) EDG, equal to angle BAC, have been constructed at point D on the straight-line DE [Prop. 1.23]. And let DG be made equal to either of AC or DF [Prop. 1.3], and let EG and FG have been joined.

Therefore, since AB is equal to DE and AC to DG, the two (straight-lines) BA, AC are equal to the two (straight-lines) ED, DG, respectively. Also the angle BAC is equal to the angle EDG. Thus, the base BC is equal to the base EG [Prop. 1.4]. Again, since DF is equal to DG, angle DGF is also equal to angle DFG [Prop. 1.5]. Thus, DFG (is) greater than EGF. Thus, EFG is much greater than EGF. And since triangle EFG has angle EFG greater than EGF, and the greater angle subtends the greater side [Prop. 1.19], side EG (is) thus also greater than EF. But EG (is) equal to BC. Thus, BC (is) also greater than EF.

Thus, if two triangles have two sides equal to two sides, respectively, but (one) has the angle encompassed by the equal straight-lines greater than the (corresponding) angle (in the other), then (the former triangle) will also have a base greater than the base (of the latter). (Which is) the very thing it was required to show.

ΣΤΟΙΧΕΙΩΝ α΄

κε΄

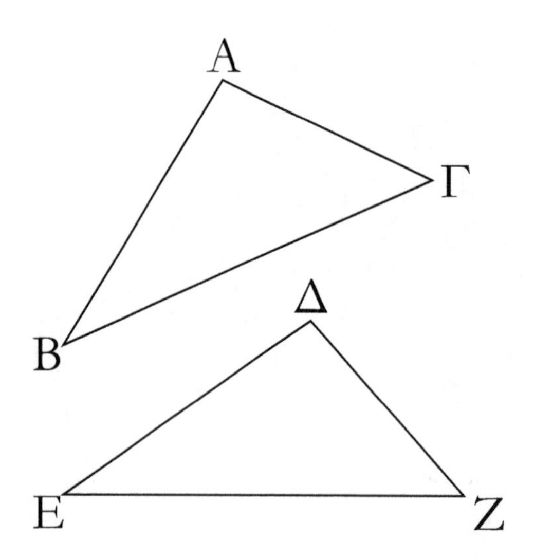

Ἐὰν δύο τρίγωνα τὰς δύο πλευρὰς δυσὶ πλευραῖς ἴσας ἔχῃ ἑκατέραν ἑκατέρᾳ, τὴν δὲ βασίν τῆς βάσεως μείζονα ἔχῃ, καὶ τὴν γωνίαν τῆς γωνίας μείζονα ἕξει τὴν ὑπὸ τῶν ἴσων εὐθειῶν περιεχομένην.

Ἔστω δύο τρίγωνα τὰ ΑΒΓ, ΔΕΖ τὰς δύο πλευρὰς τὰς ΑΒ, ΑΓ ταῖς δύο πλευραῖς ταῖς ΔΕ, ΔΖ ἴσας ἔχοντα ἑκατέραν ἑκατέρᾳ, τὴν μὲν ΑΒ τῇ ΔΕ, τὴν δὲ ΑΓ τῇ ΔΖ· βάσις δὲ ἡ ΒΓ βάσεως τῆς ΕΖ μείζων ἔστω· λέγω, ὅτι καὶ γωνία ἡ ὑπὸ ΒΑΓ γωνίας τῆς ὑπὸ ΕΔΖ μείζων ἐστίν.

Εἰ γὰρ μή, ἤτοι ἴση ἐστὶν αὐτῇ ἢ ἐλάσσων· ἴση μὲν οὖν οὐκ ἔστιν ἡ ὑπὸ ΒΑΓ τῇ ὑπὸ ΕΔΖ· ἴση γὰρ ἂν ἦν καὶ βάσις ἡ ΒΓ βάσει τῇ ΕΖ· οὐκ ἔστι δέ. οὐκ ἄρα ἴση ἐστὶ γωνία ἡ ὑπὸ ΒΑΓ τῇ ὑπὸ ΕΔΖ· οὐδὲ μὴν ἐλάσσων ἐστὶν ἡ ὑπὸ ΒΑΓ τῆς ὑπὸ ΕΔΖ· ἐλάσσων γὰρ ἂν ἦν καὶ βάσις ἡ ΒΓ βάσεως τῆς ΕΖ· οὐκ ἔστι δέ· οὐκ ἄρα ἐλάσσων ἐστὶν ἡ ὑπὸ ΒΑΓ γωνία τῆς ὑπὸ ΕΔΖ. ἐδείχθη δέ, ὅτι οὐδὲ ἴση· μείζων ἄρα ἐστὶν ἡ ὑπὸ ΒΑΓ τῆς ὑπὸ ΕΔΖ.

Ἐὰν ἄρα δύο τρίγωνα τὰς δύο πλευρὰς δυσὶ πλευραῖς ἴσας ἔχῃ ἑκατέραν ἑκάτερᾳ, τὴν δὲ βασίν τῆς βάσεως μείζονα ἔχῃ, καὶ τὴν γωνίαν τῆς γωνίας μείζονα ἕξει τὴν ὑπὸ τῶν ἴσων εὐθειῶν περιεχομένην· ὅπερ ἔδει δεῖξαι.

Proposition 25

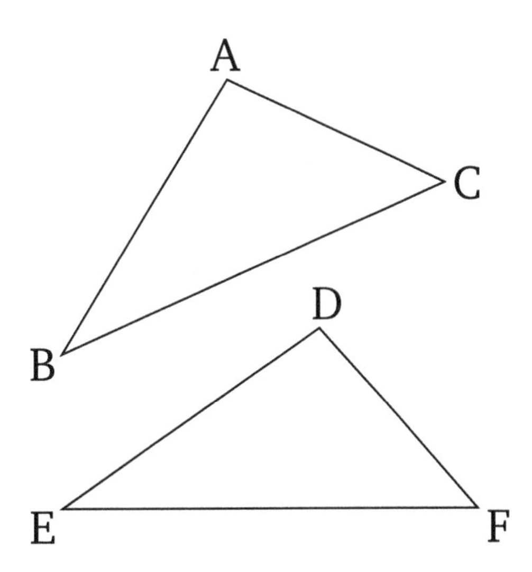

If two triangles have two sides equal to two sides, respectively, but (one) has a base greater than the base (of the other), then (the former triangle) will also have the angle encompassed by the equal straight-lines greater than the (corresponding) angle (in the latter).

Let ABC and DEF be two triangles having the two sides AB and AC equal to the two sides DE and DF, respectively (That is), AB to DE, and AC to DF. And let the base BC be greater than the base EF. I say that angle BAC is also greater than EDF.

For if not, (BAC) is certainly either equal to or less than (EDF). In fact, BAC is not equal to EDF. For then the base BC would also have been equal to EF [Prop. 1.4]. But it is not. Thus, angle BAC is not equal to EDF. Neither, indeed, is BAC less than EDF. For then the base BC would also have been less than EF [Prop. 1.24]. But it is not. Thus, angle BAC is not less than EDF. But it was shown that (BAC is) also not equal (to EDF). Thus, BAC is greater than EDF.

Thus, if two triangles have two sides equal to two sides, respectively, but (one) has a base greater than the base (of the other), then (the former triangle) will also have the angle encompassed by the equal straight-lines greater than the (corresponding) angle (in the latter). (Which is) the very thing it was required to show.

ΣΤΟΙΧΕΙΩΝ α΄

κϛ΄

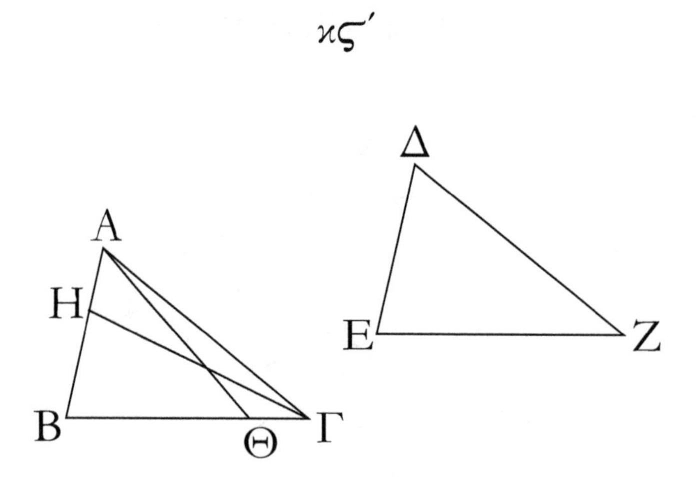

Ἐὰν δύο τρίγωνα τὰς δύο γωνίας δυσὶ γωνίαις ἴσας ἔχῃ ἑκαρέραν ἑκαρέρᾳ καὶ μίαν πλευρὰν μιᾷ πλευρᾷ ἴσην ἤτοι τὴν πρὸς ταῖς ἴσαις γωνίαις ἢ τὴν ὑποτείνουσαν ὑπὸ μίαν τῶν ἴσων γωνιῶν, καὶ τὰς λοιπὰς πλευρὰς ταῖς λοιπαῖς πλευραῖς ἴσας ἕξει [ἑκατέραν ἑκατέρᾳ] καὶ τὴν λοιπὴν γωνίαν τῇ λοιπῇ γωνίᾳ.

Ἔστω δύο τρίγωνα τὰ ΑΒΓ, ΔΕΖ τὰς δύο γωνίας τὰς ὑπὸ ΑΒΓ, ΒΓΑ δυσὶ ταῖς ὑπὸ ΔΕΖ, ΕΖΔ ἴσας ἔχοντα ἑκατέραν ἑκατέρᾳ, τὴν μὲν ὑπὸ ΑΒΓ τῇ ὑπὸ ΔΕΖ, τὴν δὲ ὑπὸ ΒΓΑ τῇ ὑπὸ ΕΖΔ· ἐχέτω δὲ καὶ μίαν πλευρὰν μιᾷ πλευρᾷ ἴσην, πρότερον τὴν πρὸς ταῖς ἴσαις γωνίαις τὴν ΒΓ τῇ ΕΖ· λέγω, ὅτι καὶ τὰς λοιπὰς πλευρὰς ταῖς λοιπαῖς πλευραῖς ἴσας ἕξει ἑκατέραν ἑκατέρᾳ, τὴν μὲν ΑΒ τῇ ΔΕ τὴν δὲ ΑΓ τῇ ΔΖ, καὶ τὴν λοιπὴν γωνίαν τῇ λοιπῇ γωνίᾳ, τὴν ὑπὸ ΒΑΓ τῇ ὑπὸ ΕΔΖ.

Εἰ γὰρ ἄνισός ἐστιν ἡ ΑΒ τῇ ΔΕ, μία αὐτῶν μείζων ἐστίν. ἔστω μείζων ἡ ΑΒ, καὶ κείσθω τῇ ΔΕ ἴση ἡ ΒΗ, καὶ ἐπεζεύχθω ἡ ΗΓ.

Ἐπεὶ οὖν ἴση ἐστὶν ἡ μὲν ΒΗ τῇ ΔΕ, ἡ δὲ ΒΓ τῇ ΕΖ, δύο δὴ αἱ ΒΗ, ΒΓ δυσὶ ταῖς ΔΕ, ΕΖ ἴσαι εἰσὶν ἑκατέρα ἑκατέρᾳ· καὶ γωνία ἡ ὑπὸ ΗΒΓ γωνίᾳ τῇ ὑπὸ ΔΕΖ ἴση ἐστίν· βάσις ἄρα ἡ ΗΓ βάσει τῇ ΔΖ ἴση ἐστίν, καὶ τὸ ΗΒΓ τρίγωνον τῷ ΔΕΖ τριγώνῳ ἴσον ἐστίν, καὶ αἱ λοιπαὶ γωνίαι ταῖς λοιπαῖς γωνίαις ἴσαι ἔσονται, ὑφ᾽ ἃς αἱ ἴσας πλευραὶ ὑποτείνουσιν· ἴση ἄρα ἡ ὑπὸ ΗΓΒ γωνία τῇ ὑπὸ ΔΖΕ. ἀλλὰ ἡ ὑπὸ ΔΖΕ τῇ ὑπὸ ΒΓΑ ὑπόκειται ἴση· καὶ ἡ ὑπὸ ΒΓΗ ἄρα τῇ ὑπὸ ΒΓΑ ἴση ἐστίν, ἡ ἐλάσσων τῇ μείζονι· ὅπερ ἀδύνατον. οὐκ ἄρα ἄνισός ἐστιν ἡ ΑΒ τῇ ΔΕ. ἴση ἄρα. ἔστι δὲ καὶ ἡ ΒΓ τῇ ΕΖ ἴση· δύο δὴ αἱ ΑΒ, ΒΓ δυσὶ ταῖς ΔΕ, ΕΖ ἴσαι εἰσὶν ἑκατέρα ἑκατέρᾳ· καὶ γωνία ἡ ὑπὸ ΑΒΓ γωνίᾳ τῇ ὑπὸ ΔΕΖ ἐστιν ἴση· βάσις ἄρα ἡ ΑΓ βάσει τῇ ΔΖ ἴση ἐστίν, καὶ λοιπὴ γωνία ἡ ὑπὸ ΒΑΓ τῇ λοιπῇ γωνίᾳ τῇ ὑπὸ ΕΔΖ ἴση ἐστίν.

Ἀλλὰ δὴ πάλιν ἔστωσαν αἱ ὑπὸ τὰς ἴσας γωνίας πλευραὶ ὑποτείνουσαι ἴσαι, ὡς ἡ ΑΒ τῇ ΔΕ· λέγω πάλιν, ὅτι καὶ αἱ λοιπαὶ πλευραὶ ταῖς λοιπαῖς πλευραῖς ἴσας ἔσονται, ἡ μὲν ΑΓ τῇ ΔΖ, ἡ δὲ ΒΓ τῇ ΕΖ καὶ ἔτι ἡ λοιπὴ γωνία ἡ ὑπὸ ΒΑΓ τῇ λοιπῇ γωνίᾳ τῇ ὑπὸ ΕΔΖ ἴση ἐστίν. Εἰ γὰρ

Proposition 26

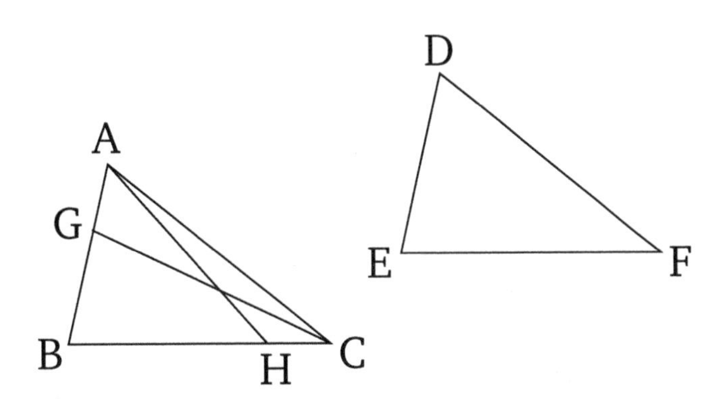

If two triangles have two angles equal to two angles, respectively, and one side equal to one side—in fact, either that by the equal angles, or that subtending one of the equal angles—then (the triangles) will also have the remaining sides equal to the [corresponding] remaining sides, and the remaining angle (equal) to the remaining angle.

Let ABC and DEF be two triangles having the two angles ABC and BCA equal to the two (angles) DEF and EFD, respectively. (That is) ABC to DEF, and BCA to EFD. And let them also have one side equal to one side. First of all, the (side) by the equal angles. (That is) BC (equal) to EF. I say that the remaining sides will be equal to the corresponding remaining sides. (That is) AB to DE, and AC to DF. And the remaining angle (will be equal) to the remaining angle. (That is) BAC to EDF.

For if AB is unequal to DE then one of them is greater. Let AB be greater, and let BG be made equal to DE [Prop. 1.3], and let GC have been joined.

Therefore, since BG is equal to DE, and BC to EF, the two (straight-lines) GB, BC[10] are equal to the two (straight-lines) DE, EF, respectively. And angle GBC is equal to angle DEF. Thus, the base GC is equal to the base DF, and triangle GBC is equal to triangle DEF, and the remaining angles subtended by the equal sides will be equal to the (corresponding) remaining angles [Prop. 1.4]. Thus, GCB (is equal) to DFE. But, DFE was assumed (to be) equal to BCA. Thus, BCG is also equal to BCA, the lesser to the greater. The very thing (is) impossible. Thus, AB is not unequal to DE. Thus, (it is) equal. And BC is also equal to EF. So the two (straight-lines) AB, BC are equal to the two (straight-lines) DE, EF, respectively. And angle ABC is equal to angle DEF. Thus, the base AC is equal to the base DF, and the remaining angle BAC is equal to the remaining angle EDF [Prop. 1.4].

But again, let the sides subtending the equal angles be equal: for instance, (let) AB (be equal) to DE. Again, I say that the remaining sides will be equal to the remaining sides. (That is) AC to

[10]The Greek text has "BG, BC", which is obviously a mistake.

κϛ΄

ἄνισός ἐστιν ἡ ΒΓ τῇ ΕΖ, μία αὐτῶν μείζων ἐστίν. ἔστω μείζων, εἰ δυνατόν, ἡ ΒΓ, καὶ κείσθω τῇ ΕΖ ἴση ἡ ΒΘ, καὶ ἐπεζεύχθω ἡ ΑΘ. καὶ ἐπὲι ἴση ἐστὶν ἡ μὲν ΒΘ τῇ ΕΖ ἡ δὲ ΑΒ τῇ ΔΕ, δύο δὴ αἱ ΑΒ, ΒΘ δυσὶ ταῖς ΔΕ, ΕΖ ἴσαι εἰσὶν ἑκατέρα ἑκαρέρᾳ· καὶ γωνίας ἴσας περιέχουσιν· βάσις ἄρα ἡ ΑΘ βάσει τῇ ΔΖ ἴση ἐστίν, καὶ τὸ ΑΒΘ τρίγωνον τῷ ΔΕΖ τριγώνῳ ἴσον ἐστίν, καὶ αἱ λοιπαὶ γωνίαι ταῖς λοιπαῖς γωνίαις ἴσαι ἔσονται, ὑφ' ἃς αἱ ἴσας πλευραὶ ὑποτείνουσιν· ἴση ἄρα ἐστὶν ἡ ὑπὸ ΒΘΑ γωνία τῇ ὑπὸ ΕΖΔ. ἀλλὰ ἡ ὑπὸ ΕΖΔ τῇ ὑπὸ ΒΓΑ ἐστιν ἴση· τριγώνου δὴ τοῦ ΑΘΓ ἡ ἐκτὸς γωνία ἡ ὑπὸ ΒΘΑ ἴση ἐστὶ τῇ ἐντὸς καὶ ἀπεναντίον τῇ ὑπὸ ΒΓΑ· ὅπερ ἀδύνατον. οὐκ ἄρα ἄνισός ἐστιν ἡ ΒΓ τῇ ΕΖ· ἴση ἄρα. ἐστὶ δὲ καὶ ἡ ΑΒ τῇ ΔΕ ἴση. δύο δὴ αἱ ΑΒ, ΒΓ δύο ταῖς ΔΕ, ΕΖ ἴσαι εἰσὶν ἑκατέρα ἑκατέρᾳ· καὶ γωνίας ἴσας περιέχουσι· βάσις ἄρα ἡ ΑΓ βάσει τῇ ΔΖ ἴση ἐστίν, καὶ τὸ ΑΒΓ τρίγωνον τῷ ΔΕΖ τριγώνῳ ἴσον καὶ λοιπὴ γωνία ἡ ὑπὸ ΒΑΓ τῇ λοιπῇ γωνίᾳ τῇ ὑπὸ ΕΔΖ ἴση.

Ἐὰν ἄρα δύο τρίγωνα τὰς δύο γωνίας δυσὶ γωνίαις ἴσας ἔχῃ ἑκαρέραν ἑκαρέρᾳ καὶ μίαν πλευρὰν μιᾷ πλευρᾷ ἴσην ἤτοι τὴν πρὸς ταῖς ἴσαις γωνίαις, ἢ τὴν ὑποτείνουσαν ὑπὸ μίαν τῶν ἴσων γωνιῶν, καὶ τὰς λοιπὰς πλευρὰς ταῖς λοιπαῖς πλευραῖς ἴσας ἕξει καὶ τὴν λοιπὴν γωνίαν τῇ λοιπῇ γωνίᾳ· ὅπερ ἔδει δεῖξαι.

Proposition 26

DF, and BC to EF. Furthermore, the remaining angle BAC is equal to the remaining angle EDF. For if BC is unequal to EF then one of them is greater. If possible, let BC be greater. And let BH be made equal to EF [Prop. 1.3], and let AH have been joined. And since BH is equal to EF, and AB to DE, the two (straight-lines) AB, BH are equal to the two (straight-lines) DE, EF, respectively. And the angles they encompass (are also equal). Thus, the base AH is equal to the base DF, and the triangle ABH is equal to the triangle DEF, and the remaining angles subtended by the equal sides will be equal to the (corresponding) remaining angles [Prop. 1.4]. Thus, angle BHA is equal to EFD. But, EFD is equal to BCA. So, for triangle AHC, the external angle BHA is equal to the internal and opposite angle BCA. The very thing (is) impossible [Prop. 1.16]. Thus, BC is not unequal to EF. Thus, (it is) equal. And AB is also equal to DE. So the two (straight-lines) AB, BC are equal to the two (straight-lines) DE, EF, respectively. And they encompass equal angles. Thus, the base AC is equal to the base DF, and triangle ABC (is) equal to triangle DEF, and the remaining angle BAC (is) equal to the remaining angle EDF [Prop. 1.4].

Thus, if two triangles have two angles equal to two angles, respectively, and one side equal to one side—in fact, either that by the equal angles, or that subtending one of the equal angles—then (the triangles) will also have the remaining sides equal to the (corresponding) remaining sides, and the remaining angle (equal) to the remaining angle. (Which is) the very thing it was required to show.

ΣΤΟΙΧΕΙΩΝ α΄

κζ΄

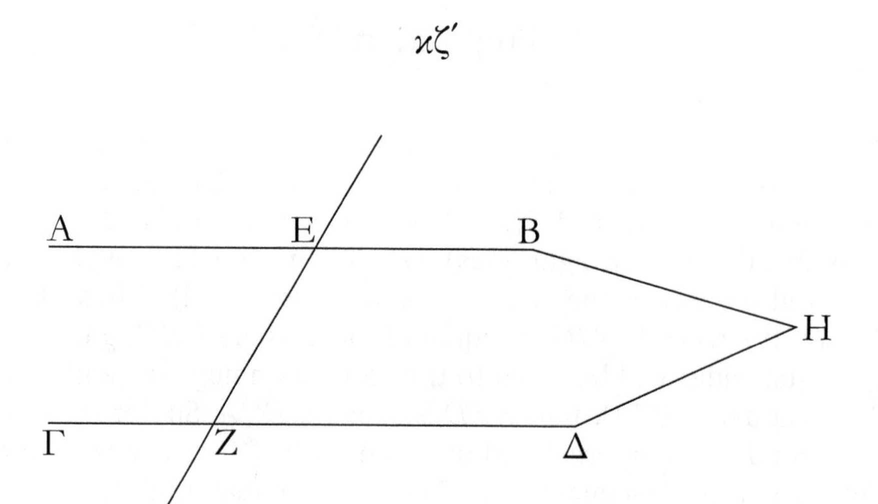

Ἐὰν εἰς δύο εὐθείας εὐθεῖα ἐμπίπτουσα τὰς ἐναλλὰξ γωνίας ἴσας ἀλλήλαις ποιῇ, παράλληλοι ἔσονται ἀλλήλαις αἱ εὐθεῖαι.

Εἰς γὰρ δύο εὐθείας τὰς ΑΒ, ΓΔ εὐθεῖα ἐμπίπτουσα ἡ ΕΖ τὰς ἐναλλὰξ γωνίας τὰς ὑπὸ ΑΕΖ, ΕΖΔ ἴσας ἀλλήλαις ποιείτω· λέγω, ὅτι παράλληλός ἐστιν ἡ ΑΒ τῇ ΓΔ.

Εἰ γὰρ μή, ἐκβαλλόμεναι αἱ ΑΒ, ΓΔ συμπεσοῦνται ἤτοι ἐπὶ τὰ Β, Δ μέρη ἢ ἐπὶ τὰ Α, Γ. ἐκβεβλήσθωσαν καὶ συμπιπτέτωσαν ἐπὶ τὰ Β, Δ μέρη κατὰ τὸ Η. τριγώνου δὴ τοῦ ΗΕΖ ἡ ἐκτὸς γωνία ἡ ὑπὸ ΑΕΖ ἴση ἐστὶ τῇ ἐντὸς καὶ ἀπεναντίον τῇ ὑπὸ ΕΖΗ· ὅπερ ἐστὶν ἀδύνατον· οὐκ ἄρα αἱ ΑΒ, ΔΓ ἐκβαλλόμεναι συμπεσοῦνται ἐπὶ τὰ Β, Δ μέρη. ὁμοίως δὴ δειχθήσεται, ὅτι οὐδὲ ἐπὶ τὰ Α, Γ· αἱ δὲ ἐπὶ μηδέτερα τὰ μέρη συμπίπτουσαι παράλληλοί εἰσιν· παράλληλος ἄρα ἐστὶν ἡ ΑΒ τῇ ΓΔ.

Ἐὰν ἄρα εἰς δύο εὐθείας εὐθεῖα ἐμπίπτουσα τὰς ἐναλλὰξ γωνίας ἴσας ἀλλήλαις ποιῇ, παράλληλοι ἔσονται αἱ εὐθεῖαι· ὅπερ ἔδει δεῖξαι.

Proposition 27

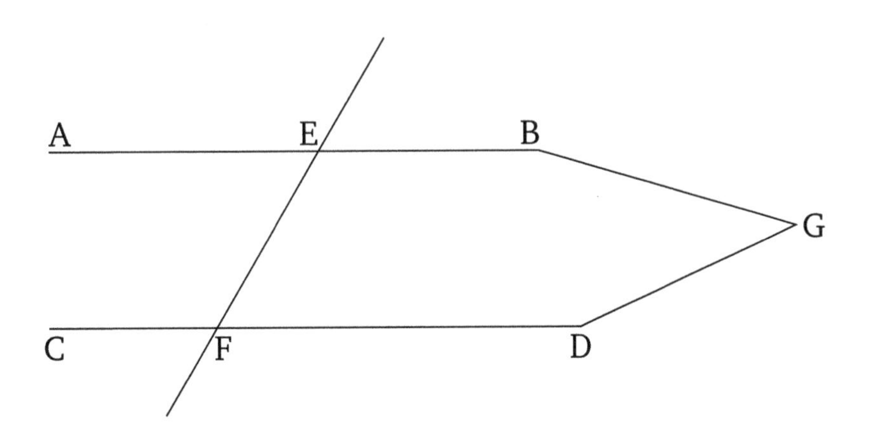

If a straight-line falling across two straight-lines makes the alternate angles equal to one another then the (two) straight-lines will be parallel to one another.

For let the straight-line EF, falling across the two straight-lines AB and CD, make the alternate angles AEF and EFD equal to one another. I say that AB and CD are parallel.

For if not, being produced, AB and CD will certainly meet together: either in the direction of B and D, or (in the direction) of A and C [Def. 1.23]. Let them have been produced, and let them meet together in the direction of B and D at (point) G. So, for the triangle GEF, the external angle AEF is equal to the interior and opposite (angle) EFG. The very thing is impossible [Prop. 1.16]. Thus, being produced, AB and DC will not meet together in the direction of B and D. Similarly, it can be shown that neither (will they meet together) in (the direction of) A and C. But (straight-lines) meeting in neither direction are parallel [Def. 1.23]. Thus, AB and CD are parallel.

Thus, if a straight-line falling across two straight-lines makes the alternate angles equal to one another then the (two) straight-lines will be parallel (to one another). (Which is) the very thing it was required to show.

ΣΤΟΙΧΕΙΩΝ α΄

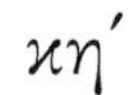

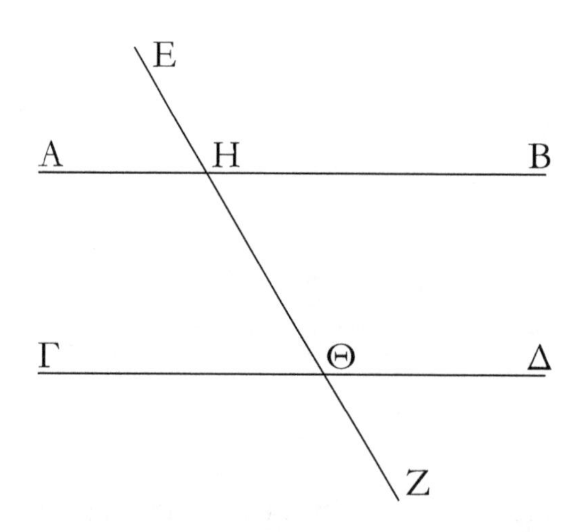

Ἐὰν εἰς δύο εὐθείας εὐθεῖα ἐμπίπτουσα τὴν ἐκτὸς γωνίαν τῇ ἐντὸς καὶ ἀπεναντίον καὶ ἐπὶ τὰ αὐτὰ μέρη ἴσην ποιῇ ἢ τὰς ἐντὸς καὶ ἐπὶ τὰ αὐτὰ μέρη δυσὶν ὀρθαῖς ἴσας, παράλληλοι ἔσονται ἀλλήλαις αἱ εὐθεῖαι.

Εἰς γὰρ δύο εὐθείας τὰς ΑΒ, ΓΔ εὐθεῖα ἐμπίπτουσα ἡ ΕΖ τὴν ἐκτὸς γωνίαν τὴν ὑπὸ ΕΗΒ τῇ ἐντὸς καὶ ἀπεναντίον γωνίᾳ τῇ ὑπὸ ΗΘΔ ἴσην ποιείτω ἢ τὰς ἐντὸς καὶ ἐπὶ τὰ αὐτὰ μέρη τὰς ὑπὸ ΒΗΘ, ΗΘΔ δυσὶν ὀρθαῖς ἴσας· λέγω, ὅτι παράλληλός ἐστιν ἡ ΑΒ τῇ ΓΔ.

Ἐπεὶ γὰρ ἴση ἐστὶν ἡ ὑπὸ ΕΗΒ τῇ ὑπὸ ΗΘΔ, ἀλλὰ ἡ ὑπὸ ΕΗΒ τῇ ὑπὸ ΑΗΘ ἐστιν ἴση, καὶ ἡ ὑπὸ ΑΗΘ ἄρα τῇ ὑπὸ ΗΘΔ ἐστιν ἴση· καί εἰσιν ἐναλλάξ· παράλληλος ἄρα ἐστὶν ἡ ΑΒ τῇ ΓΔ.

Πάλιν, ἐπεὶ αἱ ὑπὸ ΒΗΘ, ΗΘΔ δύο ὀρθαῖς ἴσαι εἰσίν, εἰσὶ δὲ καὶ αἱ ὑπὸ ΑΗΘ, ΒΗΘ δυσὶν ὀρθαῖς ἴσαι, αἱ ἄρα ὑπὸ ΑΗΘ, ΒΗΘ ταῖς ὑπὸ ΒΗΘ, ΗΘΔ ἴσαι εἰσίν· κοινὴ ἀφῃρήσθω ἡ ὑπὸ ΒΗΘ· λοιπὴ ἄρα ἡ ὑπὸ ΑΗΘ λοιπῇ τῇ ὑπὸ ΗΘΔ ἐστιν ἴση· καί εἰσιν ἐναλλάξ· παράλληλος ἄρα ἐστὶν ἡ ΑΒ τῇ ΓΔ.

Ἐὰν ἄρα εἰς δύο εὐθείας εὐθεῖα ἐμπίπτουσα τὴν ἐκτὸς γωνίαν τῇ ἐντὸς καὶ ἀπεναντίον καὶ ἐπὶ τὰ αὐτὰ μέρη ἴσην ποιῇ ἢ τὰς ἐντὸς καὶ ἐπὶ τὰ αὐτὰ μέρη δυσὶν ὀρθαῖς ἴσας, παράλληλοι ἔσονται αἱ εὐθεῖαι· ὅπερ ἔδει δεῖξαι.

Proposition 28

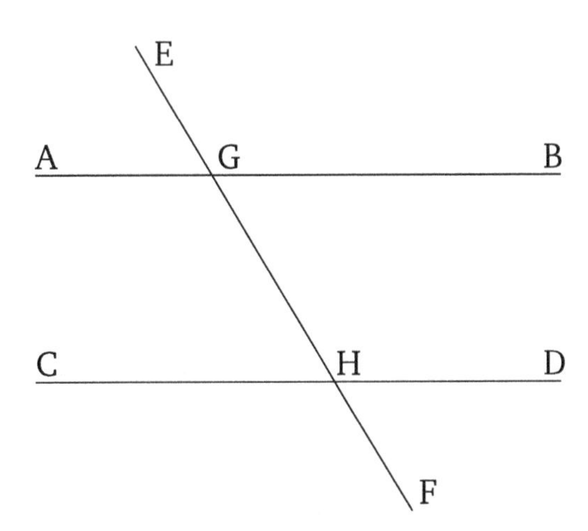

If a straight-line falling across two straight-lines makes the external angle equal to the internal and opposite angle on the same side, or (makes) the internal (angles) on the same side equal to two right-angles, then the (two) straight-lines will be parallel to one another.

For let EF, falling across the two straight-lines AB and CD, make the external angle EGB equal to the internal and opposite angle GHD, or the internal (angles) on the same side, BGH and GHD, equal to two right-angles. I say that AB is parallel to CD.

For since (in the first case) EGB is equal to GHD, but EGB is equal to AGH [Prop. 1.15], AGH is thus also equal to GHD. And they are alternate (angles). Thus, AB is parallel to CD [Prop. 1.27].

Again, since (in the second case) BGH and GHD are equal to two right-angles, and AGH and BGH are also equal to two right-angles [Prop. 1.13], AGH and BGH are thus equal to BGH and GHD. Let BGH have been subtracted from both. Thus, the remainder AGH is equal to the remainder GHD. And they are alternate (angles). Thus, AB is parallel to CD [Prop. 1.27].

Thus, if a straight-line falling across two straight-lines makes the external angle equal to the internal and opposite angle on the same side, or (makes) the internal (angles) on the same side equal to two right-angles, then the (two) straight-lines will be parallel (to one another). (Which is) the very thing it was required to show.

κθ΄

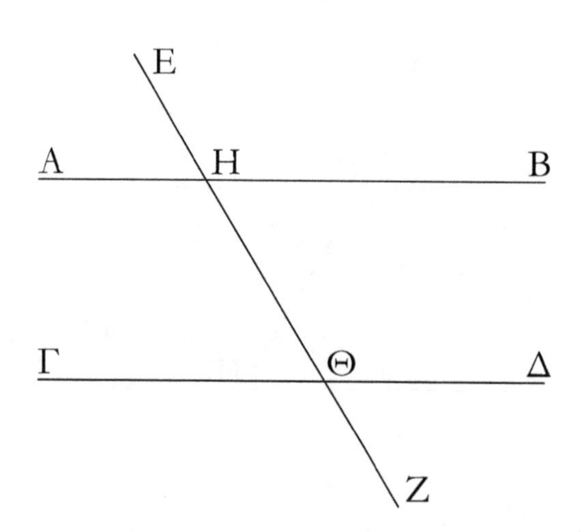

Ἡ εἰς τὰς παραλλήλους εὐθείας εὐθεῖα ἐμπίπτουσα τάς τε ἐναλλὰξ γωνίας ἴσας ἀλλήλαις ποιεῖ καὶ τὴν ἐκτὸς τῇ ἐντὸς καὶ ἀπεναντίον ἴσην καὶ τὰς ἐντὸς καὶ ἐπὶ τὰ αὐτὰ μέρη δυσὶν ὀρθαῖς ἴσας.

Εἰς γὰρ παραλλήλους εὐθείας τὰς ΑΒ, ΓΔ εὐθεῖα ἐμπιπτέτω ἡ ΕΖ· λέγω, ὅτι τὰς ἐναλλὰξ γωνίας τὰς ὑπὸ ΑΗΘ, ΗΘΔ ἴσας ποιεῖ καὶ τὴν ἐκτὸς γωνίαν τὴν ὑπὸ ΕΗΒ τῇ ἐντὸς καὶ ἀπεναντίον τῇ ὑπὸ ΗΘΔ ἴσην καὶ τὰς ἐντὸς καὶ ἐπὶ τὰ αὐτὰ μέρη τὰς ὑπὸ ΒΗΘ, ΗΘΔ δυσὶν ὀρθαῖς ἴσας.

Εἰ γὰρ ἄνισός ἐστιν ἡ ὑπὸ ΑΗΘ τῇ ὑπὸ ΗΘΔ, μία αὐτῶν μείζων ἐστίν. ἔστω μείζων ἡ ὑπὸ ΑΗΘ· κοινὴ προσκείσθω ἡ ὑπὸ ΒΗΘ· αἱ ἄρα ὑπὸ ΑΗΘ, ΒΗΘ τῶν ὑπὸ ΒΗΘ, ΗΘΔ μείζονές εἰσιν. ἀλλὰ αἱ ὑπὸ ΑΗΘ, ΒΗΘ δυσὶν ὀρθαῖς ἴσαι εἰσίν. [καὶ] αἱ ἄρα ὑπὸ ΒΗΘ, ΗΘΔ δύο ὀρθῶν ἐλάσσονές εἰσιν. αἱ δὲ ἀπ᾽ ἐλασσόνων ἢ δύο ὀρθῶν ἐκβαλλόμεναι εἰς ἄπειρον συμπίπουσιν· αἱ ἄρα ΑΒ, ΓΔ ἐκβαλλόμεναι εἰς ἄπειρον συμπεσοῦνται· οὐ συμπίπτουσι δὲ διὰ τὸ παραλλήλους αὐτὰς ὑποκεῖσθαι· οὐκ ἄρα ἄνισός ἐστιν ἡ ὑπὸ ΑΗΘ τῇ ὑπὸ ΗΘΔ· ἴση ἄρα. ἀλλὰ ἡ ὑπὸ ΑΗΘ τῇ ὑπὸ ΕΗΒ ἐστιν ἴση· καὶ ἡ ὑπὸ ΕΗΒ ἄρα τῇ ὑπὸ ΗΘΔ ἐστιν ἴση· κοινὴ προσκείσθω ἡ ὑπὸ ΒΗΘ· αἱ ἄρα ὑπὸ ΕΗΒ, ΒΗΘ ταῖς ὑπὸ ΒΗΘ, ΗΘΔ ἴσαι εἰσίν. ἀλλὰ αἱ ὑπὸ ΕΗΒ, ΒΗΘ δύο ὀρθαῖς ἴσαι εἰσίν· καὶ αἱ ὑπὸ ΒΗΘ, ΗΘΔ ἄρα δύο ὀρθαῖς ἴσαι εἰσίν.

Ἡ ἄρα εἰς τὰς παραλλήλους εὐθείας εὐθεῖα ἐμπίπτουσα τάς τε ἐναλλὰξ γωνίας ἴσας ἀλλήλαις ποιεῖ καὶ τὴν ἐκτὸς τῇ ἐντὸς καὶ ἀπεναντίον ἴσην καὶ τὰς ἐντὸς καὶ ἐπὶ τὰ αὐτὰ μέρη δυσὶν ὀρθαῖς ἴσας· ὅπερ ἔδει δεῖξαι.

Proposition 29

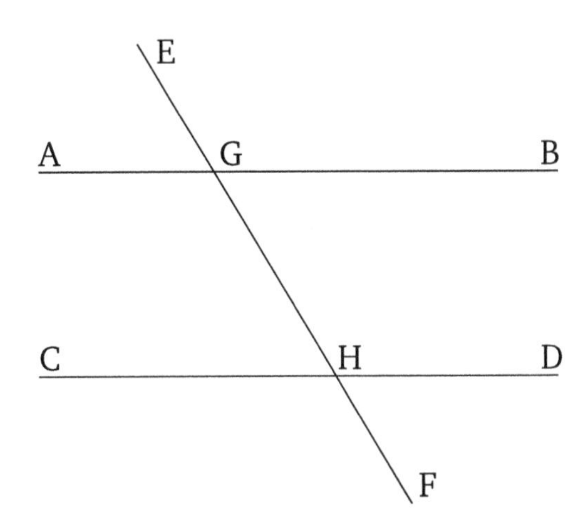

A straight-line falling across parallel straight-lines makes the alternate angles equal to one another, the external (angle) equal to the internal and opposite (angle), and the internal (angles) on the same side equal to two right-angles.

For let the straight-line EF fall across the parallel straight-lines AB and CD. I say that it makes the alternate angles, AGH and GHD, equal, the external angle EGB equal to the internal and opposite (angle) GHD, and the internal (angles) on the same side, BGH and GHD, equal to two right-angles.

For if AGH is unequal to GHD then one of them is greater. Let AGH be greater. Let BGH have been added to both. Thus, AGH and BGH are greater than BGH and GHD. But, AGH and BGH are equal to two right-angles [Prop 1.13]. Thus, BGH and GHD are [also] less than two right-angles. But (straight-lines) being produced to infinity from (internal angles) less than two right-angles meet together [Post. 5]. Thus, AB and CD, being produced to infinity, will meet together. But they do not meet, on account of them (initially) being assumed parallel (to one another) [Def. 1.23]. Thus, AGH is not unequal to GHD. Thus, (it is) equal. But, AGH is equal to EGB [Prop. 1.15]. And EGB is thus also equal to GHD. Let BGH be added to both. Thus, EGB and BGH are equal to BGH and GHD. But, EGB and BGH are equal to two right-angles [Prop. 1.13]. Thus, BGH and GHD are also equal to two right-angles.

Thus, a straight-line falling across parallel straight-lines makes the alternate angles equal to one another, the external (angle) equal to the internal and opposite (angle), and the internal (angles) on the same side equal to two right-angles. (Which is) the very thing it was required to show.

λ´

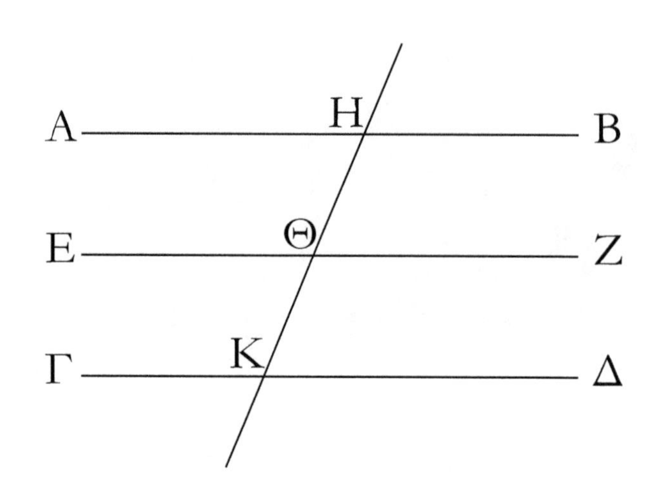

Αἱ τῇ αὐτῇ εὐθείᾳ παράλληλοι καὶ ἀλλήλαις εἰσὶ παράλληλοι.

Ἔστω ἑκατέρα τῶν ΑΒ, ΓΔ τῇ ΕΖ παράλληλος· λέγω, ὅτι καὶ ἡ ΑΒ τῇ ΓΔ ἐστι παράλληλος.

Ἐμπιπτέτω γὰρ εἰς αὐτὰς εὐθεῖα ἡ ΗΚ.

Καὶ ἐπεὶ εἰς παραλλήλους εὐθείας τὰς ΑΒ, ΕΖ εὐθεῖα ἐμπέπτωκεν ἡ ΗΚ, ἴση ἄρα ἡ ὑπὸ ΑΗΚ τῇ ὑπὸ ΗΘΖ. πάλιν, ἐπεὶ εἰς παραλλήλους εὐθείας τὰς ΕΖ, ΓΔ εὐθεῖα ἐμπέπτωκεν ἡ ΗΚ, ἴση ἐστὶν ἡ ὑπὸ ΗΘΖ τῇ ὑπὸ ΗΚΔ. ἐδείχθη δὲ καὶ ἡ ὑπὸ ΑΗΚ τῇ ὑπὸ ΗΘΖ ἴση. καὶ ἡ ὑπὸ ΑΗΚ ἄρα τῇ ὑπὸ ΗΚΔ ἐστιν ἴση· καί εἰσιν ἐναλλάξ. παράλληλος ἄρα ἐστὶν ἡ ΑΒ τῇ ΓΔ.

[Αἱ ἄρα τῇ αὐτῇ εὐθείᾳ παράλληλοι καὶ ἀλλήλαις εἰσὶ παράλληλοι·] ὅπερ ἔδει δεῖξαι.

Proposition 30

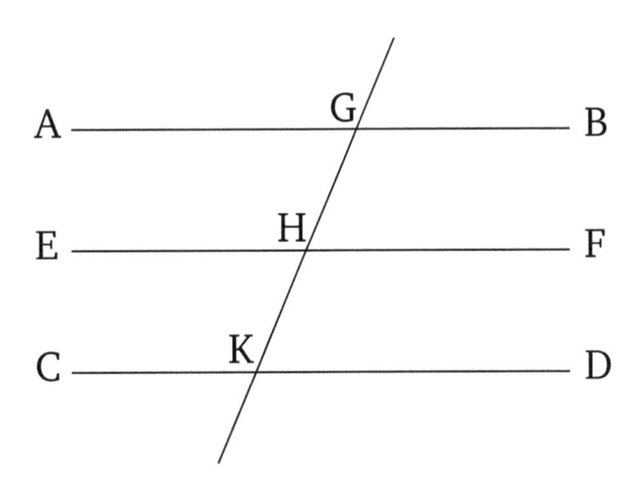

(Straight-lines) parallel to the same straight-line are also parallel to one another.

Let each of the (straight-lines) AB and CD be parallel to EF. I say that AB is also parallel to CD.

For let the straight-line GK fall across (AB, CD, and EF).

And since GK has fallen across the parallel straight-lines AB and EF, (angle) AGK (is) thus equal to GHF [Prop. 1.29]. Again, since GK has fallen across the parallel straight-lines EF and CD, (angle) GHF is equal to GKD [Prop. 1.29]. But AGK was also shown (to be) equal to GHF. Thus, AGK is also equal to GKD. And they are alternate (angles). Thus, AB is parallel to CD [Prop. 1.27].

[Thus, (straight-lines) parallel to the same straight-line are also parallel to one another.] (Which is) the very thing it was required to show.

ΣΤΟΙΧΕΙΩΝ α΄

λα΄

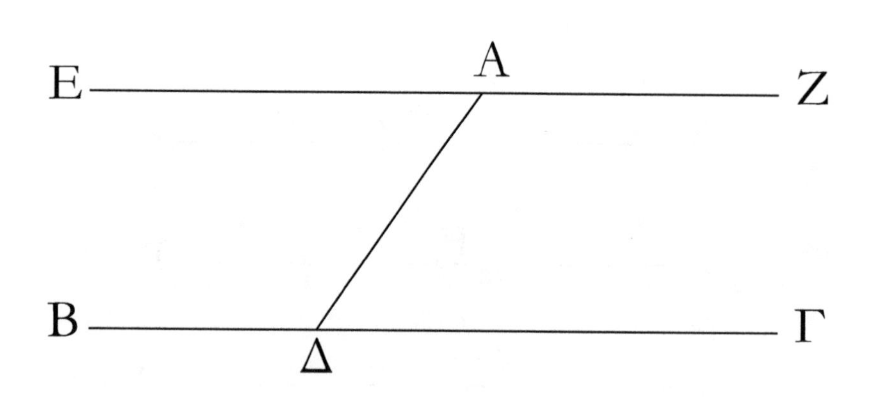

Διὰ τοῦ δοθέντος σημείου τῇ δοθείσῃ εὐθείᾳ παράλληλον εὐθεῖαν γραμμὴν ἀγαγεῖν.

Ἔστω τὸ μὲν δοθὲν σημεῖον τὸ Α, ἡ δὲ δοθεῖσα εὐθεῖα ἡ ΒΓ· δεῖ δὴ διὰ τοῦ Α σημείου τῇ ΒΓ εὐθείᾳ παράλληλον εὐθεῖαν γραμμὴν ἀγαγεῖν.

Εἰλήφθω ἐπὶ τῆς ΒΓ τυχὸν σημεῖον τὸ Δ, καὶ ἐπεζεύχθω ἡ ΑΔ· καὶ συνεστάτω πρὸς τῇ ΔΑ εὐθείᾳ καὶ τῷ πρὸς αὐτῇ σημείῳ τῷ Α τῇ ὑπὸ ΑΔΓ γωνίᾳ ἴση ἡ ὑπὸ ΔΑΕ· καὶ ἐκβεβλήσθω ἐπ᾽ εὐθείας τῇ ΕΑ εὐθεῖα ἡ ΑΖ.

Καὶ ἐπεὶ εἰς δύο εὐθείας τὰς ΒΓ, ΕΖ εὐθεῖα ἐμπίπτουσα ἡ ΑΔ τὰς ἐναλλὰξ γωνίας τὰς ὑπὸ ΕΑΔ, ΑΔΓ ἴσας ἀλλήλαις πεποίηκεν, παράλληλος ἄρα ἐστὶν ἡ ΕΑΖ τῇ ΒΓ.

Διὰ τοῦ δοθέντος ἄρα σημείου τοῦ Α τῇ δοθείσῃ εὐθείᾳ τῇ ΒΓ παράλληλος εὐθεῖα γραμμὴ ἦκται ἡ ΕΑΖ· ὅπερ ἔδει ποιῆσαι.

Proposition 31

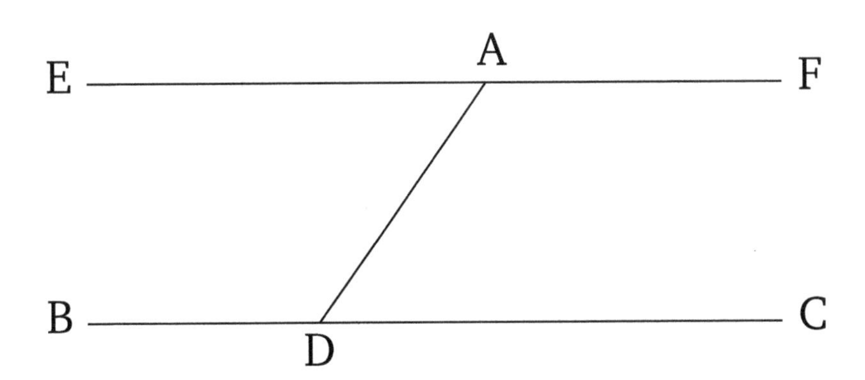

To draw a straight-line parallel to a given straight-line through a given point.

Let A be the given point, and BC the given straight-line. So it is required to draw a straight-line parallel to the straight-line BC through the point A.

Let the point D have been taken somewhere on BC, and let AD have been joined. And let (angle) DAE, equal to angle ADC, have been constructed at the point A on the straight-line DA [Prop. 1.23]. And let the straight-line AF have been produced in a straight-line with EA.

And since the straight-line AD, (in) falling across the two straight-lines BC and EF, has made the alternate angles EAD and ADC equal to one another, EAF is thus parallel to BC [Prop. 1.27].

Thus, the straight-line EAF has been drawn parallel to the given straight-line BC through the given point A. (Which is) the very thing it was required to do.

ΣΤΟΙΧΕΙΩΝ α΄

λβ΄

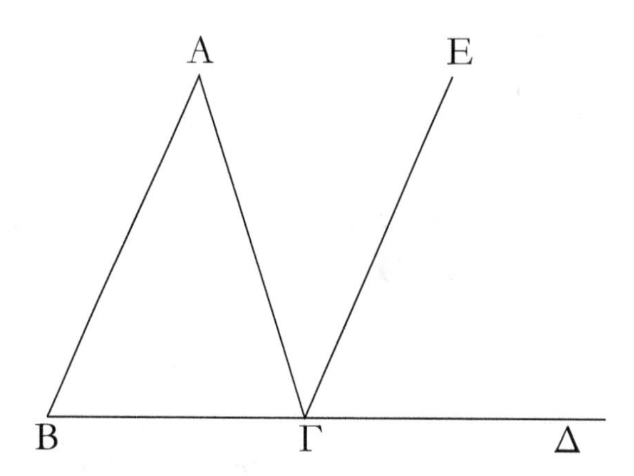

Παντὸς τριγώνου μιᾶς τῶν πλευρῶν προσεκβληθείσης ἡ ἐκτὸς γωνία δυσὶ ταῖς ἐντὸς καὶ ἀπεναντίον ἴση ἐστίν, καὶ αἱ ἐντὸς τοῦ τριγώνου τρεῖς γωνίαι δυσὶν ὀρθαῖς ἴσαι εἰσίν.

Ἔστω τρίγωνον τὸ ΑΒΓ, καὶ προσεκβεβλήσθω αὐτοῦ μία πλευρὰ ἡ ΒΓ ἐπὶ τὸ Δ· λέγω, ὅτι ἡ ἐκτὸς γωνία ἡ ὑπὸ ΑΓΔ ἴση ἐστὶ δυσὶ ταῖς ἐντὸς καὶ ἀπεναντίον ταῖς ὑπὸ ΓΑΒ, ΑΒΓ, καὶ αἱ ἐντὸς τοῦ τριγώνου τρεῖς γωνίαι αἱ ὑπὸ ΑΒΓ, ΒΓΑ, ΓΑΒ δυσὶν ὀρθαῖς ἴσαι εἰσίν.

Ἤχθω γὰρ διὰ τοῦ Γ σημείου τῇ ΑΒ εὐθείᾳ παράλληλος ἡ ΓΕ.

Καὶ ἐπεὶ παράλληλός ἐστιν ἡ ΑΒ τῇ ΓΕ, καὶ εἰς αὐτὰς ἐμπέπτωκεν ἡ ΑΓ, αἱ ἐναλλὰξ γωνίαι αἱ ὑπὸ ΒΑΓ, ΑΓΕ ἴσαι ἀλλήλαις εἰσίν. πάλιν, ἐπεὶ παράλληλός ἐστιν ἡ ΑΒ τῇ ΓΕ, καὶ εἰς αὐτὰς ἐμπέπτωκεν εὐθεῖα ἡ ΒΔ, ἡ ἐκτὸς γωνία ἡ ὑπὸ ΕΓΔ ἴση ἐστὶ τῇ ἐντὸς καὶ ἀπεναντίον τῇ ὑπὸ ΑΒΓ. ἐδείχθη δὲ καὶ ἡ ὑπὸ ΑΓΕ τῇ ὑπὸ ΒΑΓ ἴση· ὅλη ἄρα ἡ ὑπὸ ΑΓΔ γωνία ἴση ἐστὶ δυσὶ ταῖς ἐντὸς καὶ ἀπεναντίον ταῖς ὑπὸ ΒΑΓ, ΑΒΓ.

Κοινὴ προσκείσθω ἡ ὑπὸ ΑΓΒ· αἱ ἄρα ὑπὸ ΑΓΔ, ΑΓΒ τρισὶ ταῖς ὑπὸ ΑΒΓ, ΒΓΑ, ΓΑΒ ἴσαι εἰσίν. ἀλλ᾽ αἱ ὑπὸ ΑΓΔ, ΑΓΒ δυσὶν ὀρθαῖς ἴσαι εἰσίν· καὶ αἱ ὑπὸ ΑΓΒ, ΓΒΑ, ΓΑΒ ἄρα δυσὶν ὀρθαῖς ἴσαι εἰσίν.

Παντὸς ἄρα τριγώνου μιᾶς τῶν πλευρῶν προσεκβληθείσης ἡ ἐκτὸς γωνία δυσὶ ταῖς ἐντὸς καὶ ἀπεναντίον ἴση ἐστίν, καὶ αἱ ἐντὸς τοῦ τριγώνου τρεῖς γωνίαι δυσὶν ὀρθαῖς ἴσαι εἰσίν· ὅπερ ἔδει δεῖξαι.

Proposition 32

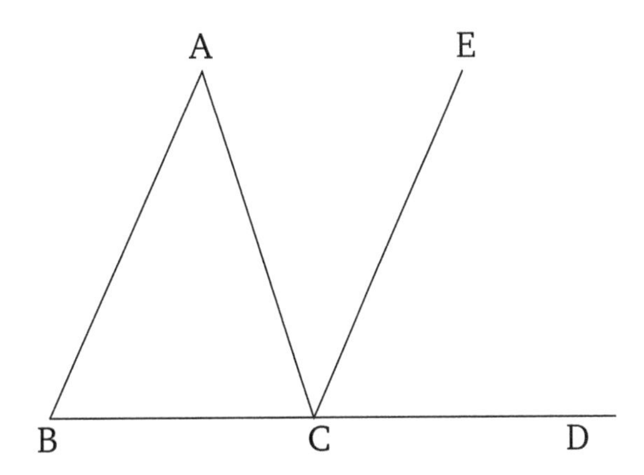

For any triangle, (if) one of the sides (is) produced (then) the external angle is equal to the two internal and opposite (angles), and the three internal angles of the triangle are equal to two right-angles.

Let ABC be a triangle, and let one of its sides BC have been produced to D. I say that the external angle ACD is equal to the two internal and opposite angles CAB and ABC, and the three internal angles of the triangle—ABC, BCA, and CAB—are equal to two right-angles.

For let CE have been drawn through point C parallel to the straight-line AB [Prop. 1.31].

And since AB is parallel to CE, and AC has fallen across them, the alternate angles BAC and ACE are equal to one another [Prop. 1.29]. Again, since AB is parallel to CE, and the straight-line BD has fallen across them, the external angle ECD is equal to the internal and opposite (angle) ABC [Prop. 1.29]. But ACE was also shown (to be) equal to BAC. Thus, the whole angle ACD is equal to the two internal and opposite (angles) BAC and ABC.

Let ACB have been added to both. Thus, ACD and ACB are equal to the three (angles) ABC, BCA, and CAB. But, ACD and ACB are equal to two right-angles [Prop. 1.13]. Thus, ACB, CBA, and CAB are also equal to two right-angles.

Thus, for any triangle, (if) one of the sides (is) produced (then) the external angle is equal to the two internal and opposite (angles), and the three internal angles of the triangle are equal to two right-angles. (Which is) the very thing it was required to show.

ΣΤΟΙΧΕΙΩΝ α΄

λγ΄

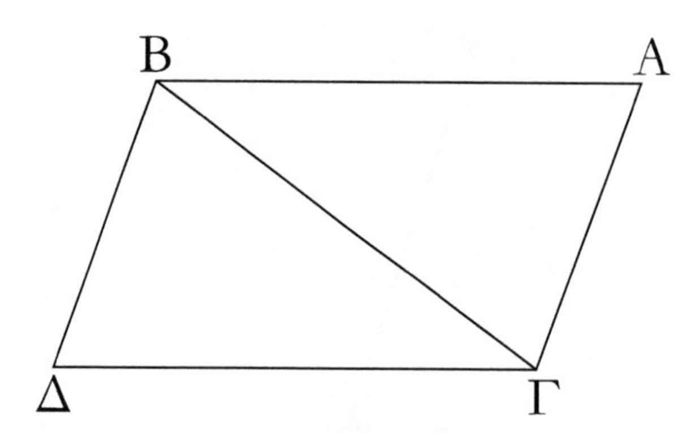

Αἱ τὰς ἴσας τε καὶ παραλλήλους ἐπὶ τὰ αὐτὰ μέρη ἐπιζευγνύουσαι εὐθεῖαι καὶ αὐταὶ ἴσας τε καὶ παράλληλοί εἰσιν.

Ἔστωσαν ἴσαι τε καὶ παράλληλοι αἱ ΑΒ, ΓΔ, καὶ ἐπιζευγνύτωσαν αὐτὰς ἐπὶ τὰ αὐτὰ μέρη εὐθεῖαι αἱ ΑΓ, ΒΔ· λέγω, ὅτι καὶ αἱ ΑΓ, ΒΔ ἴσαι τε καὶ παράλληλοί εἰσιν.

Ἐπεζεύχθω ἡ ΒΓ. καὶ ἐπεὶ παράλληλός ἐστιν ἡ ΑΒ τῇ ΓΔ, καὶ εἰς αὐτὰς ἐμπέπτωκεν ἡ ΒΓ, αἱ ἐναλλὰξ γωνίαι αἱ ὑπὸ ΑΒΓ, ΒΓΔ ἴσαι ἀλλήλαις εἰσίν. καὶ ἐπεὶ ἴση ἐστὶν ἡ ΑΒ τῇ ΓΔ κοινὴ δὲ ἡ ΒΓ, δύο δὴ αἱ ΑΒ, ΒΓ δύο ταῖς ΒΓ, ΓΔ ἴσαι εἰσίν· καὶ γωνία ἡ ὑπὸ ΑΒΓ γωνίᾳ τῇ ὑπὸ ΒΓΔ ἴση· βάσις ἄρα ἡ ΑΓ βάσει τῇ ΒΔ ἐστιν ἴση, καὶ τὸ ΑΒΓ τρίγωνον τῷ ΒΓΔ τριγώνῳ ἴσον ἐστίν, καὶ αἱ λοιπαὶ γωνίαι ταῖς λοιπαῖς γωνίαις ἴσαι ἔσονται ἑκατέρα ἑκατέρᾳ, ὑφ᾽ ἃς αἱ ἴσαι πλευραὶ ὑποτείνουσιν· ἴση ἄρα ἡ ὑπὸ ΑΓΒ γωνία τῇ ὑπὸ ΓΒΔ. καὶ ἐπεὶ εἰς δύο εὐθείας τὰς ΑΓ, ΒΔ εὐθεῖα ἐμπίπτουσα ἡ ΒΓ τὰς ἐναλλὰξ γωνίας ἴσας ἀλλήλαις πεποίηκεν, παράλληλος ἄρα ἐστὶν ἡ ΑΓ τῇ ΒΔ. ἐδείχθη δὲ αὐτῇ καὶ ἴση.

Αἱ ἄρα τὰς ἴσας τε καὶ παραλλήλους ἐπὶ τὰ αὐτὰ μέρη ἐπιζευγνύουσαι εὐθεῖαι καὶ αὐταὶ ἴσαι τε καὶ παράλληλοί εἰσιν· ὅπερ ἔδει δεῖξαι.

Proposition 33

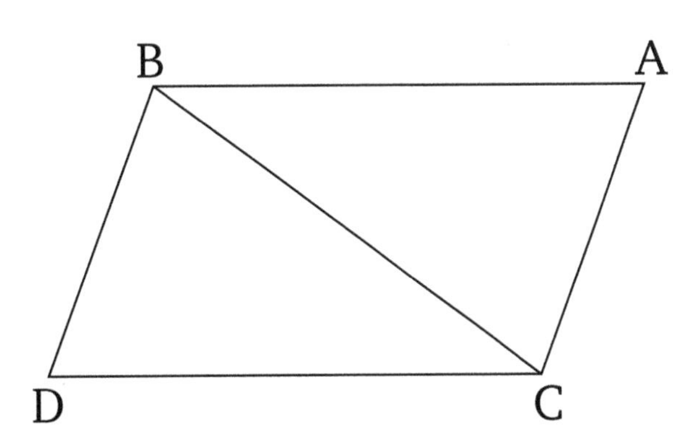

Straight-lines joining equal and parallel (straight-lines) on the same sides are themselves also equal and parallel.

Let AB and CD be equal and parallel (straight-lines), and let the straight-lines AC and BD join them on the same sides. I say that AC and BD are also equal and parallel.

Let BC have been joined. And since AB is parallel to CD, and BC has fallen across them, the alternate angles ABC and BCD are equal to one another [Prop. 1.29]. And since AB and CD are equal, and BC is common, the two (straight-lines) AB, BC are equal to the two (straight-lines) DC, CB.[11] And the angle ABC is equal to the angle BCD. Thus, the base AC is equal to the base BD, and triangle ABC is equal to triangle ACD, and the remaining angles will be equal to the corresponding remaining angles subtended by the equal sides [Prop. 1.4]. Thus, angle ACB is equal to CBD. Also, since the straight-line BC, (in) falling across the two straight-lines AC and BD, has made the alternate angles (ACB and CBD) equal to one another, AC is thus parallel to BD [Prop. 1.27]. And (AC) was also shown (to be) equal to (BD).

Thus, straight-lines joining equal and parallel (straight-lines) on the same sides are themselves also equal and parallel. (Which is) the very thing it was required to show.

[11] The Greek text has "BC, CD", which is obviously a mistake.

ΣΤΟΙΧΕΙΩΝ α΄

λδ΄

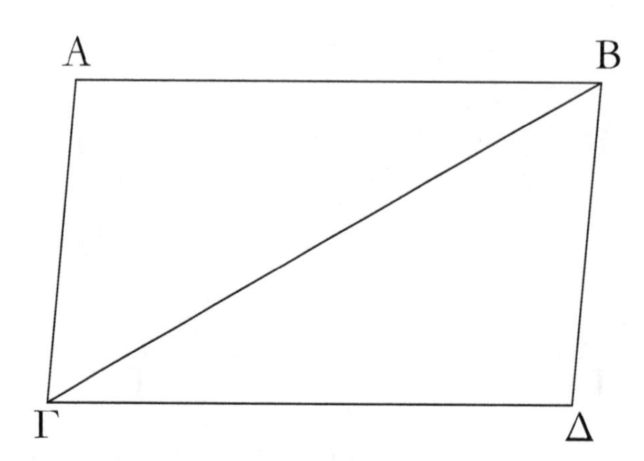

Τῶν παραλληλογράμμων χωρίων αἱ ἀπεναντίον πλευραί τε καὶ γωνίαι ἴσαι ἀλλήλαις εἰσίν, καὶ ἡ διάμετρος αὐτὰ δίχα τέμνει.

Ἔστω παραλληλόγραμμον χωρίον τὸ ΑΓΔΒ, διάμετρος δὲ αὐτοῦ ἡ ΒΓ· λέγω, ὅτι τοῦ ΑΓΔΒ παραλληλογράμμου αἱ ἀπεναντίον πλευραί τε καὶ γωνίαι ἴσαι ἀλλήλαις εἰσίν, καὶ ἡ ΒΓ διάμετρος αὐτὸ δίχα τέμνει.

Ἐπεὶ γὰρ παράλληλός ἐστιν ἡ ΑΒ τῇ ΓΔ, καὶ εἰς αὐτὰς ἐμπέπτωκεν εὐθεῖα ἡ ΒΓ, αἱ ἐναλλὰξ γωνιάι αἱ ὑπὸ ΑΒΓ, ΒΓΔ ἴσαι ἀλλήλαις εἰσίν. πάλιν ἐπεὶ παράλληλός ἐστιν ἡ ΑΓ τῇ ΒΔ, καὶ εἰς αὐτὰς ἐμπέπτωκεν ἡ ΒΓ, αἱ ἐναλλὰξ γωνίαι αἱ ὑπὸ ΑΓΒ, ΓΒΔ ἴσας ἀλλήλαις εἰσίν. δύο δὴ τρίγωνά ἐστι τὰ ΑΒΓ, ΒΓΔ τὰς δύο γωνίας τὰς ὑπὸ ΑΒΓ, ΒΓΑ δυσὶ ταῖς ὑπὸ ΒΓΔ, ΓΒΔ ἴσας ἔχοντα ἑκατέραν ἑκατέρᾳ καὶ μίαν πλευρὰν μιᾷ πλευρᾷ ἴσην τὴν πρὸς ταῖς ἴσαις γωνίαις κοινὴν αὐτῶν τὴν ΒΓ· καὶ τὰς λοιπὰς ἄρα πλευρὰς ταῖς λοιπαῖς ἴσας ἕξει ἑκατέραν ἑκατέρᾳ καὶ τὴν λοιπὴν γωνίαν τῇ λοιπῇ γωνίᾳ· ἴση ἄρα ἡ μὲν ΑΒ πλευρὰ τῇ ΓΔ, ἡ δὲ ΑΓ τῇ ΒΔ, καὶ ἔτι ἴση ἐστὶν ἡ ὑπὸ ΒΑΓ γωνία τῇ ὑπὸ ΓΔΒ. καὶ ἐπεὶ ἴση ἐστὶν ἡ μὲν ὑπὸ ΑΒΓ γωνία τῇ ὑπὸ ΒΓΔ, ἡ δὲ ὑπὸ ΓΒΔ τῇ ὑπὸ ΑΓΒ, ὅλη ἄρα ἡ ὑπὸ ΑΒΔ ὅλη τῇ ὑπὸ ΑΓΔ ἐστιν ἴση. ἐδείχθη δὲ καὶ ἡ ὑπὸ ΒΑΓ τῇ ὑπὸ ΓΔΒ ἴση.

Τῶν ἄρα παραλληλογράμμων χωρίων αἱ ἀπεναντίον πλευραί τε καὶ γωνίαι ἴσαι ἀλλήλαις εἰσίν.

Λέγω δή, ὅτι καὶ ἡ διάμετρος αὐτὰ δίχα τέμνει. ἐπεὶ γὰρ ἴση ἐστὶν ἡ ΑΒ τῇ ΓΔ, κοινὴ δὲ ἡ ΒΓ, δύο δὴ αἱ ΑΒ, ΒΓ δυσὶ ταῖς ΓΔ, ΒΓ ἴσαι εἰσὶν ἑκατέρα ἑκατέρᾳ· καὶ γωνία ἡ ὑπὸ ΑΒΓ γωνίᾳ τῇ ὑπὸ ΒΓΔ ἴση. καὶ βάσις ἄρα ἡ ΑΓ τῇ ΔΒ ἴση. καὶ τὸ ΑΒΓ [ἄρα] τρίγωνον τῷ ΒΓΔ τριγώνῳ ἴσον ἐστίν.

Ἡ ἄρα ΒΓ διάμετρος δίχα τέμνει τὸ ΑΒΓΔ παραλληλόγραμμον· ὅπερ ἔδει δεῖξαι.

Proposition 34

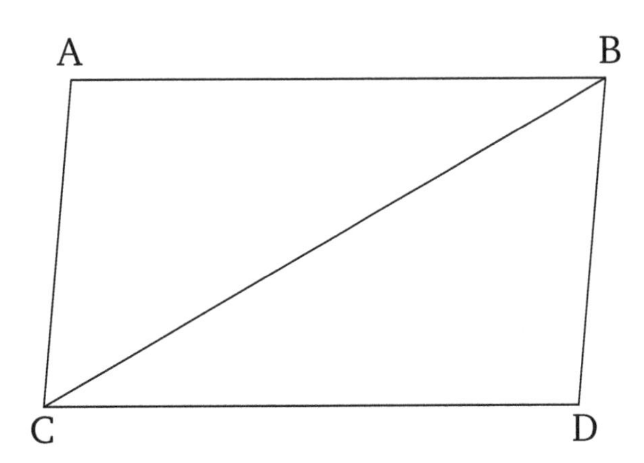

For parallelogrammic figures, the opposite sides and angles are equal to one another, and a diagonal cuts them in half.

Let $ACDB$ be a parallelogrammic figure, and BC its diagonal. I say that for parallelogram $ACDB$, the opposite sides and angles are equal to one another, and the diagonal BC cuts it in half.

For since AB is parallel to CD, and the straight-line BC has fallen across them, the alternate angles ABC and BCD are equal to one another [Prop. 1.29]. Again, since AC is parallel to BD, and BC has fallen across them, the alternate angles ACB and CBD are equal to one another [Prop. 1.29]. So ABC and BCD are two triangles having the two angles ABC and BCA equal to the two (angles) BCD and CBD, respectively, and one side equal to one side—the (one) common to the equal angles, (namely) BC. Thus, they will also have the remaining sides equal to the corresponding remaining (sides), and the remaining angle (equal) to the remaining angle [Prop. 1.26]. Thus, side AB is equal to CD, and AC to BD. Furthermore, angle BAC is equal to CDB. And since angle ABC is equal to BCD, and CBD to ACB, the whole (angle) ABD is thus equal to the whole (angle) ACD. And BAC was also shown (to be) equal to CDB.

Thus, for parallelogrammic figures, the opposite sides and angles are equal to one another.

And, I also say that a diagonal cuts them in half. For since AB is equal to CD, and BC (is) common, the two (straight-lines) AB, BC are equal to the two (straight-lines) DC, CB,[12] respectively. And angle ABC is equal to angle BCD. Thus, the base AC (is) also equal to DB [Prop. 1.4]. Also, triangle ABC is equal to triangle BCD [Prop. 1.4].

Thus, the diagonal BC cuts the parallelogram $ACDB$ [13] in half. (Which is) the very thing it was required to show.

[12]The Greek text has "CD, BC", which is obviously a mistake.

[13]The Greek text has "$ABCD$", which is obviously a mistake.

ΣΤΟΙΧΕΙΩΝ α΄

λε΄

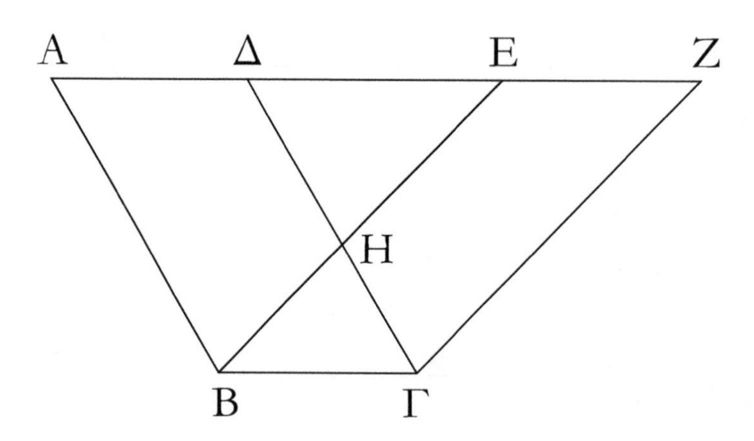

Τὰ παραλληλόγραμμα τὰ ἐπὶ τῆς αὐτῆς βάσεως ὄντα καὶ ἐν ταῖς αὐταῖς παραλλήλοις ἴσα ἀλλήλοις ἐστίν.

Ἔστω παραλληλόγραμμα τὰ ΑΒΓΔ, ΕΒΓΖ ἐπὶ τῆς αὐτῆς βάσεως τῆς ΒΓ καὶ ἐν ταῖς αὐταῖς παραλλήλοις ταῖς ΑΖ, ΒΓ· λέγω, ὅτι ἴσον ἐστὶ τὸ ΑΒΓΔ τῷ ΕΒΓΖ παραλληλογράμμῳ.

Ἐπεὶ γὰρ παραλληλόγραμμόν ἐστι τὸ ΑΒΓΔ, ἴση ἐστὶν ἡ ΑΔ τῇ ΒΓ. διὰ τὰ αὐτὰ δὴ καὶ ἡ ΕΖ τῇ ΒΓ ἐστιν ἴση· ὥστε καὶ ἡ ΑΔ τῇ ΕΖ ἐστιν ἴση· καὶ κοινὴ ἡ ΔΕ· ὅλη ἄρα ἡ ΑΕ ὅλῃ τῇ ΔΖ ἐστιν ἴση. ἔστι δὲ καὶ ἡ ΑΒ τῇ ΔΓ ἴση· δύο δὴ αἱ ΕΑ, ΑΒ δύο ταῖς ΖΔ, ΔΓ ἴσαι εἰσὶν ἑκατέρα ἑκατέρᾳ· καὶ γωνία ἡ ὑπὸ ΖΔΓ γωνίᾳ τῇ ὑπὸ ΕΑΒ ἐστιν ἴση ἡ ἐκτὸς τῇ ἐντός· βάσις ἄρα ἡ ΕΒ βάσει τῇ ΖΓ ἴση ἐστίν, καὶ τὸ ΕΑΒ τρίγωνον τῷ ΔΖΓ τριγώνῳ ἴσον ἔσται· κοινὸν ἀφῃρήσθω τὸ ΔΗΕ· λοιπὸν ἄρα τὸ ΑΒΗΔ τραπέζιον λοιπῷ τῷ ΕΗΓΖ τραπεζίῳ ἐστὶν ἴσον· κοινὸν προσκείσθω τὸ ΗΒΓ τρίγωνον· ὅλον ἄρα τὸ ΑΒΓΔ παραλληλόγραμμον ὅλῳ τῷ ΕΒΓΖ παραλληλογράμμῳ ἴσον ἐστίν.

Τὰ ἄρα παραλληλόγραμμα τὰ ἐπὶ τῆς αὐτῆς βάσεως ὄντα καὶ ἐν ταῖς αὐταῖς παραλλήλοις ἴσα ἀλλήλοις ἐστίν· ὅπερ ἔδει δεῖξαι.

Proposition 35

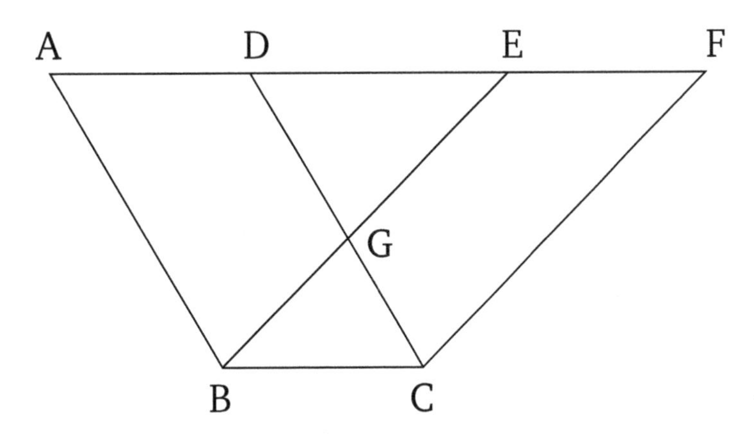

Parallelograms which are on the same base and between the same parallels are equal[14] to one another.

Let $ABCD$ and $EBCF$ be parallelograms on the same base BC, and between the same parallels AF and BC. I say that $ABCD$ is equal to parallelogram $EBCF$.

For since $ABCD$ is a parallelogram, AD is equal to BC [Prop. 1.34]. So, for the same (reasons), EF is also equal to BC. So AD is also equal to EF. And DE is common. Thus, the whole (straight-line) AE is equal to the whole (straight-line) DF. And AB is also equal to DC. So the two (straight-lines) EA, AB are equal to the two (straight-lines) FD, DC, respectively. And angle FDC is equal to angle EAB, the external to the internal [Prop. 1.29]. Thus, the base EB is equal to the base FC, and triangle EAB will be equal to triangle DFC [Prop. 1.4]. Let DGE have been taken away from both. Thus, the remaining trapezium $ABGD$ is equal to the remaining trapezium $EGCF$. Let triangle GBC have been added to both. Thus, the whole parallelogram $ABCD$ is equal to the whole parallelogram $EBCF$.

Thus, parallelograms which are on the same base and between the same parallels are equal to one another. (Which is) the very thing it was required to show.

[14]Here, for the first time, "equal" means "equal in area", rather than "congreunt".

ΣΤΟΙΧΕΙΩΝ α΄

λϛ΄

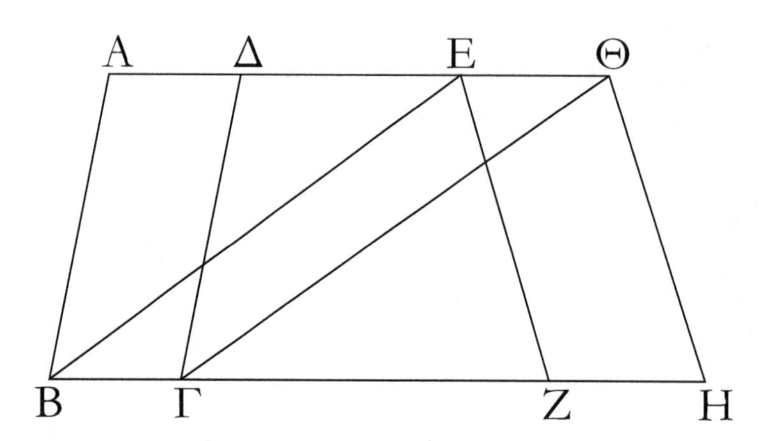

Τὰ παραλληλόγραμμα τὰ ἐπὶ ἴσων βάσεων ὄντα καὶ ἐν ταῖς αὐταῖς παραλλήλοις ἴσα ἀλλήλοις ἐστίν.

Ἔστω παραλληλόγραμμα τὰ ΑΒΓΔ, ΕΖΗΘ ἐπὶ ἴσων βάσεων ὄντα τῶν ΒΓ, ΖΗ καὶ ἐν ταῖς αὐταῖς παραλλήλοις ταῖς ΑΘ, ΒΗ· λέγω, ὅτι ἴσον ἐστὶ τὸ ΑΒΓΔ παραλληλόγραμμον τῷ ΕΖΗΘ.

Ἐπεζεύχθωσαν γὰρ αἱ ΒΕ, ΓΘ. καὶ ἐπεὶ ἴση ἐστὶν ἡ ΒΓ τῇ ΖΗ, ἀλλὰ ἡ ΖΗ τῇ ΕΘ ἐστιν ἴση, καὶ ἡ ΒΓ ἄρα τῇ ΕΘ ἐστιν ἴση. εἰσὶ δὲ καὶ παράλληλοι. καὶ ἐπιζευγνύουσιν αὐτὰς αἱ ΕΒ, ΘΓ· αἱ δὲ τὰς ἴσας τε καὶ παραλλήλους ἐπὶ τὰ αὐτὰ μέρη ἐπιζευγνύουσαι ἴσαι τε καὶ παράλληλοί εἰσι [καὶ αἱ ΕΒ, ΘΓ ἄρα ἴσας τέ εἰσι καὶ παράλληλοι]. παραλληλόγραμμον ἄρα ἐστὶ τὸ ΕΒΓΘ. καί ἐστιν ἴσον τῷ ΑΒΓΔ· βάσιν τε γὰρ αὐτῷ τὴν αὐτὴν ἔχει τὴν ΒΓ, καὶ ἐν ταῖς αὐταῖς παραλλήλοις ἐστὶν αὐτῷ ταῖς ΒΓ, ΑΘ. δὶα τὰ αὐτὰ δὴ καὶ τὸ ΕΖΗΘ τῷ αὐτῷ τῷ ΕΒΓΘ ἐστιν ἴσον· ὥστε καὶ τὸ ΑΒΓΔ παραλληλόγραμμον τῷ ΕΖΗΘ ἐστιν ἴσον.

Τὰ ἄρα παραλληλόγραμμα τὰ ἐπὶ ἴσων βάσεων ὄντα καὶ ἐν ταῖς αὐταῖς παραλλήλοις ἴσα ἀλλήλοις ἐστίν· ὅπερ ἔδει δεῖξαι.

Proposition 36

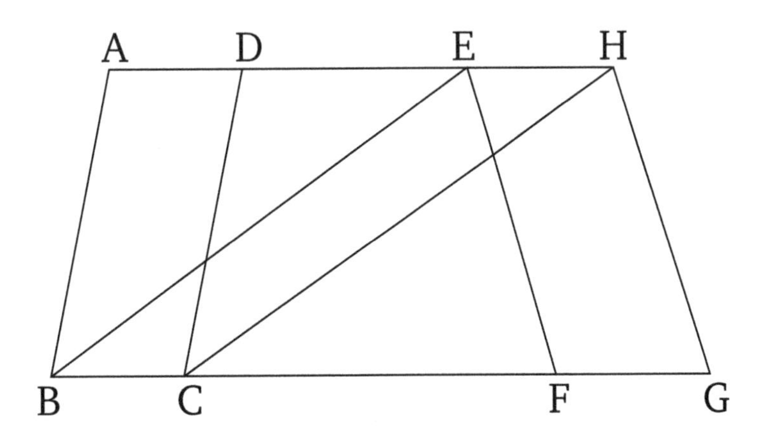

Parallelograms which are on equal bases and between the same parallels are equal to one another.

Let $ABCD$ and $EFGH$ be parallelograms which are on the equal bases BC and FG, and (are) between the same parallels AH and BG. I say that the parallelogram $ABCD$ is equal to $EFGH$.

For let BE and CH have been joined. And since BC and FG are equal, but FG and EH are equal [Prop. 1.34], BC and EH are thus also equal. And they are also parallel, and EB and HC join them. But (straight-lines) joining equal and parallel (straight-lines) on the same sides are (themselves) equal and parallel [Prop. 1.33] [thus, EB and HC are also equal and parallel]. Thus, $EBCH$ is a parallelogram [Prop. 1.34], and is equal to $ABCD$. For it has the same base, BC, as ($ABCD$), and is between the same parallels, BC and AH, as ($ABCD$) [Prop. 1.35]. So, for the same (reasons), $EFGH$ is also equal to the same (parallelogram) $EBCH$ [Prop. 1.34]. So that the parallelogram $ABCD$ is also equal to $EFGH$.

Thus, parallelograms which are on equal bases and between the same parallels are equal to one another. (Which is) the very thing it was required to show.

ΣΤΟΙΧΕΙΩΝ α΄

λζ΄

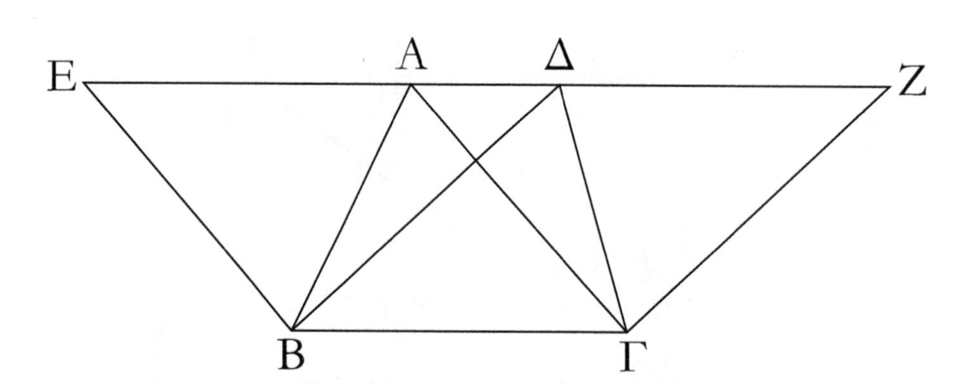

Τὰ τρίγωνα τὰ ἐπὶ τῆς αὐτῆς βάσεως ὄντα καὶ ἐν ταῖς αὐταῖς παραλλήλοις ἴσα ἀλλήλοις ἐστίν.

Ἔστω τρίγωνα τὰ ΑΒΓ, ΔΒΓ ἐπὶ τῆς αὐτῆς βάσεως τῆς ΒΓ καὶ ἐν ταῖς αὐταῖς παραλλήλοις ταῖς ΑΔ, ΒΓ· λέγω, ὅτι ἴσον ἐστὶ τὸ ΑΒΓ τρίγωνον τῷ ΔΒΓ τριγώνῳ.

Ἐκβεβλήσθω ἡ ΑΔ ἐφ᾽ ἑκάτερα τὰ μέρη ἐπὶ τὰ Ε, Ζ, καὶ διὰ μὲν τοῦ Β τῇ ΓΑ παράλληλος ἤχθω ἡ ΒΕ, δὶα δὲ τοῦ Γ τῇ ΒΔ παράλληλος ἤχθω ἡ ΓΖ. παραλληλόγραμμον ἄρα ἐστὶν ἑκάτερον τῶν ΕΒΓΑ, ΔΒΓΖ· καί εἰσιν ἴσα· ἐπί τε γὰρ τῆς αὐτῆς βάσεώς εἰσι τῆς ΒΓ καὶ ἐν ταῖς αὐταῖς παραλλήλοις ταῖς ΒΓ, ΕΖ· καί ἐστι τοῦ μὲν ΕΒΓΑ παραλληλογράμμου ἥμισυ τὸ ΑΒΓ τρίγωνον· ἡ γὰρ ΑΒ διάμετρος αὐτὸ δίχα τέμνει· τοῦ δὲ ΔΒΓΖ παραλληλογράμμου ἥμισυ τὸ ΔΒΓ τρίγωνον· ἡ γὰρ ΔΓ διάμετρος αὐτὸ δίχα τέμνει. [τὰ δὲ τῶν ἴσων ἡμίση ἴσα ἀλλήλοις ἐστίν]. ἴσον ἄρα ἐστὶ τὸ ΑΒΓ τρίγωνον τῷ ΔΒΓ τριγώνῳ.

Τὰ ἄρα τρίγωνα τὰ ἐπὶ τῆς αὐτῆς βάσεως ὄντα καὶ ἐν ταῖς αὐταῖς παραλλήλοις ἴσα ἀλλήλοις ἐστίν· ὅπερ ἔδει δεῖξαι.

Proposition 37

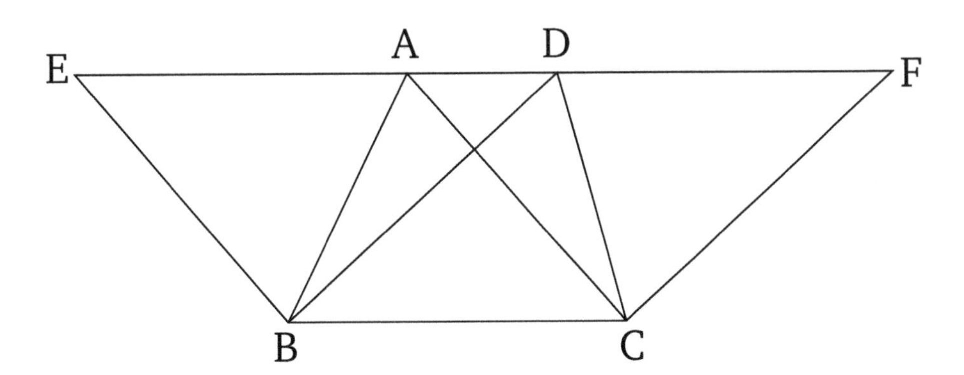

Triangles which are on the same base and between the same parallels are equal to one another.

Let ABC and DBC be triangles on the same base BC, and between the same parallels AD and BC. I say that triangle ABC is equal to triangle DBC.

Let AD have been produced in each direction to E and F, and let the (straight-line) BE have been drawn through B parallel to CA [Prop. 1.31], and let the (straight-line) CF have been drawn through C parallel to BD [Prop. 1.31]. Thus, $EBCA$ and $DBCF$ are both parallelograms, and are equal. For they are on the same base BC, and between the same parallels BC and EF [Prop. 1.35]. And the triangle ABC is half of the parallelogram $EBCA$. For the diagonal AB cuts the latter in half [Prop. 1.34]. And the triangle DBC (is) half of the parallelogram $DBCF$. For the diagonal DC cuts the latter in half [Prop. 1.34]. [And the halves of equal things are equal to one another.][15] Thus, triangle ABC is equal to triangle DBC.

Thus, triangles which are on the same base and between the same parallels are equal to one another. (Which is) the very thing it was required to show.

[15]This is an additional common notion.

ΣΤΟΙΧΕΙΩΝ α΄

λη΄

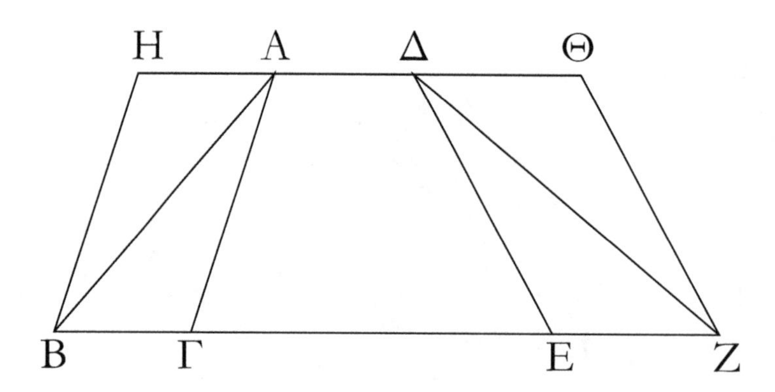

Τὰ τρίγωνα τὰ ἐπὶ ἴσων βάσεων ὄντα καὶ ἐν ταῖς αὐταῖς παραλλήλοις ἴσα ἀλλήλοις ἐστίν.

Ἔστω τρίγωνα τὰ ΑΒΓ, ΔΕΖ ἐπὶ ἴσων βάσεων τῶν ΒΓ, ΕΖ καὶ ἐν ταῖς αὐταῖς παραλλήλοις ταῖς ΒΖ, ΑΔ· λέγω, ὅτι ἴσον ἐστὶ τὸ ΑΒΓ τρίγωνον τῷ ΔΕΖ τριγώνῳ.

Ἐκβεβλήσθω γὰρ ἡ ΑΔ ἐφ᾽ ἑκάτερα τὰ μέρη ἐπὶ τὰ Η, Θ, καὶ διὰ μὲν τοῦ Β τῇ ΓΑ παράλληλος ἤχθω ἡ ΒΗ, δὶα δὲ τοῦ Ζ τῇ ΔΕ παράλληλος ἤχθω ἡ ΖΘ. παραλληλόγραμμον ἄρα ἐστὶν ἑκάτερον τῶν ΗΒΓΑ, ΔΕΖΘ· καὶ ἴσον τὸ ΗΒΓΑ τῷ ΔΕΖΘ· ἐπί τε γὰρ ἴσων βάσεών εἰσι τῶν ΒΓ, ΕΖ καὶ ἐν ταῖς αὐταῖς παραλλήλοις ταῖς ΒΖ, ΗΘ· και΄ ἐστι τοῦ μὲν ΗΒΓΑ παραλληλογράμμου ἥμισυ τὸ ΑΒΓ τρίγωνον. ἡ γὰρ ΑΒ διάμετρος αὐτὸ δίχα τέμνει· τοῦ δὲ ΔΕΖΘ παραλληλογράμμου ἥμισυ τὸ ΖΕΔ τρίγωνον· ἡ γὰρ ΔΖ δίαμετρος αὐτὸ δίχα τέμνει [τὰ δὲ τῶν ἴσων ἡμίση ἴσα ἀλλήλοις ἐστίν]. ἴσον ἄρα ἐστὶ τὸ ΑΒΓ τρίγωνον τῷ ΔΕΖ τριγώνῳ.

Τὰ ἄρα τρίγωνα τὰ ἐπὶ ἴσων βάσεων ὄντα καὶ ἐν ταῖς αὐταῖς παραλλήλοις ἴσα ἀλλήλοις ἐστίν· ὅπερ ἔδει δεῖξαι.

Proposition 38

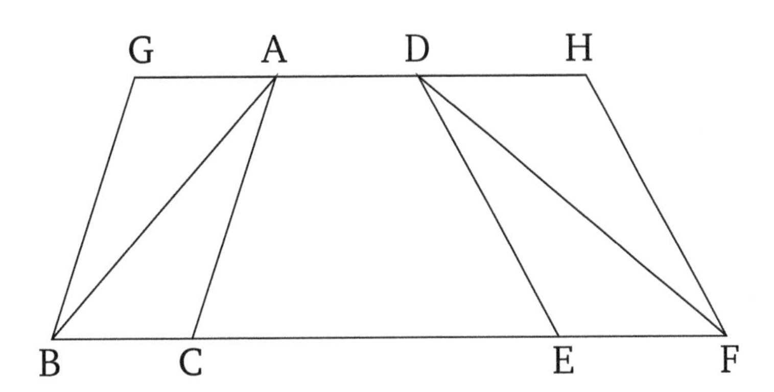

Triangles which are on equal bases and between the same parallels are equal to one another.

Let ABC and DEF be triangles on the equal bases BC and EF, and between the same parallels BF and AD. I say that triangle ABC is equal to triangle DEF.

For let AD have been produced in each direction to G and H, and let the (straight-line) BG have been drawn through B parallel to CA [Prop. 1.31], and let the (straight-line) FH have been drawn through F parallel to DE [Prop. 1.31]. Thus, $GBCA$ and $DEFH$ are each parallelograms. And $GBCA$ is equal to $DEFH$. For they are on the equal bases BC and EF, and between the same parallels BF and GH [Prop. 1.36]. And triangle ABC is half of the parallelogram $GBCA$. For the diagonal AB cuts the latter in half [Prop. 1.34]. And triangle FED (is) half of parallelogram $DEFH$. For the diagonal DF cuts the latter in half. [And the halves of equal things are equal to one another]. Thus, triangle ABC is equal to triangle DEF.

Thus, triangles which are on equal bases and between the same parallels are equal to one another. (Which is) the very thing it was required to show.

ΣΤΟΙΧΕΙΩΝ α´

λθ´

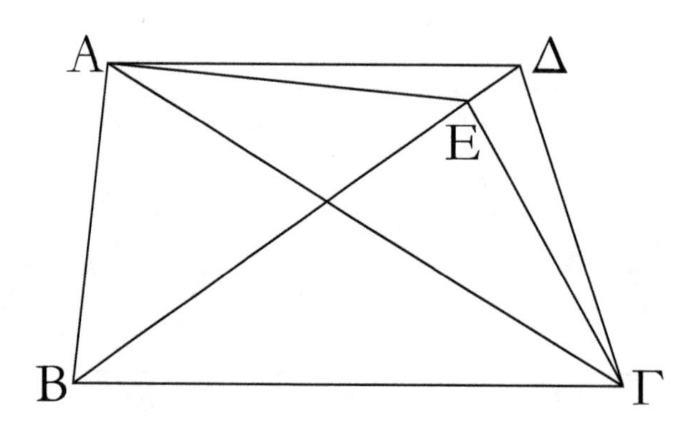

Τὰ ἴσα τρίγωνα τὰ ἐπὶ τῆς αὐτῆς βάσεως ὄντα καὶ ἐπὶ τὰ αὐτὰ μέρη καὶ ἐν ταῖς αὐταῖς παραλλήλοις ἐστίν.

Ἔστω ἴσα τρίγωνα τὰ ΑΒΓ, ΔΒΓ ἐπὶ τῆς αὐτῆς βάσεως ὄντα καὶ ἐπὶ τὰ αὐτὰ μέρη τῆς ΒΓ· λέγω, ὅτι καὶ ἐν ταῖς αὐταῖς παραλλήλοις ἐστίν.

Ἐπεζεύχθω γὰρ ἡ ΑΔ· λέγω, ὅτι παράλληλός ἐστιν ἡ ΑΔ τῇ ΒΓ.

Εἰ γὰρ μή, ἤχθω διὰ τοῦ Α σημείου τῇ ΒΓ εὐθείᾳ παράλληλος ἡ ΑΕ, καὶ ἐπεζεύχθω ἡ ΕΓ. ἴσον ἄρα ἐστὶ τὸ ΑΒΓ τρίγωνον τῷ ΕΒΓ τριγώνῳ· ἐπί τε γὰρ τῆς αὐτῆς βάσεώς ἐστιν αὐτῷ τῆς ΒΓ καὶ ἐν ταῖς αὐταῖς παραλλήλοις. ἀλλὰ τὸ ΑΒΓ τῷ ΔΒΓ ἐστιν ἴσον· καὶ τὸ ΔΒΓ ἄρα τῷ ΕΒΓ ἴσον ἐστὶ τὸ μεῖζον τῷ ἐλάσσονι· ὅπερ ἐστὶν ἀδύνατον· οὐκ ἄρα παράλληλός ἐστιν ἡ ΑΕ τῇ ΒΓ. ὁμοίως δὴ δείξομεν, ὅτι οὐδ᾽ ἄλλη τις πλὴν τῆς ΑΔ· ἡ ΑΔ ἄρα τῇ ΒΓ ἐστι παράλληλος.

Τὰ ἄρα ἴσα τρίγωνα τὰ ἐπὶ τῆς αὐτῆς βάσεως ὄντα καὶ ἐπὶ τὰ αὐτὰ μέρη καὶ ἐν ταῖς αὐταῖς παραλλήλοις ἐστίν· ὅπερ ἔδει δεῖξαι.

Proposition 39

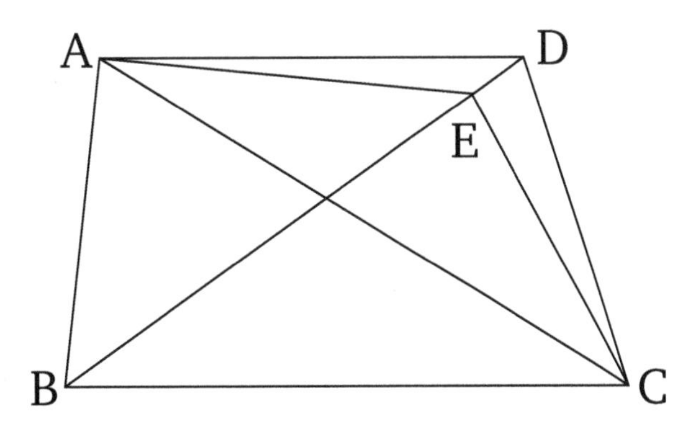

Equal triangles which are on the same base, and on the same side, are also between the same parallels.

Let ABC and DBC be equal triangles which are on the same base BC, and on the same side. I say that they are also between the same parallels.

For let AD have been joined. I say that AD and AC are parallel.

For, if not, let AE have been drawn through point A parallel to the straight-line BC [Prop. 1.31], and let EC have been joined. Thus, triangle ABC is equal to triangle EBC. For it is on the same base to it, BC, and between the same parallels [Prop. 1.37]. But ABC is equal to DBC. Thus, DBC is also equal to EBC, the greater to the lesser. The very thing is impossible. Thus, AE is not parallel to BC. Similarly, we can show that neither (is) any other (straight-line) than AD. Thus, AD is parallel to BC.

Thus, equal triangles which are on the same base, and on the same side, are also between the same parallels. (Which is) the very thing it was required to show.

μ´

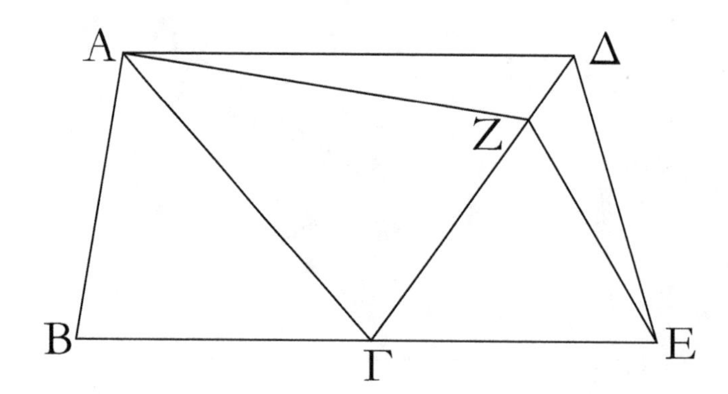

Τὰ ἴσα τρίγωνα τὰ ἐπὶ ἴσων βάσεων ὄντα καὶ ἐπὶ τὰ αὐτὰ μέρη καὶ ἐν ταῖς αὐταῖς παραλλήλοις ἐστίν.

Ἔστω ἴσα τρίγωνα τὰ ΑΒΓ, ΓΔΕ ἐπὶ ἴσων βάσεων τῶν ΒΓ, ΓΕ καὶ ἐπὶ τὰ αὐτὰ μέρη. λέγω, ὅτι καὶ ἐν ταῖς αὐταῖς παραλλήλοις ἐστίν.

Ἐπεζεύχθω γὰρ ἡ ΑΔ· λέγω, ὅτι παράλληλός ἐστιν ἡ ΑΔ τῇ ΒΕ.

Εἰ γὰρ μή, ἤχθω διὰ τοῦ Α τῇ ΒΕ παράλληλος ἡ ΑΖ, καὶ ἐπεζεύχθω ἡ ΖΕ. ἴσον ἄρα ἐστὶ τὸ ΑΒΓ τρίγωνον τῷ ΖΓΕ τριγώνῳ· ἐπί τε γὰρ ἴσων βάσεών εἰσι τῶν ΒΓ, ΓΕ καὶ ἐν ταῖς αὐταῖς παραλλήλοις ταῖς ΒΕ, ΑΖ. ἀλλὰ τὸ ΑΒΓ τρίγωνον ἴσον ἐστὶ τῷ ΔΓΕ [τρίγωνῳ]· καὶ τὸ ΔΓΕ ἄρα [τρίγωνον] ἴσον ἐστὶ τῷ ΖΓΕ τριγώνῳ τὸ μεῖζον τῷ ἐλάσσονι· ὅπερ ἐστὶν ἀδύνατον· οὐκ ἄρα παράλληλος ἡ ΑΖ τῇ ΒΕ. ὁμοίως δὴ δείξομεν, ὅτι οὐδ᾽ ἄλλη τις πλὴν τῆς ΑΔ· ἡ ΑΔ ἄρα τῇ ΒΕ ἐστι παράλληλος.

Τὰ ἄρα ἴσα τρίγωνα τὰ ἐπὶ ἴσων βάσεων ὄντα καὶ ἐπὶ τὰ αὐτὰ μέρη καὶ ἐν ταῖς αὐταῖς παραλλήλοις ἐστίν· ὅπερ ἔδει δεῖξαι.

Proposition 40 [16]

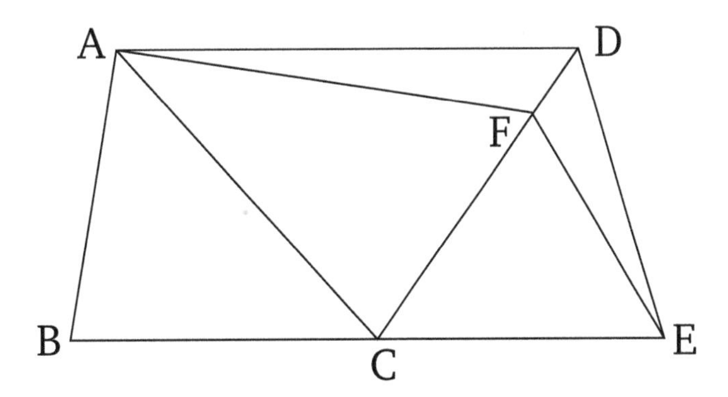

Equal triangles which are on equal bases, and on the same side, are also between the same parallels.

Let ABC and CDE be equal triangles on the equal bases BC and CE (respectively), and on the same side. I say that they are also between the same parallels.

For let AD have been joined. I say that AD is parallel to BE.

For if not, let AF have been drawn through A parallel to BE [Prop. 1.31], and let FE have been joined. Thus, triangle ABC is equal to triangle FCE. For they are on equal bases, BC and CE, and between the same parallels, BE and AF [Prop. 1.38]. But, triangle ABC is equal to [triangle] DCE. Thus, [triangle] DCE is also equal to triangle FCE, the greater to the lesser. The very thing is impossible. Thus, AF is not parallel to BE. Similarly, we can show that neither (is) any other (straight-line) than AD. Thus, AD is parallel to BE.

Thus, equal triangles which are on equal bases, and on the same side, are also between the same parallels. (Which is) the very thing it was required to show.

[16]This whole proposition is regarded by Heiberg as a relatively early interpolation to the original text.

ΣΤΟΙΧΕΙΩΝ α΄

μα΄

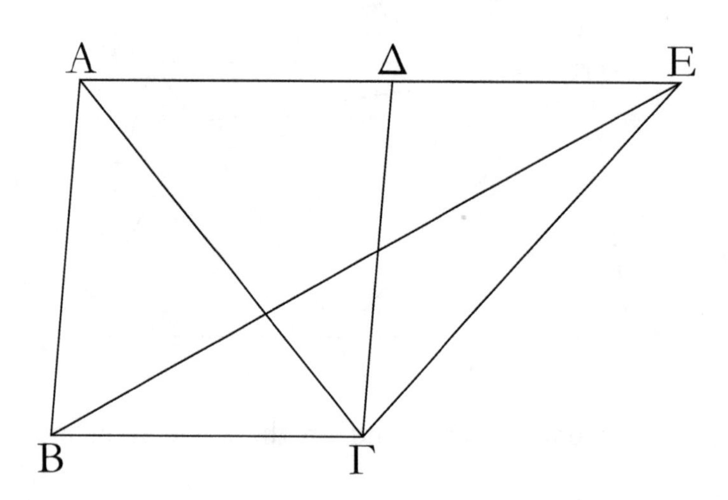

Ἐὰν παραλληλόγραμμον τριγώνῳ βάσιν τε ἔχῃ τὴν αὐτὴν καὶ ἐν ταῖς αὐταῖς παραλλήλοις ᾖ, διπλάσιόν ἐστί τὸ παραλληλόγραμμον τοῦ τριγώνου.

Παραλληλόγραμμον γὰρ τὸ ΑΒΓΔ τριγώνῳ τῷ ΕΒΓ βάσιν τε ἐχέτω τὴν αὐτὴν τὴν ΒΓ καὶ ἐν ταῖς αὐταῖς παραλλήλοις ἔστω ταῖς ΒΓ, ΑΕ· λέγω, ὅτι διπλάσιόν ἐστι τὸ ΑΒΓΔ παραλληλόγραμμον τοῦ ΒΕΓ τριγώνου.

Ἐπεζεύχθω γὰρ ἡ ΑΓ. ἴσον δή ἐστι τὸ ΑΒΓ τρίγωνον τῷ ΕΒΓ τριγώνῳ· ἐπί τε γὰρ τῆς αὐτῆς βάσεώς ἐστιν αὐτῷ τῆς ΒΓ καὶ ἐν ταῖς αὐταῖς παραλλήλοις ταῖς ΒΓ, ΑΕ. ἀλλὰ τὸ ΑΒΓΔ παραλληλόγραμμον διπλάσιόν ἐστι τοῦ ΑΒΓ τριγώνου· ἡ γὰρ ΑΓ διάμετρος αὐτὸ δίχα τέμνει· ὥστε τὸ ΑΒΓΔ παραλληλόγραμμον καὶ τοῦ ΕΒΓ τριγώνου ἐστὶ διπλάσιον.

Ἐὰν ἄρα παραλληλόγραμμον τριγώνῳ βάσιν τε ἔχῃ τὴν αὐτὴν καὶ ἐν ταῖς αὐταῖς παραλλήλοις ᾖ, διπλάσιόν ἐστί τὸ παραλληλόγραμμον τοῦ τριγώνου· ὅπερ ἔδει δεῖξαι.

Proposition 41

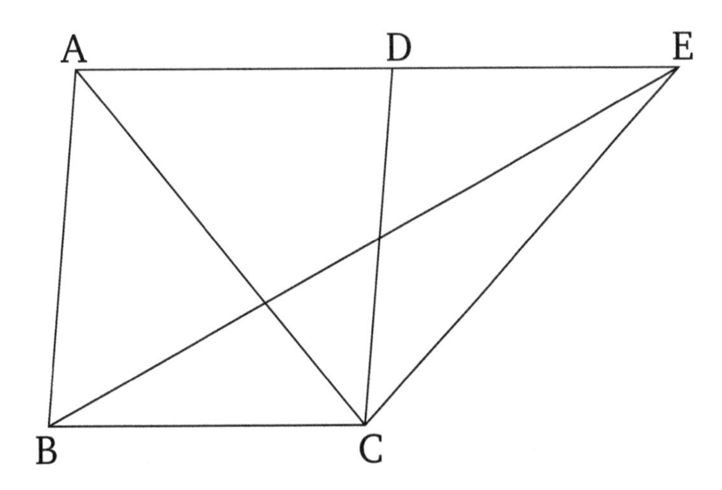

If a parallelogram has the same base as a triangle, and is between the same parallels, then the parallelogram is double (the area) of the triangle.

For let parallelogram $ABCD$ have the same base BC as triangle EBC, and let it be between the same parallels, BC and AE. I say that parallelogram $ABCD$ is double (the area) of triangle BEC.

For let AC have been joined. So triangle ABC is equal to triangle EBC. For it is on the same base, BC, as (EBC), and between the same parallels, BC and AE [Prop. 1.37]. But, parallelogram $ABCD$ is double (the area) of triangle ABC. For the diagonal AC cuts the former in half [Prop. 1.34]. So parallelogram $ABCD$ is also double (the area) of triangle EBC.

Thus, if a parallelogram has the same base as a triangle, and is between the same parallels, then the parallelogram is double (the area) of the triangle. (Which is) the very thing it was required to show.

ΣΤΟΙΧΕΙΩΝ α΄

μβ΄

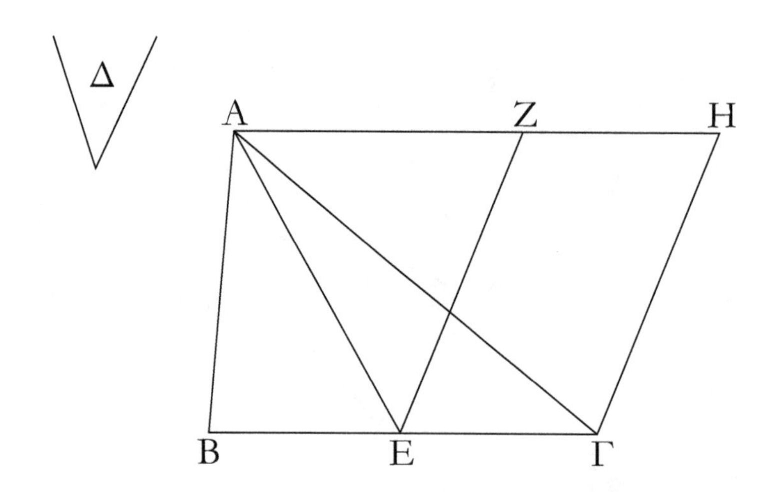

Τῷ δοθέντι τριγώνῳ ἴσον παραλληλόγραμμον συστήσασθαι ἐν τῇ δοθείσῃ γωνίᾳ εὐθυγράμμῳ.

Ἔστω τὸ μὲν δοθὲν τρίγωνον τὸ ΑΒΓ, ἡ δὲ δοθεῖσα γωνία εὐθύγραμμος ἡ Δ· δεῖ δὴ τῷ ΑΒΓ τριγώνῳ ἴσον παραλληλόγραμμον συστήσασθαι ἐν τῇ Δ γωνίᾳ εὐθυγράμμῳ.

Τετμήσθω ἡ ΒΓ δίχα κατὰ τὸ Ε, καὶ ἐπεζεύχθω ἡ ΑΕ, καὶ συνεστάτω πρὸς τῇ ΕΓ εὐθείᾳ καὶ τῷ πρὸς αὐτῃ σημείῳ τῷ Ε τῇ Δ γωνίᾳ ἴση ἡ ὑπὸ ΓΕΖ, καὶ διὰ μὲν τοῦ Α τῇ ΕΓ παράλληλος ἤχθω ἡ ΑΗ, διὰ δὲ τοῦ Γ τῇ ΕΖ παράλληλος ἤχθω ἡ ΓΗ· παραλληλόγραμμον ἄρα ἐστὶ τὸ ΖΕΓΗ. καὶ ἐπεὶ ἴση ἐστὶν ἡ ΒΕ τῇ ΕΓ, ἴσον ἐστὶ καὶ τὸ ΑΒΕ τρίγωνον τῷ ΑΕΓ τριγώνῳ· ἐπί τε γὰρ ἴσων βάσεών εἰσι τῶν ΒΕ, ΕΓ καὶ ἐν ταῖς αὐταῖς παραλλήλοις ταῖς ΒΓ, ΑΗ· διπλάσιον ἄρα ἐστὶ τὸ ΑΒΓ τρίγωνον τοῦ ΑΕΓ τριγώνου. ἔστι δὲ καὶ τὸ ΖΕΓΗ παραλληλόγραμμον διπλάσιον τοῦ ΑΕΓ τριγώνου· βάσιν τε γὰρ αὐτῷ τὴν αὐτὴν ἔχει καὶ ἐν ταῖς αὐταῖς ἐστιν αὐτῳ παραλλήλοις· ἴσον ἄρα ἐστὶ τὸ ΖΕΓΗ παραλληλόγραμμον τῷ ΑΒΓ τριγώνῳ. καὶ ἔχει τὴν ὑπὸ ΓΕΖ γωνίαν ἴσην τῇ δοθείσῃ τῇ Δ.

Τῷ ἄρα δοθέντι τριγώνῳ τῷ ΑΒΓ ἴσον παραλληλόγραμμον συνέσταται τὸ ΖΕΓΗ ἐν γωνίᾳ τῇ ὑπὸ ΓΕΖ, ἥτις ἐστὶν ἴση τῇ Δ· ὅπερ ἔδει ποιῆσαι.

Proposition 42

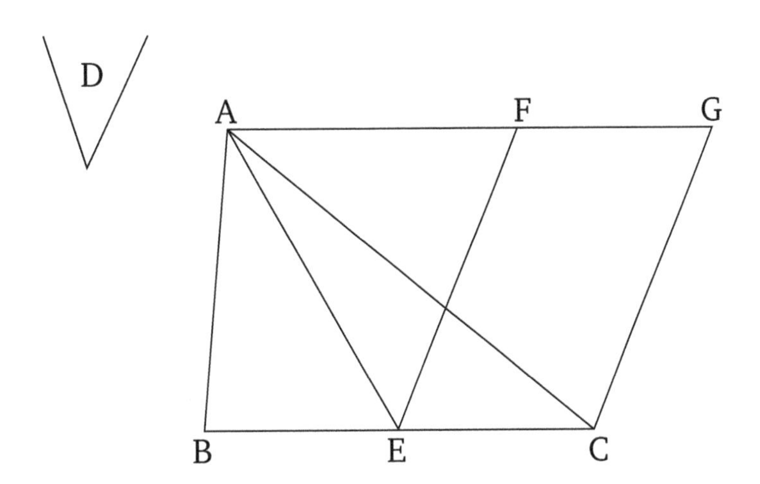

To construct a parallelogram equal to a given triangle in a given rectilinear angle.

Let ABC be the given triangle, and D the given rectilinear angle. So it is required to construct a parallelogram equal to triangle ABC in the rectilinear angle D.

Let BC have been cut in half at E [Prop. 1.10], and let AE have been joined. And let (angle) CEF have been constructed, equal to angle D, at the point E on the straight-line EC [Prop. 1.23]. And let AG have been drawn through A parallel to EC [Prop. 1.31], and let CG have been drawn through C parallel to EF [Prop. 1.31]. Thus, $FECG$ is a parallelogram. And since BE is equal to EC, triangle ABE is also equal to triangle AEC. For they are on the equal bases, BE and EC, and between the same parallels, BC and AG [Prop. 1.38]. Thus, triangle ABC is double (the area) of triangle AEC. And parallelogram $FECG$ is also double (the area) of triangle AEC. For it has the same base as (AEC), and is between the same parallels as (AEC) [Prop. 1.41]. Thus, parallelogram $FECG$ is equal to triangle ABC. ($FECG$) also has the angle CEF equal to the given (angle) D.

Thus, parallelogram $FECG$, equal to the given triangle ABC, has been constructed in the angle CEF, which is equal to D. (Which is) the very thing it was required to do.

ΣΤΟΙΧΕΙΩΝ α΄

μγ΄

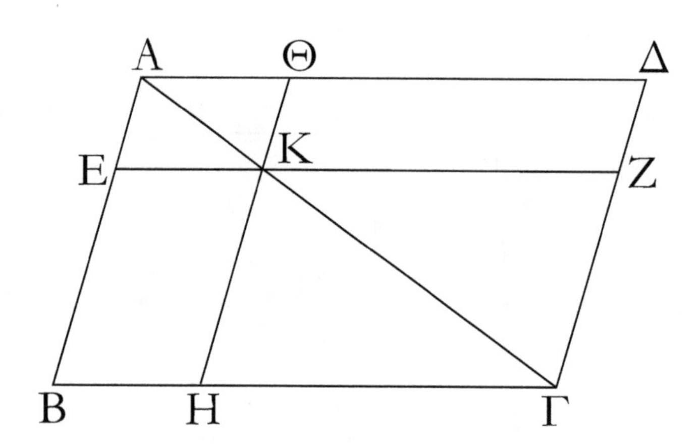

Παντὸς παραλληλογράμμου τῶν περὶ τὴν διάμετρον παραλληλογράμμων τὰ παραπληρώματα ἴσα ἀλλήλοις ἐστίν.

Ἔστω παραλληλόγραμμον τὸ ΑΒΓΔ, διάμετρος δὲ αὐτοῦ ἡ ΑΓ, περὶ δὲ τὴν ΑΓ παραλληλόγραμμα μὲν ἔστω τὰ ΕΘ, ΖΗ, τὰ δὲ λεγόμενα παραπληρώματα τὰ ΒΚ, ΚΔ· λέγω, ὅτι ἴσον ἐστὶ τὸ ΒΚ παραπλήρωμα τῷ ΚΔ παραπληρώματι.

Ἐπεὶ γὰρ παραλληλόγραμμόν ἐστι τὸ ΑΒΓΔ, διάμετρος δὲ αὐτοῦ ἡ ΑΓ, ἴσον ἐστὶ τὸ ΑΒΓ τρίγωνον τῷ ΑΓΔ τριγώνῳ. πάλιν, ἐπεὶ παραλληλόγραμμόν ἐστι τὸ ΕΘ, διάμετρος δὲ αὐτοῦ ἐστιν ἡ ΑΚ, ἴσον ἐστὶ τὸ ΑΕΚ τρίγωνον τῷ ΑΘΚ τριγώνῳ. διὰ τὰ αὐτὰ δὴ καὶ τὸ ΚΖΓ τρίγωνον τῷ ΚΗΓ ἐστιν ἴσον. ἐπεὶ οὖν τὸ μὲν ΑΕΚ τρίγωνον τῷ ΑΘΚ τριγώνῳ ἐστὶν ἴσον, τὸ δὲ ΚΖΓ τῷ ΚΗΓ, τὸ ΑΕΚ τρίγωνον μετὰ τοῦ ΚΗΓ ἴσον ἐστὶ τῷ ΑΘΚ τριγώνῳ μετὰ τοῦ ΚΖΓ· ἔστι δὲ καὶ ὅλον τὸ ΑΒΓ τρίγωνον ὅλῳ τῷ ΑΔΓ ἴσον· λοιπὸν ἄρα τὸ ΒΚ παραπλήρωμα λοιπῷ τῷ ΚΔ παραπληρώματί ἐστιν ἴσον.

Παντὸς ἄρα παραλληλογράμμου χωρίου τῶν περὶ τὴν διάμετρον παραλληλογράμμων τὰ παραπληρώματα ἴσα ἀλλήλοις ἐστίν· ὅπερ ἔδει δεῖξαι.

Proposition 43

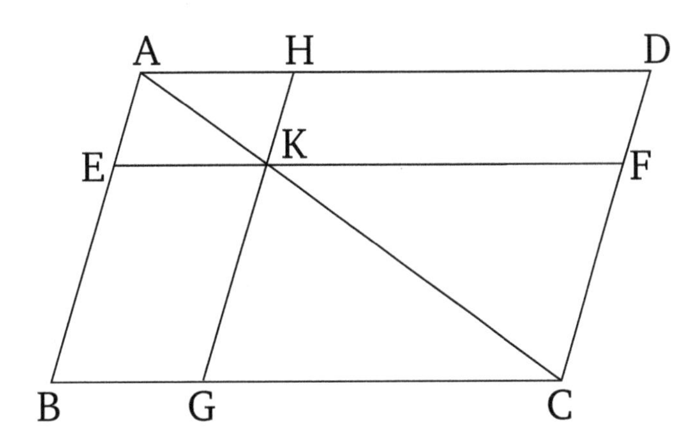

For any parallelogram, the complements of the parallelograms about the diagonal are equal to one another.

Let $ABCD$ be a parallelogram, and AC its diagonal. And let EH and FG be the parallelograms about AC, and BK and KD the so-called complements (about AC). I say that the complement BK is equal to the complement KD.

For since $ABCD$ is a parallelogram, and AC its diagonal, triangle ABC is equal to triangle ACD [Prop. 1.34]. Again, since EH is a parallelogram, and AK is its diagonal, triangle AEK is equal to triangle AHK [Prop. 1.34]. So, for the same (reasons), triangle KFC is also equal to (triangle) KGC. Therefore, since triangle AEK is equal to triangle AHK, and KFC to KGC, triangle AEK plus KGC is equal to triangle AHK plus KFC. And the whole triangle ABC is also equal to the whole (triangle) ADC. Thus, the remaining complement BK is equal to the remaining complement KD.

Thus, for any parallelogramic figure, the complements of the parallelograms about the diagonal are equal to one another. (Which is) the very thing it was required to show.

ΣΤΟΙΧΕΙΩΝ α΄

μδ΄

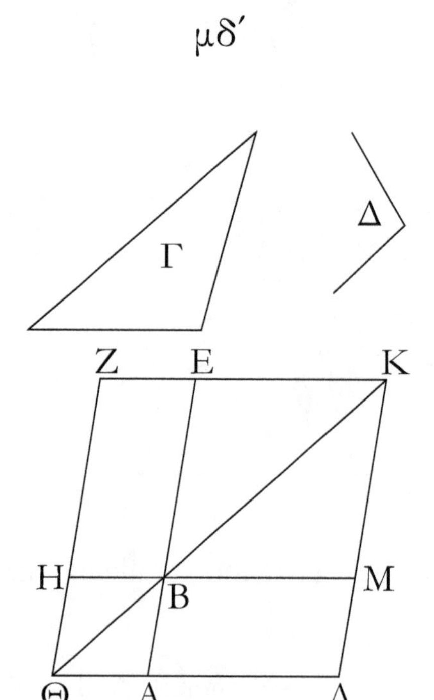

Παρὰ τὴν δοθεῖσαν εὐθεῖαν τῷ δοθέντι τριγώνῳ ἴσον παραλληλόγραμμον παραβαλεῖν ἐν τῇ δοθείσῃ γωνίᾳ εὐθυγράμμῳ.

Ἔστω ἡ μὲν δοθεῖσα εὐθεῖα ἡ ΑΒ, τὸ δὲ δοθὲν τρίγωνον τὸ Γ, ἡ δὲ δοθεῖσα γωνία εὐθύγραμμος ἡ Δ· δεῖ δὴ παρὰ τὴν δοθεῖσαν εὐθεῖαν τὴν ΑΒ τῷ δοθέντι τριγώνῳ τῷ Γ ἴσον παραλληλόγραμμον παραβαλείν ἐν ἴσῃ τῇ Δ γωνίᾳ.

Συνεστάτω τῷ Γ τριγώνῳ ἴσον παραλληλόγραμμον τὸ ΒΕΖΗ ἐν γωνίᾳ τῇ ὑπὸ ΕΒΗ, ἥ ἐστιν ἴση τῇ Δ· καὶ κείσθω ὥστε ἐπ᾽ εὐθείας εἶναι τὴν ΒΕ τῇ ΑΒ, καὶ διήχθω ἡ ΖΗ ἐπὶ τὸ Θ, καὶ διὰ τοῦ Α ὁποτέρᾳ τῶν ΒΗ, ΕΖ παράλληλος ἤχθω ἡ ΑΘ, καὶ ἐπεζεύχθω ἡ ΘΒ. καὶ ἐπεὶ εἰς παραλλήλους τὰς ΑΘ, ΕΖ εὐθεῖα ἐνέπεσεν ἡ ΘΖ, αἱ ἄρα ὑπὸ ΑΘΖ, ΘΖΕ γωνίαι δυσὶν ὀρθαῖς εἰσιν ἴσαι. αἱ ἄρα ὑπὸ ΒΘΗ, ΗΖΕ δύο ὀρθῶν ἐλάσσονές εἰσιν· αἱ δὲ ἀπὸ ἐλασσόνων ἢ δύο ὀρθῶν εἰς ἄπειρον ἐκβαλλόμεναι συμπίπτουσιν· αἱ ΘΒ, ΖΕ ἄρα ἐκβαλλόμεναι συμπεσοῦνται. ἐκβεβλήσθωσαν καὶ συμπιπτέτωσαν κατὰ τὸ Κ, καὶ διὰ τοῦ Κ σημείου ὁποτέρᾳ τῶν ΕΑ, ΖΘ παράλληλος ἤχθω ἡ ΚΛ, καὶ ἐκβεβλήσθωσαν αἱ ΘΑ, ΗΒ ἐπὶ τὰ Λ, Μ σημεῖα. παραλληλόγραμμον ἄρα ἐστὶ τὸ ΘΛΚΖ, διάμετρος δὲ αὐτοῦ ἡ ΘΚ, περὶ δὲ τὴν ΘΚ παραλληλόγραμμα μὲν τὰ ΑΗ, ΜΕ, τὰ δὲ λεγόμενα παραπληρώματα τὰ ΛΒ, ΒΖ· ἴσον ἄρα ἐστὶ τὸ ΛΒ τῷ ΒΖ. ἀλλὰ τὸ ΒΖ τῷ Γ τριγώνῳ ἐστὶν ἴσον· καὶ τὸ ΛΒ ἄρα τῷ Γ ἐστιν ἴσον. καὶ ἐπεὶ ἴση ἐστὶν ἡ ὑπὸ ΗΒΕ γωνία τῇ ὑπὸ ΑΒΜ, ἀλλὰ ἡ ὑπὸ ΗΒΕ τῇ Δ ἐστιν ἴση, καὶ ἡ ὑπὸ ΑΒΜ ἄρα τῇ Δ γωνίᾳ ἐστὶν ἴση.

Παρὰ τὴν δοθεῖσαν ἄρα εὐθεῖαν τὴν ΑΒ τῷ δοθέντι τριγώνῳ τῷ Γ ἴσον παραλληλόγραμμον παραβέβληται τὸ ΛΒ ἐν γωνίᾳ τῇ ὑπὸ ΑΒΜ, ἥ ἐστιν ἴση τῇ Δ· ὅπερ ἔδει ποιῆσαι.

Proposition 44

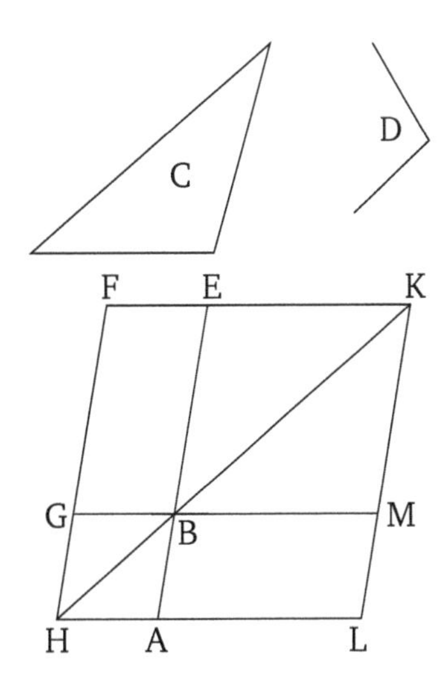

To apply a parallelogram equal to a given triangle to a given straight-line in a given rectilinear angle.

Let AB be the given straight-line, C the given triangle, and D the given rectilinear angle. So it is required to apply a parallelogram equal to the given triangle C to the given straight-line AB in an angle equal to D.

Let the parallelogram $BEFG$, equal to the triangle C, have been constructed in the angle EBG, which is equal to D [Prop. 1.42]. And let it have been placed so that BE is straight-on to AB.[17] And let FG have been drawn through to H, and let AH have been drawn through A parallel to either of BG or EF [Prop. 1.31], and let HB have been joined. And since the straight-line HF falls across the parallel-lines AH and EF, the angles AHF and HFE are thus equal to two right-angles [Prop. 1.29]. Thus, BHG and GFE are less than two right-angles. And (straight-lines) produced to infinity from (internal angles) less than two right-angles meet together [Post. 5]. Thus, being produced, HB and FE will meet together. Let them have been produced, and let them meet together at K. And let KL have been drawn through point K parallel to either of EA or FH [Prop. 1.31]. And let HA and GB have been produced to points L and M (respectively). Thus, $HLKF$ is a parallelogram, and HK its diagonal. And AG and ME (are) parallelograms, and LB and BF the so-called complements, about HK. Thus, LB is equal to BF [Prop. 1.43]. But, BF is equal to triangle C. Thus, LB is also equal to C. Also, since angle GBE is equal to ABM [Prop. 1.15], but GBE is equal to D, ABM is thus also equal to angle D.

Thus, the parallelogram LB, equal to the given triangle C, has been applied to the given straight-line AB in the angle ABM, which is equal to D. (Which is) the very thing it was required to do.

---

[17]This can be achieved using Props. 1.3, 1.23, and 1.31.

ΣΤΟΙΧΕΙΩΝ α΄

με΄

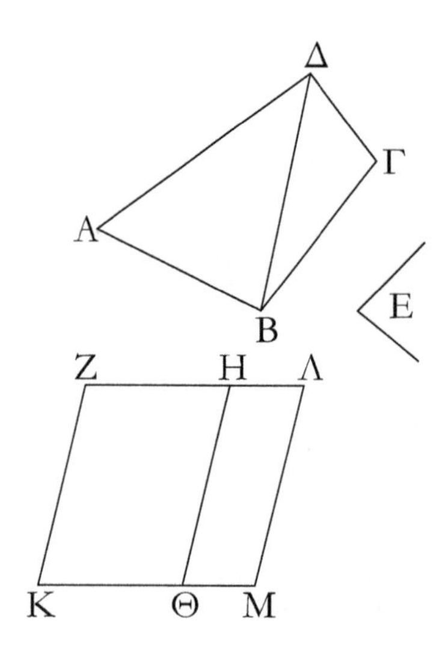

Τῷ δοθέντι εὐθυγράμμῳ ἴσον παραλληλόγραμμον συστήσασθαι ἐν τῇ δοθείσῃ γωνίᾳ εὐθυγράμμῳ.

Ἔστω τὸ μὲν δοθὲν εὐθύγραμμον τὸ ΑΒΓΔ, ἡ δὲ δοθεῖσα γωνία εὐθύγραμμος ἡ Ε· δεῖ δὴ τῷ ΑΒΓΔ εὐθυγράμμῳ ἴσον παραλληλόγραμμον συστήσασθαι ἐν τῇ δοθείσῃ γωνίᾳ τῇ Ε.

Ἐπεζεύχθω ἡ ΔΒ, καὶ συνεστάτω τῷ ΑΒΔ τριγώνῳ ἴσον παραλληλόγραμμον τὸ ΖΘ ἐν τῇ ὑπὸ ΘΚΖ γωνίᾳ, ἥ ἐστιν ἴση τῇ Ε· καὶ παραβεβλήσθω παρὰ τὴν ΗΘ εὐθεῖαν τῷ ΔΒΓ τριγώνῳ ἴσον παραλληλόγραμμον τὸ ΗΜ ἐν τῇ ὑπὸ ΗΘΜ γωνίᾳ, ἥ ἐστιν ἴση τῇ Ε. καὶ ἐπεὶ ἡ Ε γωνία ἑκατέρᾳ τῶν ὑπὸ ΘΚΖ, ΗΘΜ ἐστιν ἴση, καὶ ἡ ὑπὸ ΘΚΖ ἄρα τῇ ὑπὸ ΗΘΜ ἐστιν ἴση. κοινὴ προσκείσθω ἡ ὑπὸ ΚΘΗ· αἱ ἄρα ὑπὸ ΖΚΘ, ΚΘΗ ταῖς ὑπὸ ΚΘΗ, ΗΘΜ ἴσαι εἰσίν. ἀλλ᾽ αἱ ὑπὸ ΖΚΘ, ΚΘΗ δυσὶν ὀρθαῖς ἴσαι εἰσίν· καὶ αἱ ὑπὸ ΚΘΗ, ΗΘΜ ἄρα δύο ὀρθαῖς ἴσας εἰσίν. πρὸς δή τινι εὐθείᾳ τῇ ΗΘ καὶ τῷ πρὸς αὐτῇ σημείῳ τῷ Θ δύο εὐθεῖαι αἱ ΚΘ, ΘΜ μὴ ἐπὶ τὰ αὐτὰ μέρη κείμεναι τὰς ἐφεξῆς γωνίας δύο ὀρθαῖς ἴσας ποιοῦσιν· ἐπ᾽ εὐθείας ἄρα ἐστὶν ἡ ΚΘ τῇ ΘΜ· καὶ ἐπεὶ εἰς παραλλήλους τὰς ΚΜ, ΖΗ εὐθεῖα ἐνέπεσεν ἡ ΘΗ, αἱ ἐναλλὰξ γωνίαι αἱ ὑπὸ ΜΘΗ, ΘΗΖ ἴσαι ἀλλήλαις εἰσίν. κοινὴ προσκείσθω ἡ ὑπὸ ΘΗΛ· αἱ ἄρα ὑπὸ ΜΘΗ, ΘΗΛ ταῖς ὑπὸ ΘΗΖ, ΘΗΛ ἴσαι εἰσιν. ἀλλ᾽ αἱ ὑπὸ ΜΘΗ, ΘΗΛ δύο ὀρθαῖς ἴσαι εἰσίν· καὶ αἱ ὑπὸ ΘΗΖ, ΘΗΛ ἄρα δύο ὀρθαῖς ἴσαι εἰσίν· ἐπ᾽ εὐθείας ἄρα ἐστὶν ἡ ΖΗ τῇ ΗΛ. καὶ ἐπεὶ ἡ ΖΚ τῇ ΘΗ ἴση τε καὶ παράλληλός ἐστιν, ἀλλὰ καὶ ἡ ΘΗ τῇ ΜΛ, καὶ ἡ ΚΖ ἄρα τῇ ΜΛ ἴση τε καὶ παράλληλός ἐστιν· καὶ ἐπιζευγνύουσιν αὐτὰς εὐθεῖαι αἱ ΚΜ, ΖΛ· καὶ αἱ ΚΜ, ΖΛ ἄρα ἴσαι τε καὶ παράλληλοί εἰσιν· παραλληλόγραμμον ἄρα ἐστὶ τὸ ΚΖΛΜ. καὶ ἐπεὶ ἴσον ἐστὶ τὸ μὲν ΑΒΔ τρίγωνον τῷ ΖΘ παραλληλογράμμῳ, τὸ δὲ ΔΒΓ τῷ ΗΜ, ὅλον ἄρα τὸ ΑΒΓΔ εὐθύγραμμον ὅλῳ τῷ ΚΖΛΜ παραλληλογράμμῳ ἐστὶν ἴσον.

Τῷ ἄρα δοθέντι εὐθυγράμμῳ τῷ ΑΒΓΔ ἴσον παραλληλόγραμμον συνέσταται τὸ ΚΖΛΜ ἐν γωνίᾳ τῇ ὑπὸ ΖΚΜ, ἥ ἐστιν ἴση τῇ δοθείσῃ τῇ Ε· ὅπερ ἔδει ποιῆσαι.

Proposition 45

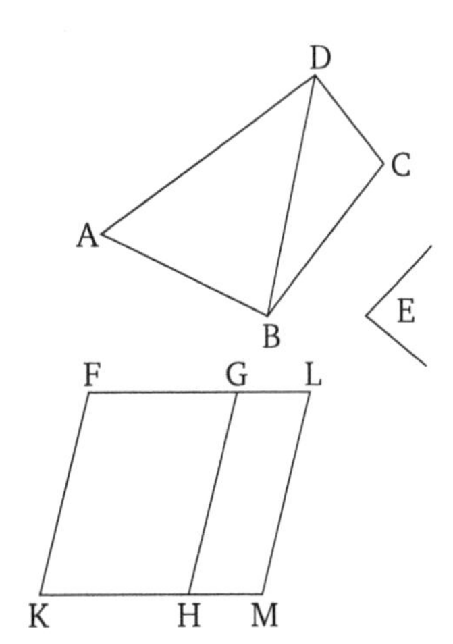

To construct a parallelogram equal to a given rectilinear figure in a given rectilinear angle.

Let $ABCD$ be the given rectilinear figure,[18] and E the given rectilinear angle. So it is required to construct a parallelogram equal to the rectilinear figure $ABCD$ in the given angle E.

Let DB have been joined, and let the parallelogram FH, equal to the triangle ABD, have been constructed in the angle HKF, which is equal to E [Prop. 1.42]. And let the parallelogram GM, equal to the triangle DBC, have been applied to the straight-line GH in the angle GHM, which is equal to E [Prop. 1.44]. And since angle E is equal to each of (angles) HKF and GHM, (angle) HKF is thus also equal to GHM. Let KHG have been added to both. Thus, FKH and KHG are equal to KHG and GHM. But, FKH and KHG are equal to two right-angles [Prop. 1.29]. Thus, KHG and GHM are also equal to two right-angles. So two straight-lines, KH and HM, not lying on the same side, make the adjacent angles equal to two right-angles at the point H on some straight-line GH. Thus, KH is straight-on to HM [Prop. 1.14]. And since the straight-line HG falls across the parallel-lines KM and FG, the alternate angles MHG and HGF are equal to one another [Prop. 1.29]. Let HGL have been added to both. Thus, MHG and HGL are equal to HGF and HGL. But, MHG and HGL are equal to two right-angles [Prop. 1.29]. Thus, HGF and HGL are also equal to two right-angles. Thus, FG is straight-on to GL [Prop. 1.14]. And since FK is equal and parallel to HG [Prop. 1.34], but also HG to ML [Prop. 1.34], KF is thus also equal and parallel to ML [Prop. 1.30]. And the straight-lines KM and FL join them. Thus, KM and FL are equal and parallel as well [Prop. 1.33]. Thus, $KFLM$ is a parallelogram. And since triangle ABD is equal to parallelogram FH, and DBC to GM, the whole rectilinear figure $ABCD$ is thus equal to the whole parallelogram $KFLM$.

Thus, the parallelogram $KFLM$, equal to the given rectilinear figure $ABCD$, has been constructed in the angle FKM, which is equal to the given (angle) E. (Which is) the very thing it was required to do.

[18] The proof is only given for a four-sided figure. However, the extension to many-sided figures is trivial.

ΣΤΟΙΧΕΙΩΝ α΄

μϛ΄

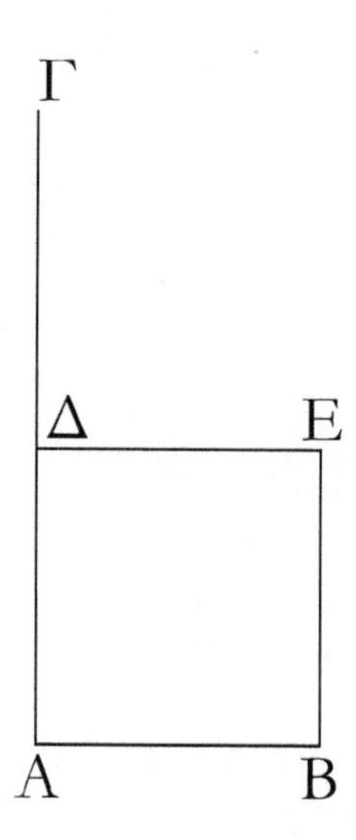

Ἀπὸ τῆς δοθείσης εὐθείας τετράγωνον ἀναγράψαι.

Ἔστω ἡ δοθεῖσα εὐθεῖα ἡ ΑΒ· δεῖ δὴ ἀπὸ τῆς ΑΒ εὐθείας τετράγωνον ἀναγράψαι.

Ἤχθω τῇ ΑΒ εὐθείᾳ ἀπὸ τοῦ πρὸς αὐτῇ σημείου τοῦ Α πρὸς ὀρθὰς ἡ ΑΓ, καὶ κείσθω τῇ ΑΒ ἴση ἡ ΑΔ· καὶ διὰ μὲν τοῦ Δ σημείου τῇ ΑΒ παράλληλος ἤχθω ἡ ΔΕ, διὰ δὲ τοῦ Β σημείου τῇ ΑΔ παράλληλος ἤχθω ἡ ΒΕ. Παραλληλόγραμμον ἄρα ἐστὶ τὸ ΑΔΕΒ· ἴση ἄρα ἐστὶν ἡ μὲν ΑΒ τῇ ΔΕ, ἡ δὲ ΑΔ τῇ ΒΕ. ἀλλὰ ἡ ΑΒ τῇ ΑΔ ἐστιν ἴση· αἱ τέσσαρες ἄρα αἱ ΒΑ, ΑΔ, ΔΕ, ΕΒ ἴσαι ἀλλήλαις εἰσίν· ἰσόπλευρον ἄρα ἐστὶ τὸ ΑΔΕΒ παραλληλόγραμμον. λέγω δή, ὅτι καὶ ὀρθογώνιον. ἐπεὶ γὰρ εἰς παραλλήλους τὰς ΑΒ, ΔΕ εὐθεῖα ἐνέπεσεν ἡ ΑΔ, αἱ ἄρα ὑπὸ ΒΑΔ, ΑΔΕ γωνίαι δύο ὀρθαῖς ἴσαι εἰσίν. ὀρθὴ δὲ ἡ ὑπὸ ΒΑΔ· ὀρθὴ ἄρα καὶ ἡ ὑπὸ ΑΔΕ. τῶν δὲ παραλληλογράμμων χωρίων αἱ ἀπεναντίον πλευραί τε καὶ γωνίαι ἴσαι ἀλλήλαις εἰσίν· ὀρθὴ ἄρα καὶ ἑκατέρα τῶν ἀπεναντίον τῶν ὑπὸ ΑΒΕ, ΒΕΔ γωνιῶν· ὀρθογώνιον ἄρα ἐστὶ τὸ ΑΔΕΒ. ἐδείχθη δὲ καὶ ἰσόπλευρον.

Τετράγωνον ἄρα ἐστίν· καί ἐστιν ἀπὸ τῆς ΑΒ εὐθείας ἀναγεγραμμένον· ὅπερ ἔδει ποιῆσαι.

Proposition 46

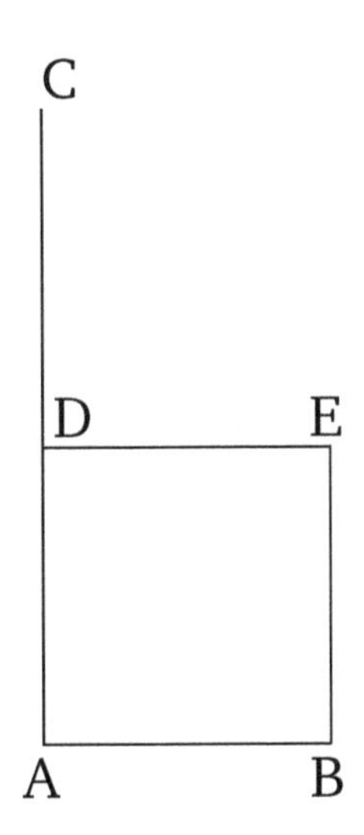

To describe a square on a given straight-line.

Let AB be the given straight-line. So it is required to describe a square on the straight-line AB.

Let AC have been drawn at right-angles to the straight-line AB from the point A on it [Prop. 1.11], and let AD have been made equal to AB [Prop. 1.3]. And let DE have been drawn through point D parallel to AB [Prop. 1.31], and let BE have been drawn through point B parallel to AD [Prop. 1.31]. Thus, $ADEB$ is a parallelogram. Thus, AB is equal to DE, and AD to BE [Prop. 1.34]. But, AB is equal to AD. Thus, the four (sides) BA, AD, DE, and EB are equal to one another. Thus, the parallelogram $ADEB$ is equilateral. So I say that (it is) also right-angled. For since the straight-line AD falls across the parallel-lines AB and DE, the angles BAD and ADE are equal to two right-angles [Prop. 1.29]. But BAD (is a) right-angle. Thus, ADE (is) also a right-angle. And for parallelogrammic figures, the opposite sides and angles are equal to one another [Prop. 1.34]. Thus, each of the opposite angles ABE and BED (are) also right-angles. Thus, $ADEB$ is right-angled. And it was also shown (to be) equilateral.

Thus, ($ADEB$) is a square [Def. 1.22]. And it is described on the straight-line AB. (Which is) the very thing it was required to do.

μζ´

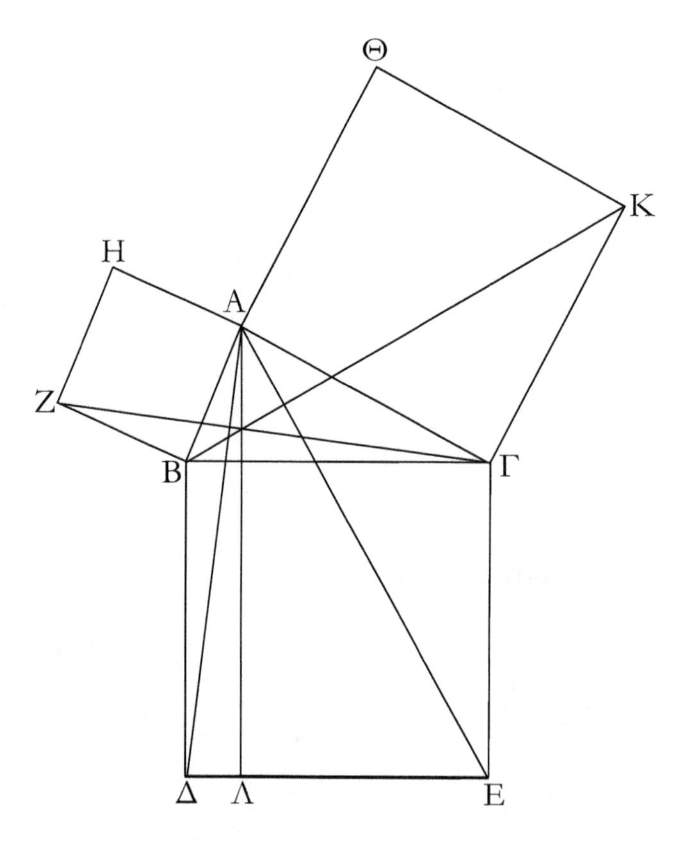

Ἐν τοῖς ὀρθογωνίοις τριγώνοις τὸ ἀπὸ τῆς τὴν ὀρθὴν γωνίαν ὑποτεινούσης πλευρᾶς τετράγωνον ἴσον ἐστὶ τοῖς ἀπὸ τῶν τὴν ὀρθὴν γωνίαν περιεχουσῶν πλευρῶν τετραγώνοις.

Ἔστω τρίγωνον ὀρθογώνιον τὸ ΑΒΓ ὀρθὴν ἔχον τὴν ὑπὸ ΒΑΓ γωνίαν· λέγω, ὅτι τὸ ἀπὸ τῆς ΒΓ τετράγωνον ἴσον ἐστὶ τοῖς ἀπὸ τῶν ΒΑ, ΑΓ τετραγώνοις.

Ἀναγεγράφθω γὰρ ἀπὸ μὲν τῆς ΒΓ τετράγωνον τὸ ΒΔΕΓ, ἀπὸ δὲ τῶν ΒΑ, ΑΓ τὰ ΗΒ, ΘΓ, καὶ διὰ τοῦ Α ὁποτέρᾳ τῶν ΒΔ, ΓΕ παράλληλος ἤχθω ἡ ΑΛ· καὶ ἐπεζεύχθωσαν αἱ ΑΔ, ΖΓ. καὶ ἐπεὶ ὀρθή ἐστιν ἑκατέρα τῶν ὑπὸ ΒΑΓ, ΒΑΗ γωνιῶν, πρὸς δή τινι εὐθείᾳ τῇ ΒΑ καὶ τῷ πρὸς αὐτῇ σημείῳ τῷ Α δύο εὐθεῖαι αἱ ΑΓ, ΑΗ μὴ ἐπὶ τὰ αὐτὰ μέρη κείμεναι τὰς ἐφεξῆς γωνίας δυσὶν ὀρθαῖς ἴσας ποιοῦσιν· ἐπ᾽ εὐθείας ἄρα ἐστὶν ἡ ΓΑ τῇ ΑΗ. διὰ τὰ αὐτὰ δὴ καὶ ἡ ΒΑ τῇ ΑΘ ἐστιν ἐπ᾽ εὐθείας. καὶ ἐπεὶ ἴση ἐστὶν ἡ ὑπὸ ΔΒΓ γωνία τῇ ὑπὸ ΖΒΑ· ὀρθὴ γὰρ ἑκατέρα· κοινὴ προσκείσθω ἡ ὑπὸ ΑΒΓ· ὅλη ἄρα ἡ ὑπὸ ΔΒΑ ὅλῃ τῇ ὑπὸ ΖΒΓ ἐστιν ἴση. καὶ ἐπεὶ ἴση ἐστὶν ἡ μὲν ΔΒ τῇ ΒΓ, ἡ δὲ ΖΒ τῇ ΒΑ, δύο δὴ αἱ ΔΒ, ΒΑ δύο ταῖς ΖΒ, ΒΓ ἴσαι εἰσὶν ἑκατέρα ἑκατέρᾳ· καὶ γωνία ἡ ὑπὸ ΔΒΑ γωνίᾳ τῇ ὑπὸ ΖΒΓ ἴση· βάσις ἄρα ἡ ΑΔ βάσει τῇ ΖΓ [ἐστιν] ἴση, καὶ τὸ ΑΒΔ τρίγωνον τῷ ΖΒΓ τριγώνῳ ἐστὶν ἴσον· καί [ἐστι] τοῦ μὲν ΑΒΔ τριγώνου διπλάσιον τὸ ΒΛ παραλληλόγραμμον· βάσιν τε γὰρ τὴν αὐτὴν ἔχουσι τὴν ΒΔ καὶ ἐν ταῖς αὐταῖς εἰσι παραλλήλοις ταῖς ΒΔ, ΑΛ· τοῦ δὲ ΖΒΓ τριγώνου διπλάσιον τὸ ΗΒ τετράγωνον· βάσιν τε

Proposition 47

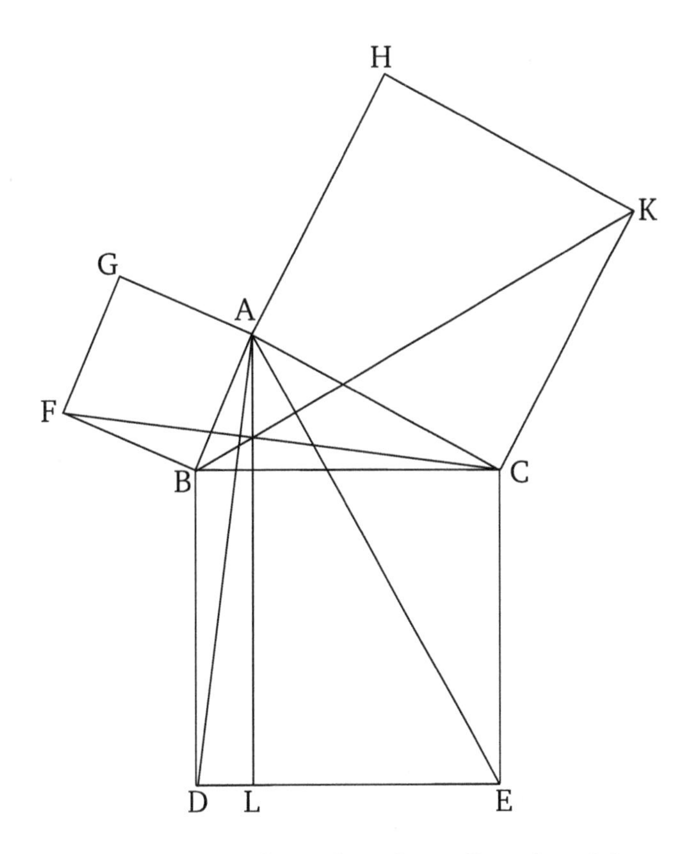

In a right-angled triangle, the square on the side subtending the right-angle is equal to the (sum of the) squares on the sides surrounding the right-angle.

Let ABC be a right-angled triangle having the right-angle BAC. I say that the square on BC is equal to the (sum of the) squares on BA and AC.

For let the square $BDEC$ have been described on BC, and (the squares) GB and HC on AB and AC (respectively) [Prop. 1.46]. And let AL have been drawn through point A parallel to either of BD or CE [Prop. 1.31]. And since angles BAC and BAG are each right-angles, so two straight-lines AC and AG, not lying on the same side, make the adjacent angles equal to two right-angles at the same point A on some straight-line BA . Thus, CA is straight-on to AG [Prop. 1.14]. So, for the same (reasons), BA is also straight-on to AH. And since angle DBC is equal to FBA, for (they are) both right-angles, let ABC have been added to both. Thus, the whole (angle) DBA is equal to the whole (angle) FBC. And since DB is equal to BC, and FB to BA, the two (straight-lines) DB, BA are equal to the two (straight-lines) CB, BF,[19] respectively. And angle DBA (is) equal to angle FBC. Thus, the base AD [is] equal to the base FC, and the triangle ABD is equal to the triangle FBC [Prop. 1.4]. And parallelogram BL [is] double (the

[19]The Greek text has "FB, BC", which is obviously a mistake.

μζ΄

γὰρ πάλιν τὴν αὐτὴν ἔχουσι τὴν ΖΒ καὶ ἐν ταῖς αὐταῖς εἰσι παραλλήλοις ταῖς ΖΒ, ΗΓ. [τὰ δὲ τῶν ἴσων διπλάσια ἴσα ἀλλήλοις ἐστίν·] ἴσον ἄρα ἐστὶ καὶ τὸ ΒΛ παραλληλόγραμμον τῷ ΗΒ τετραγώνῳ. ὁμοίως δὴ ἐπιζευγνυμένων τῶν ΑΕ, ΒΚ δειχθήσεται καὶ τὸ ΓΛ παραλληλόγραμμον ἴσον τῷ ΘΓ τετραγώνῳ· ὅλον ἄρα τὸ ΒΔΕΓ τετράγωνον δυσὶ τοῖς ΗΒ, ΘΓ τετραγώνοις ἴσον ἐστίν. καί ἐστι τὸ μὲν ΒΔΕΓ τετράγωνον ἀπὸ τῆς ΒΓ ἀναγραφέν, τὰ δὲ ΗΒ, ΘΓ ἀπὸ τῶν ΒΑ, ΑΓ. τὸ ἄρα ἀπὸ τῆς ΒΓ πλευρᾶς τετράγωνον ἴσον ἐστὶ τοῖς ἀπὸ τῶν ΒΑ, ΑΓ πλευρῶν τετραγώνοις.

Ἐν ἄρα τοῖς ὀρθογωνίοις τριγώνοις τὸ ἀπὸ τῆς τὴν ὀρθὴν γωνίαν ὑποτεινούσης πλευρᾶς τετράγωνον ἴσον ἐστὶ τοῖς ἀπὸ τῶν τὴν ὀρθὴν [γωνίαν] περιεχουσῶν πλευρῶν τετραγώνοις· ὅπερ ἔδει δεῖξαι.

Proposition 47

area) of triangle ABD. For they have the same base, BD, and are between the same parallels, BD and AL [Prop. 1.41]. And parallelogram GB is double (the area) of triangle FBC. For again they have the same base, FB, and are between the same parallels, FB and GC [Prop. 1.41]. [And the doubles of equal things are equal to one another.][20] Thus, the parallelogram BL is also equal to the square GB. So, similarly, AE and BK being joined, the parallelogram CL can be shown (to be) equal to the square HC. Thus, the whole square $BDEC$ is equal to the two squares GB and HC. And the square $BDEC$ is described on BC, and the (squares) GB and HC on BA and AC (respectively). Thus, the square on the side BC is equal to the (sum of the) squares on the sides BA and AC.

Thus, in a right-angled triangle, the square on the side subtending the right-angle is equal to the (sum of the) squares on the sides surrounding the right-[angle]. (Which is) the very thing it was required to show.

[20]This is an additional common notion.

ΣΤΟΙΧΕΙΩΝ α΄

μη΄

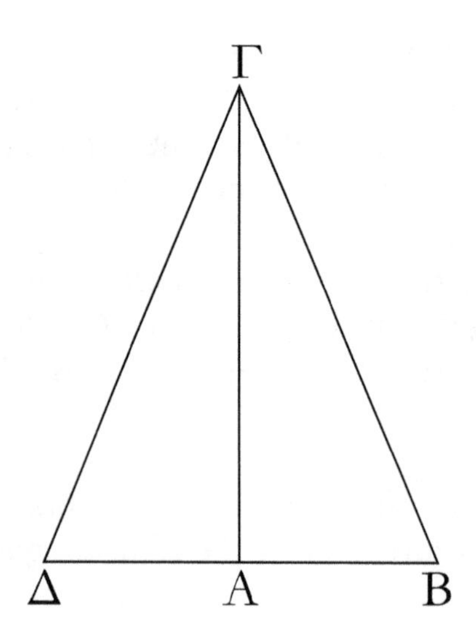

Ἐὰν τριγώνου τὸ ἀπὸ μιᾶς τῶν πλευρῶν τετράγωνον ἴσον ᾖ τοῖς ἀπὸ τῶν λοιπῶν τοῦ τριγώνου δύο πλευρῶν τετραγώνοις, ἡ περιεχομένη γωνία ὑπὸ τῶν λοιπῶν τοῦ τριγώνου δύο πλευρῶν ὀρθή ἐστιν.

Τριγώνου γὰρ τοῦ ΑΒΓ τὸ ἀπὸ μιᾶς τῆς ΒΓ πλευρᾶς τετράγωνον ἴσον ἔστω τοῖς ἀπὸ τῶν ΒΑ, ΑΓ πλευρῶν τετραγώνοις· λέγω, ὅτι ὀρθή ἐστιν ἡ ὑπὸ ΒΑΓ γωνία.

Ἤχθω γὰρ ἀπὸ τοῦ Α σημείου τῇ ΑΓ εὐθείᾳ πρὸς ὀρθὰς ἡ ΑΔ καὶ κείσθω τῇ ΒΑ ἴση ἡ ΑΔ, καὶ ἐπεζεύχθω ἡ ΔΓ. ἐπεὶ ἴση ἐστὶν ἡ ΔΑ τῇ ΑΒ, ἴσον ἐστὶ καὶ τὸ ἀπὸ τῆς ΔΑ τετράγωνον τῷ ἀπὸ τῆς ΑΒ τετραγώνῳ. κοινὸν προσκείσθω τὸ ἀπὸ τῆς ΑΓ τετράγωνον· τὰ ἄρα ἀπὸ τῶν ΔΑ, ΑΓ τετράγωνα ἴσα ἐστὶ τοῖς ἀπὸ τῶν ΒΑ, ΑΓ τετραγώνοις. ἀλλὰ τοῖς μὲν ἀπὸ τῶν ΔΑ, ΑΓ ἴσον ἐστὶ τὸ ἀπὸ τῆς ΔΓ· ὀρθὴ γάρ ἐστιν ἡ ὑπὸ ΔΑΓ γωνία· τοῖς δὲ ἀπὸ τῶν ΒΑ, ΑΓ ἴσον ἐστὶ τὸ ἀπὸ τῆς ΒΓ· ὑπόκειται γάρ· τὸ ἄρα ἀπὸ τῆς ΔΓ τετράγωνον ἴσον ἐστὶ τῷ ἀπὸ τῆς ΒΓ τετραγώνῳ· ὥστε καὶ πλευρὰ ἡ ΔΓ τῇ ΒΓ ἐστιν ἴση· καὶ ἐπεὶ ἴση ἐστὶν ἡ ΔΑ τῇ ΑΒ, κοινὴ δὲ ἡ ΑΓ, δύο δὴ αἱ ΔΑ, ΑΓ δύο ταῖς ΒΑ, ΑΓ ἴσαι εἰσίν· καὶ βάσις ἡ ΔΓ βάσει τῇ ΒΓ ἴση· γωνία ἄρα ἡ ὑπὸ ΔΑΓ γωνίᾳ τῇ ὑπὸ ΒΑΓ [ἐστιν] ἴση. ὀρθὴ δὲ ἡ ὑπὸ ΔΑΓ· ὀρθὴ ἄρα καὶ ἡ ὑπὸ ΒΑΓ.

Ἐὰν ἀρὰ τριγώνου τὸ ἀπὸ μιᾶς τῶν πλευρῶν τετράγωνον ἴσον ᾖ τοῖς ἀπὸ τῶν λοιπῶν τοῦ τριγώνου δύο πλευρῶν τετραγώνοις, ἡ περιεχομένη γωνία ὑπὸ τῶν λοιπῶν τοῦ τριγώνου δύο πλευρῶν ὀρθή ἐστιν· ὅπερ ἔδει δεῖξαι.

Proposition 48

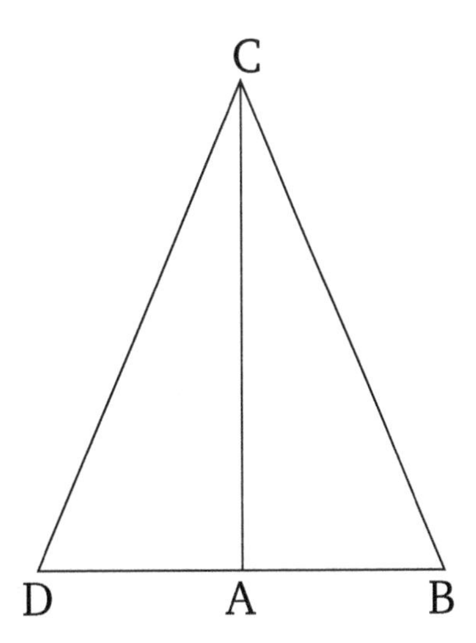

If the square on one of the sides of a triangle is equal to the (sum of the) squares on the remaining sides of the triangle then the angle contained by the remaining sides of the triangle is a right-angle.

For let the square on one of the sides, BC, of triangle ABC be equal to the (sum of the) squares on the sides BA and AC. I say that angle BAC is a right-angle.

For let AD have been drawn from point A at right-angles to the straight-line AC [Prop. 1.11], and let AD have been made equal to BA [Prop. 1.3], and let DC have been joined. Since DA is equal to AB, the square on DA is thus also equal to the square on AB.[21] Let the square on AC have been added to both. Thus, the squares on DA and AC are equal to the squares on BA and AC. But, the (squares) on DA and AC are equal to the (square) on DC. For angle DAC is a right-angle [Prop. 1.47]. But, the (squares) on BA and AC are equal to the (square) on BC. For (that) was assumed. Thus, the square on DC is equal to the square on BC. So DC is also equal to BC. And since DA is equal to AB, and AC (is) common, the two (straight-lines) DA, AC are equal to the two (straight-lines) BA, AC. And the base DC is equal to the base BC. Thus, angle DAC [is] equal to angle BAC [Prop. 1.8]. But DAC is a right-angle. Thus, BAC is also a right-angle.

Thus, if the square on one of the sides of a triangle is equal to the (sum of the) squares on the remaining sides of the triangle then the angle contained by the remaining sides of the triangle is a right-angle. (Which is) the very thing it was required to show.

---

[21]Here, use is made of the additional common notion that the squares of equal things are themselves equal. Later on, the inverse notion is used.

ΣΤΟΙΧΕΙΩΝ β΄

ELEMENTS BOOK 2

Fundamentals of geometric algebra

ΣΤΟΙΧΕΙΩΝ β´

Ὅροι

α´ Πᾶν παραλληλόγραμμον ὀρθογώνιον περιέχεσθαι λέγεται ὑπὸ δύο τῶν τὴν ὀρθὴν γωνίαν περιεχουσῶν εὐθειῶν.

β´ Παντὸς δὲ παραλληλογράμμου χωρίου τῶν περὶ τὴν διάμετρον αὐτοῦ παραλληλογράμμων ἓν ὁποιονοῦν σὺν τοῖς δυσὶ παραπληρώμασι γνώμων καλείσθω.

ELEMENTS BOOK 2

Definitions

1 Any right-angled parallelogram is said to be contained by the two straight-lines containing a(ny) right-angle.

2 And for any parallelogrammic figure, let any one whatsoever of the parallelograms about its diagonal, (taken) with its two complements, be called a gnomon.

ΣΤΟΙΧΕΙΩΝ β΄

α΄

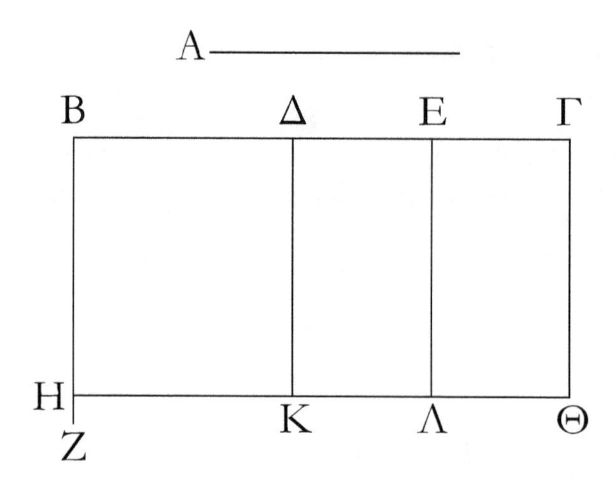

Ἐὰν ὦσι δύο εὐθεῖαι, τμηθῇ δὲ ἡ ἑτέρα αὐτῶν εἰς ὁσαδηποτοῦν τμήματα, τὸ περιεχόμενον ὀρθογώνιον ὑπὸ τῶν δύο εὐθειῶν ἴσον ἐστὶ τοῖς ὑπό τε τῆς ἀτμήτου καὶ ἑκάστου τῶν τμημάτων περιεχομένοις ὀρθογωνίοις.

Ἔστωσαν δύο εὐθεῖαι αἱ Α, ΒΓ, καὶ τετμήσθω ἡ ΒΓ, ὡς ἔτυχεν, κατὰ τὰ Δ, Ε σημεῖα· λέγω, ὅτι τὸ ὑπὸ τῶν Α, ΒΓ περιεχομένον ὀρθογώνιον ἴσον ἐστὶ τῷ τε ὑπὸ τῶν Α, ΒΔ περιεχομένῳ ὀρθογωνίῳ καὶ τῷ ὑπὸ τῶν Α, ΔΕ καὶ ἔτι τῷ ὑπὸ τῶν Α, ΕΓ.

Ἤχθω γὰρ ἀπὸ τοῦ Β τῇ ΒΓ πρὸς ὀρθὰς ἡ ΒΖ, καὶ κείσθω τῇ Α ἴση ἡ ΒΗ, καὶ διὰ μὲν τοῦ Η τῇ ΒΓ παράλληλος ἤχθω ἡ ΗΘ, διὰ δὲ τῶν Δ, Ε, Γ τῇ ΒΗ παράλληλοι ἤχθωσαν αἱ ΔΚ, ΕΛ, ΓΘ.

Ἴσον δή ἐστι τὸ ΒΘ τοῖς ΒΚ, ΔΛ, ΕΘ. καί ἐστι τὸ μὲν ΒΘ τὸ ὑπὸ τῶν Α, ΒΓ· περιέχεται μὲν γὰρ ὑπὸ τῶν ΗΒ, ΒΓ, ἴση δὲ ἡ ΒΗ τῇ Α· τὸ δὲ ΒΚ τὸ ὑπὸ τῶν Α, ΒΔ· περιέχεται μὲν γὰρ ὑπὸ τῶν ΗΒ, ΒΔ, ἴση δὲ ἡ ΒΗ τῇ Α. τὸ δὲ ΔΛ τὸ ὑπὸ τῶν Α, ΔΕ· ἴση γὰρ ἡ ΔΚ, τουτέστιν ἡ ΒΗ, τῇ Α. καὶ ἔτι ὁμοίως τὸ ΕΘ τὸ ὑπὸ τῶν Α, ΕΓ· τὸ ἄρα ὑπὸ τῶν Α, ΒΓ ἴσον ἐστὶ τῷ τε ὑπὸ Α, ΒΔ καὶ τῷ ὑπὸ Α, ΔΕ καὶ ἔτι τῷ ὑπὸ Α, ΕΓ.

Ἐὰν ἄρα ὦσι δύο εὐθεῖαι, τμηθῇ δὲ ἡ ἑτέρα αὐτῶν εἰς ὁσαδηποτοῦν τμήματα, τὸ περιεχόμενον ὀρθογώνιον ὑπὸ τῶν δύο εὐθειῶν ἴσον ἐστὶ τοῖς ὑπό τε τῆς ἀτμήτου καὶ ἑκάστου τῶν τμημάτων περιεχομένοις ὀρθογωνίοις· ὅπερ ἔδει δεῖξαι.

Proposition 1 [22]

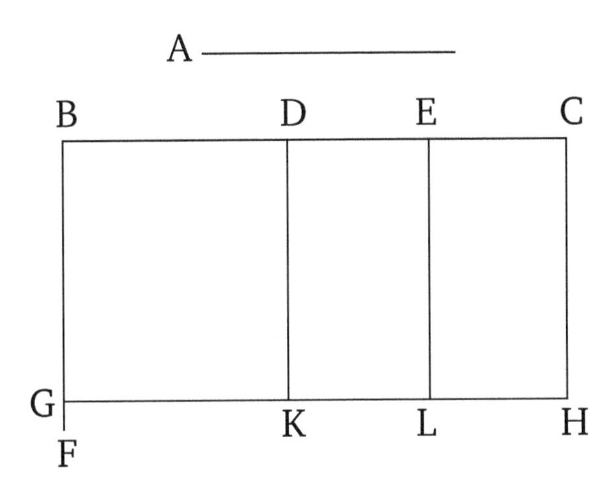

If there are two straight-lines, and one of them is cut into any number of pieces whatsoever, then the rectangle contained by the two straight-lines is equal to the (sum of the) rectangles contained by the uncut (straight-line), and every one of the pieces (of the cut straight-line).

Let A and BC be the two straight-lines, and let BC be cut, at random, at points D and E. I say that the rectangle contained by A and BC is equal to the rectangle(s) contained by A and BD, by A and DE, and, finally, by A and EC.

For let BF have been drawn from point B, at right-angles to BC [Prop. 1.11], and let BG be made equal to A [Prop. 1.3], and let GH have been drawn through (point) G, parallel to BC [Prop. 1.31], and let DK, EL, and CH have been drawn through (points) D, E, and C (respectively), parallel to BG [Prop. 1.31].

So the (rectangle) BH is equal to the (rectangles) BK, DL, and EH. And BH is the (rectangle contained) by A and BC. For it is contained by GB and BC, and BG (is) equal to A. And BK (is) the (rectangle contained) by A and BD. For it is contained by GB and BD, and BG (is) equal to A. And DL (is) the (rectangle contained) by A and DE. For DK, that is to say BG [Prop. 1.34], (is) equal to A. Similarly, EH (is) the (rectangle contained) by A and EC. Thus, the (rectangle contained) by A and BC is equal to the (rectangles contained) by A and BD, by A and DE, and, finally, by A and EC.

Thus, if there are two straight-lines, and one of them is cut into any number of pieces whatsoever, then the rectangle contained by the two straight-lines is equal to the (sum of the) rectangles contained by the uncut (straight-line), and every one of the pieces (of the cut straight-line). (Which is) the very thing it was required to show.

---

[22] This proposition is a geometric version of the algebraic identity: $a\,(b+c+d+\cdots) = a\,b + a\,c + a\,d + \cdots$.

ΣΤΟΙΧΕΙΩΝ β´

β´

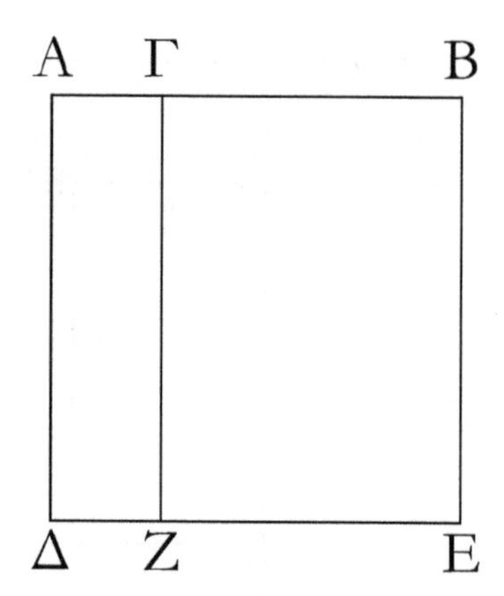

Ἐὰν εὐθεῖα γραμμὴ τμηθῇ, ὡς ἔτυχεν, τὸ ὑπὸ τῆς ὅλης καὶ ἑκατέρου τῶν τμημάτων περιεχόμενον ὀρθογώνιον ἴσον ἐστὶ τῷ ἀπὸ τῆς ὅλης τετραγώνῳ.

Εὐθεῖα γὰρ ἡ ΑΒ τετμήσθω, ὡς ἔτυχεν, κατὰ τὸ Γ σημεῖον· λέγω, ὅτι τὸ ὑπὸ τῶν ΑΒ, ΒΓ περιεχόμενον ὀρθογώνιον μετὰ τοῦ ὑπὸ ΒΑ, ΑΓ περιεχομένου ὀρθογωνίου ἴσον ἐστὶ τῷ ἀπὸ τῆς ΑΒ τετραγώνῳ.

Ἀναγεγράφθω γὰρ ἀπὸ τῆς ΑΒ τετράγωνον τὸ ΑΔΕΒ, καὶ ἤχθω δὶα τοῦ Γ ὁποτέρᾳ τῶν ΑΔ, ΒΕ παράλληλος ἡ ΓΖ.

Ἴσον δή ἐστὶ τὸ ΑΕ τοῖς ΑΖ, ΓΕ. καί ἐστι τὸ μὲν ΑΕ τὸ ἀπὸ τῆς ΑΒ τετράγωνον, τὸ δὲ ΑΖ τὸ ὑπὸ τῶν ΒΑ, ΑΓ περιεχόμενον ὀρθογώνιον· περιέχεται μὲν γὰρ ὑπὸ τῶν ΔΑ, ΑΓ, ἴση δὲ ἡ ΑΔ τῇ ΑΒ· τὸ δὲ ΓΕ τὸ ὑπὸ τῶν ΑΒ, ΒΓ· ἴση γὰρ ἡ ΒΕ τῇ ΑΒ. τὸ ἄρα ὑπὸ τῶν ΒΑ, ΑΓ μετὰ τοῦ ὑπὸ τῶν ΑΒ, ΒΓ ἴσον ἐστὶ τῷ ἀπὸ τῆς ΑΒ τετραγώνῳ.

Ἐὰν ἄρα εὐθεῖα γραμμὴ τμηθῇ, ὡς ἔτυχεν, τὸ ὑπὸ τῆς ὅλης καὶ ἑκατέρου τῶν τμημάτων περιεχόμενον ὀρθογώνιον ἴσον ἐστὶ τῷ ἀπὸ τῆς ὅλης τετραγώνῳ· ὅπερ ἔδει δεῖξαι.

Proposition 2 [23]

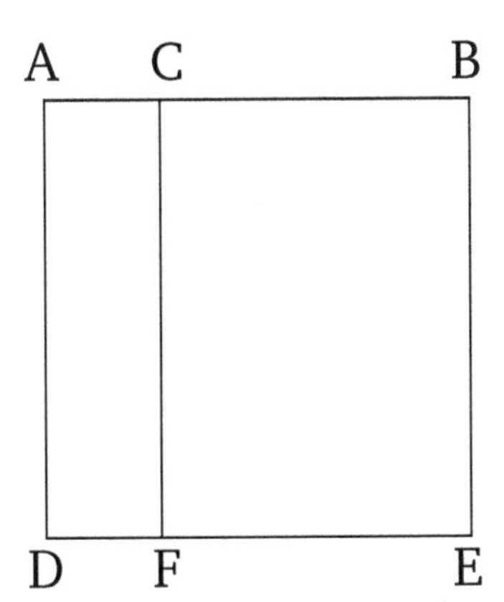

If a straight-line is cut at random, then the (sum of the) rectangle(s) contained by the whole (straight-line), and each of the pieces (of the straight-line), is equal to the square on the whole.

For let the straight-line AB have been cut, at random, at point C. I say that the rectangle contained by AB and BC, plus the rectangle contained by BA and AC, is equal to the square on AB.

For let the square $ADEB$ have been described on AB [Prop. 1.46], and let CF have been drawn through C, parallel to either of AD or BE [Prop. 1.31].

So the (square) AE is equal to the (rectangles) AF and CE. And AE is the square on AB. And AF (is) the rectangle contained by the (straight-lines) BA and AC. For it is contained by DA and AC, and AD (is) equal to AB. And CE (is) the (rectangle contained) by AB and BC. For BE (is) equal to AB. Thus, the (rectangle contained) by BA and AC, plus the (rectangle contained) by AB and BC, is equal to the square on AB.

Thus, if a straight-line is cut at random, then the (sum of the) rectangle(s) contained by the whole (straight-line), and each of the pieces (of the straight-line), is equal to the square on the whole. (Which is) the very thing it was required to show.

[23]This proposition is a geometric version of the algebraic identity: $a\,b + a\,c = a^2$ if $a = b + c$.

γ′

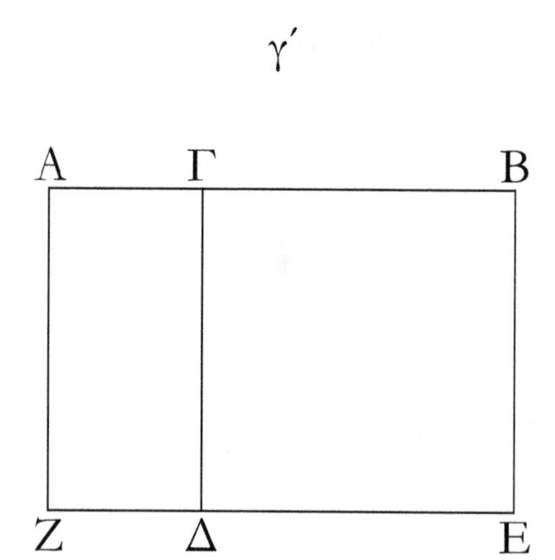

Ἐὰν εὐθεῖα γραμμὴ τμηθῇ, ὡς ἔτυχεν, τὸ ὑπὸ τῆς ὅλης καὶ ἑνὸς τῶν τμημάτων περιεχόμενον ὀρθογώνιον ἴσον ἐστὶ τῷ τε ὑπὸ τῶν τμημάτων περιεχομένῳ ὀρθογωνίῳ καὶ τῷ ἀπὸ τοῦ προειρημένου τμήματος τετραγώνῳ.

Εὐθεῖα γὰρ ἡ ΑΒ τετμήσθω, ὡς ἔτυχεν, κατὰ τὸ Γ· λέγω, ὅτι τὸ ὑπὸ τῶν ΑΒ, ΒΓ περιεχόμενον ὀρθογώνιον ἴσον ἐστὶ τῷ τε ὑπὸ τῶν ΑΓ, ΓΒ περιεχομένῳ ὀρθογωνίῳ μετὰ τοῦ ἀπὸ τῆς ΒΓ τετραγώνου.

Ἀναγεγράφθω γὰρ ἀπὸ τῆς ΓΒ τετράγωνον τὸ ΓΔΕΒ, καὶ διήχθω ἡ ΕΔ ἐπὶ τὸ Ζ, καὶ διὰ τοῦ Α ὁποτέρᾳ τῶν ΓΔ, ΒΕ παράλληλος ἤχθω ἡ ΑΖ. ἴσον δή ἐστι τὸ ΑΕ τοῖς ΑΔ, ΓΕ· καί ἐστι τὸ μὲν ΑΕ τὸ ὑπὸ τῶν ΑΒ, ΒΓ περιεχόμενον ὀρθογώνιον· περιέχεται μὲν γὰρ ὑπὸ τῶν ΑΒ, ΒΕ, ἴση δὲ ἡ ΒΕ τῇ ΒΓ· τὸ δὲ ΑΔ τὸ ὑπὸ τῶν ΑΓ, ΓΒ· ἴση γὰρ ἡ ΔΓ τῇ ΓΒ· τὸ δὲ ΔΒ τὸ ἀπὸ τῆς ΓΒ τετράγωνον· τὸ ἄρα ὑπὸ τῶν ΑΒ, ΒΓ περιεχόμενον ὀρθογώνιον ἴσον ἐστὶ τῷ ὑπὸ τῶν ΑΓ, ΓΒ περιεχομένῳ ὀρθογωνίῳ μετὰ τοῦ ἀπὸ τῆς ΒΓ τετραγώνου.

Ἐὰν ἄρα εὐθεῖα γραμμὴ τμηθῇ, ὡς ἔτυχεν, τὸ ὑπὸ τῆς ὅλης καὶ ἑνὸς τῶν τμημάτων περιεχόμενον ὀρθογώνιον ἴσον ἐστὶ τῷ τε ὑπὸ τῶν τμημάτων περιεχομένῳ ὀρθογωνίῳ καὶ τῷ ἀπὸ τοῦ προειρημένου τμήματος τετραγώνῳ· ὅπερ ἔδει δεῖξαι.

Proposition 3 [24]

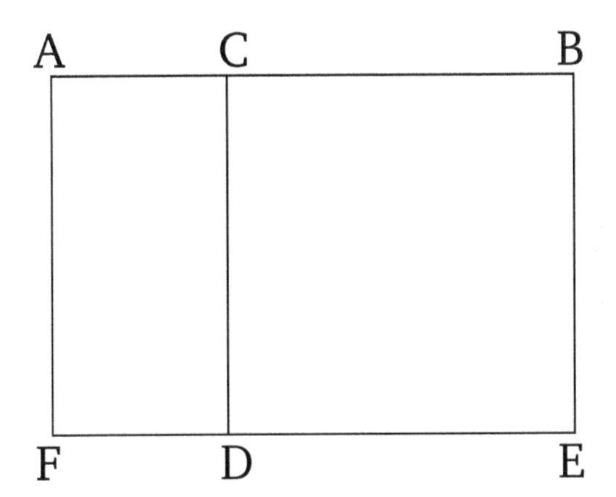

If a straight-line is cut at random, then the rectangle contained by the whole (straight-line), and one of the pieces (of the straight-line), is equal to the rectangle contained by (both of) the pieces, and the square on the aforementioned piece.

For let the straight-line AB have been cut, at random, at (point) C. I say that the rectangle contained by AB and BC is equal to the rectangle contained by AC and CB, plus the square on BC.

For let the square $CDEB$ have been described on CB [Prop. 1.46], and let ED have been drawn through to F, and let AF have been drawn through A, parallel to either of CD or BE [Prop. 1.31]. So the (rectangle) AE is equal to the (rectangle) AD and the (square) CE. And AE is the rectangle contained by AB and BC. For it is contained by AB and BE, and BE (is) equal to BC. And AD (is) the (rectangle contained) by AC and CB. For DC (is) equal to CB. And DB (is) the square on CB. Thus, the rectangle contained by AB and BC is equal to the rectangle contained by AC and CB, plus the square on BC.

Thus, if a straight-line is cut at random, then the rectangle contained by the whole (straight-line), and one of the pieces (of the straight-line), is equal to the rectangle contained by (both of) the pieces, and the square on the aforementioned piece. (Which is) the very thing it was required to show.

[24]This proposition is a geometric version of the algebraic identity: $(a+b)\,a = a\,b + a^2$.

ΣΤΟΙΧΕΙΩΝ β΄

δ΄

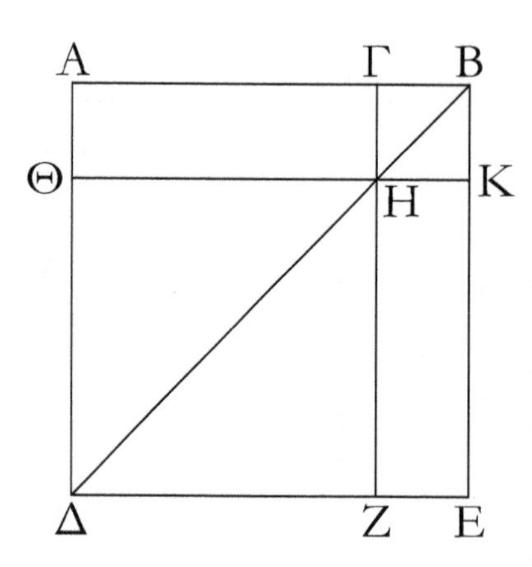

Ἐὰν εὐθεῖα γραμμὴ τμηθῇ, ὡς ἔτυχεν, τὸ ἀπὸ τῆς ὅλης τετράγωνον ἴσον ἐστὶ τοῖς τε ἀπὸ τῶν τμημάτων τετραγώνοις καὶ τῷ δὶς ὑπὸ τῶν τμημάτων περιεχομένῳ ὀρθογωνίῳ.

Εὐθεῖα γὰρ γραμμὴ ἡ ΑΒ τετμήσθω, ὡς ἔτυχεν, κατὰ τὸ Γ. λέγω, ὅτι τὸ ἀπὸ τῆς ΑΒ τετράγωνον ἴσον ἐστὶ τοῖς τε ἀπὸ τῶν ΑΓ, ΓΒ τετραγώνοις καὶ τῷ δὶς ὑπὸ τῶν ΑΓ, ΓΒ περιεχομένῳ ὀρθογωνίῳ.

Ἀναγεγράφθω γὰρ ἀπὸ τῆς ΑΒ τετράγωνον τὸ ΑΔΕΒ, καὶ ἐπεζεύχθω ἡ ΒΔ, καὶ διὰ μὲν τοῦ Γ ὁπορέρᾳ τῶν ΑΔ, ΕΒ παράλληλος ἤχθω ἡ ΓΖ, διὰ δὲ τοῦ Η ὁποτέρᾳ τῶν ΑΒ, ΔΕ παράλληλος ἤχθω ἡ ΘΚ. καὶ ἐπεὶ παράλληλός ἐστιν ἡ ΓΖ τῇ ΑΔ, καὶ εἰς αὐτὰς ἐμπέπτωκεν ἡ ΒΔ, ἡ ἐκτὸς γωνία ἡ ὑπὸ ΓΗΒ ἴση ἐστὶ τῇ ἐντὸς καὶ ἀπεναντίον τῇ ὑπὸ ΑΔΒ. ἀλλ᾽ ἡ ὑπὸ ΑΔΒ τῇ ὑπὸ ΑΒΔ ἐστιν ἴση, ἐπεὶ καὶ πλευρὰ ἡ ΒΑ τῇ ΑΔ ἐστιν ἴση· καὶ ἡ ὑπὸ ΓΗΒ ἄρα γωνιά τῇ ὑπὸ ΗΒΓ ἐστιν ἴση· ὥστε καὶ πλευρὰ ἡ ΒΓ πλευρᾷ τῇ ΓΗ ἐστιν ἴση· ἀλλ᾽ ἡ μὲν ΓΒ τῇ ΗΚ ἐστιν ἴση. ἡ δὲ ΓΗ τῇ ΚΒ· καὶ ἡ ΗΚ ἄρα τῇ ΚΒ ἐστιν ἴση· ἰσόπλευρον ἄρα ἐστὶ τὸ ΓΗΚΒ. λέγω δή, ὅτι καὶ ὀρθογώνιον. ἐπεὶ γὰρ παράλληλός ἐστιν ἡ ΓΗ τῇ ΒΚ [καὶ εἰς αὐτὰς ἐμπέπτωκεν εὐθεῖα ἡ ΓΒ], αἱ ἄρα ὑπὸ ΚΒΓ, ΗΓΒ γωνίαι δύο ὀρθαῖς εἰσιν ἴσαι. ὀρθὴ δὲ ἡ ὑπὸ ΚΒΓ· ὀρθὴ ἄρα καὶ ἡ ὑπὸ ΒΓΗ· ὥστε καὶ αἱ ἀπεναντίον αἱ ὑπὸ ΓΗΚ, ΗΚΒ ὀρθαί εἰσιν. ὀρθογώνιον ἄρα ἐστὶ τὸ ΓΗΚΒ· ἐδείχθη δὲ καὶ ἰσόπλευρον· τετράγωνον ἄρα ἐστίν· καί ἐστιν ἀπὸ τῆς ΓΒ. διὰ τὰ αὐτὰ δὴ καὶ τὸ ΘΖ τετράγωνόν ἐστιν· καί ἐστιν ἀπὸ τῆς ΘΗ, τουτέστιν [ἀπὸ] τῆς ΑΓ· τὰ ἄρα ΘΖ, ΚΓ τετράγωνα ἀπὸ τῶν ΑΓ, ΓΒ εἰσιν. καὶ ἐπεὶ ἴσον ἐστὶ τὸ ΑΗ τῷ ΗΕ, καί ἐστι τὸ ΑΗ τὸ ὑπὸ τῶν ΑΓ, ΓΒ· ἴση γὰρ ἡ ΗΓ τῇ ΓΒ· καὶ τὸ ΗΕ ἄρα ἴσον ἐστὶ τῷ ὑπὸ ΑΓ, ΓΒ· τὰ ἄρα ΑΗ, ΗΕ ἴσα ἐστὶ τῷ δὶς ὑπὸ τῶν ΑΓ, ΓΒ. ἔστι δὲ καὶ τὰ ΘΖ, ΓΚ τετράγωνα ἀπὸ τῶν ΑΓ, ΓΒ· τὰ ἄρα τέσσαρα τὰ ΘΖ, ΓΚ, ΑΗ, ΗΕ ἴσα ἐστὶ τοῖς τε ἀπὸ τῶν ΑΓ, ΓΒ τετραγώνοις καὶ τῷ δὶς ὑπὸ τῶν ΑΓ, ΓΒ περιεχομένῳ ὀρθογωνίῳ. ἀλλὰ τὰ ΘΖ, ΓΚ, ΑΗ, ΗΕ ὅλον ἐστὶ τὸ ΑΔΕΒ, ὅ ἐστιν ἀπὸ τῆς ΑΒ τετράγωνον· τὸ ἄρα ἀπὸ τῆς ΑΒ τετράγωνον ἴσον ἐστὶ τοῖς τε ἀπὸ τῶν ΑΓ, ΓΒ τετραγώνοις καὶ τῷ δὶς ὑπὸ τῶν ΑΓ, ΓΒ περιεχομένῳ ὀρθογωνίῳ.

Proposition 4[25]

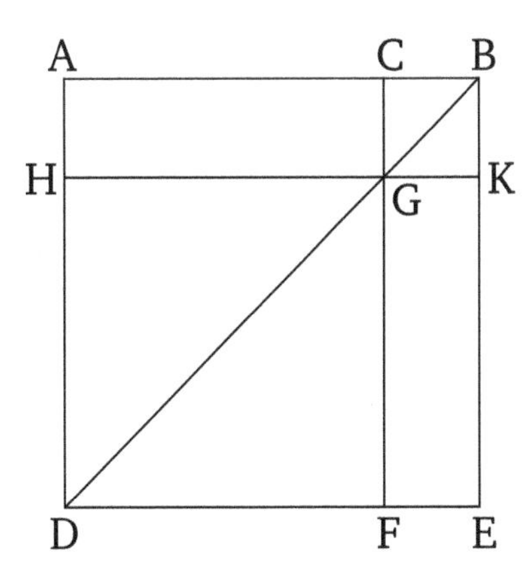

If a straight-line is cut at random, then the square on the whole (straight-line) is equal to the (sum of the) squares on the pieces (of the straight-line), and twice the rectangle contained by the pieces.

For let the straight-line AB have been cut, at random, at (point) C. I say that the square on AB is equal to the (sum of the) squares on AC and CB, and twice the rectangle contained by AC and CB.

For let the square $ADEB$ have been described on AB [Prop. 1.46], and let BD have been joined, and let CF have been drawn through C, parallel to either of AD or EB [Prop. 1.31], and let HK have been drawn through G, parallel to either of AB or DE [Prop. 1.31]. And since CF is parallel to AD, and BD has fallen across them, the external angle CGB is equal to the internal and opposite (angle) ADB [Prop. 1.29]. But, ADB is equal to ABD, since the side BA is also equal to AD [Prop. 1.5]. Thus, angle CGB is also equal to GBC. So the side BC is equal to the side CG [Prop. 1.6]. But, CB is equal to GK, and CG to KB [Prop. 1.34]. Thus, GK is also equal to KB. Thus, $CGKB$ is equilateral. So I say that (it is) also right-angled. For since CG is parallel to BK [and the straight-line CB has fallen across them], the angles KBC and GCB are thus equal to two right-angles [Prop. 1.29]. But KBC (is) a right-angle. Thus, BCG (is) also a right-angle. So the opposite (angles) CGK and GKB are also right-angles [Prop. 1.34]. Thus, $CGKB$ is right-angled. And it was also shown (to be) equilateral. Thus, it is a square. And it is on CB. So, for the same (reasons), HF is also a square. And it is on HG, that is to say [on] AC [Prop. 1.34]. Thus, the squares HF and KC are on AC and CB (respectively). And the (rectangle) AG is equal to the (rectangle) GE [Prop. 1.43]. And AG is the (rectangle contained) by AC and CB. For CG (is) equal to CB. Thus, GE is also equal to the (rectangle contained) by AC and CB. Thus, the (rectangles) AG and GE are equal to twice the (rectangle contained) by AC and CB. And HF and CK are the squares on AC and CB (respectively). Thus, the four (figures) HF, CK, AG, and GE are equal to the squares on AC and BC, and twice the rectangle

[25]This proposition is a geometric version of the algebraic identity: $(a+b)^2 = a^2 + b^2 + 2\,a\,b$.

δ´

Ἐὰν ἄρα εὐθεῖα γραμμὴ τμηθῇ, ὡς ἔτυχεν, τὸ ἀπὸ τῆς ὅλης τετράγωνον ἴσον ἐστὶ τοῖς τε ἀπὸ τῶν τμημάτων τετραγώνοις καὶ τῷ δὶς ὑπὸ τῶν τμημάτων περιεχομένῳ ὀρθογωνίῳ· ὅπερ ἔδει δεῖξαι.

Proposition 4

contained by AC and CB. But, the (figures) HF, CK, AG, and GE are (equivalent to) the whole of $ADEB$, which is the square on AB. Thus, the square on AB is equal to the squares on AC and CB, and twice the rectangle contained by AC and CB.

Thus, if a straight-line is cut at random, then the square on the whole (straight-line) is equal to the (sum of the) squares on the pieces (of the straight-line), and twice the rectangle contained by the pieces. (Which is) the very thing it was required to show.

ε´

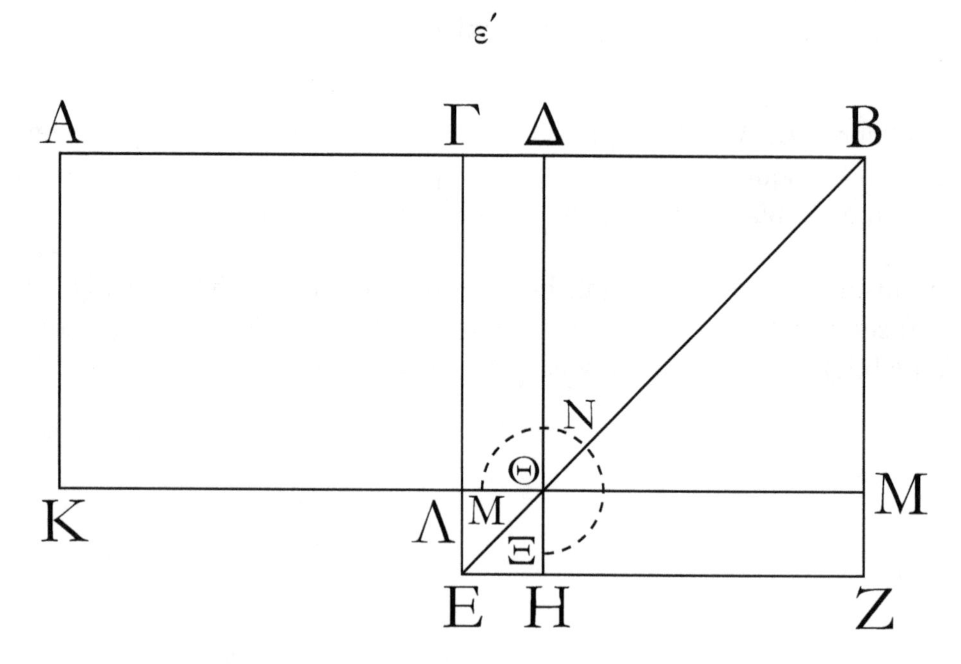

Ἐὰν εὐθεῖα γραμμὴ τμηθῇ εἰς ἴσα καὶ ἄνισα, τὸ ὑπὸ τῶν ἀνίσων τῆς ὅλης τμημάτων περιεχόμενον ὀρθογώνιον μετὰ τοῦ ἀπὸ τῆς μεταξὺ τῶν τομῶν τετραγώνου ἴσον ἐστὶ τῷ ἀπὸ τῆς ἡμισείας τετραγώνῳ.

Εὐθεῖα γάρ τις ἡ ΑΒ τετμήσθω εἰς μὲν ἴσα κατὰ τὸ Γ, εἰς δὲ ἄνισα κατὰ τὸ Δ· λέγω, ὅτι τὸ ὑπὸ τῶν ΑΔ, ΔΒ περιεχόμενον ὀρθογώνιον μετὰ τοῦ ἀπὸ τῆς ΓΔ τετραγώνου ἴσον ἐστὶ τῷ ἀπὸ τῆς ΓΒ τετραγώνῳ.

Ἀναγεγράφθω γὰρ ἀπὸ τῆς ΓΒ τετράγωνον τὸ ΓΕΖΒ, καὶ ἐπεζεύχθω ἡ ΒΕ, καὶ διὰ μὲν τοῦ Δ ὁποτέρᾳ τῶν ΓΕ, ΒΖ παράλληλος ἤχθω ἡ ΔΗ, διὰ δὲ τοῦ Θ ὁποτέρᾳ τῶν ΑΒ, ΕΖ παράλληλος πάλιν ἤχθω ἡ ΚΜ, καὶ πάλιν διὰ τοῦ Α ὁποτέρᾳ τῶν ΓΛ, ΒΜ παράλληλος ἤχθω ἡ ΑΚ. καὶ ἐπεὶ ἴσον ἐστὶ τὸ ΓΘ παραπλήρωμα τῷ ΘΖ παραπληρώματι, κοινὸν προσκείσθω τὸ ΔΜ· ὅλον ἄρα τὸ ΓΜ ὅλῳ τῷ ΔΖ ἴσον ἐστίν. ἀλλὰ τὸ ΓΜ τῷ ΑΛ ἴσον ἐστίν, ἐπεὶ καὶ ἡ ΑΓ τῇ ΓΒ ἐστιν ἴση· καὶ τὸ ΑΛ ἄρα τῷ ΔΖ ἴσον ἐστίν. κοινὸν προσκείσθω τὸ ΓΘ· ὅλον ἄρα τὸ ΑΘ τῷ ΜΝΞ[26] γνώμονι ἴσον ἐστίν. ἀλλὰ τὸ ΑΘ τὸ ὑπὸ τῶν ΑΔ, ΔΒ ἐστιν· ἴση γὰρ ἡ ΔΘ τῇ ΔΒ· καὶ ὁ ΜΝΞ ἄρα γνώμων ἴσος ἐστὶ τῷ ὑπὸ ΑΔ, ΔΒ. κοινὸν προσκείσθω τὸ ΛΗ, ὅ ἐστιν ἴσον τῷ ἀπὸ τῆς ΓΔ· ὁ ἄρα ΜΝΞ γνώμων καὶ τὸ ΛΗ ἴσα ἐστὶ τῷ ὑπὸ τῶν ΑΔ, ΔΒ περιεχομένῳ ὀρθογωνίῳ καὶ τῷ ἀπὸ τῆς ΓΔ τετραγώνῳ. ἀλλὰ ὁ ΜΝΞ γνώμων καὶ τὸ ΛΗ ὅλον ἐστὶ τὸ ΓΕΖΒ τετράγωνον, ὅ ἐστιν ἀπὸ τῆς ΓΒ· τὸ ἄρα ὑπὸ τῶν ΑΔ, ΔΒ περιεχόμενον ὀρθογώνιον μετὰ τοῦ ἀπὸ τῆς ΓΔ τετραγώνου ἴσον ἐστὶ τῷ ἀπὸ τῆς ΓΒ τετραγώνῳ.

Ἐὰν ἄρα εὐθεῖα γραμμὴ τμηθῇ εἰς ἴσα καὶ ἄνισα, τὸ ὑπὸ τῶν ἀνίσων τῆς ὅλης τμημάτων περιεχόμενον ὀρθογώνιον μετὰ τοῦ ἀπὸ τῆς μεταξὺ τῶν τομῶν τετραγώνου ἴσον ἐστὶ τῷ ἀπὸ τῆς ἡμισείας τετραγώνῳ· ὅπερ ἔδει δεῖξαι.

[26]Note the (presumably mistaken) double use of the label M in the Greek text.

Proposition 5 [27]

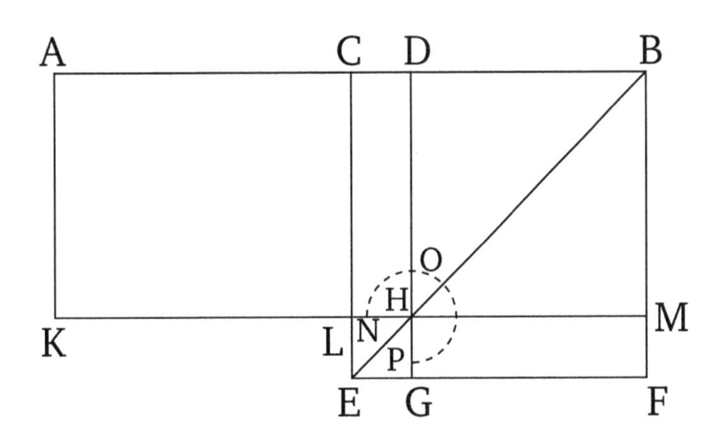

If a straight-line is cut into equal and unequal (pieces), then the rectangle contained by the unequal pieces of the whole (straight-line), plus the square on the difference between the (equal and unequal) pieces, is equal to the square on half (of the straight-line).

For let any straight-line AB have been cut—equally at C, and unequally at D. I say that the rectangle contained by AD and DB, plus the square on CD, is equal to the square on CB.

For let the square $CEFB$ have been described on CB [Prop. 1.46], and let BE have been joined, and let DG have been drawn through D, parallel to either of CE or BF [Prop. 1.31], and again let KM have been drawn through H, parallel to either of AB or EF [Prop. 1.31], and again let AK have been drawn through A, parallel to either of CL or BM [Prop. 1.31]. And since the complement CH is equal to the complement HF [Prop. 1.43], let the (square) DM have been added to both. Thus, the whole (rectangle) CM is equal to the whole (rectangle) DF. But, (rectangle) CM is equal to (rectangle) AL, since AC is also equal to CB [Prop. 1.36]. Thus, (rectangle) AL is also equal to (rectangle) DF. Let (rectangle) CH have been added to both. Thus, the whole (rectangle) AH is equal to the gnomon NOP. But, AH is the (rectangle contained) by AD and DB. For DH (is) equal to DB. Thus, the gnomon NOP is also equal to the (rectangle contained) by AD and DB. Let LG, which is equal to the (square) on CD, have been added to both. Thus, the gnomon NOP and the (square) LG are equal to the rectangle contained by AD and DB, and the square on CD. But, the gnomon NOP and the (square) LG is (equivalent to) the whole square $CEFB$, which is on CB. Thus, the rectangle contained by AD and DB, plus the square on CD, is equal to the square on CB.

Thus, if a straight-line is cut into equal and unequal (pieces), then the rectangle contained by the unequal pieces of the whole (straight-line), plus the square on the difference between the (equal and unequal) pieces, is equal to the square on half (of the straight-line). (Which is) the very thing it was required to show.

---

[27] This proposition is a geometric version of the algebraic identity: $a\,b + [(a+b)/2 - b]^2 = [(a+b)/2]^2$.

ΣΤΟΙΧΕΙΩΝ β΄

ϛ΄

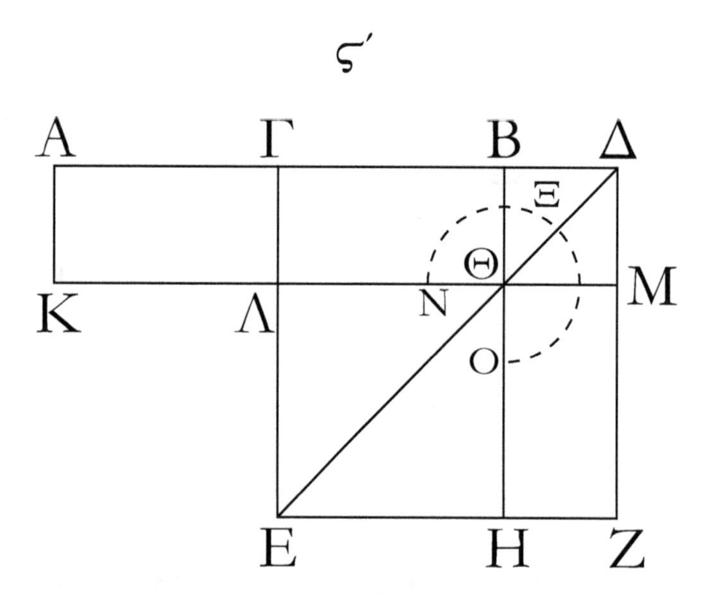

Ἐὰν εὐθεῖα γραμμὴ τμηθῇ δίχα, προστεθῇ δέ τις αὐτῇ εὐθεῖα ἐπ᾽ εὐθείας, τὸ ὑπὸ τῆς ὅλης σὺν τῇ προσκειμένῃ καὶ τῆς προσκειμένης περιεχόμενον ὀρθόγώνιον μετὰ τοῦ ἀπὸ τῆς ἡμισείας τετραγώνου ἴσον ἐστὶ τῷ ἀπὸ τῆς συγκειμένης ἔκ τε τῆς ἡμισείας καὶ τῆς προσκειμένης τετραγώνῳ.

Εὐθεῖα γάρ τις ἡ ΑΒ τετμήσθω δίχα κατὰ τὸ Γ σημεῖον, προσκείσθω δέ τις αὐτῇ εὐθεῖα ἐπ᾽ εὐθείας ἡ ΒΔ· λέγω, ὅτι τὸ ὑπὸ τῶν ΑΔ, ΔΒ περιεχόμενον ὀρθογώνιον μετὰ τοῦ ἀπὸ τῆς ΓΒ τετραγώνου ἴσον ἐστὶ τῷ ἀπὸ τῆς ΓΔ τετραγώνῳ.

Ἀναγεγράφθω γὰρ ἀπὸ τῆς ΓΔ τετράγωνον τὸ ΓΕΖΔ, καὶ ἐπεζεύχθω ἡ ΔΕ, καὶ διὰ μὲν τοῦ Β σημείου ὁποτέρᾳ τῶν ΕΓ, ΔΖ παράλληλος ἤχθω ἡ ΒΗ, διὰ δὲ τοῦ Θ σημείου ὁποτέρᾳ τῶν ΑΒ, ΕΖ παράλληλος ἤχθω ἡ ΚΜ, καὶ ἔτι διὰ τοῦ Α ὁποτέρᾳ τῶν ΓΛ, ΔΜ παράλληλος ἤχθω ἡ ΑΚ.

Ἐπεὶ οὖν ἴση ἐστὶν ἡ ΑΓ τῇ ΓΒ, ἴσον ἐστὶ καὶ τὸ ΑΛ τῷ ΓΘ. ἀλλὰ τὸ ΓΘ τῷ ΘΖ ἴσον ἐστίν. καὶ τὸ ΑΛ ἄρα τῷ ΘΖ ἐστιν ἴσον. κοινὸν προσκείσθω τὸ ΓΜ· ὅλον ἄρα τὸ ΑΜ τῷ ΝΞΟ γνώμονί ἐστιν ἴσον. ἀλλὰ τὸ ΑΜ ἐστι τὸ ὑπὸ τῶν ΑΔ, ΔΒ· ἴση γάρ ἐστιν ἡ ΔΜ τῇ ΔΒ· καὶ ὁ ΝΞΟ ἄρα γνώμων ἴσος ἐστὶ τῷ ὑπὸ τῶν ΑΔ, ΔΒ [περιεχομένῳ ὀρθογωνίῳ]. κοινὸν προσκείσθω τὸ ΛΗ, ὅ ἐστιν ἴσον τῷ ἀπὸ τῆς ΒΓ τετραγώνῳ· τὸ ἄρα ὑπὸ τῶν ΑΔ, ΔΒ περιεχόμενον ὀρθογώνιον μετὰ τοῦ ἀπὸ τῆς ΓΒ τετραγώνου ἴσον ἐστὶ τῷ ΝΞΟ γνώμονι καὶ τῷ ΛΗ. ἀλλὰ ὁ ΝΞΟ γνώμων καὶ τὸ ΛΗ ὅλον ἐστὶ τὸ ΓΕΖΔ τετράγωνον, ὅ ἐστιν ἀπὸ τῆς ΓΔ· τὸ ἄρα ὑπὸ τῶν ΑΔ, ΔΒ περιεχόμενον ὀρθογώνιον μετὰ τοῦ ἀπὸ τῆς ΓΒ τετραγώνου ἴσον ἐστὶ τῷ ἀπὸ τῆς ΓΔ τετργώνῳ.

Ἐὰν ἄρα εὐθεῖα γραμμὴ τμηθῇ δίχα, προστεθῇ δέ τις αὐτῇ εὐθεῖα ἐπ᾽ εὐθείας, τὸ ὑπὸ τῆς ὅλης σὺν τῇ προσκειμένῃ καὶ τῆς προσκειμένης περιεχόμενον ὀρθόγώνιον μετὰ τοῦ ἀπὸ τῆς ἡμισείας τετραγώνου ἴσον ἐστὶ τῷ ἀπὸ τῆς συγκειμένης ἔκ τε τῆς ἡμισείας καὶ τῆς προσκειμένης τετραγώνῳ· ὅπερ ἔδει δεῖξαι.

Proposition 6 [28]

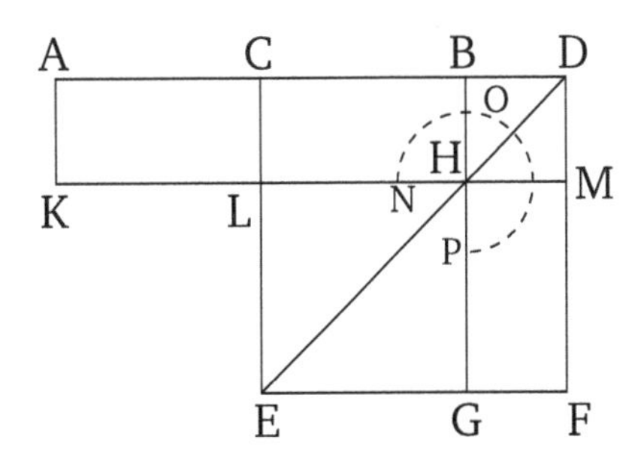

If a straight-line is cut in half, and any straight-line added to it straight-on, then the rectangle contained by the whole (straight-line) with the (straight-line) having being added, and the (straight-line) having being added, plus the square on half (of the original straight-line), is equal to the square on the sum of half (of the original straight-line) and the (straight-line) having been added.

For let any straight-line AB have been cut in half at point C, and let any straight-line BD have been added to it straight-on. I say that the rectangle contained by AD and DB, plus the square on CB, is equal to the square on CD.

For let the square $CEFD$ have been described on CD [Prop. 1.46], and let DE have been joined, and let BG have been drawn through point B, parallel to either of EC or DF [Prop. 1.31], and let KM have been drawn through point H, parallel to either of AB or EF [Prop. 1.31], and finally let AK have been drawn through A, parallel to either of CL or DM [Prop. 1.31].

Therefore, since AC is equal to CB, (rectangle) AL is also equal to (rectangle) CH [Prop. 1.36]. But, (rectangle) CH is equal to (rectangle) HF [Prop. 1.43]. Thus, (rectangle) AL is also equal to (rectangle) HF. Let (rectangle) CM have been added to both. Thus, the whole (rectangle) AM is equal to the gnomon NOP. But, AM is the (rectangle contained) by AD and DB. For DM is equal to DB. Thus, gnomon NOP is also equal to the [rectangle contained] by AD and DB. Let LG, which is equal to the square on BC, have been added to both. Thus, the rectangle contained by AD and DB, plus the square on CB, is equal to the gnomon NOP, and the (square) LG. But the gnomon NOP and the (square) LG is (equivalent to) the whole square $CEFD$, which is on CD. Thus, the rectangle contained by AD and DB, plus the square on CB, is equal to the square on CD.

Thus, if a straight-line is cut in half, and any straight-line added to it straight-on, then the rectangle contained by the whole (straight-line) with the (straight-line) having being added, and the (straight-line) having being added, plus the square on half (of the original straight-line), is equal to the square on the sum of half (of the original straight-line) and the (straight-line) having been added. (Which is) the very thing it was required to show.

[28] This proposition is a geometric version of the algebraic identity: $(2\,a+b)\,b+a^2=(a+b)^2$.

ΣΤΟΙΧΕΙΩΝ β´

ζ´

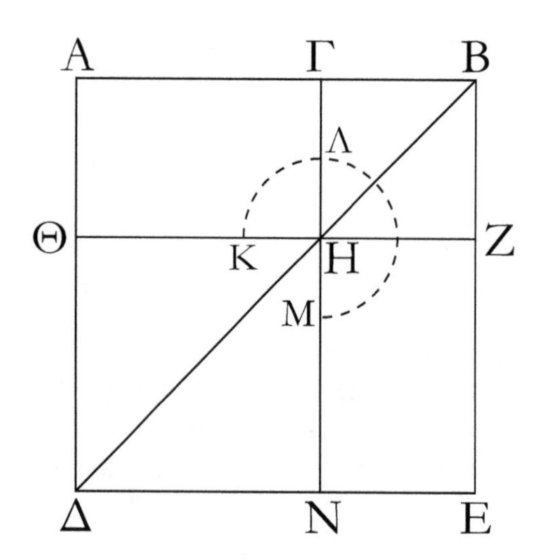

Ἐὰν εὐθεῖα γραμμὴ τμηθῇ, ὡς ἔτυχεν, τὸ ἀπὸ τῆς ὅλης καὶ τὸ ἀφ᾽ ἑνὸς τῶν τμημάτων τὰ συναμφότερα τετράγωνα ἴσα ἐστὶ τῷ τε δὶς ὑπὸ τῆς ὅλης καὶ τοῦ εἰρημένου τμήματος περιεχομένῳ ὀρθογωνίῳ καὶ τῷ ἀπὸ τοῦ λοιποῦ τμήματος τετραγώνῳ.

Εὐθεῖα γάρ τις ἡ ΑΒ τετμήσθω, ὡς ἔτυχεν, κατὰ τὸ Γ σημεῖον· λέγω, ὅτι τὰ ἀπὸ τῶν ΑΒ, ΒΓ τετράγωνα ἴσα ἐστὶ τῷ τε δὶς ὑπὸ τῶν ΑΒ, ΒΓ περιεχομένῳ ὀρθογωνίῳ καὶ τῷ ἀπὸ τῆς ΓΑ τετραγώνῳ.

Ἀναγεγράφθω γὰρ ἀπὸ τῆς ΑΒ τετράγωνον τὸ ΑΔΕΒ· καὶ καταγεγράφθω τὸ σχῆμα.

Ἐπεὶ οὖν ἴσον ἐστὶ τὸ ΑΗ τῷ ΗΕ, κοινὸν προσκείσθω τὸ ΓΖ· ὅλον ἄρα τὸ ΑΖ ὅλῳ τῷ ΓΕ ἴσον ἐστίν· τὰ ἄρα ΑΖ, ΓΕ διπλάσιά ἐστι τοῦ ΑΖ. ἀλλὰ τὰ ΑΖ, ΓΕ ὁ ΚΛΜ ἐστι γνώμων καὶ τὸ ΓΖ τετράγωνον· ὁ ΚΛΜ ἄρα γνώμων καὶ τὸ ΓΖ διπλάσιά ἐστι τοῦ ΑΖ. ἔστι δὲ τοῦ ΑΖ διπλάσιον καὶ τὸ δὶς ὑπὸ τῶν ΑΒ, ΒΓ· ἴση γὰρ ἡ ΒΖ τῇ ΒΓ· ὁ ἄρα ΚΛΜ γνώμων καὶ τὸ ΓΖ τετράγωνον ἴσον ἐστὶ τῷ δὶς ὑπὸ τῶν ΑΒ, ΒΓ. κοινὸν προσκείσθω τὸ ΔΗ, ὅ ἐστιν ἀπὸ τῆς ΑΓ τετράγωνον· ὁ ἄρα ΚΛΜ γνώμων καὶ τὰ ΒΗ, ΗΔ τετράγωνα ἴσα ἐστὶ τῷ τε δὶς ὑπὸ τῶν ΑΒ, ΒΓ περιεχομένῳ ὀρθογωνίῳ καὶ τῷ ἀπὸ τῆς ΑΓ τετραγώνῳ. ἀλλὰ ὁ ΚΛΜ γνώμων καὶ τὰ ΒΗ, ΗΔ τετράγωνα ὅλον ἐστὶ τὸ ΑΔΕΒ καὶ τὸ ΓΖ, ἅ ἐστιν ἀπὸ τῶν ΑΒ, ΒΓ τετράγωνα· τὰ ἄρα ἀπὸ τῶν ΑΒ, ΒΓ τετράγωνα ἴσα ἐστὶ τῷ [τε] δὶς ὑπὸ τῶν ΑΒ, ΒΓ περιεχομένῳ ὀρθογωνίῳ μετὰ τοῦ ἀπὸ τῆς ΑΓ τετραγώνου.

Ἐὰν ἄρα εὐθεῖα γραμμὴ τμηθῇ, ὡς ἔτυχεν, τὸ ἀπὸ τῆς ὅλης καὶ τὸ ἀφ᾽ ἑνὸς τῶν τμημάτων τὰ συναμφότερα τετράγωνα ἴσα ἐστὶ τῷ τε δὶς ὑπὸ τῆς ὅλης καὶ τοῦ εἰρημένου τμήματος περιεχομένῳ ὀρθογωνίῳ καὶ τῷ ἀπὸ τοῦ λοιποῦ τμήματος τετραγώνῳ· ὅπερ ἔδει δεῖξαι.

Proposition 7[29]

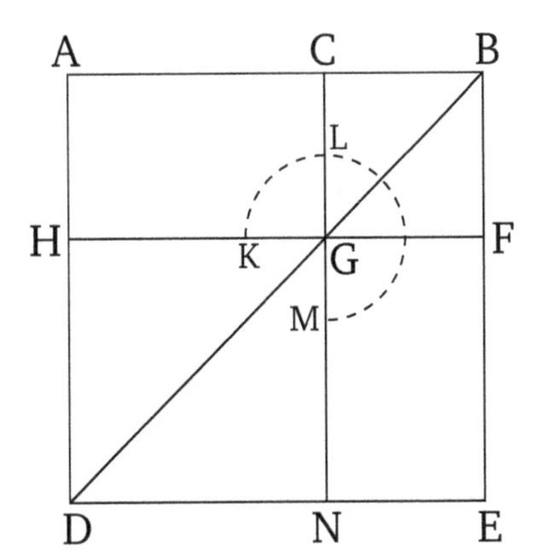

If a straight-line is cut at random, then the sum of the squares on the whole (straight-line), and one of the pieces (of the straight-line), is equal to twice the rectangle contained by the whole, and the said piece, and the square on the remaining piece.

For let any straight-line AB have been cut, at random, at point C. I say that the (sum of the) squares on AB and BC is equal to twice the rectangle contained by AB and BC, and the square on CA.

For let the square $ADEB$ have been described on AB [Prop. 1.46], and let the (rest of) the figure have been drawn.

Therefore, since (rectangle) AG is equal to (rectangle) GE [Prop. 1.43], let the (square) CF have been added to both. Thus, the whole (rectangle) AF is equal to the whole (rectangle) CE. Thus, (rectangle) AF plus (rectangle) CE is double (rectangle) AF. But, (rectangle) AF plus (rectangle) CE is the gnomon KLM, and the square CF. Thus, the gnomon KLM, and the square CF, is double the (rectangle) AF. But double the (rectangle) AF is also twice the (rectangle contained) by AB and BC. For BF (is) equal to BC. Thus, the gnomon KLM, and the square CF, are equal to twice the (rectangle contained) by AB and BC. Let DG, which is the square on AC, have been added to both. Thus, the gnomon KLM, and the squares BG and GD, are equal to twice the rectangle contained by AB and BC, and the square on AC. But, the gnomon KLM and the squares BG and GD is (equivalent to) the whole of $ADEB$ and CF, which are the squares on AB and BC (respectively). Thus, the (sum of the) squares on AB and BC is equal to twice the rectangle contained by AB and BC, and the square on AC.

Thus, if a straight-line is cut at random, then the sum of the squares on the whole (straight-line), and one of the pieces (of the straight-line), is equal to twice the rectangle contained by the whole, and the said piece, and the square on the remaining piece. (Which is) the very thing it was required to show.

[29]This proposition is a geometric version of the algebraic identity: $(a+b)^2 + a^2 = 2\,(a+b)\,a + b^2$.

η´

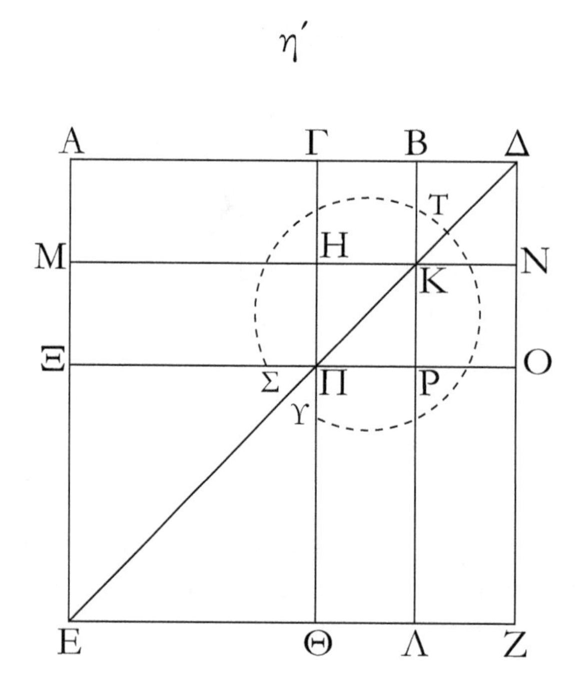

Ἐὰν εὐθεῖα γραμμὴ τμηθῇ, ὡς ἔτυχεν, τὸ τετράκις ὑπὸ τῆς ὅλης καὶ ἑνὸς τῶν τμημάτων περιεχόμενον ὀρθογώνιον μετὰ τοῦ ἀπὸ τοῦ λοιποῦ τμήματος τετραγώνου ἴσον ἐστὶ τῷ ἀπό τε τῆς ὅλης καὶ τοῦ εἰρημένου τμήματος ὡς ἀπὸ μιᾶς ἀναγραφέντι τετραγώνῳ.

Εὐθεῖα γάρ τις ἡ ΑΒ τετμήσθω, ὡς ἔτυχεν, κατὰ τὸ Γ σημεῖον· λέγω, ὅτι τὸ τετράκις ὑπὸ τῶν ΑΒ, ΒΓ περιεχόμενον ὀρθογώνιον μετὰ τοῦ ἀπὸ τῆς ΑΓ τετραγώνου ἴσον ἐστὶ τῷ ἀπὸ τῆς ΑΒ, ΒΓ ὡς ἀπὸ μιᾶς ἀναγραφέντι τετραγώνῳ.

Ἐκβεβλήσθω γὰρ ἐπ᾽ εὐθείας [τῇ ΑΒ εὐθεῖα] ἡ ΒΔ, καὶ κείσθω τῇ ΓΒ ἴση ἡ ΒΔ, καὶ ἀναγεγράφθω ἀπὸ τῆς ΑΔ τετράγωνον τὸ ΑΕΖΔ, καὶ καταγεγράφθω διπλοῦν τὸ σχῆμα.

Ἐπεὶ οὖν ἴση ἐστὶν ἡ ΓΒ τῇ ΒΔ, ἀλλὰ ἡ μὲν ΓΒ τῇ ΗΚ ἐστιν ἴση, ἡ δὲ ΒΔ τῇ ΚΝ, καὶ ἡ ΗΚ ἄρα τῇ ΚΝ ἐστιν ἴση. διὰ τὰ αὐτὰ δὴ καὶ ἡ ΠΡ τῇ ΡΟ ἐστιν ἴση. καὶ ἐπεὶ ἴση ἐστὶν ἡ ΒΓ τῇ ΒΔ, ἡ δὲ ΗΚ τῇ ΚΝ, ἴσον ἄρα ἐστὶ καὶ τὸ μὲν ΓΚ τῷ ΚΔ, τὸ δὲ ΗΡ τῷ ΡΝ. ἀλλὰ τὸ ΓΚ τῷ ΡΝ ἐστιν ἴσον· παραπληρώματα γὰρ τοῦ ΓΟ παραλληλογράμμου· καὶ τὸ ΚΔ ἄρα τῷ ΗΡ ἴσον ἐστίν· τὰ τέσσαρα ἄρα τὰ ΔΚ, ΓΚ, ΗΡ, ΡΝ ἴσα ἀλλήλοις ἐστίν. τὰ τέσσαρα ἄρα τετραπλάσιά ἐστι τοῦ ΓΚ. πάλιν ἐπεὶ ἴση ἐστὶν ἡ ΓΒ τῇ ΒΔ, ἀλλὰ ἡ μὲν ΒΔ τῇ ΒΚ, τουτέστι τῇ ΓΗ ἴση, ἡ δὲ ΓΒ τῇ ΗΚ, τουτέστι τῇ ΗΠ, ἐστιν ἴση, καὶ ἡ ΓΗ ἄρα τῇ ΗΠ ἴση ἐστίν. καὶ ἐπεὶ ἴση ἐστὶν ἡ μὲν ΓΗ τῇ ΗΠ, ἡ δὲ ΠΡ τῇ ΡΟ, ἴσον ἐστὶ καὶ τὸ μὲν ΑΗ τῷ ΜΠ, τὸ δὲ ΠΛ τῷ ΡΖ. ἀλλὰ τὸ ΜΠ τῷ ΠΛ ἐστιν ἴσον· παραπληρώματα γὰρ τοῦ ΜΛ παραλληλογράμμου· καὶ τὸ ΑΗ ἄρα τῷ ΡΖ ἴσον ἐστίν· τὰ τέσσαρα ἄρα τὰ ΑΗ, ΜΠ, ΠΛ, ΡΖ ἴσα ἀλλήλοις ἐστίν· τὰ τέσσαρα ἄρα τοῦ ΑΗ ἐστι τετραπλάσια. ἐδείχθη δὲ καὶ τὰ τέσσαρα τὰ ΓΚ, ΚΔ, ΗΡ, ΡΝ τοῦ ΓΚ τετραπλάσια· τὰ ἄρα ὀκτώ, ἃ περιέχει τὸν ΣΤΥ γνώμονα, τετραπλάσιά ἐστι τοῦ ΑΚ. καὶ ἐπεὶ τὸ ΑΚ τὸ ὑπὸ τῶν ΑΒ, ΒΔ ἐστιν· ἴση γὰρ ἡ ΒΚ τῇ ΒΔ· τὸ ἄρα τετράκις ὑπὸ τῶν ΑΒ, ΒΔ τετραπλάσιόν ἐστι τοῦ ΑΚ. ἐδείχθη δὲ τοῦ ΑΚ τετραπλάσιος καὶ ὁ ΣΤΥ γνώμων· τὸ ἄρα ΒΔ τετράκις ὑπὸ τῶν

Proposition 8 [30]

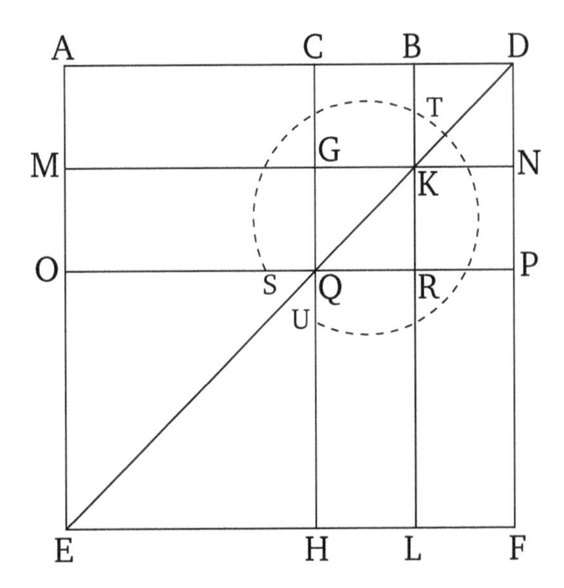

If a straight-line is cut at random, then four times the rectangle contained by the whole (straight-line), and one of the pieces (of the straight-line), plus the square on the remaining piece, is equal to the square described on the whole and the former piece, as on one (complete straight-line).

For let any straight-line AB have been cut, at random, at point C. I say that four times the rectangle contained by AB and BC, plus the square on AC, is equal to the square described on AB and BC, as on one (complete straight-line).

For let BD have been produced in a straight-line [with the straight-line AB], and let BD be made equal to BC [Prop. 1.3], and let the square $AEFD$ have been described on AD [Prop. 1.46], and let the (rest of the) figure have been drawn double.

Therefore, since CB is equal to BD, but CB is equal to GK [Prop. 1.34], and BD to KN [Prop. 1.34], GK is thus also equal to KN. So, for the same (reasons), QR is equal to RP. And since BC is equal to BD, and GK to KN, (square) CK is thus also equal to (square) KD, and (square) GR to (square) RN [Prop. 1.36]. But, (square) CK is equal to (square) RN. For (they are) complements in the parallelogram CP [Prop. 1.43]. Thus, (square) KD is also equal to (square) GR. Thus, the four (squares) DK, CK, GR, and RN are equal to one another. Thus, the four (taken together) are quadruple (square) CK. Again, since CB is equal to BD, but BD (is) equal to BK—that is to say, CG—and CB is equal to GK—that is to say, GQ—CG is thus also equal to GQ. And since CG is equal to GQ, and QR to RP, (rectangle) AG is also equal to (rectangle) MQ, and (rectangle) QL to (rectangle) RF [Prop. 1.36]. But, (rectangle) MQ is equal to (rectangle) QL. For (they are) complements in the parallelogram ML [Prop. 1.43].Thus,

[30]This proposition is a geometric version of the algebraic identity: $4\,(a+b)\,a+b^2=[(a+b)+a]^2$.

η´

ΑΒ, ΒΔ ἴσον ἐστὶ τῷ ΣΤΥ γνώμονι. κοινὸν προσκείσθω τὸ ΞΘ, ὅ ἐστιν ἴσον τῷ ἀπὸ τῆς ΑΓ τετραγώνῳ· τὸ ἄρα τετράκις ὑπὸ τῶν ΑΒ, περιεχόμενων ὀρθογώνιον μετὰ τοῦ ἀπὸ ΑΓ τετραγώνου ἴσον ἐστὶ τῷ ΣΤΥ γνώμονι καὶ τῷ ΞΘ. ἀλλὰ ὁ ΣΤΥ γνώμων καὶ τὸ ΞΘ ὅλον ἐστὶ τὸ ΑΕΖΔ τετραγώνον, ὅ ἐστιν ἀπὸ τῆς ΑΔ· τὸ ἄρα τετράκις ὑπὸ τῶν ΑΒ, ΒΔ μετὰ τοῦ ἀπὸ ΑΓ ἴσον ἐστὶ τῷ ἀπὸ ΑΔ τετραγώνῳ· ἴση δὲ ἡ ΒΔ τῇ ΒΓ. τὸ ἄρα τετράκις ὑπὸ τῶν ΑΒ, ΒΓ περιεχόμενον ὀρθογώνιον μετὰ τοῦ ἀπὸ ΑΓ τετραγώνου ἴσον ἐστὶ τῷ ἀπὸ τῆς ΑΔ, τουτέστι τῷ ἀπὸ τῆς ΑΒ καὶ ΒΓ ὡς ἀπὸ μιᾶς ἀναγραφέντι τετραγώνῳ.

Ἐὰν ἄρα εὐθεῖα γραμμὴ τμηθῇ, ὡς ἔτυχεν, τὸ τετράκις ὑπὸ τῆς ὅλης καὶ ἑνὸς τῶν τμημάτων περιεχόμενον ὀρθογώνιον μετὰ τοῦ ἀπὸ τοῦ λοιποῦ τμήματος τετραγώνου ἴσου ἐστὶ τῷ ἀπό τε τῆς ὅλης καὶ τοῦ εἰρημένου τμήματος ὡς ἀπὸ μιᾶς ἀναγραφέντι τετραγώνῳ· ὅπερ ἔδει δεῖξαι.

Proposition 8

(rectangle) AG is also equal to (rectangle) RF. Thus, the four (rectangles) AG, MQ, QL, and RF are equal to one another. Thus, the four (taken together) are quadruple (rectangle) AG. And it was also shown that the four (squares) DK, CK, GR, and RN (taken together are) quadruple (square) CK. Thus, the eight (figures taken together), which comprise the gnomon STU, are quadruple (rectangle) AK. And since AK is the (rectangle contained) by AB and BD, for BK (is) equal to BD, four times the (rectangle contained) by AB and BD is quadruple (rectangle) AK. But quadruple (rectangle) AK was also shown (to be equal to) the gnomon STU. Thus, four times the (rectangle contained) by AB and BD is equal to the gnomon STU. Let OH, which is equal to the square on AC, have been added to both. Thus, four times the rectangle contained by AB and BD, plus the square on AC, is equal to the gnomon STU, and the (square) OH. But, the gnomon STU and the (square) OH is (equivalent to) the whole square $AEFD$, which is on AD. Thus, four times the (rectangle contained) by AB and BD, plus the (square) on AC, is equal to the square on AD. And BD (is) equal to BC. Thus, four times the rectangle contained by AB and BD, plus the square on AC, is equal to the (square) on AD, that is to say the square described on AB and BC, as on one (complete straight-line).

Thus, if a straight-line is cut at random, then four times the rectangle contained by the whole (straight-line), and one of the pieces (of the straight-line), plus the square on the remaining piece, is equal to the square described on the whole and the former piece, as on one (complete straight-line). (Which is) the very thing it was required to show.

θ´

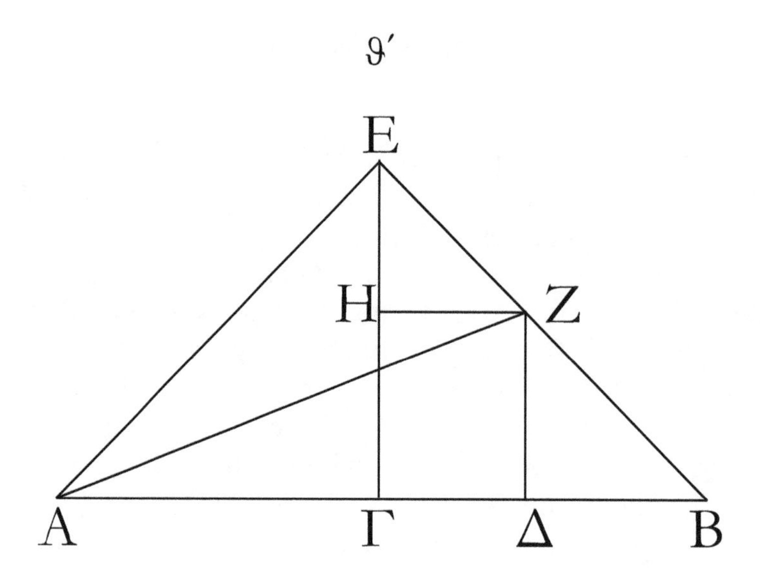

Ἐὰν εὐθεῖα γραμμὴ τμηθῇ εἰς ἴσα καὶ ἄνισα, τὰ ἀπὸ τῶν ἀνίσων τῆς ὅλης τμημάτων τετράγωνα διπλάσιά ἐστι τοῦ τε ἀπὸ τῆς ἡμισείας καὶ τοῦ ἀπὸ τῆς μεταξὺ τῶν τομῶν τετραγώνου.

Εὐθεῖα γάρ τις ἡ ΑΒ τετμήσθω εἰς μὲν ἴσα κατὰ τὸ Γ, εἰς δὲ ἄνισα κατὰ τὸ Δ· λέγω, ὅτι τὰ ἀπὸ τῶν ΑΔ, ΔΒ τετράγωνα διπλάσιά ἐστι τῶν ἀπὸ τῶν ΑΓ, ΓΔ τετραγώνων.

Ἤχθω γὰρ ἀπὸ τοῦ Γ τῇ ΑΒ πρὸς ὀρθὰς ἡ ΓΕ, καὶ κείσθω ἴση ἑκατέρᾳ τῶν ΑΓ, ΓΒ, καὶ ἐπεζεύχθωσαν αἱ ΕΑ, ΕΒ, καὶ διὰ μὲν τοῦ Δ τῇ ΕΓ παράλληλος ἤχθω ἡ ΔΖ, διὰ δὲ τοῦ Ζ τῇ ΑΒ ἡ ΖΗ, καὶ ἐπεζεύχθω ἡ ΑΖ. καὶ ἐπεὶ ἴση ἐστὶν ἡ ΑΓ τῇ ΓΕ, ἴση ἐστὶ καὶ ἡ ὑπὸ ΕΑΓ γωνία τῇ ὑπὸ ΑΕΓ. καὶ ἐπεὶ ὀρθή ἐστιν ἡ πρὸς τῷ Γ, λοιπαὶ ἄρα αἱ ὑπὸ ΕΑΓ, ΑΕΓ μιᾷ ὀρθῇ ἴσαι εἰσίν· καί εἰσιν ἴσαι· ἡμίσεια ἄρα ὀρθῆς ἐστιν ἑκατέρα τῶν ὑπὸ ΓΕΑ, ΓΑΕ. δὶα τὰ αὐτὰ δὴ καὶ ἑκατέρα τῶν ὑπὸ ΓΕΒ, ΕΒΓ ἡμίσειά ἐστιν ὀρθῆς· ὅλη ἄρα ἡ ὑπὸ ΑΕΒ ὀρθή ἐστιν. καὶ ἐπεὶ ἡ ὑπὸ ΗΕΖ ἡμίσειά ἐστιν ὀρθῆς, ὀρθὴ δὲ ἡ ὑπὸ ΕΗΖ· ἴση γάρ ἐστι τῇ ἐντὸς καὶ ἀπεναντίον τῇ ὑπὸ ΕΓΒ· λοιπὴ ἄρα ἡ ὑπὸ ΕΖΗ ἡμίσειά ἐστιν ὀρθῆς· ἴση ἄρα [ἐστὶν] ἡ ὑπὸ ΗΕΖ γωνία τῇ ὑπὸ ΕΖΗ· ὥστε καὶ πλευρὰ ἡ ΕΗ τῇ ΗΖ ἐστιν ἴση. πάλιν ἐπεὶ ἡ πρὸς τῷ Β γωνία ἡμίσειά ἐστιν ὀρθῆς, ὀρθὴ δὲ ἡ ὑπὸ ΖΔΒ· ἴση γὰρ πάλιν ἐστὶ τῇ ἐντὸς καὶ ἀπεναντίον τῇ ὑπὸ ΕΓΒ· λοιπὴ ἄρα ἡ ὑπὸ ΒΖΔ ἡμίσειά ἐστιν ὀρθῆς· ἴση ἄρα ἡ πρὸς τῷ Β γωνία τῇ ὑπὸ ΔΖΒ· ὥστε καὶ πλευρὰ ἡ ΖΔ πλευρᾷ τῇ ΔΒ ἐστιν ἴση. καὶ ἐπεὶ ἴση ἐστὶν ἡ ΑΓ τῇ ΓΕ, ἴσον ἐστὶ καὶ τὸ ἀπὸ ΑΓ τῷ ἀπὸ ΓΕ· τὰ ἄρα ἀπὸ τῶν ΑΓ, ΓΕ τετράγωνα διπλάσιά ἐστι τοῦ ἀπὸ ΑΓ. τοῖς δὲ ἀπὸ τῶν ΑΓ, ΓΕ ἴσον ἐστὶ τὸ ἀπὸ τῆς ΕΑ τετράγωνον· ὀρθὴ γὰρ ἡ ὑπὸ ΑΓΕ γωνία· τὸ ἄρα ἀπὸ τῆς ΕΑ διπλάσιόν ἐστι τοῦ ἀπὸ τῆς ΑΓ. πάλιν, ἐπεὶ ἴση ἐστὶν ἡ ΕΗ τῇ ΗΖ, ἴσον καὶ τὸ ἀπὸ τῆς ΕΗ τῷ ἀπὸ τῆς ΗΖ· τὰ ἄρα ἀπὸ τῶν ΕΗ, ΗΖ τετράγωνα διπλάσιά ἐστι τοῦ ἀπὸ τῆς ΗΖ τετραγώνου. τοῖς δὲ ἀπὸ τῶν ΕΗ, ΗΖ τετραγώνοις ἴσον ἐστὶ τὸ ἀπὸ τῆς ΕΖ τετράγωνον· τὸ ἄρα ἀπὸ τῆς ΕΖ τετράγωνον διπλάσιόν ἐστι τοῦ ἀπὸ τῆς ΗΖ. ἴση δὲ ἡ ΗΖ τῇ ΓΔ· τὸ ἄρα ἀπὸ τῆς ΕΖ διπλάσιόν ἐστι τοῦ ἀπὸ τῆς ΓΔ. ἔστι δὲ καὶ τὸ ἀπὸ τῆς ΕΑ διπλάσιον τοῦ ἀπὸ τῆς ΑΓ· τὰ ἄρα ἀπὸ τῶν ΑΕ, ΕΖ τετράγωνα διπλάσιά ἐστι τῶν ἀπὸ τῶν ΑΓ, ΓΔ τετραγώνων. τοῖς δὲ ἀπὸ τῶν ΑΕ, ΕΖ ἴσον ἐστὶ τὸ ἀπὸ τῆς ΑΖ τετράγωνον· ὀρθὴ γάρ ἐστιν ἡ ὑπὸ ΑΕΖ γωνία· τὸ ἄρα ἀπὸ τῆς ΑΖ τετράγωνον διπλάσιόν ἐστι τῶν ἀπὸ τῶν ΑΓ, ΓΔ. τῷ δὲ ἀπὸ τῆς ΑΖ ἴσα τὰ

Proposition 9[31]

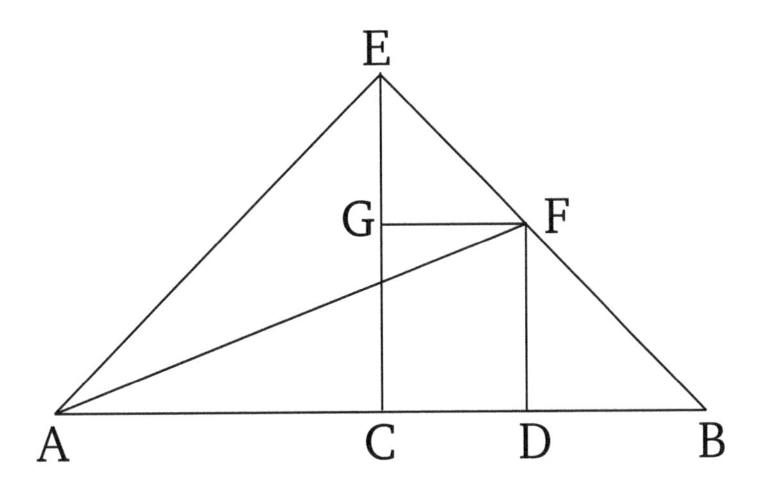

If a straight-line is cut into equal and unequal (pieces), then the (sum of the) squares on the unequal pieces of the whole (straight-line) is double the (sum of the) square on half (the straight-line), and (the square) on the difference between the (equal and unequal) pieces.

For let any straight-line AB have been cut—equally at C, and unequally at D. I say that the (sum of the) squares on AD and DB is double the (sum of the squares) on AC and CD.

For let CE have been drawn from (point) C, at right-angles to AB [Prop. 1.11], and let it be made equal to each of AC and CB [Prop. 1.3], and let EA and EB have been joined. And let DF have been drawn through (point) D, parallel to EC [Prop. 1.31], and (let) FG (have been drawn) through (point) F, (parallel) to AB [Prop. 1.31]. And let AF have been joined. And since AC is equal to CE, the angle EAC is also equal to the (angle) AEC [Prop. 1.5]. And since the (angle) at C is a right-angle, the (sum of the) remaining angles (of triangle AEC), EAC and AEC, is thus equal to one right-angle [Prop. 1.32]. And they are equal. Thus, (angles) CEA and CAE are each half a right-angle. So, for the same (reasons), (angles) CEB and EBC are also each half a right-angle. Thus, the whole (angle) AEB is a right-angle. And since GEF is half a right-angle, and EGF (is) a right-angle—for it is equal to the internal and opposite (angle) ECB [Prop. 1.29]—the remaining (angle) EFG is thus half a right-angle [Prop. 1.32]. Thus, angle GEF [is] equal to EFG. So the side EG is also equal to the (side) GF [Prop. 1.6]. Again, since the angle at B is half a right-angle, and (angle) FDB (is) a right-angle—for again it is equal to the internal and opposite (angle) ECB [Prop. 1.29]—the remaining (angle) BFD is half a right-angle [Prop. 1.32]. Thus, the angle at B (is) equal to DFB. So the side FD is also equal to the side DB [Prop. 1.6]. And since AC is equal to CE, the (square) on AC (is) also equal to the (square) on CE. Thus, the (sum of the) squares on AC and CE is double the (square) on AC. And the square on EA is equal to the (sum of the) squares on AC and CE. For angle ACE (is)

[31]This proposition is a geometric version of the algebraic identity: $a^2 + b^2 = 2[([a+b]/2)^2 + ([a+b]/2 - b)^2]$.

ϑ´

ἀπὸ τὼν ΑΔ, ΔΖ· ὀρθὴ γὰρ ἡ πρὸς τῷ Δ γωνία· τὰ ἄρα ἀπὸ τῶν ΑΔ, ΔΖ διπλάσιά ἐστι τῶν ἀπὸ τῶν ΑΓ, ΓΔ τετραγώνων. ἴση δὲ ἡ ΔΖ τῇ ΔΒ· τὰ ἄρα ἀπὸ τῶν ΑΔ, ΔΒ τετράγωνα διπλάσιά ἐστι τῶν ἀπὸ τῶν ΑΓ, ΓΔ τετραγώνων.

Ἐὰν ἄρα εὐθεῖα γραμμὴ τμηθῇ εἰς ἴσα καὶ ἄνισα, τὰ ἀπὸ τῶν ἀνίσων τῆς ὅλης τμημάτων τετράγωνα διπλάσιά ἐστι τοῦ τε ἀπὸ τῆς ἡμισείας καὶ τοῦ ἀπὸ τῆς μεταξὺ τῶν τομῶν τετραγώνου· ὅπερ ἔδει δεῖξαι.

Proposition 9

a right-angle [Prop. 1.47]. Thus, the (square) on EA is double the (square) on AC. Again, since EG is equal to GF, the (square) on EG (is) also equal to the (square) on GF. Thus, the (sum of the squares) on EG and GF is double the square on GF. And the square on EF is equal to the (sum of the) squares on EG and GF [Prop. 1.47]. Thus, the square on EF is double the (square) on GF. And GF (is) equal to CD [Prop. 1.34]. Thus, the (square) on EF is double the (square) on CD. And the (square) on EA is also double the (square) on AC. Thus, the (sum of the) squares on AE and EF is double the (sum of the) squares on AC and CD. And the square on AF is equal to the (sum of the squares) on AE and EF. For the angle AEF is a right-angle [Prop. 1.47]. Thus, the square on AF is double the (sum of the squares) on AC and CD. And the (sum of the squares) on AD and DF (is) equal to the (square) on AF. For the angle at D is a right-angle [Prop. 1.47]. Thus, the (sum of the squares) on AD and DF is double the (sum of the) squares on AC and CD. And DF (is) equal to DB. Thus, the (sum of the) squares on AD and DB is double the (sum of the) squares on AC and CD.

Thus, if a straight-line is cut into equal and unequal (pieces), then the (sum of the) squares on the unequal pieces of the whole (straight-line) is double the (sum of the) square on half (the straight-line), and (the square) on the difference between the (equal and unequal) pieces. (Which is) the very thing it was required to show.

ΣΤΟΙΧΕΙΩΝ β΄

ι΄

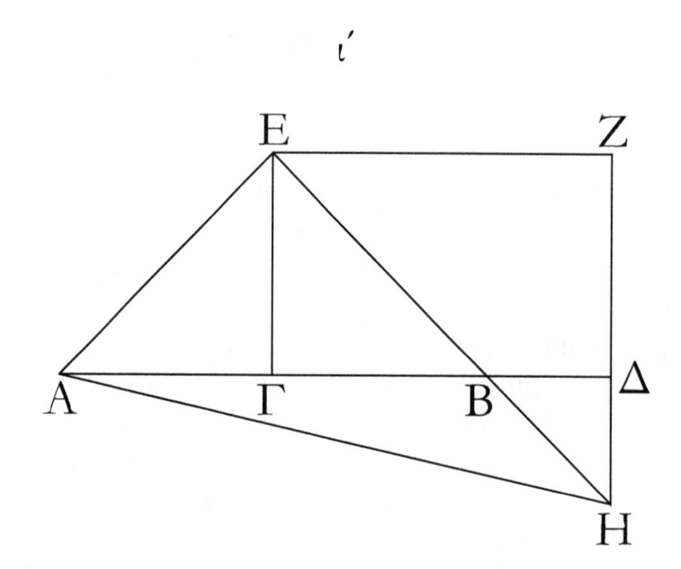

Ἐὰν εὐθεῖα γραμμὴ τμηθῇ δίχα, προστεθῇ δέ τις αὐτῇ εὐθεῖα ἐπ' εὐθείας, τὸ ἀπὸ τῆς ὅλης σὺν τῇ προσκειμένῃ καὶ τὸ ἀπὸ τῆς προσκειμένης τὰ συναμφότερα τετράγωνα διπλάσιά ἐστι τοῦ τε ἀπὸ τῆς ἡμισείας καὶ τοῦ ἀπὸ τῆς συγκειμένης ἔκ τε τῆς ἡμισείας καὶ τῆς προσκειμένης ὡς ἀπὸ μιᾶς ἀναγραφέντος τετραγώνου.

Εὐθεῖα γάρ τις ἡ ΑΒ τετμήσθω δίχα κατὰ τὸ Γ, προσκείσθω δέ τις αὐτῇ εὐθεῖα ἐπ' εὐθείας ἡ ΒΔ· λέγω, ὅτι τὰ ἀπὸ τῶν ΑΔ, ΔΒ τετράγωνα διπλάσιά ἐστι τῶν ἀπὸ τῶν ΑΓ, ΓΔ τετραγώνων.

Ἤχθω γὰρ ἀπὸ τοῦ Γ σημείου τῇ ΑΒ πρὸς ὀρθὰς ἡ ΓΕ, καὶ κείσθω ἴση ἑκατέρᾳ τῶν ΑΓ, ΓΒ, καὶ ἐπεζεύχθωσαν αἱ ΕΑ, ΕΒ· καὶ διὰ μὲν τοῦ Ε τῇ ΑΔ παράλληλος ἤχθω ἡ ΕΖ, διὰ δὲ τοῦ Δ τῇ ΓΕ παράλληλος ἤχθω ἡ ΖΔ. καὶ ἐπεὶ εἰς παραλλήλους εὐθείας τὰς ΕΓ, ΖΔ εὐθεῖά τις ἐνέπεσεν ἡ ΕΖ, αἱ ὑπὸ ΓΕΖ, ΕΖΔ ἄρα δυσὶν ὀρθαῖς ἴσαι εἰσίν· αἱ ἄρα ὑπὸ ΖΕΒ, ΕΖΔ δύο ὀρθῶν ἐλάσσονές εἰσιν· αἱ δὲ ἀπ' ἐλασσόνων ἢ δύο ὀρθῶν ἐκβαλλόμεναι συμπίπτουσιν· αἱ ἄρα ΕΒ, ΖΔ ἐκβαλλόμεναι ἐπὶ τὰ Β, Δ μέρη συμπεσοῦνται. ἐκβεβλήσθωσαν καὶ συμπιπτέτωσαν κατὰ τὸ Η, καὶ ἐπεζεύχθω ἡ ΑΗ. καὶ ἐπεὶ ἴση ἐστὶν ἡ ΑΓ τῇ ΓΕ, ἴση ἐστὶ καὶ γωνία ἡ ὑπὸ ΕΑΓ τῇ ὑπὸ ΑΕΓ· καὶ ὀρθὴ ἡ πρὸς τῷ Γ· ἡμίσεια ἄρα ὀρθῆς [ἐστιν] ἑκατέρα τῶν ὑπὸ ΕΑΓ, ΑΕΓ. διὰ τὰ αὐτὰ δὴ καὶ ἑκατέρα τῶν ὑπὸ ΓΕΒ, ΕΒΓ ἡμίσειά ἐστιν ὀρθῆς· ὀρθὴ ἄρα ἐστὶν ἡ ὑπὸ ΑΕΒ. καὶ ἐπεὶ ἡμίσεια ὀρθῆς ἐστιν ἡ ὑπὸ ΕΒΓ, ἡμίσεια ἄρα ὀρθῆς καὶ ἡ ὑπὸ ΔΒΗ. ἔστι δὲ καὶ ἡ ὑπὸ ΒΔΗ ὀρθή· ἴση γάρ ἐστι τῇ ὑπὸ ΔΓΕ· ἐναλλὰξ γάρ· λοιπὴ ἄρα ἡ ὑπὸ ΔΗΒ ἡμίσειά ἐστιν ὀρθῆς· ἡ ἄρα ὑπὸ ΔΗΒ τῇ ὑπὸ ΔΒΗ ἐστιν ἴση· ὥστε καὶ πλευρὰ ἡ ΒΔ πλευρᾷ τῇ ΗΔ ἐστιν ἴση. πάλιν, ἐπεὶ ἡ ὑπὸ ΕΗΖ ἡμίσειά ἐστιν ὀρθῆς, ὀρθὴ δὲ ἡ πρὸς τῷ Ζ· ἴση γάρ ἐστι τῇ ἀπεναντίον τῇ πρὸς τῷ Γ· λοιπὴ ἄρα ἡ ὑπὸ ΖΕΗ ἡμίσειά ἐστιν ὀρθῆς· ἴση ἄρα ἡ ὑπὸ ΕΗΖ γωνία τῇ ὑπὸ ΖΕΗ· ὥστε καὶ πλευρὰ ἡ ΗΖ πλευρᾷ τῇ ΕΖ ἐστιν ἴση. καὶ ἐπεὶ [ἴση ἐστὶν ἡ ΕΓ τῇ ΓΑ], ἴσον ἐστὶ [καὶ] τὸ ἀπὸ τῆς ΕΓ τετράγωνον τῷ ἀπὸ τῆς ΓΑ τετραγώνῳ· τὰ ἄρα ἀπὸ τῶν ΕΓ, ΓΑ τετράγωνα διπλάσιά ἐστι τοῦ ἀπὸ τῆς ΓΑ τετραγώνου. τοῖς δὲ ἀπὸ τῶν ΕΓ, ΓΑ ἴσον ἐστὶ τὸ ἀπὸ τῆς ΕΑ· τὸ ἄρα ἀπὸ τῆς ΕΑ τετράγωνον διπλάσιόν ἐστι τοῦ ἀπὸ τῆς ΑΓ τετραγώνου. πάλιν, ἐπεὶ ἴση ἐστὶν ἡ ΖΗ τῇ ΕΖ, ἴσον ἐστὶ καὶ τὸ ἀπὸ τῆς ΖΗ τῷ ἀπὸ τῆς ΖΕ· τὰ ἄρα ἀπὸ τῶν ΗΖ, ΖΕ διπλάσιά ἐστι τοῦ ἀπὸ τῆς ΕΖ.τοῖς δὲ ἀπὸ τῶν ΗΖ, ΖΕ ἴσον ἐστὶ τὸ

Proposition 10[32]

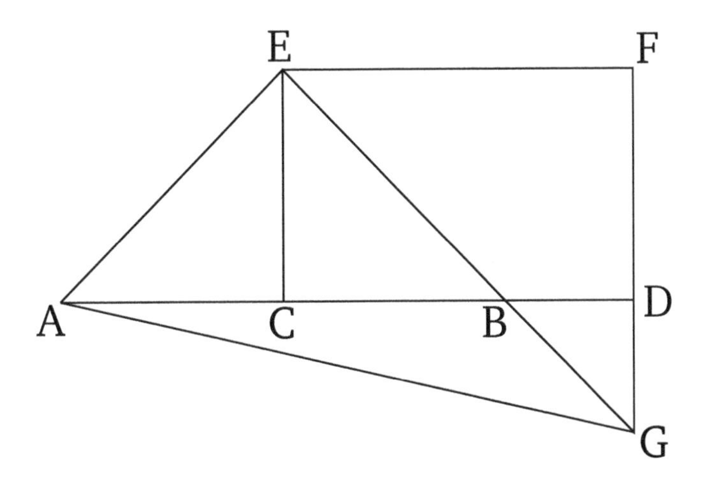

If a straight-line is cut in half, and any straight-line added to it straight-on, then the sum of the square on the whole (straight-line) with the (straight-line) having been added, and the (square) on the (straight-line) having been added, is double the (sum of the square) on half (the straight-line), and the square described on the sum of half (the straight-line) and (straight-line) having been added, as on one (complete straight-line).

For let any straight-line AB have been cut in half at (point) C, and let any straight-line BD have been added to it straight-on. I say that the (sum of the) squares on AD and DB is double the (sum of the) squares on AC and CD.

For let CE have been drawn from point C, at right-angles to AB [Prop. 1.11], and let it be made equal to each of AC and CB [Prop. 1.3], and let EA and EB have been joined. And let EF have been drawn through E, parallel to AD [Prop. 1.31], and let FD have been drawn through D, parallel to CE [Prop. 1.31]. And since the straight-lines EC and FD (are) parallel, and some straight-line EF falls across (them), the (internal angles) CEF and EFD are thus equal to two right-angles [Prop. 1.29]. Thus, FEB and EFD are less than two right-angles. And (straight-lines) produced from (internal angles) less than two right-angles meet together [Post. 5]. Thus, being produced in the direction of B and D, the (straight-lines) EB and FD will meet. Let them have been produced, and let them meet together at G, and let AG have been joined. And since AC is equal to CE, angle EAC is also equal to (angle) AEC [Prop. 1.5]. And the (angle) at C (is) a right-angle. Thus, EAC and AEC [are] each half a right-angle [Prop. 1.32]. So, for the same (reasons), CEB and EBC are also each half a right-angle. Thus, (angle) AEB is a right-angle. And since EBC is half a right-angle, DBG (is) thus also half a right-angle [Prop. 1.15]. And BDG is also a right-angle. For it is equal to DCE. For (they are) alternate (angles) [Prop. 1.29]. Thus, the remaining (angle) DGB is half a right-angle. Thus, DGB is equal to DBG. So side BD

[32]This proposition is a geometric version of the algebraic identity: $(2\,a+b)^2+b^2=2\,[a^2+(a+b)^2]$.

ι΄

ἀπὸ τῆς ΕΗ· τὸ ἄρα ἀπὸ τῆς ΕΗ διπλάσιόν ἐστι τοῦ ἀπὸ τῆς ΕΖ. ἴση δὲ ἡ ΕΖ τῇ ΓΔ· τὸ ἄρα ἀπὸ τῆς ΕΗ τετράγωνον διπλάσιόν ἐστι τοῦ ἀπὸ τῆς ΓΔ. ἐδείχθη δὲ καὶ τὸ ἀπὸ τῆς ΕΑ διπλάσιον τοῦ ἀπὸ τῆς ΑΓ· τὰ ἄρα ἀπὸ τῶν ΑΕ, ΕΗ τετράγωνα διπλάσιά ἐστι τῶν ἀπὸ τῶν ΑΓ, ΓΔ τετραγώνων. τοῖς δὲ ἀπὸ τῶν ΑΕ, ΕΗ τετραγώνοις ἴσον ἐστὶ τὸ ἀπὸ τῆς ΑΗ τετράγωνον· τὸ ἄρα ἀπὸ τῆς ΑΗ διπλάσιόν ἐστι τῶν ἀπὸ τῶν ΑΓ, ΓΔ. τῷ δὲ ἀπὸ τῆς ΑΗ ἴσα ἐστὶ τὰ ἀπὸ τῶν ΑΔ, ΔΗ· τὰ ἄρα ἀπὸ τῶν ΑΔ, ΔΗ [τετράγωνα] διπλάσιά ἐστι τῶν ἀπὸ τῶν ΑΓ, ΓΔ [τετραγώνων]. ἴση δὲ ἡ ΔΗ τῇ ΔΒ· τὰ ἄρα ἀπὸ τῶν ΑΔ, ΔΒ [τετράγωνα] διπλάσιά ἐστι τῶν ἀπὸ τῶν ΑΓ, ΓΔ τετραγώνων.

Ἐὰν ἄρα εὐθεῖα γραμμὴ τμηθῇ δίχα, προστεθῇ δέ τις αὐτῇ εὐθεῖα ἐπ᾽ εὐθείας, τὸ ἀπὸ τῆς ὅλης σὺν τῇ προσκειμένῃ καὶ τὸ ἀπὸ τῆς προσκειμένης τὰ συναμφότερα τετράγωνα διπλάσιά ἐστι τοῦ τε ἀπὸ τῆς ἡμισείας καὶ τοῦ ἀπὸ τῆς συγκειμένης ἔκ τε τῆς ἡμισείας καὶ τῆς προσκειμένης ὡς ἀπὸ μιᾶς ἀναγραφέντος τετραγώνου· ὅπερ ἔδει δεῖξαι.

Proposition 10

is also equal to side GD [Prop. 1.6]. Again, since EGF is half a right-angle, and the (angle) at F (is) a right-angle, for it is equal to the opposite (angle) at C [Prop. 1.34], the remaining (angle) FEG is thus half a right-angle. Thus, angle EGF (is) equal to FEG. So the side GF is also equal to the side EF [Prop. 1.6]. And since [EC is equal to CA] the square on EC is [also] equal to the square on CA. Thus, the (sum of the) squares on EC and CA is double the square on CA. And the (square) on EA is equal to the (sum of the squares) on EC and CA [Prop. 1.47]. Thus, the square on EA is double the square on AC. Again, since FG is equal to EF, the (square) on FG is also equal to the (square) on FE. Thus, the (sum of the squares) on GF and FE is double the (square) on EF. And the (square) on EG is equal to the (sum of the squares) on GF and FE [Prop. 1.47]. Thus, the (square) on EG is double the (square) on EF. And EF (is) equal to CD [Prop. 1.34]. Thus, the square on EG is double the (square) on CD. But it was also shown that the (square) on EA (is) double the (square) on AC. Thus, the (sum of the) squares on AE and EG is double the (sum of the) squares on AC and CD. And the square on AG is equal to the (sum of the) squares on AE and EG [Prop. 1.47]. Thus, the (square) on AG is double the (sum of the squares) on AC and CD. And the (square) on AG is equal to the (sum of the squares) on AD and DG [Prop. 1.47]. Thus, the (sum of the) [squares] on AD and DG is double the (sum of the) [squares] on AC and CD. And DG (is) equal to DB. Thus, the (sum of the) [squares] on AD and DB is double the (sum of the) squares on AC and CD.

Thus, if a straight-line is cut in half, and any straight-line added to it straight-on, then the sum of the square on the whole (straight-line) with the (straight-line) having been added, and the (square) on the (straight-line) having been added, is double the (sum of the square) on half (the straight-line), and the square described on the sum of half (the straight-line) and (straight-line) having been added, as on one (complete straight-line). (Which is) the very thing it was required to show.

ΣΤΟΙΧΕΙΩΝ β΄

ια΄

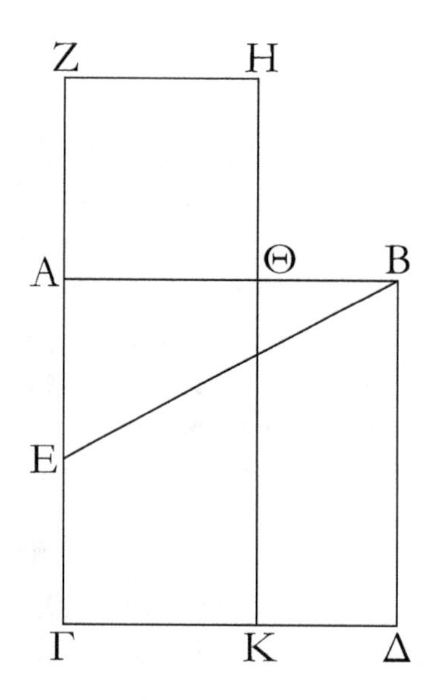

Τὴν δοθεῖσαν εὐθεῖαν τεμεῖν ὥστε τὸ ὑπὸ τῆς ὅλης καὶ τοῦ ἑτέρου τῶν τμημάτων περιεχόμενον ὀρθογώνιον ἴσον εἶναι τῷ ἀπὸ τοῦ λοιποῦ τμήματος τετραγώνῳ.

Ἔστω ἡ δοθεῖσα εὐθεῖα ἡ ΑΒ· δεῖ δὴ τὴν ΑΒ τεμεῖν ὥστε τὸ ὑπὸ τῆς ὅλης καὶ τοῦ ἑτέρου τῶν τμημάτων περιεχόμενον ὀρθογώνιον ἴσον εἶναι τῷ ἀπὸ τοῦ λοιποῦ τμήματος τετραγώνῳ.

Ἀναγεγράφθω γὰρ ἀπὸ τῆς ΑΒ τετράγωνον τὸ ΑΒΔΓ, καὶ τετμήσθω ἡ ΑΓ δίχα κατὰ τὸ Ε σημεῖον, καὶ ἐπεζεύχθω ἡ ΒΕ, καὶ διήχθω ἡ ΓΑ ἐπὶ τὸ Ζ, καὶ κείσθω τῇ ΒΕ ἴση ἡ ΕΖ, καὶ ἀναγεγράφθω ἀπὸ τῆς ΑΖ τετράγωνον τὸ ΖΘ, καὶ διήχθω ἡ ΗΘ ἐπὶ τὸ Κ· λέγω, ὅτι ἡ ΑΒ τέτμηται κατὰ τὸ Θ, ὥστε τὸ ὑπὸ τῶν ΑΒ, ΒΘ περιεχόμενον ὀρθογώνιον ἴσον ποιεῖν τῷ ἀπὸ τῆς ΑΘ τετραγώνῳ.

Ἐπεὶ γὰρ εὐθεῖα ἡ ΑΓ τέτμηται δίχα κατὰ τὸ Ε, πρόσκειται δὲ αὐτῇ ἡ ΖΑ, τὸ ἄρα ὑπὸ τῶν ΓΖ, ΖΑ περιεχόμενον ὀρθογώνιον μετὰ τοῦ ἀπὸ τῆς ΑΕ τετραγώνου ἴσον ἐστὶ τῷ ἀπὸ τῆς ΕΖ τετραγώνῳ. ἴση δὲ ἡ ΕΖ τῇ ΕΒ· τὸ ἄρα ὑπὸ τῶν ΓΖ, ΖΑ μετὰ τοῦ ἀπὸ τῆς ΑΕ ἴσον ἐστὶ τῷ ἀπὸ ΕΒ. ἀλλὰ τῷ ἀπὸ ΕΒ ἴσα ἐστὶ τὰ ἀπὸ τῶν ΒΑ, ΑΕ· ὀρθὴ γὰρ ἡ πρὸς τῷ Α γωνία· τὸ ἄρα ὑπὸ τῶν ΓΖ, ΖΑ μετὰ τοῦ ἀπὸ τῆς ΑΕ ἴσον ἐστὶ τοῖς ἀπὸ τῶν ΒΑ, ΑΕ. κοινὸν ἀφηρήσθω τὸ ἀπὸ τῆς ΑΕ· λοιπὸν ἄρα τὸ ὑπὸ τῶν ΓΖ, ΖΑ περιεχόμενον ὀρθογώνιον ἴσον ἐστὶ τῷ ἀπὸ τῆς ΑΒ τετραγώνῳ. καί ἐστι τὸ μὲν ὑπὸ τῶν ΓΖ, ΖΑ τὸ ΖΚ· ἴση γὰρ ἡ ΑΖ τῇ ΖΗ· τὸ δὲ ἀπὸ τῆς ΑΒ τὸ ΑΔ· τὸ ἄρα ΖΚ ἴσον ἐστὶ τῷ ΑΔ. κοινὸν ἀρηρήσθω τὸ ΑΚ· λοιπὸν ἄρα τὸ ΖΘ τῷ ΘΔ ἴσον ἐστίν. καί ἐστι τὸ μὲν ΘΔ τὸ ὑπὸ τῶν ΑΒ, ΒΘ· ἴση γὰρ ἡ ΑΒ τῇ ΒΔ· τὸ δὲ ΖΘ τὸ ἀπὸ τῆς ΑΘ· τὸ ἄρα ὑπὸ τῶν ΑΒ, ΒΘ περιεχόμενον ὀρθογώνιον ἴσον ἐστὶ τῷ ἀπὸ ΘΑ τετραγώνῳ.

Proposition 11 [33]

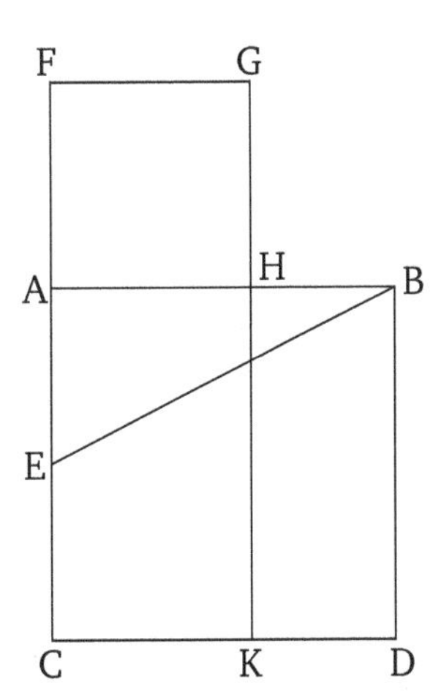

To cut a given straight-line, so that the rectangle contained by the whole (straight-line), and one of the pieces (of the straight-line), is equal to the square on the remaining piece.

Let AB be the given straight-line. So it is required to cut AB, such that the rectangle contained by the whole (straight-line), and one of the pieces (of the straight-line), is equal to the square on the remaining piece.

For let the square $ABDC$ have been described on AB [Prop. 1.46], and let AC have been cut in half at point E [Prop. 1.10], and let BE have been joined. And let CA have been drawn through to (point) F, and let EF be made equal to BE [Prop. 1.3]. And let the square FH have been described on AF [Prop. 1.46], and let GH have been drawn through to (point) K. I say that AB has been cut at H, so as to make the rectangle contained by AB and BH equal to the square on AH.

For since the straight-line AC has been cut in half at E, and FA has been added to it, the rectangle contained by CF and FA, plus the square on AE, is thus equal to the square on EF [Prop. 2.6]. And EF (is) equal to EB. Thus, the (rectangle contained) by CF and FA, plus the (square) on AE, is equal to the (square) on EB. But, the (sum of the squares) on BA and AE is equal to the (square) on EB. For the angle at A (is) a right-angle [Prop. 1.47]. Thus, the (rectangle contained) by CF and FA, plus the (square) on AE, is equal to the (sum of the squares) on BA and AE. Let the square on AE have been subtracted from both. Thus, the remaining rectangle contained by CF and FA is equal to the square on AB. And FK is the (rectangle contained) by CF and FA. For AF (is) equal to FG. And AD (is) the (square) on AB. Thus, the (rectangle) FK is equal to the (square) AD. Let (rectangle) AK have been subtracted from both. Thus, the remaining (square) FH is equal to the (rectangle) HD. And HD is the (rectangle contained) by

[33] This manner of cutting a straight-line—so that the ratio of the whole to the larger piece is equal to the ratio of the larger to the smaller piece—is sometimes called the "Golden Section".

ια´

Ἡ ἄρα δοθεῖσα εὐθεῖα ἡ ΑΒ τέτμηται κατὰ τὸ Θ ὥστε τὸ ὑπὸ τῶν ΑΒ, ΒΘ περιεχόμενον ὀρθογώνιον ἴσον ποιεῖν τῷ ἀπὸ τῆς ΘΑ τετραγώνῳ· ὅπερ ἔδει ποιῆσαι.

Proposition 11

AB and BH. For AB (is) equal to BD. And FH (is) the (square) on AH. Thus, the rectangle contained by AB and BH is equal to the square on HA.

Thus, the given straight-line AB has been cut at (point) H, so as to make the rectangle contained by AB and BH equal to the square on HA. (Which is) the very thing it was required to do.

ΣΤΟΙΧΕΙΩΝ β΄

ιβ΄

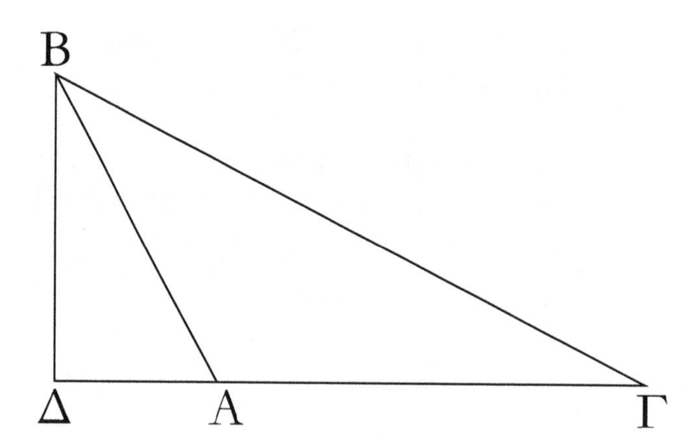

Ἐν τοῖς ἀμβλυγωνίοις τριγώνοις τὸ ἀπὸ τῆς τὴν ἀμβλεῖαν γωνίαν ὑποτεινούσης πλευρᾶς τετράγωνον μεῖζόν ἐστι τῶν ἀπὸ τῶν τὴν ἀμβλεῖαν γωνίαν περιεχουσῶν πλευρῶν τετραγώνων τῷ περιεχομένῳ δὶς ὑπὸ τε μιᾶς τῶν περὶ τὴν ἀμβλεῖαν γωνίαν, ἐφ᾽ ἣν ἡ κάθετος πίπτει, καὶ τῆς ἀπολαμβα-νομένης ἐκτὸς ὑπὸ τῆς καθέτου πρὸς τῇ ἀμβλείᾳ γωνίᾳ.

Ἔστω ἀμβλυγώνιον τρίγωνον τὸ ΑΒΓ ἀμβλεῖαν ἔχον τὴν ὑπὸ ΒΑΓ, καὶ ἤχθω ἀπὸ τοῦ Β σημείου ἐπὶ τὴν ΓΑ ἐκβληθεῖσαν κάθετος ἡ ΒΔ. λέγω, ὅτι τὸ ἀπὸ τῆς ΒΓ τετράγωνον μεῖζόν ἐστι τῶν ἀπὸ τῶν ΒΑ, ΑΓ τετραγώνων τῷ δὶς ὑπὸ τῶν ΓΑ, ΑΔ περιεχομένῳ ὀρθογωνίῳ.

Ἐπεὶ γὰρ εὐθεῖα ἡ ΓΔ τέτμηται, ὡς ἔτυχεν, κατὰ τὸ Α σημεῖον, τὸ ἄρα ἀπὸ τῆς ΔΓ ἴσον ἐστὶ τοῖς ἀπὸ τῶν ΓΑ, ΑΔ τετραγώνοις καὶ τῷ δὶς ὑπὸ τῶν ΓΑ, ΑΔ περιεχομένῳ ὀρθογωνίῳ. κοινὸν προσκείσθω τὸ ἀπὸ τῆς ΔΒ· τὰ ἄρα ἀπὸ τῶν ΓΔ, ΔΒ ἴση ἐστὶ τοῖς τε ἀπὸ τῶν ΓΑ, ΑΔ, ΔΒ τετραγώνοις καὶ τῷ δὶς ὑπὸ τῶν ΓΑ, ΑΔ [περιεχομένῳ ὀρθογωνίῳ]. ἀλλὰ τοῖς μὲν ἀπὸ τῶν ΓΔ, ΔΒ ἴσον ἐστὶ τὸ ἀπὸ τῆς ΓΒ· ὀρθὴ γὰρ ἡ προς τῷ Δ γωνία· τοῖς δὲ ἀπὸ τῶν ΑΔ, ΔΒ ἴσον τὸ ἀπὸ τῆς ΑΒ· τὸ ἄρα ἀπὸ τῆς ΓΒ τετράγωνον ἴσον ἐστὶ τοῖς τε ἀπὸ τῶν ΓΑ, ΑΒ τετραγώνοις καὶ τῷ δὶς ὑπὸ τῶν ΓΑ, ΑΔ περιεχομένῳ ὀρθογωνίῳ· ὥστε τὸ ἀπὸ τῆς ΓΒ τετράγωνον τῶν ἀπὸ τῶν ΓΑ, ΑΒ τετραγώνων μεῖζόν ἐστι τῷ δὶς ὑπὸ τῶν ΓΑ, ΑΔ περιεχομένῳ ὀρθογωνίῳ.

Ἐν ἄρα τοῖς ἀμβλυγωνίοις τριγώνοις τὸ ἀπὸ τῆς τὴν ἀμβλεῖαν γωνίαν ὑποτεινούσης πλευρᾶς τετράγωνον μεῖζόν ἐστι τῶν ἀπὸ τῶν τὴν ἀμβλεῖαν γωνίαν περιεχουσῶν πλευρῶν τετραγώνων τῷ περιχομένῳ δὶς ὑπό τε μιᾶς τῶν περὶ τὴν ἀμβλεῖαν γωνίαν, ἐφ᾽ ἣν ἡ κάθετος πίπτει, καὶ τῆς ἀπολαμβανομένης ἐκτὸς ὑπὸ τῆς καθέτου πρὸς τῇ ἀμβλείᾳ γωνίᾳ· ὅπερ ἔδει δεῖξαι.

Proposition 12 [34]

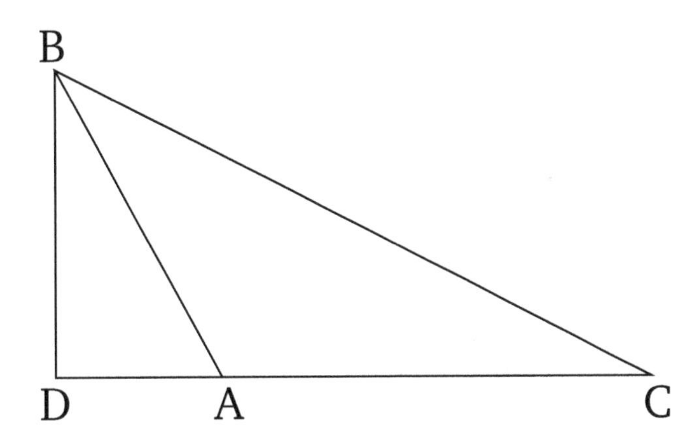

In obtuse-angled triangles, the square on the side subtending the obtuse angle is greater than the (sum of the) squares on the sides containing the obtuse angle by twice the (rectangle) contained by one of the sides around the obtuse angle, to which a perpendicular (straight-line) falls, and the (straight-line) cut off outside (the triangle) by the perpendicular (straight-line) towards the obtuse angle.

Let ABC be an obtuse-angled triangle, having the obtuse angle BAC. And let BD be drawn from point B, perpendicular to CA produced [Prop. 1.12]. I say that the square on BC is greater than the (sum of the) squares on BA and AC, by twice the rectangle contained by CA and AD.

For since the straight-line CD has been cut, at random, at point A, the (square) on DC is thus equal to the (sum of the) squares on CA and AD, and twice the rectangle contained by CA and AD [Prop. 2.4]. Let the (square) on DB have been added to both. Thus, the (sum of the squares) on CD and DB is equal to the (sum of the) squares on CA, AD, and DB, and twice the [rectangle contained] by CA and AD. But, the (sum of the squares) on CD and DB is equal to the (square) on CB. For the angle at D (is) a right-angle [Prop. 1.47]. And the (sum of the squares) on AD and DB (is) equal to the (square) on AB [Prop. 1.47]. Thus, the square on CB is equal to the (sum of the) squares on CA and AB, and twice the rectangle contained by CA and AD. So the square on CB is greater than the (sum of the) squares on CA and AB by twice the rectangle contained by CA and AD.

Thus, in obtuse-angled triangles, the square on the side subtending the obtuse angle is greater than the (sum of the) squares on the sides containing the obtuse angle by twice the (rectangle) contained by one of the sides around the obtuse angle, to which a perpendicular (straight-line) falls, and the (straight-line) cut off outside (the triangle) by the perpendicular (straight-line) towards the obtuse angle. (Which is) the very thing it was required to show.

[34] This proposition is equivalent to the well-known cosine formula: $BC^2 = AB^2 + AC^2 - 2\,AB\,AC\,\cos BAC$, since $\cos BAC = -AD/AB$.

ΣΤΟΙΧΕΙΩΝ β΄

ιγ΄

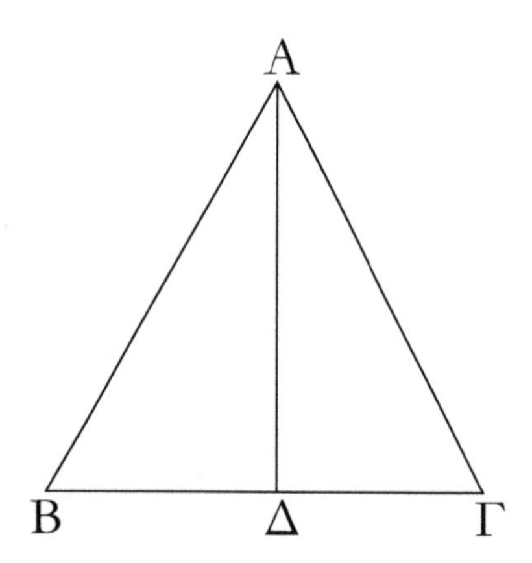

Ἐν τοῖς ὀξυγωνίοις τριγώνοις τὸ ἀπὸ τῆς τὴν ὀξεῖαν γωνίαν ὑποτεινούσης πλευρᾶς τετράγωνον ἔλαττόν ἐστι τῶν ἀπὸ τῶν τὴν ὀξεῖαν γωνίαν περιεχουσῶν πλευρῶν τετραγώνων τῷ περιεχομένῳ δὶς ὑπό τε μιᾶς τῶν περὶ τὴν ὀξεῖαν γωνίαν, ἐφ᾽ ἣν ἡ κάθετος πίπτει, καὶ τῆς ἀπολαμβανομένης ἐντὸς ὑπὸ τῆς καθέτου πρὸς τῇ ὀξείᾳ γωνίᾳ.

Ἔστω ὀξυγώνιον τρίγωνον τὸ ΑΒΓ ὀξεῖαν ἔχον τὴν πρὸς τῷ Β γωνίαν, καὶ ἤχθω ἀπὸ τοῦ Α σημείου ἐπὶ τὴν ΒΓ κάθετος ἡ ΑΔ· λέγω, ὅτι τὸ ἀπὸ τῆς ΑΓ τετράγωνον ἔλαττόν ἐστι τῶν ἀπὸ τῶν ΓΒ, ΒΑ τετραγώνων τῷ δὶς ὑπὸ τῶν ΓΒ, ΒΔ περιεχομένῳ ὀρθογωνίῳ.

Ἐπεὶ γὰρ εὐθεῖα ἡ ΓΒ τέτμηται, ὡς ἔτυχεν, κατὰ τὸ Δ, τὰ ἄρα ἀπὸ τῶν ΓΒ, ΒΔ τετράγωνα ἴσα ἐστὶ τῷ τε δὶς ὑπὸ τῶν ΓΒ, ΒΔ περιεχομένῳ ὀρθογωνίῳ καὶ τῷ ἀπὸ τῆς ΔΓ τετραγώνῳ. κοινὸν προσκείσθω τὸ ἀπὸ τῆς ΔΑ τετράγωνον· τὰ ἄρα ἀπὸ τῶν ΓΒ, ΒΔ, ΔΑ τετράγωνα ἴσα ἐστὶ τῷ τε δὶς ὑπὸ τῶν ΓΒ, ΒΔ περιεχομένῳ ὀρθογωνίῳ καὶ τοῖς ἀπὸ τῶν ΑΔ, ΔΓ τετραγώνιος. ἀλλὰ τοῖς μὲν ἀπὸ τῶν ΒΔ, ΔΑ ἴσον τὸ ἀπὸ τῆς ΑΒ· ὀρθὴ γὰρ ἡ πρὸς τῷ Δ γωνίᾳ· τοῖς δὲ ἀπὸ τῶν ΑΔ, ΔΓ ἴσον τὸ ἀπὸ τῆς ΑΓ· τὰ ἄρα ἀπὸ τῶν ΓΒ, ΒΑ ἴσα ἐστὶ τῷ τε ἀπὸ τῆς ΑΓ καὶ τῷ δὶς ὑπὸ τῶν ΓΒ, ΒΔ· ὥστε μόνον τὸ ἀπὸ τῆς ΑΓ ἔλαττόν ἐστι τῶν ἀπὸ τῶν ΓΒ, ΒΑ τετραγώνων τῷ δὶς ὑπὸ τῶν ΓΒ, ΒΔ περιεχομένῳ ὀρθογωνίῳ.

Ἐν ἄρα τοῖς ὀξυγωνίοις τριγώνοις τὸ ἀπὸ τῆς τὴν ὀξεῖαν γωνίαν ὑποτεινούσης πλευρᾶς τετράγωνον ἔλαττόν ἐστι τῶν ἀπὸ τῶν τὴν ὀξεῖαν γωνίαν περιεχουσῶν πλευρῶν τετραγώνων τῷ περιεχομένῳ δὶς ὑπό τε μιᾶς τῶν περὶ τὴν ὀξεῖαν γωνίαν, ἐφ᾽ ἣν ἡ κάθετος πίπτει, καὶ τῆς ἀπολαμβανομένης ἐντὸς ὑπὸ τῆς καθέτου πρὸς τῇ ὀξείᾳ γωνίᾳ· ὅπερ ἔδει δεῖξαι.

Proposition 13 [35]

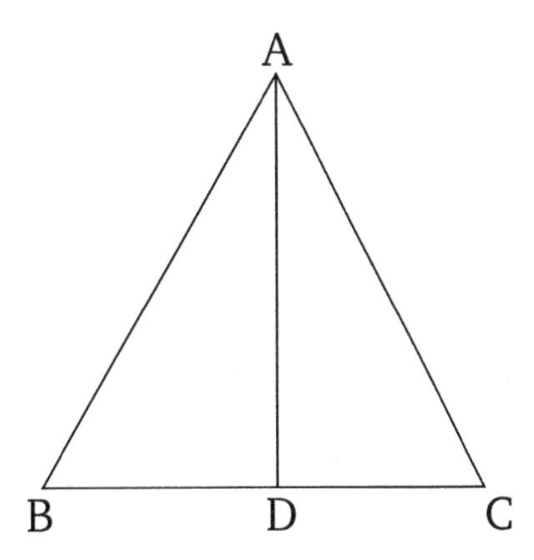

In acute-angled triangles, the square on the side subtending the acute angle is less than the (sum of the) squares on the sides containing the acute angle by twice the (rectangle) contained by one of the sides around the acute angle, to which a perpendicular (straight-line) falls, and the (straight-line) cut off inside (the triangle) by the perpendicular (straight-line) towards the acute angle.

Let ABC be an acute-angled triangle, having an acute angle at (point) B. And let AD have been drawn from point A, perpendicular to BC [Prop. 1.12]. I say that the square on AC is less than the (sum of the) squares on CB and AB, by twice the rectangle contained by CB and BD.

For since the straight-line CB has been cut, at random, at (point) D, the (sum of the) squares on CB and BD is thus equal to twice the rectangle contained by CB and BD, and the square on DC [Prop. 2.7]. Let the square on DA have been added to both. Thus, the (sum of the) squares on CB, BD, and DA is equal to twice the rectangle contained by CB and BD, and the (sum of the) squares on AD and DC. But, the (square) on AB (is) equal to the (sum of the squares) on BD and DA. For the angle at (point) D is a right-angle [Prop. 1.47]. And the (square) on AC (is) equal to the (sum of the squares) on AD and DC [Prop. 1.47]. Thus, the (sum of the squares) on CB and BA is equal to the (square) on AC, and twice the (rectangle contained) by CB and BD. So the (square) on AC alone is less than the (sum of the) squares on CB and BA by twice the rectangle contained by CB and BD.

Thus, in acute-angled triangles, the square on the side subtending the acute angle is less than the (sum of the) squares on the sides containing the acute angle by twice the (rectangle) contained by one of the sides around the acute angle, to which a perpendicular (straight-line) falls, and the (straight-line) cut off inside (the triangle) by the perpendicular (straight-line) towards the acute angle. (Which is) the very thing it was required to show.

[35] This proposition is equivalent to the well-known cosine formula: $AC^2 = AB^2 + BC^2 - 2\,AB\,BC\,\cos ABC$, since $\cos ABC = BD/AB$.

ΣΤΟΙΧΕΙΩΝ β´

ιδ´

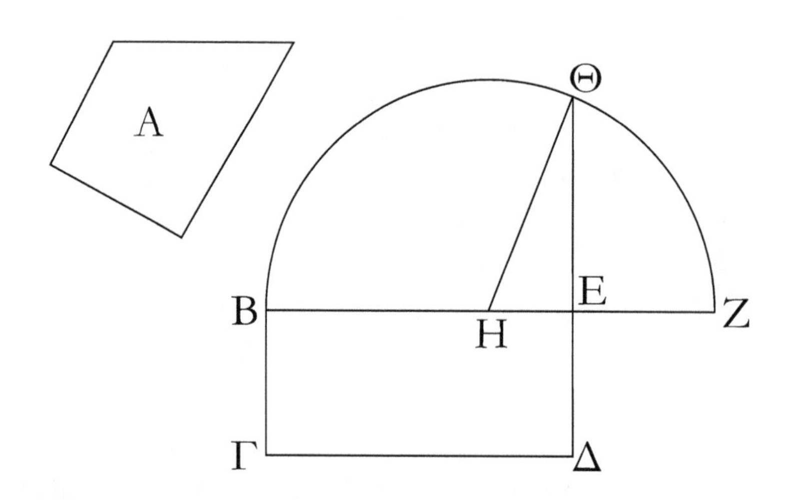

Τῷ δοθέντι εὐθυγράμμῳ ἴσον τετράγωνον συστήσασθαι.

Ἔστω τὸ δοθὲν εὐθύγραμμον τὸ Α· δεῖ δὴ τῷ Α εὐθυγράμμῳ ἴσον τετράγωνον συστήσασθαι.

Συνεστάτω γὰρ τῷ Α ἐυθυγράμμῳ ἴσον παραλληλόγραμμον ὀρθογώνιον τὸ ΒΔ· εἰ μὲν οὖν ἴση ἐστὶν ἡ ΒΕ τῇ ΕΔ, γεγονὸς ἂν εἴη τὸ ἐπιταχθέν. συνέσταται γὰρ τῷ Α εὐθυγράμμῳ ἴσον τετράγωνον τὸ ΒΔ· εἰ δὲ οὔ, μία τῶν ΒΕ, ΕΔ μείζων ἐστιν. ἔστω μείζων ἡ ΒΕ, καὶ ἐκβεβλήσθω ἐπὶ τὸ Ζ, καὶ κείσθω τῇ ΕΔ ἴση ἡ ΕΖ, καὶ τετμήσθω ἡ ΒΖ δίχα κατὰ τὸ Η, καὶ κέντρῳ τῷ Η, διαστήματι δὲ ἑνὶ τῶν ΗΒ, ΗΖ ἡμικύκλιον γεγράφθω τὸ ΒΘΖ, καὶ ἐκβεβλήσθω ἡ ΔΕ ἐπὶ τὸ Θ, καὶ ἐπεζεύχθω ἡ ΗΘ.

Ἐπεὶ οὖν εὐθεῖα ἡ ΒΖ τέτμηται εἰς μὲν ἴσα κατὰ τὸ Η, εἰς δὲ ἄνισα κατὰ τὸ Ε, τὸ ἄρα ὑπὸ τῶν ΒΕ, ΕΖ περιεχόμενον ὀρθογώνιον μετὰ τοῦ ἀπὸ τῆς ΕΗ τετραγώνου ἴσον ἐστὶ τῷ ἀπὸ τῆς ΗΖ τετραγώνῳ. ἴση δὲ ἡ ΗΖ τῇ ΗΘ· τὸ ἄρα ὑπὸ τῶν ΒΕ, ΕΖ μετὰ τοῦ ἀπὸ τῆς ΗΕ ἴσον ἐστὶ τῷ ἀπὸ τῆς ΗΘ. τῷ δὲ ἀπὸ τῆς ΗΘ ἴσα ἐστὶ τὰ ἀπὸ τῶν ΘΕ, ΕΗ τετράγωνα· τὸ ἄρα ὑπὸ τῶν ΒΕ, ΕΖ μετὰ τοῦ ἀπὸ ΗΕ ἴσα ἐστὶ τοῖς ἀπὸ τῶν ΘΕ, ΕΗ. κοινὸν ἀφηρήσθω τὸ ἀπὸ τῆς ΗΕ τετράγωνον· λοιπὸν ἄρα τὸ ὑπὸ τῶν ΒΕ, ΕΖ περιεχόμενον ὄρθογώνιον ἴσον ἐστὶ τῷ ἀπὸ τῆς ΕΘ τετραγώνῳ. ἀλλὰ τὸ ὑπὸ τῶν ΒΕ, ΕΖ τὸ ΒΔ ἐστιν· ἴση γὰρ ἡ ΕΖ τῇ ΕΔ· τὸ ἄρα ΒΔ παραλληλόγραμμον ἴσον ἐστὶ τῷ ἀπὸ τῆς ΘΕ τετραγώνῳ. ἴσον δὲ τὸ ΒΔ τῷ Α εὐθυγράμμῳ. καὶ τὸ Α ἄρα εὐθύγραμμον ἴσον ἐστὶ τῷ ἀπὸ τῆς ΕΘ ἀναγραφησομένῳ τετραγώνῳ.

Τῷ ἄρα δοθέντι εὐθυγράμμῳ τῷ Α ἴσον τετράγωνον συνέσταται τὸ ἀπὸ τῆς ΕΘ ἀναγραφησόμενον· ὅπερ ἔδει ποιῆσαι.

Proposition 14

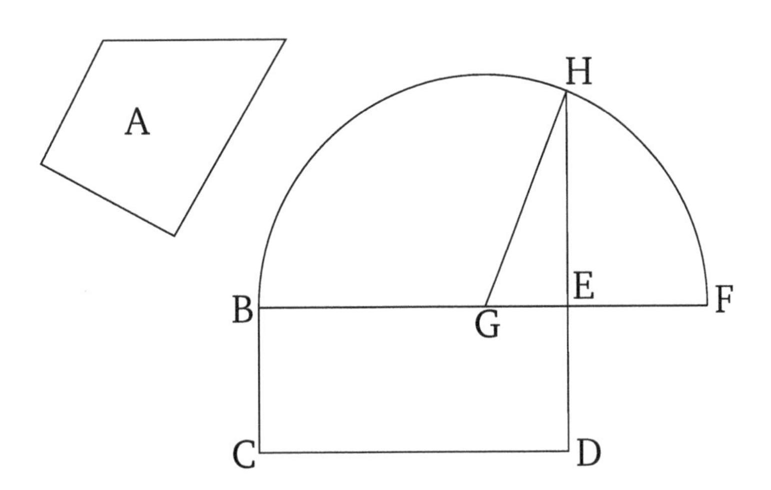

To construct a square equal to a given rectilinear figure.

Let A be the given rectilinear figure. So it is required to construct a square equal to the rectilinear figure A.

For let the right-angled parallelogram BD have been constructed, equal to the rectilinear figure A [Prop. 1.45]. Therefore, if BE is equal to ED, then that (which) was prescribed has taken place. For the square BD has been constructed, equal to the rectilinear figure A. And if not, then one of BE or ED is greater (than the other). Let BE be greater, and let it have been produced to F, and let EF be made equal to ED [Prop. 1.3]. And let BF have been cut in half at (point) G [Prop. 1.10]. And, with center G, and radius one of GB or GF, let the semi-circle BHF have been drawn. And let DE have been produced to H, and let GH have been joined.

Therefore, since the straight-line BF has been cut—equally at G, and unequally at E—the rectangle contained by BE and EF, plus the square on EG, is thus equal to the square on GF [Prop. 2.5]. And GF (is) equal to GH. Thus, the (rectangle contained) by BE and EF, plus the (square) on GE, is equal to the (square) on GH. And the (square) on GH is equal to the (sum of the) squares on HE and EG [Prop. 1.47]. Thus, the (rectangle contained) by BE and EF, plus the (square) on GE, is equal to the (sum of the squares) on HE and EG. Let the square on GE have been taken from both. Thus, the remaining rectangle contained by BE and EF is equal to the square on EH. But, BD is the (rectangle contained) by BE and EF. For EF (is) equal to ED. Thus, the parallelogram BD is equal to the square on HE. And BD (is) equal to the rectilinear figure A. Thus, the rectilinear figure A is also equal to the square (which) can be described on EH.

Thus, a square—(namely), that (which) can be described on EH—has been constructed, equal to the given rectilinear figure A. (Which is) the very thing it was required to do.

ΣΤΟΙΧΕΙΩΝ γ´

ELEMENTS BOOK 3

Fundamentals of plane geometry involving circles

ΣΤΟΙΧΕΙΩΝ γ´

Ὅροι

α´ Ἴσοι κύκλοι εἰσίν, ὧν αἱ διάμετροι ἴσαι εἰσίν, ἢ ὧν αἱ ἐκ τῶν κέντρων ἴσαι εἰσίν.

β´ Εὐθεῖα κύκλου ἐφάπτεσθαι λέγεται, ἥτις ἁπτομένη τοῦ κύκλου καὶ ἐκβαλλομένη οὐ τέμνει τὸν κύκλον.

γ´ Κύκλοι ἐφάπτεσθαι ἀλλήλων λέγονται οἵτινες ἁπτόμενοι ἀλλήλων οὐ τέμνουσιν ἀλλήλους.

δ´ Ἐν κύκλῳ ἴσον ἀπέχειν ἀπὸ τοῦ κέντρου εὐθεῖαι λέγονται, ὅταν αἱ ἀπὸ τοῦ κέντρου ἐπ᾽ αὐτὰς κάθετοι ἀγόμεναι ἴσαι ὦσιν.

ε´ Μεῖζον δὲ ἀπέχειν λέγεται, ἐφ᾽ ἣν ἡ μείζων κάθετος πίπτει.

ϛ´ Τμῆμα κύκλου ἐστὶ τὸ περιεχόμενον σχῆμα ὑπό τε εὐθείας καὶ κύκλου περιφερείας.

ζ´ Τμήματος δὲ γωνία ἐστὶν ἡ περιεχομένη ὑπό τε εὐθείας καὶ κύκλου περιφερείας.

η´ Ἐν τμήματι δὲ γωνία ἐστίν, ὅταν ἐπὶ τῆς περιφερείας τοῦ τμήματος ληφθῇ τι σημεῖον καὶ ἀπ᾽ αὐτοῦ ἐπὶ τὰ πέρατα τῆς εὐθείας, ἥ ἐστι βάσις τοῦ τμήματος, ἐπιζευχθῶσιν εὐθεῖαι, ἡ περιεχομένη γωνία ὑπὸ τῶν ἐπιζευχθεισῶν εὐθειῶν.

θ´ Ὅταν δὲ αἱ περιέχουσαι τὴν γωνίαν εὐθεῖαι ἀπολαμβάνωσί τινα περιφέρειαν, ἐπ᾽ ἐκείνης λέγεται βεβηκέναι ἡ γωνία.

ι´ Τομεὺς δὲ κύκλου ἐστίν, ὅταν πρὸς τῷ κέντρῳ τοῦ κύκλου συσταθῇ γωνία, τὸ περιεχόμενον σχῆμα ὑπό τε τῶν τὴν γωνίαν περιεχουσῶν εὐθειῶν καὶ τῆς ἀπολαμβανομένης ὑπ᾽ αὐτῶν περιφερείας.

ια´ Ὅμοία τμήματα κύκλων ἐστὶ τὰ δεχόμενα γωνίας ἴσας, ἢ ἐν οἷς αἱ γωνίαι ἴσαι ἀλλήλαις εἰσίν.

ELEMENTS BOOK 3

Definitions

1 Equal circles are (circles) whose diameters are equal, or whose (distances) from the centers (to the circumferences) are equal (i.e., whose radii are equal).

2 A straight-line said to touch a circle is any (straight-line) which, meeting the circle and being produced, does not cut the circle.

3 Circles said to touch one another are any (circles) which, meeting one another, do not cut one another.

4 In a circle, straight-lines are said to be equally far from the center when the perpendiculars drawn to them from the center are equal.

5 And (that straight-line) is said to be further (from the center) on which the greater perpendicular falls (from the center).

6 A segment of a circle is the figure contained by a straight-line and a circumference of a circle.

7 And the angle of a segment is that contained by a straight-line and a circumference of a circle.

8 And the angle in a segment is the angle contained by the joined straight-lines, when any point is taken on the circumference of a segment, and straight-lines are joined from it to the ends of the straight-line which is the base of the segment.

9 And when the straight-lines containing an angle cut off some circumference, the angle is said to stand upon that (circumference).

10 And a sector of a circle is the figure contained by the straight-lines surrounding an angle, and the circumference cut off by them, when the angle is constructed at the center of a circle.

11 Similar segments of circles are those accepting equal angles, or in which the angles are equal to one another.

ΣΤΟΙΧΕΙΩΝ γ΄

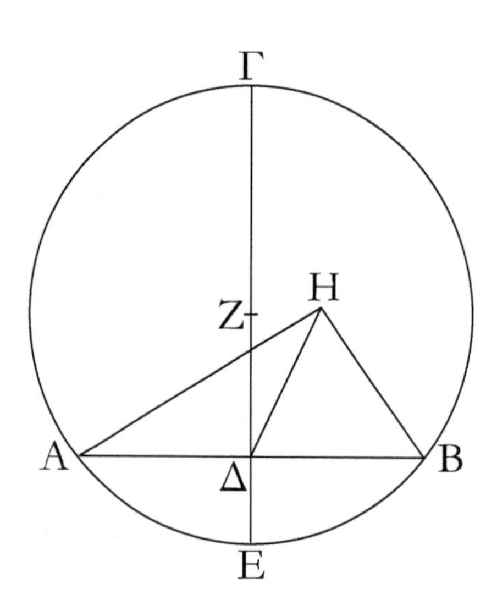

Τοῦ δοθέντος κύκλου τὸ κέντρον εὑρεῖν.

Ἔστω ὁ δοθεὶς κύκλος ὁ ΑΒΓ· δεῖ δὴ τοῦ ΑΒΓ κύκλου τὸ κέντρον εὑρεῖν.

Διήχθω τις εἰς αὐτόν, ὡς ἔτυχεν, εὐθεῖα ἡ ΑΒ, καὶ τετμήσθω δίχα κατὰ τὸ Δ σημεῖον, καὶ ἀπὸ τοῦ Δ τῇ ΑΒ πρὸς ὀρθὰς ἤχθω ἡ ΔΓ καὶ διήχθω ἐπὶ τὸ Ε, καὶ τετμήσθω ἡ ΓΕ δίχα κατὰ τὸ Ζ· λέγω, ὅτι τὸ Ζ κέντρον ἐστὶ τοῦ ΑΒΓ [κύκλου].

Μὴ γάρ, ἀλλ᾽ εἰ δυνατόν, ἔστω τὸ Η, καὶ ἐπεζεύχθωσαν αἱ ΗΑ, ΗΔ, ΗΒ. καὶ ἐπεὶ ἴση ἐστὶν ἡ ΑΔ τῇ ΔΒ, κοινὴ δὲ ἡ ΔΗ, δύο δὴ αἱ ΑΔ, ΔΗ δύο ταῖς ΗΔ, ΔΒ ἴσαι εἰσὶν ἑκατέρα ἑκατέρᾳ· καὶ βάσις ἡ ΗΑ βάσει τῇ ΗΒ ἐστιν ἴση· ἐκ κέντρου γάρ· γωνία ἄρα ἡ ὑπὸ ΑΔΗ γωνίᾳ τῇ ὑπὸ ΗΔΒ ἴση ἐστίν. ὅταν δὲ εὐθεῖα ἐπ᾽ εὐθεῖαν σταθεῖσα τὰς ἐφεξῆς γωνίας ἴσας ἀλλήλαις ποιῇ, ὀρθὴ ἑκατέρα τῶν ἴσων γωνιῶν ἐστιν· ὀρθὴ ἄρα ἐστὶν ἡ ὑπὸ ΗΔΒ. ἐστὶ δὲ καὶ ἡ ὑπὸ ΖΔΒ ὀρθή· ἴση ἄρα ἡ ὑπὸ ΖΔΒ τῇ ὑπὸ ΗΔΒ, ἡ μείζων τῇ ἐλάττονι· ὅπερ ἐστὶν ἀδύνατον. οὐκ ἄρα τὸ Η κέντρον ἐστὶ τοῦ ΑΒΓ κύκλου. ὁμοίως δὴ δείξομεν, ὅτι οὐδ᾽ ἄλλο τι πλὴν τοῦ Ζ.

Τὸ Ζ ἄρα σημεῖον κέντρον ἐστὶ τοῦ ΑΒΓ [κύκλου].

Πόρισμα

Ἐκ δὴ τούτου φανερόν, ὅτι ἐὰν ἐν κύκλῳ εὐθεῖά τις εὐθεῖάν τινα δίχα καὶ πρὸς ὀρθὰς τέμνῃ, ἐπὶ τῆς τεμνούσης ἐστὶ τὸ κέντρον τοῦ κύκλου. — ὅπερ ἔδει ποιῆσαι.

Proposition 1

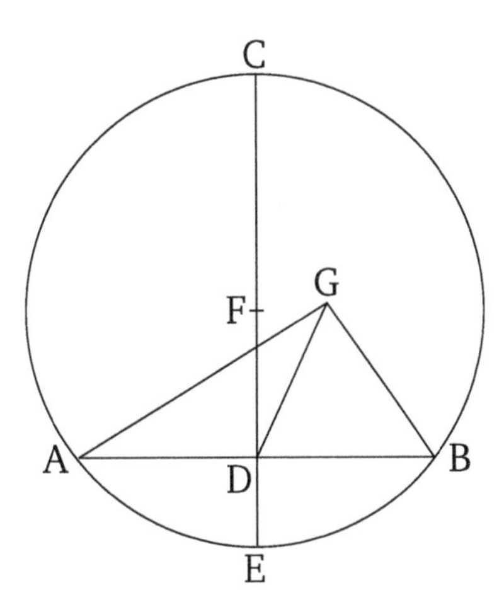

To find the center of a given circle.

Let ABC be the given circle. So it is required to find the center of circle ABC.

Let some straight-line AB have been drawn through (ABC), at random, and let (AB) have been cut in half at point D [Prop. 1.9]. And let DC have been drawn from D, at right-angles to AB [Prop. 1.11]. And let (CD) have been drawn through to E. And let CE have been cut in half at F [Prop. 1.9]. I say that (point) F is the center of the [circle] ABC.

For (if) not then, if possible, let G (be the center of the circle), and let GA, GD, and GB have been joined. And since AD is equal to DB, and DG (is) common, the two (straight-lines) AD, DG are equal to the two (straight-lines) BD, DG[36] respectively. And the base GA is equal to the base GB. For (they are both) radii. Thus, the angle ADG is equal to GDB [Prop. 1.8]. And when a straight-line stood upon (another) straight-line make adjacent angles (which are) equal to one another, each of the equal angles is a right-angle [Def. 1.10]. Thus, GDB is a right-angle. And FDB is also a right-angle. Thus, FDB (is) equal to GDB, the greater to the lesser. The very thing is impossible. Thus, (point) G is not the center of the circle ABC. So, similarly, we can show that neither is any other (point) than F.

Thus, point F is the center of the [circle] ABC.

Corollary

So, from this, (it is) manifest that if any straight-line in a circle cuts any (other) straight-line in half, and at right-angles, then the center of the circle is on the former (straight-line). — (Which is) the very thing it was required to do.

[36] The Greek text has "GD, DB", which is obviously a mistake.

ΣΤΟΙΧΕΙΩΝ γ´

β´

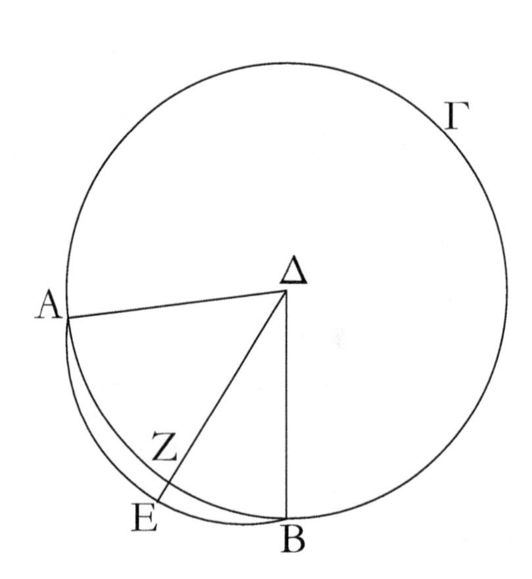

Ἐὰν κύκλου ἐπὶ τῆς περιφερείας ληφθῇ δύο τυχόντα σημεῖα, ἡ ἐπὶ τὰ σημεῖα ἐπιζευγνυμένη εὐθεῖα ἐντὸς πεσεῖται τοῦ κύκλου.

Ἔστω κύκλος ὁ ΑΒΓ, καὶ ἐπὶ τῆς περιφερείας αὐτοῦ εἰλήφθω δύο τυχόντα σημεῖα τὰ Α, Β· λέγω, ὅτι ἡ ἀπὸ τοῦ Α ἐπὶ τὸ Β ἐπιζευγνυμένη εὐθεῖα ἐντὸς πεσεῖται τοῦ κύκλου.

Μὴ γάρ, ἀλλ᾽ εἰ δυνατόν, πιπτέτω ἐκτὸς ὡς ἡ ΑΕΒ, καὶ εἰλήφθω τὸ κέντρον τοῦ ΑΒΓ κύκλου, καὶ ἔστω τὸ Δ, καὶ ἐπεζεύχθωσαν αἱ ΔΑ, ΔΒ, καὶ διήχθω ἡ ΔΖΕ.

Ἐπεὶ οὖν ἴση ἐστὶν ἡ ΔΑ τῇ ΔΒ, ἴση ἄρα καὶ γωνία ἡ ὑπὸ ΔΑΕ τῇ ὑπὸ ΔΒΕ· καὶ ἐπεὶ τριγώνου τοῦ ΔΑΕ μία πλευρὰ προσεκβέβληται ἡ ΑΕΒ, μείζων ἄρα ἡ ὑπὸ ΔΕΒ γωνία τῆς ὑπὸ ΔΑΕ. ἴση δὲ ἡ ὑπὸ ΔΑΕ τῇ ὑπὸ ΔΒΕ· μείζων ἄρα ἡ ὑπὸ ΔΕΒ τῆς ὑπὸ ΔΒΕ. ὑπὸ δὲ τὴν μείζονα γωνίαν ἡ μείζων πλευρὰ ὑποτείνει· μείζων ἄρα ἡ ΔΒ τῆς ΔΕ. ἴση δὲ ἡ ΔΒ τῇ ΔΖ. μείζων ἄρα ἡ ΔΖ τῆς ΔΕ ἡ ἐλάττων τῆς μείζονος· ὅπερ ἐστὶν ἀδύνατον. οὐκ ἄρα ἡ ἀπὸ τοῦ Α ἐπὶ τὸ Β ἐπιζευγνυμένη εὐθεῖα ἐκτὸς πεσεῖται τοῦ κύκλου. ὁμοίως δὴ δείξομεν, ὅτι οὐδὲ ἐπ᾽ αὐτῆς τῆς περιφερείας· ἐντὸς ἄρα.

Ἐὰν ἄρα κύκλου ἐπὶ τῆς περιφερείας ληφθῇ δύο τυχόντα σημεῖα, ἡ ἐπὶ τὰ σημεῖα ἐπιζευγνυμένη εὐθεῖα ἐντὸς πεσεῖται τοῦ κύκλου· ὅπερ ἔδει δεῖξαι.

Proposition 2

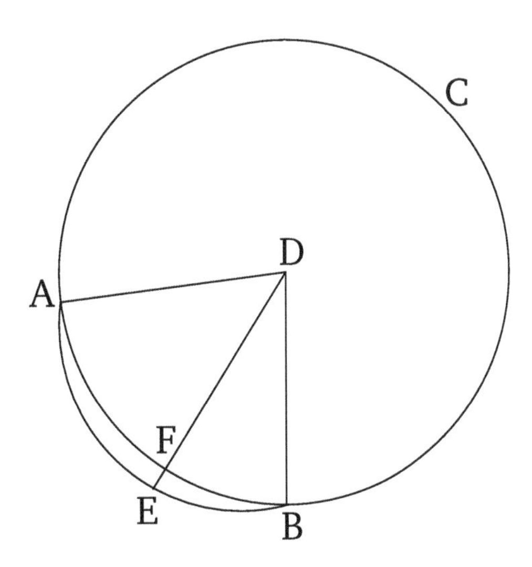

If two points are taken somewhere on the circumference of a circle then the straight-line joining the points will fall inside the circle.

Let ABC be a circle, and let two points A and B have been taken somewhere on its circumference. I say that the straight-line joining A to B will fall inside the circle.

For (if) not then otherwise, if possible, let it fall outside (the circle), like AEB (in the figure). And let the center of the circle ABC have been found [Prop. 3.1], and let it be (at point) D. And let DA and DB have been joined, and let DFE have been drawn through.

Therefore, since DA is equal to DB, the angle DAE (is) thus also equal to DBE [Prop. 1.5]. And since in triangle DAE the one side, AEB, has been produced, angle DEB (is) thus greater than DAE [Prop. 1.16]. And DAE (is) equal to DBE [Prop. 1.5]. Thus, DEB (is) greater than DBE. And the greater angle is subtended by the greater side [Prop. 1.19]. Thus, DB (is) greater than DE. And DB (is) equal to DF. Thus, DF (is) greater than DE, the lesser than the greater. The very thing is impossible. Thus, the straight-line joining A to B will not fall outside the circle. So, similarly, we can show that neither (will it fall) on the circumference itself. Thus, (it will fall) inside (the circle).

Thus, if two points are taken somewhere on the circumference of a circle then the straight-line joining the points will fall inside the circle. (Which is) the very thing it was required to show.

γʹ

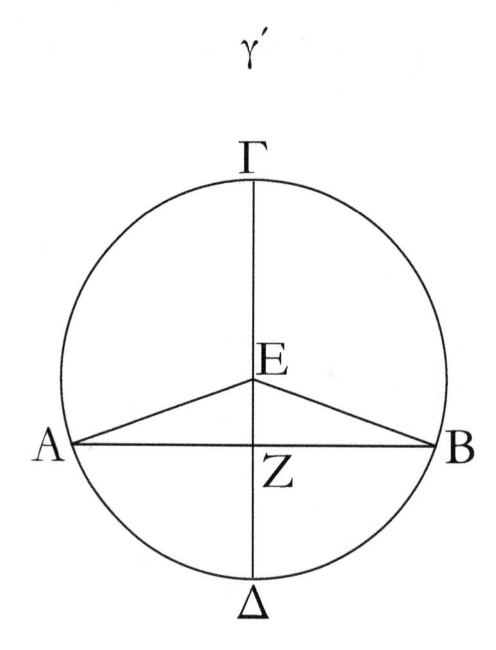

Ἐὰν ἐν κύκλῳ εὐθεῖά τις διὰ τοῦ κέντρου εὐθεῖάν τινα μὴ διὰ τοῦ κέντρου δίχα τέμνῃ, καὶ πρὸς ὀρθὰς αὐτὴν τέμνει· καὶ ἐὰν πρὸς ὀρθὰς αὐτὴν τέμνῃ, καὶ δίχα αὐτὴν τέμνει.

Ἔστω κύκλος ὁ ΑΒΓ, καὶ ἐν αὐτῷ εὐθεῖά τις διὰ τοῦ κέντρου ἡ ΓΔ εὐθεῖάν τινα μὴ διὰ τοῦ κέντρου τὴν ΑΒ δίχα τεμνέτω κατὰ τὸ Ζ σημεῖον· λέγω, ὅτι καὶ πρὸς ὀρθὰς αὐτὴν τέμνει.

Εἰλήφθω γὰρ τὸ κέντρον τοῦ ΑΒΓ κύκλου, καὶ ἔστω τὸ Ε, καὶ ἐπεζεύχθωσαν αἱ ΕΑ, ΕΒ.

Καὶ ἐπεὶ ἴση ἐστὶν ἡ ΑΖ τῇ ΖΒ, κοινὴ δὲ ἡ ΖΕ, δύο δυσὶν ἴσαι [εἰσίν]· καὶ βάσις ἡ ΕΑ βάσει τῇ ΕΒ ἴση· γωνία ἄρα ἡ ὑπὸ ΑΖΕ γωνίᾳ τῇ ὑπὸ ΒΖΕ ἴση ἐστίν. ὅταν δὲ εὐθεῖα ἐπ᾽ εὐθεῖαν σταθεῖσα τὰς ἐφεξῆς γωνίας ἴσας ἀλλήλαις ποιῇ, ὀρθὴ ἑκατέρα τῶν ἴσων γωνιῶν ἐστιν· ἑκατέρα ἄρα τῶν ὑπὸ ΑΖΕ, ΒΖΕ ὀρθή ἐστιν. ἡ ΓΔ ἄρα διὰ τοῦ κέντρου οὖσα τὴν ΑΒ μὴ διὰ τοῦ κέντρου οὖσαν δίχα τέμνουσα καὶ πρὸς ὀρθὰς τέμνει.

Ἀλλὰ δὴ ἡ ΓΔ τὴν ΑΒ πρὸς ὀρθὰς τεμνέτω· λέγω, ὅτι καὶ δίχα αὐτὴν τέμνει, τουτέστιν, ὅτι ἴση ἐστὶν ἡ ΑΖ τῇ ΖΒ.

Τῶν γὰρ αὐτῶν κατασκευασθέντων, ἐπεὶ ἴση ἐστὶν ἡ ΕΑ τῇ ΕΒ, ἴση ἐστὶ καὶ γωνία ἡ ὑπὸ ΕΑΖ τῇ ὑπὸ ΕΒΖ. ἐστὶ δὲ καὶ ὀρθὴ ἡ ὑπὸ ΑΖΕ ὀρθῇ τῇ ὑπὸ ΒΖΕ ἴση· δύο ἄρα τρίγωνά ἐστι ΕΑΖ, ΕΖΒ τὰς δύο γωνίας δυσὶ γωνίαις ἴσας ἔχοντα καὶ μίαν πλευρὰν μιᾷ πλευρᾷ ἴσην κοινὴν αὐτῶν τὴν ΕΖ ὑποτείνουσαν ὑπὸ μίαν τῶν ἴσων γωνιῶν· καὶ τὰς λοιπὰς ἄρα πλευρὰς ταῖς λοιπαῖς πλευραῖς ἴσας ἕξει· ἴση ἄρα ἡ ΑΖ τῇ ΖΒ.

Ἐὰν ἄρα ἐν κύκλῳ εὐθεῖά τις διὰ τοῦ κέντρου εὐθεῖάν τινα μὴ διὰ τοῦ κέντρου δίχα τέμνῃ, καὶ πρὸς ὀρθὰς αὐτὴν τέμνει· καὶ ἐὰν πρὸς ὀρθὰς αὐτὴν τέμνῃ, καὶ δίχα αὐτὴν τέμνει· ὅπερ ἔδει δεῖξαι.

Proposition 3

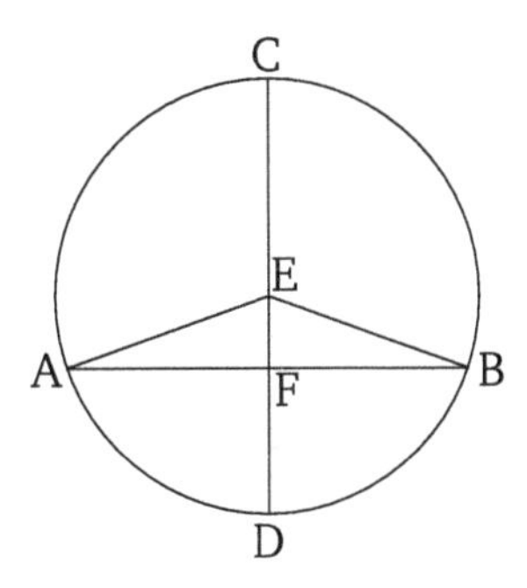

In a circle, if any straight-line through the center cuts in half any straight-line not through the center, then it also cuts it at right-angles. And (conversely) if it cuts it at right-angles, then it also cuts it in half.

Let ABC be a circle, and within it, let some straight-line through the center, CD, cut in half some straight-line not through the center, AB, at the point F. I say that (CD) also cuts (AB) at right-angles.

For let the center of the circle ABC have been found [Prop. 3.1], and let it be (at point) E, and let EA and EB have been joined.

And since AF is equal to FB, and FE (is) common, two (sides of triangle AFE) [are] equal to two (sides of triangle BFE). And the base EA (is) equal to the base EB. Thus, angle AFE is equal to angle BFE [Prop. 1.8]. And when a straight-line stood upon (another) straight-line makes adjacent angles (which are) equal to one another, each of the equal angles is a right-angle [Def. 1.10]. Thus, AFE and BFE are each right-angles. Thus, the (straight-line) CD, which is through the center and cuts in half the (straight-line) AB, which is not through the center, also cuts (AB) at right-angles.

And so let CD cut AB at right-angles. I say that it also cuts (AB) in half. That is to say, that AF is equal to FB.

For, with the same construction, since EA is equal to EB, angle EAF is also equal to EBF [Prop. 1.5]. And the right-angle AFE is also equal to the right-angle BFE. Thus, EAF and EFB are two triangles having two angles equal to two angles, and one side equal to one side—(namely), their common (side) EF, subtending one of the equal angles. Thus, they will also have the remaining sides equal to the (corresponding) remaining sides [Prop. 1.26]. Thus, AF (is) equal to FB.

Thus, in a circle, if any straight-line through the center cuts in half any straight-line not through the center, then it also cuts it at right-angles. And (conversely) if it cuts it at right-angles, then it also cuts it in half. (Which is) the very thing it was required to show.

ΣΤΟΙΧΕΙΩΝ γ΄

δ΄

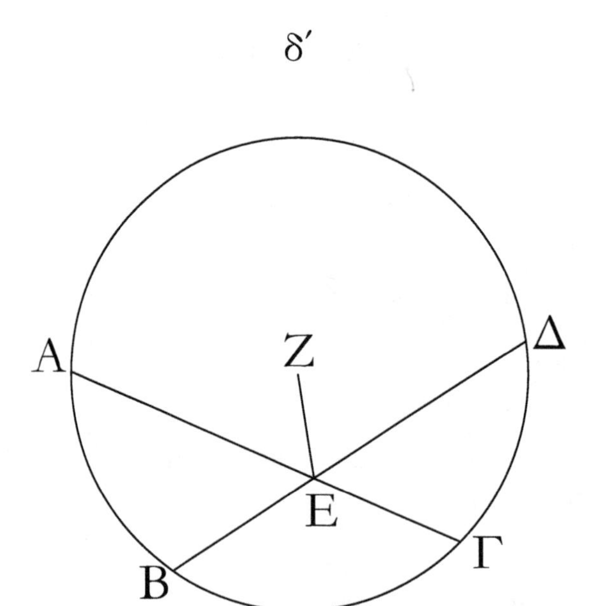

Ἐὰν ἐν κύκλῳ δύο εὐθεῖαι τέμνωσιν ἀλλήλας μὴ δὶα τοῦ κέντρου οὖσαι, οὐ τέμνουσιν ἀλλήλας δίχα.

Ἔστω κύκλος ὁ ΑΒΓΔ, καὶ ἐν αὐτῷ δύο εὐθεῖαι αἱ ΑΓ, ΒΔ τεμνέτωσαν ἀλλήλας κατὰ τὸ Ε μὴ διὰ τοῦ κέντρου οὖσαι· λέγω, ὅτι οὐ τέμνουσιν ἀλλήλας δίχα.

Εἰ γὰρ δυνατόν, τεμνέτωσαν ἀλλήλας δίχα ὥστε ἴσην εἶναι τὴν μὲν ΑΕ τῇ ΕΓ, τὴν δὲ ΒΕ τῇ ΕΔ· καὶ εἰλήφθω τὸ κέντρον τοῦ ΑΒΓΔ κύκλου, καὶ ἔστω τὸ Ζ, καὶ ἐπεζεύχθω ἡ ΖΕ.

Ἐπεὶ οὖν εὐθεῖά τις διὰ τοῦ κέντρου ἡ ΖΕ εὐθεῖάν τινα μὴ διὰ τοῦ κέντρου τὴν ΑΓ δίχα τέμνει, καὶ πρὸς ὀρθὰς αὐτὴν τέμνει· ὀρθὴ ἄρα ἐστὶν ἡ ὑπὸ ΖΕΑ· πάλιν, ἐπεὶ εὐθεῖά τις ἡ ΖΕ εὐθεῖάν τινα τὴν ΒΔ δίχα τέμνει, καὶ πρὸς ὀρθὰς αὐτὴν τέμνει· ὀρθὴ ἄρα ἡ ὑπὸ ΖΕΒ. ἐδείχθη δὲ καὶ ἡ ὑπὸ ΖΕΑ ὀρθή· ἴση ἄρα ἡ ὑπὸ ΖΕΑ τῇ ὑπὸ ΖΕΒ ἡ ἐλάττων τῇ μείζονι· ὅπερ ἐστὶν ἀδύνατον. οὐκ ἄρα αἱ ΑΓ, ΒΔ τέμνουσιν ἀλλήλας δίχα.

Ἐὰν ἄρα ἐν κύκλῳ δύο εὐθεῖαι τέμνωσιν ἀλλήλας μὴ δὶα τοῦ κέντρου οὖσαι, οὐ τέμνουσιν ἀλλήλας δίχα· ὅπερ ἔδει δεῖξαι.

Proposition 4

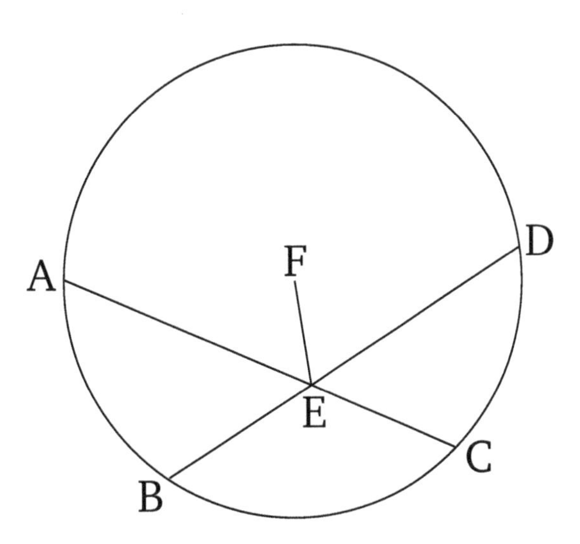

In a circle, if two straight-lines, which are not through the center, cut one another, then they do not cut one another in half.

Let $ABCD$ be a circle, and within it, let two straight-lines, AC and BD, which are not through the center, cut one another at (point) E. I say that they do not cut one another in half.

For, if possible, let them cut one another in half, such that AE is equal to EC, and BE to ED. And let the center of the circle $ABCD$ have been found [Prop. 3.1], and let it be (at point) F, and let FE have been joined.

Therefore, since some straight-line through the center, FE, cuts in half some straight-line not through the center, AC, it also cuts it at right-angles [Prop. 3.3]. Thus, FEA is a right-angle. Again, since some straight-line FE cuts in half some straight-line BD, it also cuts it at right-angles [Prop. 3.3]. Thus, FEB (is) a right-angle. But FEA was also shown (to be) a right-angle. Thus, FEA (is) equal to FEB, the lesser to the greater. The very thing is impossible. Thus, AC and BD do not cut one another in half.

Thus, in a circle, if two straight-lines, which are not through the center, cut one another, then they do not cut one another in half. (Which is) the very thing it was required to show.

ε´

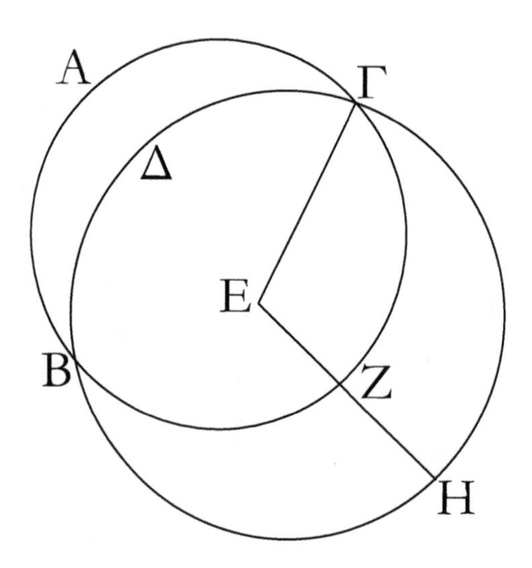

Ἐὰν δύο κύκλοι τέμνωσιν ἀλλήλους, οὐκ ἔσται αὐτῶν τὸ αὐτὸ κέντρον.

Δύο γὰρ κύκλοι οἱ ΑΒΓ, ΓΔΗ τεμνέτωσαν ἀλλήλους κατὰ τὰ Β, Γ σημεῖα. λέγω, ὅτι οὐκ ἔσται αὐτῶν τὸ αὐτὸ κέντρον.

Εἰ γὰρ δυνατόν, ἔστω τὸ Ε, καὶ ἐπεζεύχθω ἡ ΕΓ, καὶ διήχθω ἡ ΕΖΗ, ὡς ἔτυχεν. καὶ ἐπεὶ τὸ Ε σημεῖον κέντρον ἐστὶ τοῦ ΑΒΓ κύκλου, ἴση ἐστὶν ἡ ΕΓ τῇ ΕΖ. πάλιν, ἐπεὶ τὸ Ε σημεῖον κέντρον ἐστὶ τοῦ ΓΔΗ κύκλου, ἴση ἐστὶν ἡ ΕΓ τῇ ΕΗ· ἐδείχθη δὲ ἡ ΕΓ καὶ τῇ ΕΖ ἴση· καὶ ἡ ΕΖ ἄρα τῇ ΕΗ ἐστιν ἴση ἡ ἐλάσσων τῇ μείζονι· ὅπερ ἐστὶν ἀδύνατον. οὐκ ἄρα τὸ Ε σημεῖον κέντρον ἐστὶ τῶν ΑΒΓ, ΓΔΗ κύκλων.

Ἐὰν ἄρα δύο κύκλοι τέμνωσιν ἀλλήλους, οὐκ ἔστιν αὐτῶν τὸ αὐτὸ κέντρον· ὅπερ ἔδει δεῖξαι.

Proposition 5

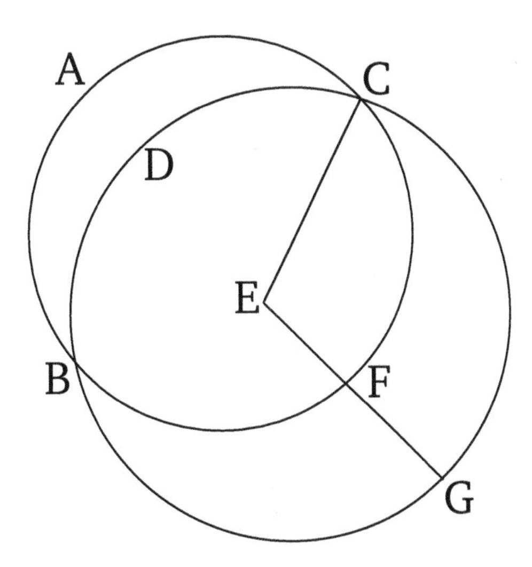

If two circles cut one another then they will not have the same center.

For let the two circles ABC and CDG cut one another at points B and C. I say that they will not have the same center.

For, if possible, let E be (the common center), and let EC have been joined, and let EFG have been drawn through (the two circles), at random. And since point E is the center of the circle ABC, EC is equal to EF. Again, since point E is the center of the circle CDG, EC is equal to EG. But EC was also shown (to be) equal to EF. Thus, EF is also equal to EG, the lesser to the greater. The very thing is impossible. Thus, point E is not the (common) center of the circles ABC and CDG.

Thus, if two circles cut one another then they will not have the same center. (Which is) the very thing it was required to show.

ΣΤΟΙΧΕΙΩΝ γ΄

ϛ΄

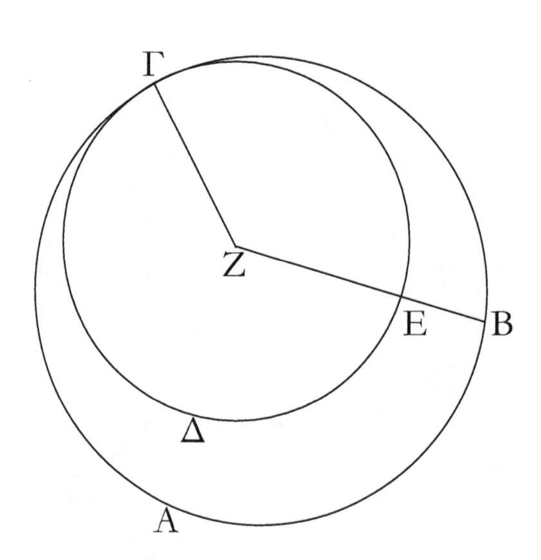

Ἐὰν δύο κύκλοι ἐφάπτωνται ἀλλήλων, οὐκ ἔσται αὐτῶν τὸ αὐτὸ κέντρον.

Δύο γὰρ κύκλοι οἱ ΑΒΓ, ΓΔΕ ἐφαπτέσθωσαν ἀλλήλων κατὰ τὸ Γ σημεῖον· λέγω, ὅτι οὐκ ἔσται αὐτῶν τὸ αὐτὸ κέντρον.

Εἰ γὰρ δυνατόν, ἔστω τὸ Ζ, καὶ ἐπεζεύχθω ἡ ΖΓ, καὶ διήχθω, ὡς ἔτυχεν, ἡ ΖΕΒ.

Ἐπεὶ οὖν τὸ Ζ σημεῖον κέντρον ἐστὶ τοῦ ΑΒΓ κύκλου, ἴση ἐστὶν ἡ ΖΓ τῇ ΖΒ. πάλιν, ἐπεὶ τὸ Ζ σημεῖον κέντρον ἐστὶ τοῦ ΓΔΕ κύκλου, ἴση ἐστὶν ἡ ΖΓ τῇ ΖΕ. ἐδείχθη δὲ ἡ ΖΓ τῇ ΖΒ ἴση· καὶ ἡ ΖΕ ἄρα τῇ ΖΒ ἐστιν ἴση, ἡ ἐλάττων τῇ μείζονι· ὅπερ ἐστὶν ἀδύνατον. οὐκ ἄρα τὸ Ζ σημεῖον κέντρον ἐστὶ τῶν ΑΒΓ, ΓΔΕ κύκλων.

Ἐὰν ἄρα δύο κύκλοι ἐφάπτωνται ἀλλήλων, οὐκ ἔσται αὐτῶν τὸ αὐτὸ κέντρον· ὅπερ ἔδει δεῖξαι.

Proposition 6

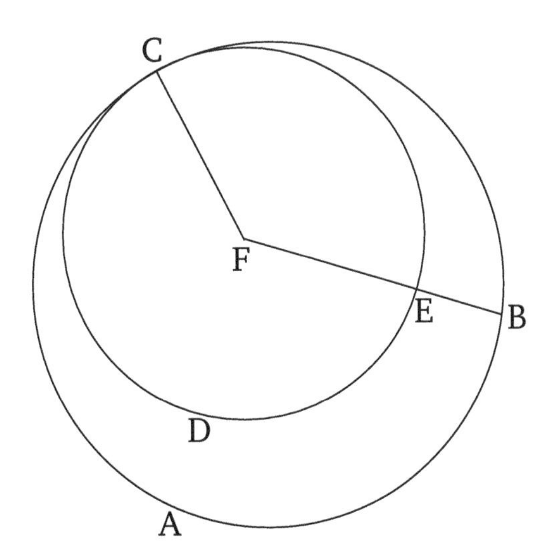

If two circles touch one another then they will not have the same center.

For let the two circles ABC and CDE touch one another at point C. I say that they will not have the same center.

For, if possible, let F be (the common center), and let FC have been joined, and let FEB have been drawn through (the two circles), at random.

Therefore, since point F is the center of the circle ABC, FC is equal to FB. Again, since point F is the center of the circle CDE, FC is equal to FE. But FC was shown (to be) equal to FB. Thus, FE is also equal to FB, the lesser to the greater. The very thing is impossible. Thus, point F is not the (common) center of the circles ABC and CDE.

Thus, if two circles touch one another then they will not have the same center. (Which is) the very thing it was required to show.

ΣΤΟΙΧΕΙΩΝ γ´

ζ´

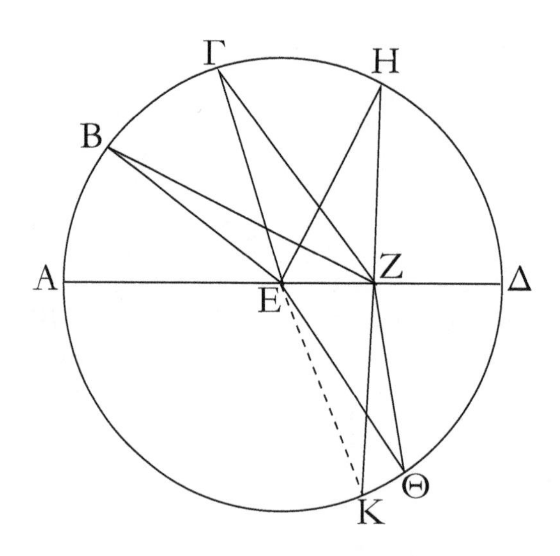

Ἐὰν κύκλου ἐπὶ τῆς διαμέτρου ληφθῇ τι σημεῖον, ὃ μή ἐστι κέντρον τοῦ κύκλου, ἀπὸ δὲ τοῦ σημείου πρὸς τὸν κύκλον προσπίπτωσιν εὐθεῖαί τινες, μεγίστη μὲν ἔσται, ἐφ᾽ ἧς τὸ κέντρον, ἐλαχίστη δὲ ἡ λοιπή, τῶν δὲ ἄλλων ἀεὶ ἡ ἔγγιον τῆς δὶα τοῦ κέντρου τῆς ἀπώτερον μείζων ἐστίν, δύο δὲ μόνον ἴσαι ἀπὸ τοῦ σημείου προσπεσοῦνται πρὸς τὸν κύκλον ἐφ᾽ ἑκάτερα τῆς ἐλαχίστης.

Ἔστω κύκλος ὁ ΑΒΓΔ, διάμετρος δὲ αὐτοῦ ἔστω ἡ ΑΔ, καὶ ἐπὶ τῆς ΑΔ εἰλήφθω τι σημεῖον τὸ Ζ, ὃ μή ἐστι κέντρον τοῦ κύκλου, κέντρον δὲ τοῦ κύκλου ἔστω τὸ Ε, καὶ ἀπὸ τοῦ Ζ πρὸς τὸν ΑΒΓΔ κύκλον προσπιπτέτωσαν εὐθεῖαί τινες αἱ ΖΒ, ΖΓ, ΖΗ· λέγω, ὅτι μεγίστη μέν ἐστιν ἡ ΖΑ, ἐλαχίστη δὲ ἡ ΖΔ, τῶν δὲ ἄλλων ἡ μὲν ΖΒ τῆς ΖΓ μείζων, ἡ δὲ ΖΓ τῆς ΖΗ.

Ἐπεζεύχθωσαν γὰρ αἱ ΒΕ, ΓΕ, ΗΕ. καὶ ἐπεὶ παντὸς τριγώνου αἱ δύο πλευραὶ τῆς λοιπῆς μείζονές εἰσιν, αἱ ἄρα ΕΒ, ΕΖ τῆς ΒΖ μείζονές εἰσιν. ἴση δὲ ἡ ΑΕ τῇ ΒΕ [αἱ ἄρα ΒΕ, ΕΖ ἴσαι εἰσὶ τῇ ΑΖ]· μείζων ἄρα ἡ ΑΖ τῆς ΒΖ. πάλιν, ἐπεὶ ἴση ἐστὶν ἡ ΒΕ τῇ ΓΕ, κοινὴ δὲ ἡ ΖΕ, δύο δὴ αἱ ΒΕ, ΕΖ δυσὶ ταῖς ΓΕ, ΕΖ ἴσαι εἰσίν. ἀλλὰ καὶ γωνία ἡ ὑπὸ ΒΕΖ γωνίας τῆς ὑπὸ ΓΕΖ μείζων· βάσις ἄρα ἡ ΒΖ βάσεως τῆς ΓΖ μείζων ἐστίν. διὰ τὰ αὐτὰ δὴ καὶ ἡ ΓΖ τῆς ΖΗ μείζων ἐστίν.

Πάλιν, ἐπεὶ αἱ ΗΖ, ΖΕ τῆς ΕΗ μείζονές εἰσιν, ἴση δὲ ἡ ΕΗ τῇ ΕΔ, αἱ ἄρα ΗΖ, ΖΕ τῆς ΕΔ μείζονές εἰσιν. κοινὴ ἀφῃρήσθω ἡ ΕΖ· λοιπὴ ἄρα ἡ ΗΖ λοιπῆς τῆς ΖΔ μείζων ἐστίν. μεγίστη μὲν ἄρα ἡ ΖΑ, ἐλαχίστη δὲ ἡ ΖΔ, μείζων δὲ ἡ μὲν ΖΒ τῆς ΖΓ, ἡ δὲ ΖΓ τῆς ΖΗ.

Λέγω, ὅτι καὶ ἀπὸ τοῦ Ζ σημείου δύο μόνον ἴσαι προσπεσοῦνται πρὸς τὸν ΑΒΓΔ κύκλον ἐφ᾽ ἑκάτερα τῆς ΖΔ ἐλαχίστης. συνεστάτω γὰρ πρὸς τῇ ΕΖ εὐθείᾳ καὶ τῷ πρὸς αὐτῇ σημείῳ τῷ Ε τῇ ὑπὸ ΗΕΖ γωνίᾳ ἴση ἡ ὑπὸ ΖΕΘ, καὶ ἐπεζεύχθω ἡ ΖΘ. ἐπεὶ οὖν ἴση ἐστὶν ἡ ΗΕ τῇ ΕΘ, κοινὴ δὲ ἡ ΕΖ, δύο δὴ αἱ ΗΕ, ΕΖ δυσὶ ταῖς ΘΕ, ΕΖ ἴσαι εἰσίν· καὶ γωνία ἡ ὑπὸ ΗΕΖ γωνίᾳ

Proposition 7

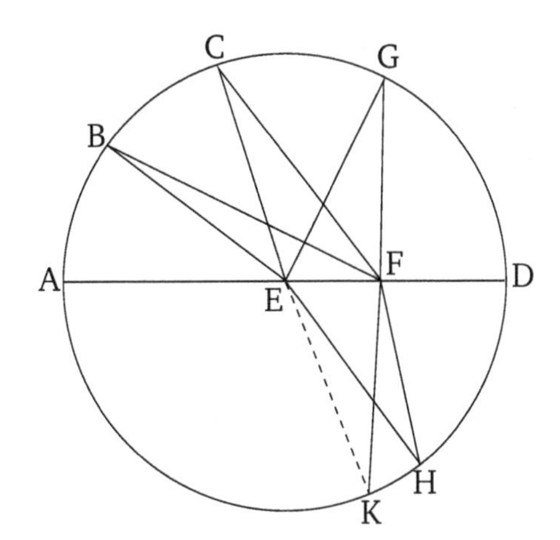

If some point, which is not the center of the circle, is taken on the diameter of a circle, and some straight-lines radiate from the point towards the (circumference of the) circle, then the greatest (straight-line) will be that on which the center (lies), and the least the remainder (of the same diameter). And for the others, a (straight-line) nearer[37] to the (straight-line) through the center is always greater than a (straight-line) further away. And only two equal (straight-lines) will radiate from the point towards the (circumference of the) circle, (one) on each (side) of the least (straight-line).

Let $ABCD$ be a circle, and let AD be its diameter, and let some point F, which is not the center of the circle, have been taken on AD. Let E be the center of the circle. And let some straight-lines, FB, FC, and FG, radiate from F towards (the circumference of) circle $ABCD$. I say that FA is the greatest (straight-line), FD the least, and of the others, FB (is) greater than FC, and FC than FG.

For let BE, CE, and GE have been joined. And since for every triangle (any) two sides are greater than the remaining (side) [Prop. 1.20], EB and EF is thus greater than BF. And AE (is) equal to BE [thus, BE and EF is equal to AF]. Thus, AF (is) greater than BF. Again, since BE is equal to CE, and FE (is) common, the two (straight-lines) BE, EF are equal to the two (straight-lines) CE, EF (respectively). But, angle BEF (is) also greater than angle CEF.[38] Thus, the base BF is greater than the base CF [Prop. 1.24]. So, for the same (reasons), CF is greater than FG.

Again, since GF and FE are greater than EG [Prop. 1.20], and EG (is) equal to ED, GF and FE are thus greater than ED. Let EF have been taken from both. Thus, the remainder GF is greater than the remainder FD. Thus, FA (is) the greatest (straight-line), FD the least, and FB (is) greater than FC, and FC than FG.

---

[37]Presumably, in an angular sense.

[38]This is not proved, except by reference to the figure.

ζ΄

τῇ ὑπὸ ΘΕΖ ἴσῃ· βάσις ἄρα ἡ ΖΗ βάσει τῇ ΖΘ ἴση ἐστίν. λέγω δή, ὅτι τῇ ΖΗ ἄλλη ἴση οὐ προσπεσεῖται πρὸς τὸν κύκλον ἀπὸ τοῦ Ζ σημείου. εἰ γὰρ δυνατόν, προσπιπτέτω ἡ ΖΚ. καὶ ἐπεὶ ἡ ΖΚ τῇ ΖΗ ἴση ἐστίν, ἀλλὰ ἡ ΖΘ τῇ ΖΗ [ἴση ἐστίν], καὶ ἡ ΖΚ ἄρα τῇ ΖΘ ἐστιν ἴση, ἡ ἔγγιον τῆς διὰ τοῦ κέντρου τῇ ἀπώτερον ἴση· ὅπερ ἀδύνατον. οὐκ ἄρα ἀπὸ τοῦ Ζ σημείου ἑτέρα τις προσπεσεῖται πρὸς τὸν κύκλον ἴση τῇ ΗΖ· μία ἄρα μόνη.

Ἐὰν ἄρα κύκλου ἐπὶ τῆς διαμέτρου ληφθῇ τι σημεῖον, ὃ μή ἐστι κέντρον τοῦ κύκλου, ἀπὸ δὲ τοῦ σημείου πρὸς τὸν κύκλον προσπίπτωσιν εὐθεῖαί τινες, μεγίστη μὲν ἔσται, ἐφ᾽ ἧς τὸ κέντρον, ἐλαχίστη δὲ ἡ λοιπή, τῶν δὲ ἄλλων ἀεὶ ἡ ἔγγιον τῆς δὶα τοῦ κέντρου τῆς ἀπώτερον μείζων ἐστίν, δύο δὲ μόνον ἴσαι ἀπὸ τοῦ αὐτοῦ σημείου προσπεσοῦνται πρὸς τὸν κύκλον ἐφ᾽ ἑκάτερα τῆς ἐλαχίστης· ὅπερ ἔδει δεῖξαι.

Proposition 7

I also say that from point F only two equal (straight-lines) will radiate towards (the circumference of) circle $ABCD$, (one) on each (side) of the least (straight-line) FD. For let the (angle) FEH, equal to angle GEF, have been constructed at the point E on the straight-line EF [Prop. 1.23], and let FH have been joined. Therefore, since GE is equal to EH, and EF (is) common, the two (straight-lines) GE, EF are equal to the two (straight-lines) HE, EF (respectively). And angle GEF (is) equal to angle HEF. Thus, the base FG is equal to the base FH [Prop. 1.4]. So I say that another (straight-line) equal to FG will not radiate towards (the circumference of) the circle from point F. For, if possible, let FK (so) radiate. And since FK is equal to FG, but FH [is equal] to FG, FK is thus also equal to FH, the nearer to the (straight-line) through the center equal to the further away. The very thing (is) impossible. Thus, another (straight-line) equal to GF will not radiate towards (the circumference of) the circle. Thus, (there is) only one (such straight-line).

Thus, if some point, which is not the center of the circle, is taken on the diameter of a circle, and some straight-lines radiate from the point towards the (circumference of the) circle, then the greatest (straight-line) will be that on which the center (lies), and the least the remainder (of the same diameter). And for the others, a (straight-line) nearer to the (straight-line) through the center is always greater than a (straight-line) further away. And only two equal (straight-lines) will radiate from the same point towards the (circumference of the) circle, (one) on each (side) of the least (straight-line). (Which is) the very thing it was required to show.

ΣΤΟΙΧΕΙΩΝ γ´

η´

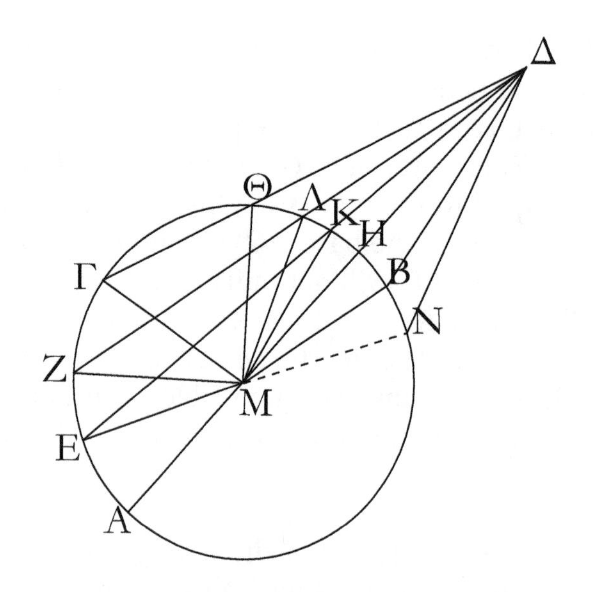

Ἐὰν κύκλου ληφθῇ τι σημεῖον ἐκτός, ἀπὸ δὲ τοῦ σημείου πρὸς τὸν κύκλον διαχθῶσιν εὐθεῖαί τινες, ὧν μία μὲν διὰ τοῦ κέντρου, αἱ δὲ λοιπαί, ὡς ἔτυχεν, τῶν μὲν πρὸς τὴν κοίλην περιφέρειαν προσπιπτουσῶν εὐθειῶν μεγίστη μέν ἐστιν ἡ διὰ τοῦ κέντρου, τῶν δὲ ἄλλων ἀεὶ ἡ ἔγγιον τῆς διὰ τοῦ κέντρου τῆς ἀπώτερον μείζων ἐστίν, τῶν δὲ πρὸς τὴν κυρτὴν περιφέρειαν προσπιπτουσῶν εὐθειῶν ἐλαχίστη μέν ἐστιν ἡ μεταξὺ τοῦ τε σημείου καὶ τῆς διαμέτρου, τῶν δὲ ἄλλων ἀεὶ ἡ ἔγγιον τῆς ἐλαχίστης τῆς ἀπώτερόν ἐστιν ἐλάττων, δύο δὲ μόνον ἴσαι ἀπὸ τοῦ σημείου προσπεσοῦνται πρὸς τὸν κύκλον ἐφ᾽ ἑκάτερα τῆς ἐλαχίστης.

Ἔστω κύκλος ὁ ΑΒΓ, καὶ τοῦ ΑΒΓ εἰλήφθω τι σημεῖον ἐκτὸς τὸ Δ, καὶ ἀπ᾽ αὐτοῦ διήχθωσαν εὐθεῖαί τινες αἱ ΔΑ, ΔΕ, ΔΖ, ΔΓ, ἔστω δὲ ἡ ΔΑ διὰ τοῦ κέντρου. λέγω, ὅτι τῶν μὲν πρὸς τὴν ΑΕΖΓ κοίλην περιφέρειαν προσπιπτουσῶν εὐθειῶν μεγίστη μέν ἐστιν ἡ διὰ τοῦ κέντρου ἡ ΔΑ, μείζων δὲ ἡ μὲν ΔΕ τῆς ΔΖ ἡ δὲ ΔΖ τῆς ΔΓ, τῶν δὲ πρὸς τὴν ΘΛΚΗ κυρτὴν περιφέρειαν προσπιπτουσῶν εὐθειῶν ἐλαχίστη μέν ἐστιν ἡ ΔΗ ἡ μεταξὺ τοῦ σημείου καὶ τῆς διαμέτρου τῆς ΑΗ, ἀεὶ δὲ ἡ ἔγγιον τῆς ΔΗ ἐλαχίστης ἐλάττων ἐστὶ τῆς ἀπώτερον, ἡ μὲν ΔΚ τῆς ΔΛ, ἡ δὲ ΔΛ τῆς ΔΘ.

Εἰλήφθω γὰρ τὸ κέντρον τοῦ ΑΒΓ κύκλου καὶ ἔστω τὸ Μ· καὶ ἐπεζεύχθωσαν αἱ ΜΕ, ΜΖ, ΜΓ, ΜΚ, ΜΛ, ΜΘ.

Καὶ ἐπεὶ ἴση ἐστὶν ἡ ΑΜ τῇ ΕΜ, κοινὴ προσκείσθω ἡ ΜΔ· ἡ ἄρα ΑΔ ἴση ἐστὶ ταῖς ΕΜ, ΜΔ. ἀλλ᾽ αἱ ΕΜ, ΜΔ τῆς ΕΔ μείζονές εἰσιν· καὶ ἡ ΑΔ ἄρα τῆς ΕΔ μείζων ἐστίν. πάλιν, ἐπεὶ ἴση ἐστὶν ἡ ΜΕ τῇ ΜΖ, κοινὴ δὲ ἡ ΜΔ, αἱ ΕΜ, ΜΔ ἄρα ταῖς ΖΜ, ΜΔ ἴσαι εἰσίν· καὶ γωνία ἡ ὑπὸ ΕΜΔ γωνίας τῆς ὑπὸ ΖΜΔ μείζων ἐστίν. βάσις ἄρα ἡ ΕΔ βάσεως τῆς ΖΔ μείζων ἐστίν· ὁμοίως δὴ δείξομεν, ὅτι καὶ ἡ ΖΔ τῆς ΓΔ μείζων ἐστίν· μεγίστη μὲν ἄρα ἡ ΔΑ, μείζων δὲ ἡ μὲν ΔΕ τῆς ΔΖ, ἡ δὲ ΔΖ τῆς ΔΓ.

Proposition 8

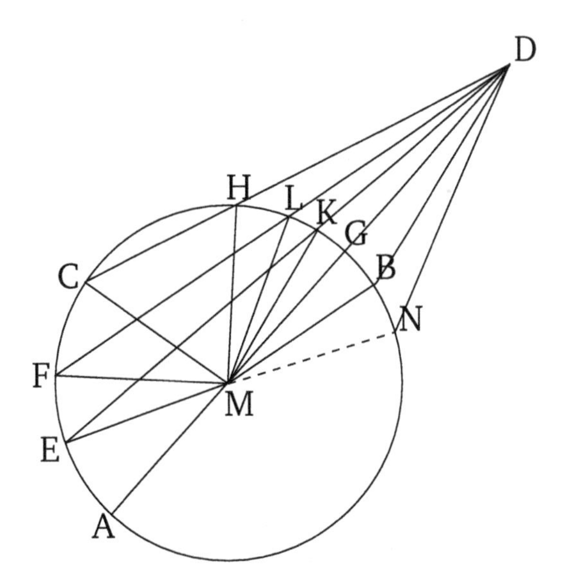

If some point is taken outside a circle, and some straight-lines are drawn from the point to the (circumference of the) circle, one of which (passes) through the center, the remainder (being) random, then for the straight-lines radiating towards the concave (part of the) circumference, the greatest is that (passing) through the center. For the others, a (straight-line) nearer[39] to the (straight-line) through the center is always greater than one further away. For the straight-lines radiating towards the convex (part of the) circumference, the least is that between the point and the diameter. For the others, a (straight-line) nearer to the least (straight-line) is always less than one further away. And only two equal (straight-lines) will radiate towards the (circumference of the) circle, (one) on each (side) of the least (straight-line).

Let ABC be a circle, and let some point D have been taken outside ABC, and from it let some straight-lines, DA, DE, DF, and DC, have been drawn through (the circle), and let DA be through the center. I say that for the straight-lines radiating towards the concave (part of the) circumference, $AEFC$, the greatest is the one (passing) through the center, (namely) AD, and (that) DE (is) greater than DF, and DF than DC. For the straight-lines radiating towards the convex (part of the) circumference, $HLKG$, the least is the one between the point and the diameter AG, (namely) DG, and a (straight-line) nearer to the least (straight-line) DG is always less than one farther away, (so that) DK (is less) than DL, and DL than DH.

For let the center of the circle have been found [Prop. 3.1], and let it be (at point) M [Prop. 3.1]. And let ME, MF, MC, MK, ML, and MH have been joined.

And since AM is equal to EM, let MD have been added to both. Thus, AD is equal to EM and

[39]Presumably, in an angular sense.

η´

Καὶ ἐπεὶ αἱ ΜΚ, ΚΔ τῆς ΜΔ μείζονές εἰσιν, ἴση δὲ ἡ ΜΗ τῇ ΜΚ, λοιπὴ ἄρα ἡ ΚΔ λοιπῆς τῆς ΗΔ μείζων ἐστίν· ὥστε ἡ ΗΔ τῆς ΚΔ ἐλάττων ἐστίν· καὶ ἐπεὶ τριγώνου τοῦ ΜΛΔ ἐπὶ μιᾶς τῶν πλευρῶν τῆς ΜΔ δύο εὐθεῖαι ἐντὸς συνεστάθησαν αἱ ΜΚ, ΚΔ, αἱ ἄρα ΜΚ, ΚΔ τῶν ΜΛ, ΛΔ ἐλάττονές εἰσιν· ἴση δὲ ἡ ΜΚ τῇ ΜΛ· λοιπὴ ἄρα ἡ ΔΚ λοιπῆς τῆς ΔΛ ἐλάττων ἐστίν. ὁμοίως δὴ δείξομεν, ὅτι καὶ ἡ ΔΛ τῆς ΔΘ ἐλάττων ἐστίν· ἐλαχίστη μὲν ἄρα ἡ ΔΗ, ἐλάττων δὲ ἡ μὲν ΔΚ τῆς ΔΛ ἡ δὲ ΔΛ τῆς ΔΘ.

Λέγω, ὅτι καὶ δύο μόνον ἴσαι ἀπὸ τοῦ Δ σημείου προσπεσοῦνται πρὸς τὸν κύκλον ἐφ᾽ ἑκάτερα τῆς ΔΗ ἐλαχίστης· συνεστάτω πρὸς τῇ ΜΔ εὐθείᾳ καὶ τῷ πρὸς αὐτῇ σημείῳ τῷ Μ τῇ ὑπὸ ΚΜΔ γωνίᾳ ἴση γωνία ἡ ὑπὸ ΔΜΒ, καὶ ἐπεζεύχθω ἡ ΔΒ. καὶ ἐπεὶ ἴση ἐστὶν ἡ ΜΚ τῇ ΜΒ, κοινὴ δὲ ἡ ΜΔ, δύο δὴ αἱ ΚΜ, ΜΔ δύο ταῖς ΒΜ, ΜΔ ἴσαι εἰσὶν ἑκατέρα ἑκατέρᾳ· καὶ γωνία ἡ ὑπὸ ΚΜΔ γωνίᾳ τῇ ὑπὸ ΒΜΔ ἴση· βάσις ἄρα ἡ ΔΚ βάσει τῇ ΔΒ ἴση ἐστίν. λέγω [δή], ὅτι τῇ ΔΚ εὐθείᾳ ἄλλη ἴση οὐ προσπεσεῖται πρὸς τὸν κύκλον ἀπὸ τοῦ Δ σημείου. εἰ γὰρ δυνατόν, προσπιπτέτω καὶ ἔστω ἡ ΔΝ. ἐπεὶ οὖν ἡ ΔΚ τῇ ΔΝ ἐστιν ἴση, ἀλλ᾽ ἡ ΔΚ τῇ ΔΒ ἐστιν ἴση, καὶ ἡ ΔΒ ἄρα τῇ ΔΝ ἐστιν ἴση, ἡ ἔγγιον τῆς ΔΗ ἐλαχίστης τῇ ἀπώτερον [ἐστιν] ἴση· ὅπερ ἀδύνατον ἐδείχθη. οὐκ ἄρα πλείους ἢ δύο ἴσαι πρὸς τὸν ΑΒΓ κύκλον ἀπὸ τοῦ Δ σημείου ἐφ᾽ ἑκάτερα τῆς ΔΗ ἐλαχίστης προσπεσοῦνται.

Ἐὰν ἄρα κύκλου ληφθῇ τι σημεῖον ἐκτός, ἀπὸ δὲ τοῦ σημείου πρὸς τὸν κύκλον διαχθῶσιν εὐθεῖαί τινες, ὧν μία μὲν διὰ τοῦ κέντρου αἱ δὲ λοιπαί, ὡς ἔτυχεν, τῶν μὲν πρὸς τὴν κοίλην περιφέρειαν προσπιπτουσῶν εὐθειῶν μεγίστη μέν ἐστιν ἡ διὰ τοῦ κέντου, τῶν δὲ ἄλλων ἀεὶ ἡ ἔγγιον τῆς διὰ τοῦ κέντρου τῆς ἀπώτερον μείζων ἐστίν, τῶν δὲ πρὸς τὴν κυρτὴν περιφέρειαν προσπιπτουσῶν εὐθειῶν ἐλαχίστη μέν ἐστιν ἡ μεταξὺ τοῦ τε σημείου καὶ τῆς διαμέτρου, τῶν δὲ ἄλλων ἀεὶ ἡ ἔγγιον τῆς ἐλαχίστης τῆς ἀπώτερόν ἐστιν ἐλάττων, δύο δὲ μόνον ἴσαι ἀπὸ τοῦ σημείου προσπεσοῦνται πρὸς τὸν κύκλον ἐφ᾽ ἑκάτερα τῆς ἐλαχίστης· ὅπερ ἔδει δεῖξαι.

Proposition 8

MD. But, EM and MD is greater than ED [Prop. 1.20]. Thus, AD is also greater than ED. Again, since ME is equal to MF, and MD (is) common, the (straight-lines) EM, MD are thus equal to FM, MD. And angle EMD is greater than angle FMD.[40] Thus, the base ED is greater than the base FD [Prop. 1.24]. So, similarly, we can show that FD is also greater than CD. Thus, AD (is) the greatest (straight-line), and DE (is) greater than DF, and DF than DC.

And since MK and KD is greater than MD [Prop. 1.20], and MG (is) equal to MK, the remainder KD is thus greater than the remainder GD. So GD is less than KD. And since in triangle MLD, the two internal straight-lines MK and KD were constructed on one of the sides, MD, then MK and KD are thus less than ML and LD [Prop. 1.21]. And MK (is) equal to ML. Thus, the remainder DK is less than the remainder DL. So, similarly, we can show that DL is also less than DH. Thus, DG (is) the least (straight-line), and DK (is) less than DL, and DL than DH.

I also say that only two equal (straight-lines) will radiate from point D towards (the circumference of) the circle, (one) on each (side) on the least (straight-line), DG. Let the angle DMB, equal to angle KMD, have been constructed at the point M on the straight-line MD [Prop. 1.23], and let DB have been joined. And since MK is equal to MB, and MD (is) common, the two (straight-lines) KM, MD are equal to the two (straight-lines) BM, MD, respectively. And angle KMD (is) equal to angle BMD. Thus, the base DK is equal to the base DB [Prop. 1.4]. [So] I say that another (straight-line) equal to DK will not radiate towards the (circumference of the) circle from point D. For, if possible, let (such a straight-line) radiate, and let it be DN. Therefore, since DK is equal to DN, but DK is equal to DB, then DB is thus also equal to DN, (so that) a (straight-line) nearer to the least (straight-line) DG [is] equal to one further off. The very thing was shown (to be) impossible. Thus, not more than two equal (straight-lines) will radiate towards (the circumference of) circle ABC from point D, (one) on each side of the least (straight-line) DG.

Thus, if some point is taken outside a circle, and some straight-lines are drawn from the point to the (circumference of the) circle, one of which (passes) through the center, the remainder (being) random, then for the straight-lines radiating towards the concave (part of the) circumference, the greatest is that (passing) through the center. For the others, a (straight-line) nearer to the (straight-line) through the center is always greater than one further away. For the straight-lines radiating towards the convex (part of the) circumference, the least is that between the point and the diameter. For the others, a (straight-line) nearer to the least (straight-line) is always less than one further away. And only two equal (straight-lines) will radiate towards the (circumference of the) circle, (one) on each (side) of the least (straight-line). (Which is) the very thing it was required to show.

[40]This is not proved, except by reference to the figure.

θ´

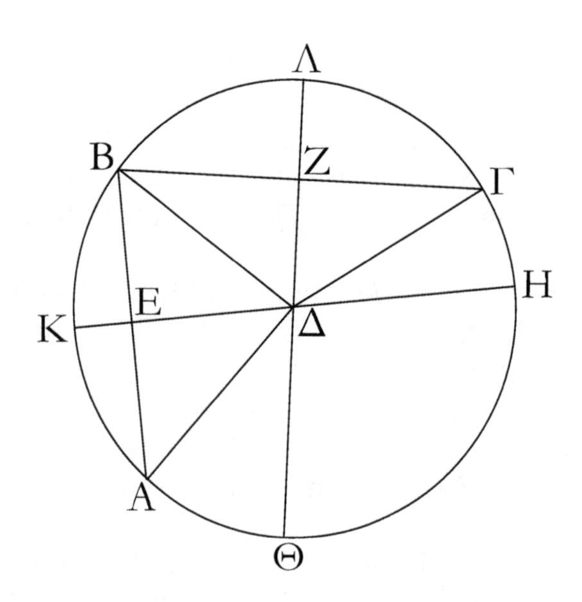

Ἐὰν κύκλου ληφθῇ τι σημεῖον ἐντός, ἀπο δὲ τοῦ σημείου πρὸς τὸν κύκλον προσπίπτωσι πλείους ἢ δύο ἴσαι εὐθεῖαι, τὸ ληφθὲν σημεῖον κέντρον ἐστὶ τοῦ κύκλου.

Ἔστω κύκλος ὁ ΑΒΓ, ἐντὸς δὲ αὐτοῦ σημεῖον τὸ Δ, καὶ ἀπὸ τοῦ Δ πρὸς τὸν ΑΒΓ κύκλον προσπιπτέτωσαν πλείους ἢ δύο ἴσαι εὐθεῖαι αἱ ΔΑ, ΔΒ, ΔΓ· λέγω, ὅτι τὸ Δ σημεῖον κέντρον ἐστὶ τοῦ ΑΒΓ κύκλου.

Ἐπεζεύχθωσαν γὰρ αἱ ΑΒ, ΒΓ καὶ τετμήσθωσαν δίχα κατὰ τὰ Ε, Ζ σημεῖα, καὶ ἐπιζευχθεῖσαι αἱ ΕΔ, ΖΔ διήχθωσαν ἐπὶ τὰ Η, Κ, Θ, Λ σημεῖα.

Ἐπεὶ οὖν ἴση ἐστὶν ἡ ΑΕ τῇ ΕΒ, κοινὴ δὲ ἡ ΕΔ, δύο δὴ αἱ ΑΕ, ΕΔ δύο ταῖς ΒΕ, ΕΔ ἴσαι εἰσίν· καὶ βάσις ἡ ΔΑ βάσει τῇ ΔΒ ἴση· γωνία ἄρα ἡ ὑπὸ ΑΕΔ γωνίᾳ τῇ ὑπὸ ΒΕΔ ἴση ἐστίν· ὀρθὴ ἄρα ἑκατέρα τῶν ὑπὸ ΑΕΔ, ΒΕΔ γωνιῶν· ἡ ΗΚ ἄρα τὴν ΑΒ τέμνει δίχα καὶ πρὸς ὀρθάς. καὶ ἐπεί, ἐὰν ἐν κύκλῳ εὐθεῖά τις εὐθεῖάν τινα δίχα τε καὶ πρὸς ὀρθὰς τέμνῃ, ἐπὶ τῆς τεμνούσης ἐστὶ τὸ κέντρον τοῦ κύκλου, ἐπὶ τῆς ΗΚ ἄρα ἐστὶ τὸ κέντρον τοῦ κύκλου. διὰ τὰ αὐτὰ δὴ καὶ ἐπὶ τῆς ΘΛ ἐστι τὸ κέντρον τοῦ ΑΒΓ κύκλου. καὶ οὐδὲν ἕτερον κοινὸν ἔχουσιν αἱ ΗΚ, ΘΛ εὐθεῖαι ἢ τὸ Δ σημεῖον· τὸ Δ ἄρα σημεῖον κέντρον ἐστὶ τοῦ ΑΒΓ κύκλου.

Ἐὰν ἄρα κύκλου ληφθῇ τι σημεῖον ἐντός, ἀπὸ δὲ τοῦ σημείου πρὸς τὸν κύκλον προσπίπτωσι πλείους ἢ δύο ἴσαι εὐθεῖαι, τὸ ληφθὲν σημεῖον κέντρον ἐστὶ τοῦ κύκλου· ὅπερ ἔδει δεῖξαι.

Proposition 9

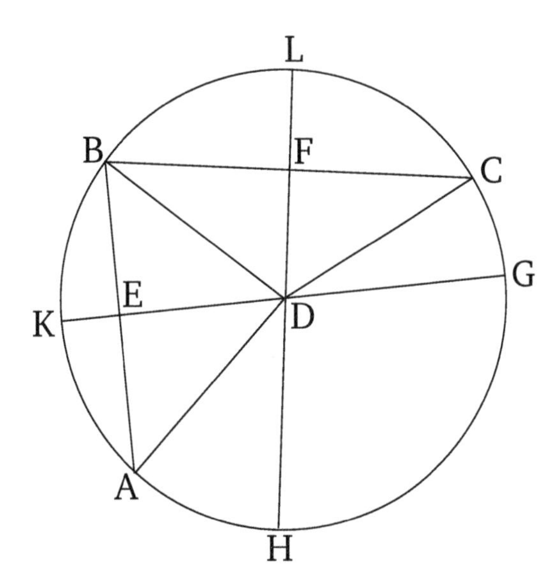

If some point is taken inside a circle, and more than two equal straight-lines radiate from the point towards the (circumference of the) circle, then the point taken is the center of the circle.

Let ABC be a circle, and D a point inside it, and let more than two equal straight-lines, DA, DB, and DC, radiate from D towards (the circumference of) circle ABC. I say that point D is the center of circle ABC.

For let AB and BC have been joined, and (then) have been cut in half at points E and F (respectively) [Prop. 1.10]. And ED and FD being joined, let them have been drawn through to points G, K, H, and L.

Therefore, since AE is equal to EB, and ED (is) common, the two (straight-lines) AE, ED are equal to the two (straight-lines) BE, ED (respectively). And the base DA (is) equal to the base DB. Thus, angle AED is equal to angle BED [Prop. 1.8]. Thus, angles AED and BED (are) each right-angles [Def. 1.10]. Thus, GK cuts AB in half, and at right-angles. And since, if some straight-line in a circle cuts some (other) straight-line in half, and at right-angles, then the center of the circle is on the former (straight-line) [Prop. 3.1 corr.], the center of the circle is thus on GK. So, for the same (reasons), the center of circle ABC is also on HL. And the straight-lines GK and HL have no common (point) other than point D. Thus, point D is the center of circle ABC.

Thus, if some point is taken inside a circle, and more than two equal straight-lines radiate from the point towards the (circumference of the) circle, then the point taken is the center of the circle. (Which is) the very thing it was required to show.

ΣΤΟΙΧΕΙΩΝ γ´

ι´

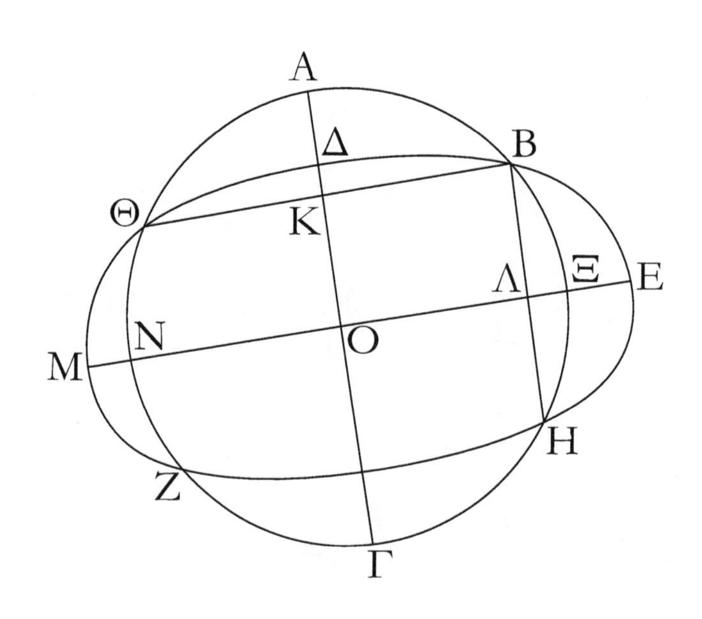

Κύκλος κύκλον οὐ τέμνει κατὰ πλείονα σημεῖα ἢ δύο.

Εἰ γὰρ δυνατόν, κύκλος ὁ ΑΒΓ κύκλον τὸν ΔΕΖ τεμνέτω κατὰ πλείονα σημεῖα ἢ δύο τὰ Β, Η, Ζ, Θ, καὶ ἐπιζευχθεῖσαι αἱ ΒΘ, ΒΗ δίχα τεμνέσθωσαν κατὰ τὰ Κ, Λ σημεῖα· καὶ ἀπὸ τῶν Κ, Λ ταῖς ΒΘ, ΒΗ πρὸς ὀρθὰς ἀχθεῖσαι αἱ ΚΓ, ΛΜ διήχθωσαν ἐπὶ τὰ Α, Ε σημεῖα.

Ἐπεὶ οὖν ἐν κύκλῳ τῷ ΑΒΓ εὐθεῖά τις ἡ ΑΓ εὐθεῖάν τινα τὴν ΒΘ δίχα καὶ πρὸς ὀρθὰς τέμνει, ἐπὶ τῆς ΑΓ ἄρα ἐστὶ τὸ κέντρον τοῦ ΑΒΓ κύκλου. πάλιν, ἐπεὶ ἐν κύκλῳ τῷ αὐτῷ τῷ ΑΒΓ εὐθεῖά τις ἡ ΝΞ εὐθεῖάν τινα τὴν ΒΗ δίχα καὶ πρὸς ὀρθὰς τέμνει, ἐπὶ τῆς ΝΞ ἄρα ἐστὶ τὸ κέντρον τοῦ ΑΒΓ κύκλου. ἐδείχθη δὲ καὶ ἐπὶ τῆς ΑΓ, καὶ κατ᾽ οὐδὲν συμβάλλουσιν αἱ ΑΓ, ΝΞ εὐθεῖαι ἢ κατὰ τὸ Ο· τὸ Ο ἄρα σημεῖον κέντρον ἐστὶ τοῦ ΑΒΓ κύκλου. ὁμοίως δὴ δείξομεν, ὅτι καὶ τοῦ ΔΕΖ κύκλου κέντρον ἐστὶ τὸ Ο· δύο ἄρα κύκλων τεμνόντων ἀλλήλους τῶν ΑΒΓ, ΔΕΖ τὸ αὐτό ἐστι κέντρον τὸ Ο· ὅπερ ἐστὶν ἀδύνατον.

Οὐκ ἄρα κύκλος κύκλον τέμνει κατὰ πλείονα σημεῖα ἢ δύο· ὅπερ ἔδει δεῖξαι.

Proposition 10

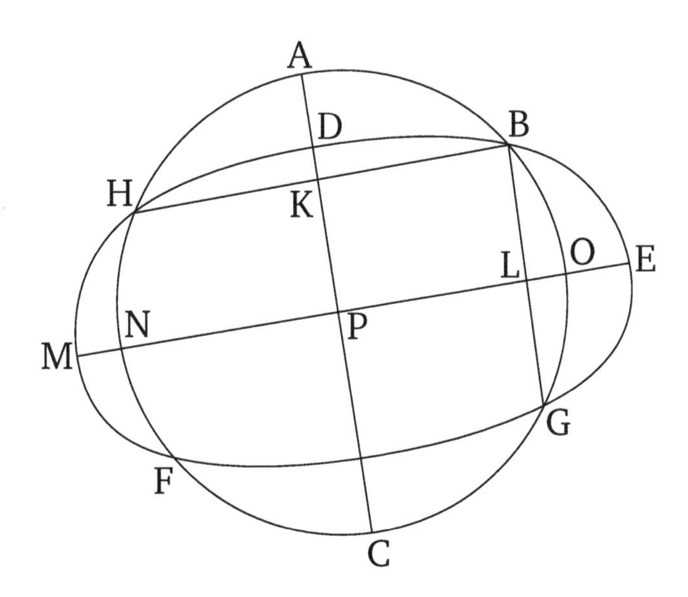

A circle does not cut a(nother) circle at more than two points.

For, if possible, let the circle ABC cut the circle DEF at more than two points, B, G, F, and H. And BH and BG being joined, let them (then) have been cut in half at points K and L (respectively). And KC and LM being drawn at right-angles to BH and BG from K and L (respectively) [Prop. 1.11], let them (then) have been drawn through to points A and E (respectively).

Therefore, since in circle ABC some straight-line AC cuts some (other) straight-line BH in half, and at right-angles, the center of circle ABC is thus on AC [Prop. 3.1 corr.]. Again, since in the same circle ABC some straight-line NO cuts some (other straight-line) BG in half, and at right-angles, the center of circle ABC is thus on NO [Prop. 3.1 corr.]. And it was also shown (to be) on AC. And the straight-lines AC and NO meet at no other (point) than P. Thus, point P is the center of circle ABC. So, similarly, we can show that P is also the center of circle DEF. Thus, two circles cutting one another, ABC and DEF, have the same center P. The very thing is impossible [Prop. 3.5].

Thus, a circle does not cut a(nother) circle at more than two points. (Which is) the very thing it was required to show.

ΣΤΟΙΧΕΙΩΝ γ΄

ια΄

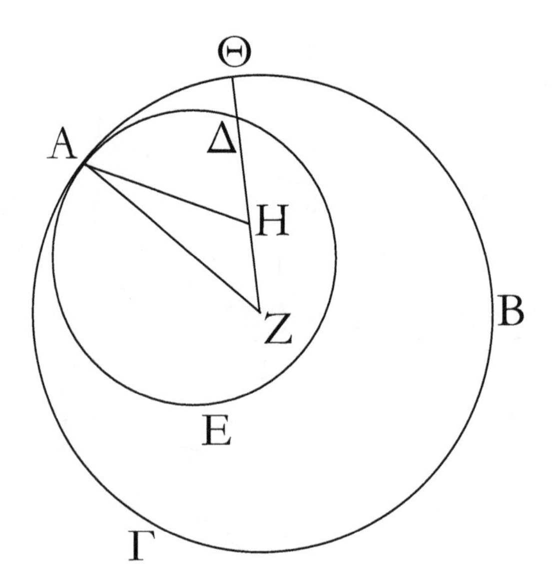

Ἐὰν δύο κύκλοι ἐφάπτωνται ἀλλήλων ἐντός, καὶ ληφθῇ αὐτῶν τὰ κέντρα, ἡ ἐπὶ τὰ κέντρα αὐτῶν ἐπιζευγνυμένη εὐθεῖα καὶ ἐκβαλλομένη ἐπὶ τὴν συναφὴν πεσεῖται τῶν κύκλων.

Δύο γὰρ κύκλοι οἱ ΑΒΓ, ΑΔΕ ἐφαπτέσθωσαν ἀλλήλων ἐντὸς κατὰ τὸ Α σημεῖον, καὶ εἰλήφθω τοῦ μὲν ΑΒΓ κύκλου κέντρον τὸ Ζ, τοῦ δὲ ΑΔΕ τὸ Η· λέγω, ὅτι ἡ ἀπὸ τοῦ Η ἐπὶ τὸ Ζ ἐπιζευγνυμένη εὐθεῖα ἐκβαλλομένη ἐπὶ τὸ Α πεσεῖται.

Μὴ γάρ, ἀλλ᾽ εἰ δυνατόν, πιπτέτω ὡς ἡ ΖΗΘ, καὶ ἐπεζεύχθωσαν αἱ ΑΖ, ΑΗ.

Ἐπεὶ οὖν αἱ ΑΗ, ΗΖ τῆς ΖΑ, τουτέστι τῆς ΖΘ, μείζονές εἰσιν, κοινὴ ἀφῃρήσθω ἡ ΖΗ· λοιπὴ ἄρα ἡ ΑΗ λοιπῆς τῆς ΗΘ μείζων ἐστίν. ἴση δὲ ἡ ΑΗ τῇ ΗΔ· καὶ ἡ ΗΔ ἄρα τῆς ΗΘ μείζων ἐστὶν ἡ ἐλάττων τῆς μείζονος· ὅπερ ἐστὶν ἀδύνατον· οὐκ ἄρα ἡ ἀπὸ τοῦ Ζ ἐπὶ τὸ Η ἐπιζευγνυμένη εὐθεὶα ἐκτὸς πεσεῖται· κατὰ τὸ Α ἄρα ἐπὶ τῆς συναφῆς πεσεῖται.

Ἐὰν ἄρα δύο κύκλοι ἐφάπτωνται ἀλλήλων ἐντός, [καὶ ληφθῇ αὐτῶν τὰ κέντρα], ἡ ἐπὶ τὰ κέντρα αὐτῶν ἐπιζευγνυμένη εὐθεῖα [καὶ ἐκβαλλομένη] ἐπὶ τὴν συναφὴν πεσεῖται τῶν κύκλων· ὅπερ ἔδει δεῖξαι.

Proposition 11

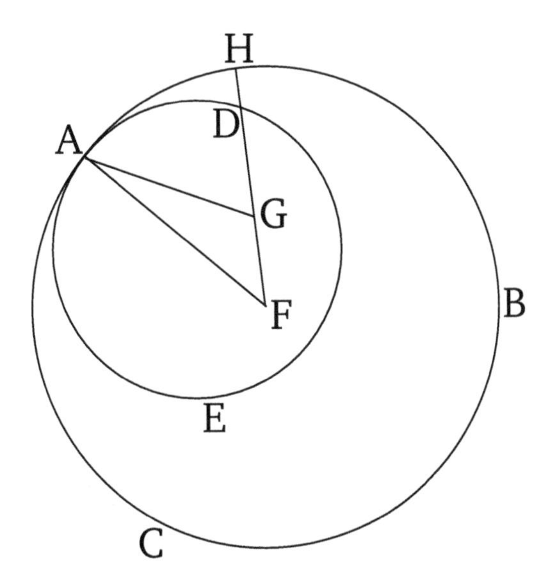

If two circles touch one another internally, and their centers are found, then the straight-line joining their centers, being produced, will fall upon the point of union of the circles.

For let two circles, ABC and ADE, touch one another internally at point A, and let the center F of circle ABC have been found [Prop. 3.1], and (the center) G of (circle) ADE [Prop. 3.1]. I say that the line joining G to F, being produced, will fall on A.

For (if) not then, if possible, let it fall like FGH (in the figure), and let AF and AG have been joined.

Therefore, since AG and GF is greater than FA, that is to say FH [Prop. 1.20], let FG have been taken from both. Thus, the remainder AG is greater than the remainder GH. And AG (is) equal to GD. Thus, GD is also greater than GH, the lesser than the greater. The very thing is impossible. Thus, the straight-line joining F to G will not fall outside (one circle but inside the other). Thus, it will fall upon the point of union (of the circles) at point A.

Thus, if two circles touch one another internally, [and their centers are found], then the straight-line joining their centers, [being produced], will fall upon the point of union of the circles. (Which is) the very thing it was required to show.

ιβ´

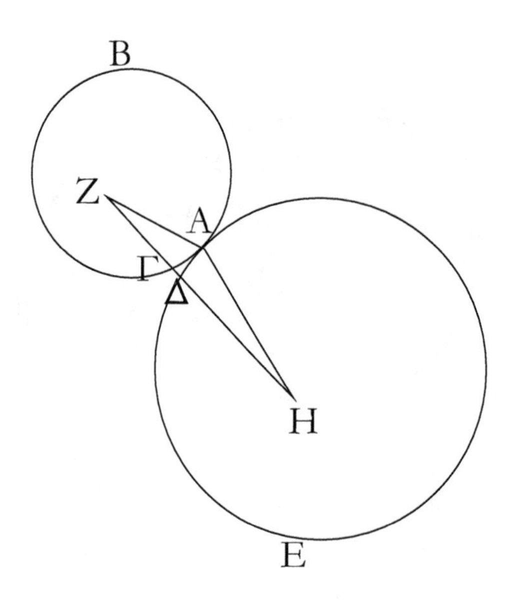

Ἐὰν δύο κύκλοι ἐφάπτωνται ἀλλήλων ἐκτός, ἡ ἐπὶ τὰ κέντρα αὐτῶν ἐπιζευγνυμένη διὰ τῆς ἐπαφῆς ἐλεύσεται.

Δύο γὰρ κύκλοι οἱ ΑΒΓ, ΑΔΕ ἐφαπτέσθωσαν ἀλλήλων ἐκτὸς κατὰ τὸ Α σημεῖον, καὶ εἰλήφθω τοῦ μὲν ΑΒΓ κέντρον τὸ Ζ, τοῦ δὲ ΑΔΕ τὸ Η· λέγω, ὅτι ἡ ἀπὸ τοῦ Ζ ἐπὶ τὸ Η ἐπιζευγνυμένη εὐθεῖα διὰ τῆς κατὰ τὸ Α ἐπαφῆς ἐλεύσεται.

Μὴ γάρ, ἀλλ᾽ εἰ δυνατόν, ἐρχέσθω ὡς ἡ ΖΓΔΗ, καὶ ἐπεζεύχθωσαν αἱ ΑΖ, ΑΗ.

Ἐπεὶ οὖν τὸ Ζ σημεῖον κέντρον ἐστὶ τοῦ ΑΒΓ κύκλου, ἴση ἐστὶν ἡ ΖΑ τῇ ΖΓ. πάλιν, ἐπεὶ τὸ Η σημεῖον κέντρον ἐστὶ τοῦ ΑΔΕ κύκλου, ἴση ἐστὶν ἡ ΗΑ τῇ ΗΔ. ἐδείχθη δὲ καὶ ἡ ΖΑ τῇ ΖΓ ἴση· αἱ ἄρα ΖΑ, ΑΗ ταῖς ΖΓ, ΗΔ ἴσαι εἰσίν· ὥστε ὅλη ἡ ΖΗ τῶν ΖΑ, ΑΗ μείζων ἐστίν· ἀλλὰ καὶ ἐλάττων· ὅπερ ἐστὶν ἀδύνατον. οὐκ ἄρα ἡ ἀπὸ τοῦ Ζ ἐπὶ τὸ Η ἐπιζευγνυμένη εὐθεῖα διὰ τῆς κατὰ τὸ Α ἐπαφῆς οὐκ ἐλεύσεται· δι᾽ αὐτῆς ἄρα.

Ἐὰν ἄρα δύο κύκλοι ἐφάπτωνται ἀλλήλων ἐκτός, ἡ ἐπὶ τὰ κέντρα αὐτῶν ἐπιζευγνυμένη [εὐθεῖα] διὰ τῆς ἐπαφῆς ἐλεύσεται· ὅπερ ἔδει δεῖξαι.

Proposition 12

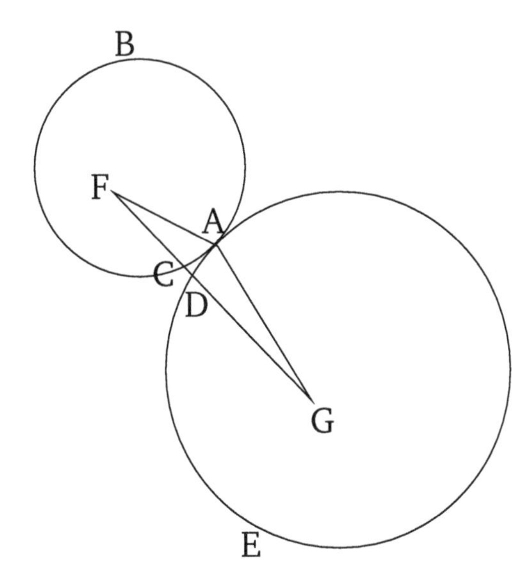

If two circles touch one another externally then the (straight-line) joining their centers will go through the point of union.

For let two circles, ABC and ADE, touch one another externally at point A, and let the center F of ABC have been found [Prop. 3.1], and (the center) G of ADE [Prop. 3.1]. I say that the straight-line joining F to G will go through the point of union at A.

For (if) not then, if possible, let it go like $FCDG$ (in the figure), and let AF and AG have been joined.

Therefore, since point F is the center of circle ABC, FA is equal to FC. Again, since point G is the center of circle ADE, GA is equal to GD. And FA was also shown (to be) equal to FC. Thus, the (straight-lines) FA and AG are equal to the (straight-lines) FC and GD. So the whole of FG is greater than FA and AG. But, (it is) also less [Prop. 1.20]. The very thing is impossible. Thus, the straight-line joining F to G will not fail to go through the point of union at A. Thus, (it will go) through it.

Thus, if two circles touch one another externally then the [straight-line] joining their centers will go through the point of union. (Which is) the very thing it was required to show.

ιγ´

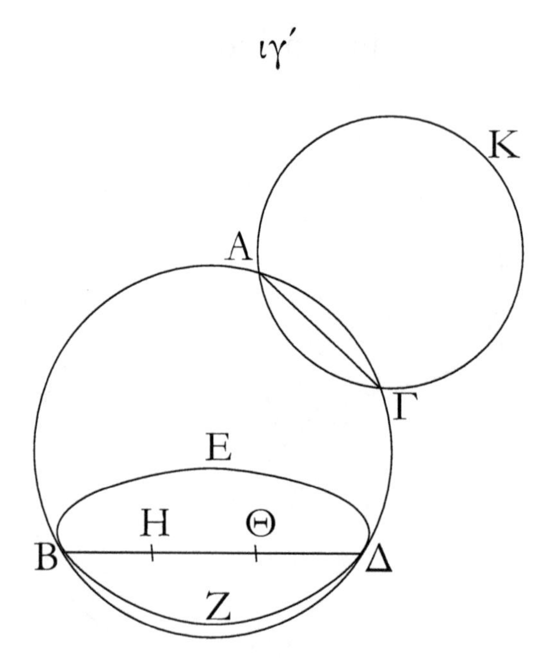

Κύκλος κύκλου οὐκ ἐφάπτεται κατὰ πλείονα σημεῖα ἢ καθ᾽ ἕν, ἐάν τε ἐντὸς ἐάν τε ἐκτὸς ἐφάπτηται.

Εἰ γὰρ δυνατόν, κύκλος ὁ ΑΒΓΔ κύκλου τοῦ ΕΒΖΔ ἐφαπτέσθω πρότερον ἐντὸς κατὰ πλείονα σημεῖα ἢ ἓν τὰ Δ, Β.

Καὶ εἰλήφθω τοῦ μὲν ΑΒΓΔ κύκλου κέντρον τὸ Η, τοῦ δὲ ΕΒΖΔ τὸ Θ.

Ἡ ἄρα ἀπὸ τοῦ Η ἐπὶ τὸ Θ ἐπιζευγνυμένη ἐπὶ τὰ Β, Δ πεσεῖται. πιπτέτω ὡς ἡ ΒΗΘΔ. καὶ ἐπεὶ τὸ Η σημεῖον κέντρον ἐστὶ τοῦ ΑΒΓΔ κύκλου, ἴση ἐστὶν ἡ ΒΗ τῇ ΗΔ· μείζων ἄρα ἡ ΒΗ τῆς ΘΔ· πολλῷ ἄρα μείζων ἡ ΒΘ τῆς ΘΔ. πάλιν, ἐπεὶ τὸ Θ σημεῖον κέντρον ἐστὶ τοῦ ΕΒΖΔ κύκλου, ἴση ἐστὶν ἡ ΒΘ τῇ ΘΔ· ἐδείχθη δὲ αὐτῆς καὶ πολλῷ μείζων· ὅπερ ἀδύνατον· οὐκ ἄρα κύκλος κύκλου ἐφάπτεται ἐντὸς κατὰ πλείονα σημεῖα ἢ ἕν.

Λέγω δή, ὅτι οὐδὲ ἐκτός.

Εἰ γὰρ δυνατόν, κύκλος ὁ ΑΓΚ κύκλου τοῦ ΑΒΓΔ ἐφαπτέσθω ἐκτὸς κατὰ πλείονα σημεῖα ἢ ἓν τὰ Α, Γ, καὶ ἐπεζεύχθω ἡ ΑΓ.

Ἐπεὶ οὖν κύκλων τῶν ΑΒΓΔ, ΑΓΚ εἴληπται ἐπὶ τῆς περιφερείας ἑκατέρου δύο τυχόντα σημεῖα τὰ Α, Γ, ἡ ἐπὶ τὰ σημεῖα ἐπιζευγνυμένη εὐθεῖα ἐντὸς ἑκατέρου πεσεῖται· ἀλλὰ τοῦ μὲν ΑΒΓΔ ἐντὸς ἔπεσεν, τοῦ δὲ ΑΓΚ ἐκτός· ὅπερ ἄτοπον· οὐκ ἄρα κύκλος κύκλου ἐφάπτεται ἐκτὸς κατὰ πλείονα σημεῖα ἢ ἕν. ἐδείχθη δέ, ὅτι οὐδὲ ἐντός.

Κύκλος ἄρα κύκλου οὐκ ἐφάπτεται κατὰ πλείονα σημεῖα ἢ [καθ᾽] ἕν, ἐάν τε ἐντὸς ἐάν τε ἐκτὸς ἐφάπτηται· ὅπερ ἔδει δεῖξαι.

Proposition 13

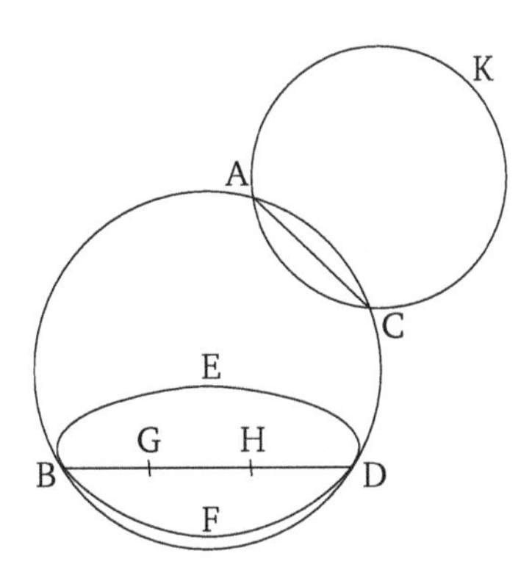

A circle does not touch a(nother) circle at more than one point, whether they touch internally or externally.

For, if possible, let circle $ABDC$[41] touch circle $EBFD$—first of all, internally—at more than one point, D and B.

And let the center G of circle $ABDC$ have been found [Prop. 3.1], and (the center) H of $EBFD$ [Prop. 3.1].

Thus, the (straight-line) joining G and H will fall on B and D [Prop. 3.11]. Let it fall like $BGHD$ (in the figure). And since point G is the center of circle $ABDC$, BG is equal to GD. Thus, BG (is) greater than HD. Thus, BH (is) much greater than HD. Again, since point H is the center of circle $EBFD$, BH is equal to HD. But it was also shown (to be) much greater than the same. The very thing (is) impossible. Thus, a circle does not touch a(nother) circle internally at more than one point.

So, I say that neither (does it touch) externally (at more than one point).

For, if possible, let circle ACK touch circle $ABDC$ externally at more than one point, A and C. And let AC have been joined.

Therefore, since two points, A and C, have been taken somewhere on the circumference of each of the circles $ABDC$ and ACK, the straight-line joining the points will fall inside each (circle) [Prop. 3.2]. But, it fell inside $ABDC$, and outside ACK [Def. 3.3]. The very thing (is) absurd. Thus, a circle does not touch a(nother) circle externally at more than one point. And it was shown that neither (does it) internally.

Thus, a circle does not touch a(nother) circle at more than one point, whether they touch internally or externally. (Which is) the very thing it was required to show.

[41] The Greek text has "$ABCD$", which is obviously a mistake.

ιδ΄

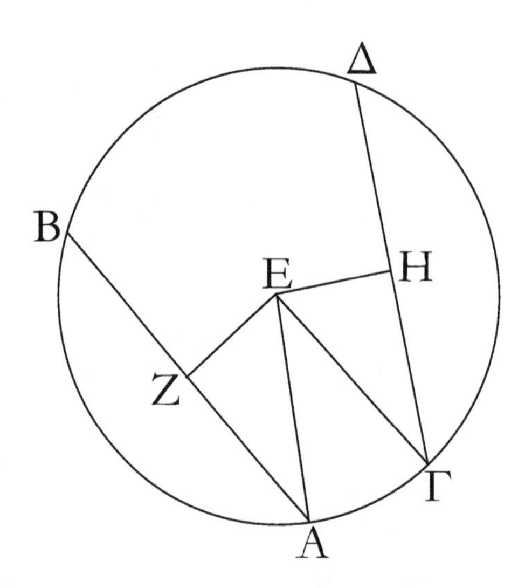

Ἐν κύκλῳ αἱ ἴσαι εὐθεῖαι ἴσον ἀπέχουσιν ἀπὸ τοῦ κέντρου, καὶ αἱ ἴσον ἀπέχουσαι ἀπὸ τοῦ κέντρου ἴσαι ἀλλήλαις εἰσίν.

Ἔστω κύκλος ὁ ΑΒΓΔ, καὶ ἐν αὐτῷ ἴσαι εὐθεῖαι ἔστωσαν αἱ ΑΒ, ΓΔ· λέγω, ὅτι αἱ ΑΒ, ΓΔ ἴσον ἀπέχουσιν ἀπὸ τοῦ κέντρου.

Εἰλήφθω γὰρ τὸ κέντον τοῦ ΑΒΓΔ κύκλου καὶ ἔστω τὸ Ε, καὶ ἀπὸ τοῦ Ε ἐπὶ τὰς ΑΒ, ΓΔ κάθετοι ἤχθωσαν αἱ ΕΖ, ΕΗ, καὶ ἐπεζεύχθωσαν αἱ ΑΕ, ΕΓ.

Ἐπεὶ οὖν εὐθεῖά τις δὶα τοῦ κέντρου ἡ ΕΖ εὐθεῖάν τινα μὴ διὰ τοῦ κέντρου τὴν ΑΒ πρὸς ὀρθὰς τέμνει, καὶ δίχα αὐτὴν τέμνει. ἴση ἄρα ἡ ΑΖ τῇ ΖΒ· διπλῆ ἄρα ἡ ΑΒ τῆς ΑΖ. διὰ τὰ αὐτὰ δὴ καὶ ἡ ΓΔ τῆς ΓΗ ἐστι διπλῆ· καί ἐστιν ἴση ἡ ΑΒ τῇ ΓΔ· ἴση ἄρα καὶ ἡ ΑΖ τῇ ΓΗ. καὶ ἐπεὶ ἴση ἐστὶν ἡ ΑΕ τῇ ΕΓ, ἴσον καὶ τὸ ἀπὸ τῆς ΑΕ τῷ ἀπὸ τῆς ΕΓ. ἀλλὰ τῷ μὲν ἀπὸ τῆς ΑΕ ἴσα τὰ ἀπὸ τῶν ΑΖ, ΕΖ· ὀρθὴ γὰρ ἡ πρὸς τῷ Ζ γωνία· τῷ δὲ ἀπὸ τῆς ΕΓ ἴσα τὰ ἀπὸ τῶν ΕΗ, ΗΓ· ὀρθὴ γὰρ ἡ πρὸς τῷ Η γωνία· τὰ ἄρα ἀπὸ τῶν ΑΖ, ΖΕ ἴσα ἐστὶ τοῖς ἀπὸ τῶν ΓΗ, ΗΕ, ὧν τὸ ἀπὸ τῆς ΑΖ ἴσον ἐστὶ τῷ ἀπὸ τῆς ΓΗ· ἴση γάρ ἐστιν ἡ ΑΖ τῇ ΓΗ· λοιπὸν ἄρα τὸ ἀπὸ τῆς ΖΕ τῷ ἀπὸ τῆς ΕΗ ἴσον ἐστίν· ἴση ἄρα ἡ ΕΖ τῇ ΕΗ. ἐν δὲ κύκλῳ ἴσον ἀπέχειν ἀπὸ τοῦ κέντρου εὐθεῖαι λέγονται, ὅταν αἱ ἀπὸ τοῦ κέντρου ἐπ᾽ αὐτὰς κάθετοι ἀγόμεναι ἴσαι ὦσιν· αἱ ἄρα ΑΒ, ΓΔ ἴσον ἀπέχουσιν ἀπὸ τοῦ κέντρου.

Ἀλλὰ δὴ αἱ ΑΒ, ΓΔ εὐθεῖαι ἴσον ἀπεχέτωσαν ἀπὸ τοῦ κέντρου, τουτέστιν ἴση ἔστω ἡ ΕΖ τῇ ΕΗ. λέγω, ὅτι ἴση ἐστὶ καὶ ἡ ΑΒ τῇ ΓΔ.

Τῶν γὰρ αὐτῶν κατασκευασθέντων ὁμοίως δείξομεν, ὅτι διπλῆ ἐστιν ἡ μὲν ΑΒ τῆς ΑΖ, ἡ δὲ ΓΔ τῆς ΓΗ· καὶ ἐπεὶ ἴση ἐστὶν ἡ ΑΕ τῇ ΓΕ, ἴσον ἐστὶ τὸ ἀπὸ τῆς ΑΕ τῷ ἀπὸ τῆς ΓΕ· ἀλλὰ τῷ μὲν ἀπὸ τῆς ΑΕ ἴσα ἐστὶ τὰ ἀπὸ τῶν ΕΖ, ΖΑ, τῷ δὲ ἀπὸ τῆς ΓΕ ἴσα τὰ ἀπὸ τῶν ΕΗ, ΗΓ. τὰ

Proposition 14

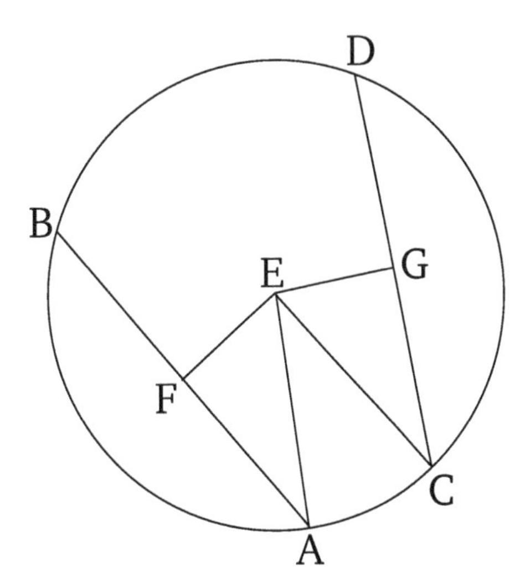

In a circle, equal straight-lines are equally far from the center, and (straight-lines) which are equally far from the center are equal to one another.

Let $ABDC$[42] be a circle, and let AB and CD be equal straight-lines within it. I say that AB and CD are equally far from the center.

For let the center of circle $ABDC$ have been found [Prop. 3.1], and let it be (at) E. And let EF and EG have been drawn from (point) E, perpendicular to AB and CD (respectively) [Prop. 1.12]. And let AE and EC have been joined.

Therefore, since some straight-line, EF, through the center (of the circle), cuts some (other) straight-line, AB, not through the center, at right-angles, it also cuts it in half [Prop. 3.3]. Thus, AF (is) equal to FB. Thus, AB (is) double AF. So, for the same (reasons), CD is also double CG. And AB is equal to CD. Thus, AF (is) also equal to CG. And since AE is equal to EC, the (square) on AE (is) also equal to the (square) on EC. But, the (sum of the squares) on AF and EF (is) equal to the (square) on AE. For the angle at F (is) a right-angle [Prop. 1.47]. And the (sum of the squares) on EG and GC (is) equal to the (square) on EC. For the angle at G (is) a right-angle [Prop. 1.47]. Thus, the (sum of the squares) on AF and FE is equal to the (sum of the squares) on CG and GE, of which the (square) on AF is equal to the (square) on CG. For AF is equal to CG. Thus, the remaining (square) on FE is equal to the (remaining square) on EG. Thus, EF (is) equal to EG. And straight-lines in a circle are said to be equally far from the center when perpendicular (straight-lines) which are drawn to them from the center are equal [Def. 3.4]. Thus, AB and CD are equally far from the center.

---

[42]The Greek text has "$ABCD$", which is obviously a mistake.

ιδ΄

ἄρα ἀπὸ τῶν ΕΖ, ΖΑ ἴσα ἐστὶ τοῖς ἀπὸ τῶν ΕΗ, ΗΓ· ὧν τὸ ἀπὸ τῆς ΕΖ τῷ ἀπὸ τῆς ΕΗ ἐστιν ἴσον· ἴση γὰρ ἡ ΕΖ τῇ ΕΗ· λοιπὸν ἄρα τὸ ἀπὸ τῆς ΑΖ ἴσον ἐστὶ τῷ ἀπὸ τῆς ΓΗ· ἴση ἄρα ἡ ΑΖ τῇ ΓΗ· καί ἐστι τῆς μὲν ΑΖ διπλῆ ἡ ΑΒ, τῆς δὲ ΓΗ διπλῆ ἡ ΓΔ· ἴση ἄρα ἡ ΑΒ τῇ ΓΔ.

Ἐν κύκλῳ ἄρα αἱ ἴσαι εὐθεῖαι ἴσον ἀπέχουσιν ἀπὸ τοῦ κέντρου, καὶ αἱ ἴσον ἀπέχουσαι ἀπὸ τοῦ κέντρου ἴσαι ἀλλήλαις εἰσίν· ὅπερ ἔδει δεῖξαι.

Proposition 14

So, let the straight-lines AB and CD be equally far from the center. That is to say, let EF be equal to EG. I say that AB is also equal to CD.

For, with the same construction, we can, similarly, show that AB is double AF, and CD (double) CG. And since AE is equal to CE, the (square) on AE is equal to the (square) on CE. But, the (sum of the squares) on EF and FA is equal to the (square) on AE [Prop. 1.47]. And the (sum of the squares) on EG and GC (is) equal to the (square) on CE [Prop. 1.47]. Thus, the (sum of the squares) on EF and FA is equal to the (sum of the squares) on EG and GC, of which the (square) on EF is equal to the (square) on EG. For EF (is) equal to EG. Thus, the remaining (square) on AF is equal to the (remaining square) on CG. Thus, AF (is) equal to CG. And AB is double AF, and CD double CG. Thus, AB (is) equal to CD.

Thus, in a circle, equal straight-lines are equally far from the center, and (straight-lines) which are equally far from the center are equal to one another. (Which is) the very thing it was required to show.

ιεʹ

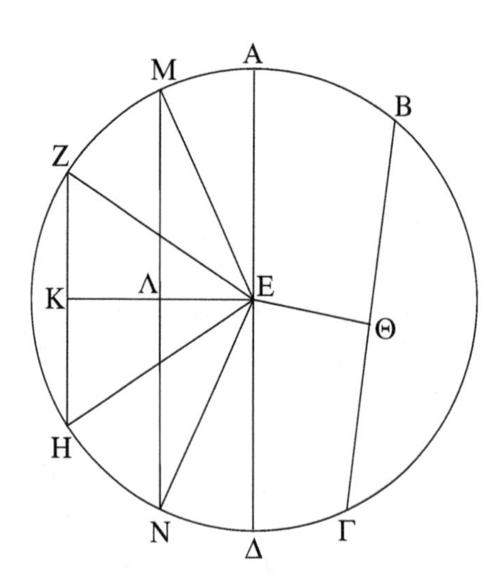

Ἐν κύκλῳ μεγίστη μὲν ἡ διάμετρος, τῶν δὲ ἄλλων ἀεὶ ἡ ἔγγιον τοῦ κέντρου τῆς ἀπώτερον μείζων ἐστίν.

Ἔστω κύκλος ὁ ΑΒΓΔ, διάμετρος δὲ αὐτοῦ ἔστω ἡ ΑΔ, κέντρον δὲ τὸ Ε, καὶ ἔγγιον μὲν τῆς ΑΔ διαμέτρου ἔστω ἡ ΒΓ, ἀπώτερον δὲ ἡ ΖΗ· λέγω, ὅτι μεγίστη μέν ἐστιν ἡ ΑΔ, μείζων δὲ ἡ ΒΓ τῆς ΖΗ.

Ἤχθωσαν γὰρ ἀπὸ τοῦ Ε κέντρου ἐπὶ τὰς ΒΓ, ΖΗ κάθετοι αἱ ΕΘ, ΕΚ. καὶ ἐπεὶ ἔγγιον μὲν τοῦ κέντρου ἐστὶν ἡ ΒΓ, ἀπώτερον δὲ ἡ ΖΗ, μείζων ἄρα ἡ ΕΚ τῆς ΕΘ. κείσθω τῇ ΕΘ ἴση ἡ ΕΛ, καὶ διὰ τοῦ Λ τῇ ΕΚ πρὸς ὀρθὰς ἀχθεῖσα ἡ ΛΜ διήχθω ἐπὶ τὸ Ν, καὶ ἐπεζεύχθωσαν αἱ ΜΕ, ΕΝ, ΖΕ, ΕΗ.

Καὶ ἐπεὶ ἴση ἐστὶν ἡ ΕΘ τῇ ΕΛ, ἴση ἐστὶ καὶ ἡ ΒΓ τῇ ΜΝ. πάλιν, ἐπεὶ ἴση ἐστὶν ἡ μὲν ΑΕ τῇ ΕΜ, ἡ δὲ ΕΔ τῇ ΕΝ, ἡ ἄρα ΑΔ ταῖς ΜΕ, ΕΝ ἴση ἐστίν. ἀλλ᾽ αἱ μὲν ΜΕ, ΕΝ τῆς ΜΝ μείζονές εἰσιν [καὶ ἡ ΑΔ τῆς ΜΝ μείζων ἐστίν], ἴση δὲ ἡ ΜΝ τῇ ΒΓ· ἡ ΑΔ ἄρα τῆς ΒΓ μείζων ἐστίν. καὶ ἐπεὶ δύο αἱ ΜΕ, ΕΝ δύο ταῖς ΖΕ, ΕΗ ἴσαι εἰσίν, καὶ γωνία ἡ ὑπὸ ΜΕΝ γωνίας τῆς ὑπὸ ΖΕΗ μείζων [ἐστίν], βάσις ἄρα ἡ ΜΝ βάσεως τῆς ΖΗ μείζων ἐστίν. ἀλλὰ ἡ ΜΝ τῇ ΒΓ ἐδείχθη ἴση [καὶ ἡ ΒΓ τῆς ΖΗ μείζων ἐστίν]. μεγίστη μὲν ἄρα ἡ ΑΔ διάμετρος, μείζων δὲ ἡ ΒΓ τῆς ΖΗ.

Ἐν κύκλῳ ἄρα μεγίστη μὲν ἐστιν ἡ διάμετρος, τῶν δὲ ἄλλων ἀεὶ ἡ ἔγγιον τοῦ κέντρου τῆς ἀπώτερον μείζων ἐστίν· ὅπερ ἔδει δεῖξαι.

Proposition 15

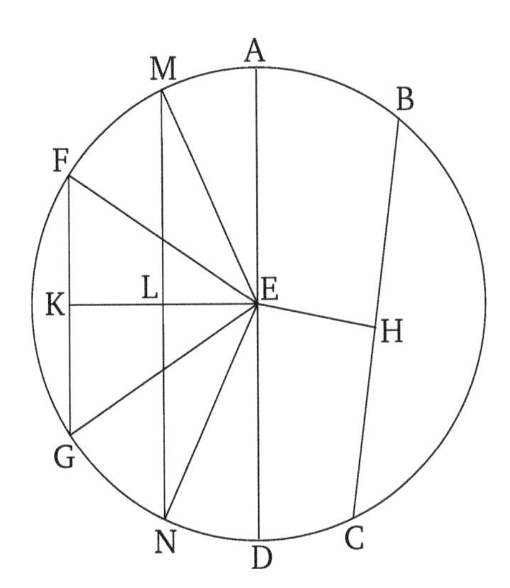

In a circle, a diameter (is) the greatest (straight-line), and for the others, a (straight-line) nearer to the center is always greater than one further away.

Let $ABCD$ be a circle, and let AD be its diameter, and E (its) center. And let BC be nearer to the diameter AD[43], and FG further away. I say that AD is the greatest (straight-line), and BC (is) greater than FG.

For let EH and EK have been drawn from the center E, at right-angles to BC and FG (respectively) [Prop. 1.12]. And since BC is nearer to the center, and FG further away, EK (is) thus greater than EH [Def. 3.5]. Let EL be made equal to EH [Prop. 1.3]. And LM being drawn through L, at right-angles to EK [Prop. 1.11], let it have been drawn through to N. And let ME, EN, FE, and EG have been joined.

And since EH is equal to EL, BC is also equal to MN [Prop. 3.14]. Again, since AE is equal to EM, and ED to EN, AD is thus equal to ME and EN. But, ME and EN is greater than MN [Prop. 1.20] [also AD is greater than MN], and MN (is) equal to BC. Thus, AD is greater than BC. And since the two (straight-lines) ME, EN are equal to the two (straight-lines) FE, EG (respectively), and angle MEN [is] greater than angle FEG,[44] the base MN is thus greater than the base FG [Prop. 1.24]. But, MN was shown (to be) equal to BC [(so) BC is also greater than FG]. Thus, the diameter AD (is) the greatest (straight-line), and BC (is) greater than FG.

Thus, in a circle, a diameter (is) the greatest (straight-line), and for the others, a (straight-line) nearer to the center is always greater than one further away. (Which is) the very thing it was required to show.

[43]Euclid should have said "to the center", rather than "to the diameter AD", since BC, AD and FG are not necessarily parallel.

[44]This is not proved, except by reference to the figure.

ΣΤΟΙΧΕΙΩΝ γ´

ιϛ´

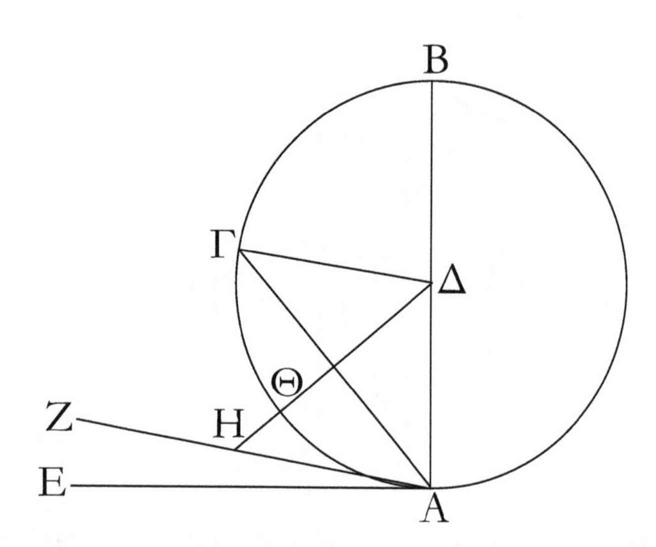

Ἡ τῇ διαμέτρῳ τοῦ κύκλου πρὸς ὀρθὰς ἀπ᾽ ἄκρας ἀγομένη ἐκτὸς πεσεῖται τοῦ κύκλου, καὶ εἰς τὸν μεταξὺ τόπον τῆς τε εὐθείας καὶ τῆς περιφερείας ἑτέρα εὐθεῖα οὐ παρεμπεσεῖται, καὶ ἡ μὲν τοῦ ἡμικυκλίου γωνία ἁπάσης γωνίας ὀξείας εὐθυγράμμου μείζων ἐστίν, ἡ δὲ λοιπὴ ἐλάττων.

Ἔστω κύκλος ὁ ΑΒΓ περὶ κέντρον τὸ Δ καὶ διάμετρον τὴν ΑΒ· λέγω, ὅτι ἡ ἀπὸ τοῦ Α τῇ ΑΒ πρὸς ὀρθὰς ἀπ᾽ ἄκρας ἀγομένη ἐκτὸς πεσεῖται τοῦ κύκλου.

Μὴ γάρ, ἀλλ᾽ εἰ δυνατόν, πιπτέτω ἐντὸς ὡς ἡ ΓΑ, καὶ ἐπεζεύχθω ἡ ΔΓ.

Ἐπεὶ ἴση ἐστὶν ἡ ΔΑ τῇ ΔΓ, ἴση ἐστὶ καὶ γωνία ἡ ὑπὸ ΔΑΓ γωνίᾳ τῇ ὑπὸ ΑΓΔ. ὀρθὴ δὲ ἡ ὑπὸ ΔΑΓ· ὀρθὴ ἄρα καὶ ἡ ὑπὸ ΑΓΔ· τριγώνου δὴ τοῦ ΑΓΔ αἱ δύο γωνίαι αἱ ὑπὸ ΔΑΓ, ΑΓΔ δύο ὀρθαῖς ἴσαι εἰσίν· ὅπερ ἐστὶν ἀδύνατον. οὐκ ἄρα ἡ ἀπὸ τοῦ Α σημείου τῇ ΒΑ πρὸς ὀρθὰς ἀγομένη ἐντὸς πεσεῖται τοῦ κύκλου. ὁμοίως δὴ δείξομεν, ὅτι οὐδ᾽ ἐπὶ τῆς περιφερείας· ἐκτὸς ἄρα.

Πιπτέτω ὡς ἡ ΑΕ· λέγω δή, ὅτι εἰς τὸν μεταξὺ τόπον τῆς τε ΑΕ εὐθείας καὶ τῆς ΓΘΑ περιφερείας ἑτέρα εὐθεῖα οὐ παρεμπεσεῖται.

Εἰ γὰρ δυνατόν, παρεμπιπτέτω ὡς ἡ ΖΑ, καὶ ἤχθω ἀπὸ τοῦ Δ σημείου ἐπὶ τὴν ΖΑ κάθετος ἡ ΔΗ. καὶ ἐπεὶ ὀρθή ἐστιν ἡ ὑπὸ ΑΗΔ, ἐλάττων δὲ ὀρθῆς ἡ ὑπὸ ΔΑΗ, μείζων ἄρα ἡ ΑΔ τῆς ΔΗ. ἴση δὲ ἡ ΔΑ τῇ ΔΘ· μείζων ἄρα ἡ ΔΘ τῆς ΔΗ, ἡ ἐλάττων τῆς μείζονος· ὅπερ ἐστὶν ἀδύνατον. οὐκ ἄρα εἰς τὸν μεταξὺ τόπον τῆς τε εὐθείας καὶ τῆς περιφερείας ἑτέρα εὐθεῖα παρεμπεσεῖται.

Λέγω, ὅτι καὶ ἡ μὲν τοῦ ἡμικυκλίου γωνία ἡ περιεχομένη ὑπό τε τῆς ΒΑ εὐθείας καὶ τῆς ΓΘΑ περιφερείας ἁπάσης γωνίας ὀξείας εὐθυγράμμου μείζων ἐστίν, ἡ δὲ λοιπὴ ἡ περιεχομένη ὑπό τε τῆς ΓΘΑ περιφερείας καὶ τῆς ΑΕ εὐθείας ἁπάσης γωνίας ὀξείας εὐθυγράμμου ἐλάττων ἐστίν.

Proposition 16

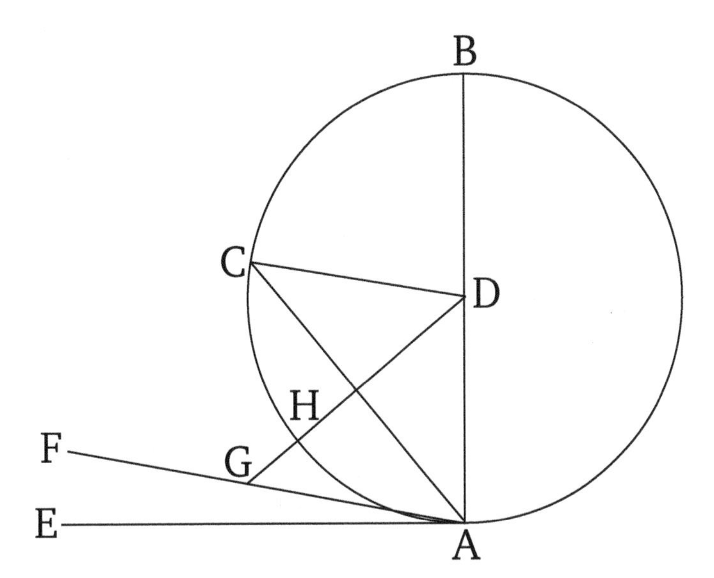

A (straight-line) drawn at right-angles to the diameter of a circle, from its end, will fall outside the circle. And another straight-line cannot be inserted into the space between the (aforementioned) straight-line and the circumference. And the angle of the semi-circle is greater than any acute rectilinear angle whatsoever, and the remaining (angle is) less (than any acute rectilinear angle).

Let ABC be a circle around the center D and the diameter AB. I say that the (straight-line) drawn from A, at right-angles to AB [Prop 1.11], from its end, will fall outside the circle.

For (if) not then, if possible, let it fall inside, like CA (in the figure), and let DC have been joined.

Since DA is equal to DC, angle DAC is also equal to angle ACD [Prop. 1.5]. And DAC (is) a right-angle. Thus, ACD (is) also a right-angle. So, in triangle ACD, the two angles DAC and ACD are equal to two right-angles. The very thing is impossible [Prop. 1.17]. Thus, the (straight-line) drawn from point A, at right-angles to BA, will not fall inside the circle. So, similarly, we can show that neither (will it fall) on the circumference. Thus, (it will fall) outside (the circle).

Let it fall like AE (in the figure). So, I say that another straight-line cannot be inserted into the space between the straight-line AE and the circumference CHA.

For, if possible, let it be inserted like FA (in the figure), and let DG have been drawn from point D, perpendicular to FA [Prop. 1.12]. And since AGD is a right-angle, and DAG (is) less than a right-angle, AD (is) thus greater than DG [Prop. 1.19]. And DA (is) equal to DH. Thus, DH (is) greater than DG, the lesser than the greater. The very thing is impossible. Thus, another straight-line cannot be inserted into the space between the straight-line (AE) and the circumference.

ιϛʹ

Εἰ γὰρ ἐστί τις γωνία εὐθύγραμμος μείζων μὲν τῆς περιεχομένης ὑπό τε τῆς ΒΑ εὐθείας καὶ τῆς ΓΘΑ περιφερείας, ἐλάττων δὲ τῆς περιεχομένης ὑπό τε τῆς ΓΘΑ περιφερείας καὶ τὴς ΑΕ εὐθείας, εἰς τὸν μεταξὺ τόπον τῆς τε ΓΘΑ περιφερείας καὶ τῆς ΑΕ εὐθείας εὐθεῖα παρεμπεσεῖται, ἥτις ποιήσει μείζονα μὲν τῆς περιεχομένης ὑπὸ τε τῆς ΒΑ εὐθείας καὶ τῆς ΓΘΑ περιφερείας ὑπὸ εὐθειῶν περιεχομένην, ἐλάττονα δὲ τῆς περιεχομένης ὑπό τε τῆς ΓΘΑ περιφερείας καὶ τῆς ΑΕ εὐθείας. οὐ παρεμπίπτει δέ· οὐκ ἄρα τῆς περιεχομένης γωνίας ὑπό τε τῆς ΒΑ εὐθείας καὶ τῆς ΓΘΑ περιφερείας ἔσται μείζων ὀξεῖα ὑπὸ εὐθειῶν περιεχομένη, οὐδὲ μὴν ἐλάττων τῆς περιεχομένης ὑπό τε τῆς ΓΘΑ περιφερείας καὶ τῆς ΑΕ εὐθείας.

Πόρισμα

Ἐκ δὴ τούτου φανερόν, ὅτι ἡ τῇ διαμέτρῳ τοῦ κύκλου πρὸς ὀρθὰς ἀπ᾽ ἄκρας ἀγομένη ἐφάπτεται τοῦ κύκλου [καὶ ὅτι εὐθεῖα κύκλου καθ᾽ ἓν μόνον ἐφάπτεται σημεῖον, ἐπειδήπερ καὶ ἡ κατὰ δύο αὐτῷ συμβάλλουσα ἐντὸς αὐτοῦ πίπτουσα ἐδείχθη]· ὅπερ ἔδει δεῖξαι.

Proposition 16

And I also say that the semi-circular angle contained by the straight-line BA and the circumference CHA is greater than any acute rectilinear angle whatsoever, and the remaining (angle) contained by the circumference CHA and the straight-line AE is less than any acute rectilinear angle whatsoever.

For if any rectilinear angle is greater than the (angle) contained by the straight-line BA and the circumference CHA, or less than the (angle) contained by the circumference CHA and the straight-line AE, then a straight-line can be inserted into the space between the circumference CHA and the straight-line AE—anything which will make (an angle) contained by straight-lines greater than the angle contained by the straight-line BA and the circumference CHA, or less than the (angle) contained by the circumference CHA and the straight-line AE. But (such a straight-line) cannot be inserted. Thus, an acute (angle) contained by straight-lines cannot be greater than the angle contained by the straight-line BA and the circumference CHA, neither (can it be) less than the (angle) contained by the circumference CHA and the straight-line AE.

Corollary

So, from this, (it is) manifest that a (straight-line) drawn at right-angles to the diameter of a circle, from its end, touches the circle [and that the straight-line touches the circle at a single point, inasmuch as it was also shown that a (straight-line) meeting (the circle) at two (points) falls inside it [Prop. 3.2]]. (Which is) the very thing it was required to show.

ΣΤΟΙΧΕΙΩΝ γ´

ιζ´

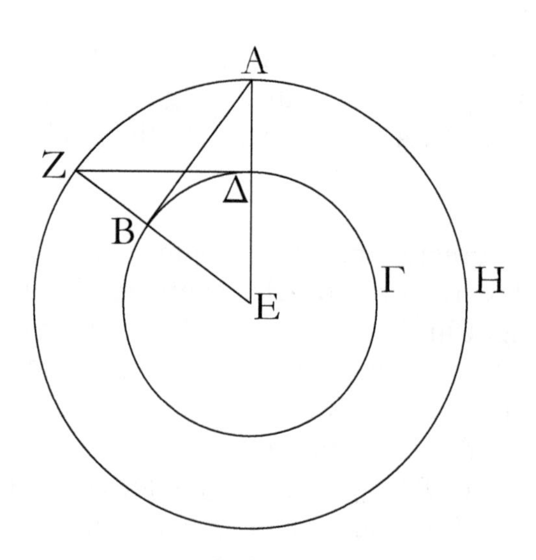

᾿Απὸ τοῦ δοθέντος σημείου τοῦ δοθέντος κύκλου ἐφαπτομένην εὐθεῖαν γραμμὴν ἀγαγεῖν.

῎Εστω τὸ μὲν δοθὲν σημεῖον τὸ Α, ὁ δὲ δοθεὶς κύκλος ὁ ΒΓΔ· δεῖ δὴ ἀπὸ τοῦ Α σημείου τοῦ ΒΓΔ κύκλου ἐφαπτομένην εὐθεῖαν γραμμὴν ἀγαγεῖν.

Εἰλήφθω γὰρ τὸ κέντρον τοῦ κύκλου τὸ Ε, καὶ ἐπεζεύχθω ἡ ΑΕ, καὶ κέντρῳ μὲν τῷ Ε διαστήματι δὲ τῷ ΕΑ κύκλος γεγράφθω ὁ ΑΖΗ, καὶ ἀπὸ τοῦ Δ τῇ ΕΑ πρὸς ὀρθὰς ἤχθω ἡ ΔΖ, καὶ ἐπεζεύχθωσαν αἱ ΕΖ, ΑΒ· λέγω, ὅτι ἀπὸ τοῦ Α σημείου τοῦ ΒΓΔ κύκλου ἐφαπτομένη ἦκται ἡ ΑΒ.

᾿Επεὶ γὰρ τὸ Ε κέντρον ἐστὶ τῶν ΒΓΔ, ΑΖΗ κύκλων, ἴση ἄρα ἐστὶν ἡ μὲν ΕΑ τῇ ΕΖ, ἡ δὲ ΕΔ τῇ ΕΒ· δύο δὴ αἱ ΑΕ, ΕΒ δύο ταῖς ΖΕ, ΕΔ ἴσαι εἰσίν· καὶ γωνίαν κοινὴν περιέχουσι τὴν πρὸς τῷ Ε· βάσις ἄρα ἡ ΔΖ βάσει τῇ ΑΒ ἴση ἐστίν, καὶ τὸ ΔΕΖ τρίγωνον τῷ ΕΒΑ τριγώνῳ ἴσον ἐστίν, καὶ αἱ λοιπαὶ γωνίαι ταῖς λοιπαῖς γωνίαις· ἴση ἄρα ἡ ὑπὸ ΕΔΖ τῇ ὑπὸ ΕΒΑ. ὀρθὴ δὲ ἡ ὑπὸ ΕΔΖ· ὀρθὴ ἄρα καὶ ἡ ὑπὸ ΕΒΑ. καί ἐστιν ἡ ΕΒ ἐκ τοῦ κέντρου· ἡ δὲ τῇ διαμέτρῳ τοῦ κύκλου πρὸς ὀρθὰς ἀπ᾿ ἄκρας ἀγομένη ἐφάπτεται τοῦ κύκλου· ἡ ΑΒ ἄρα ἐφάπτεται τοῦ ΒΓΔ κύκλου.

᾿Απὸ τοῦ ἄρα δοθέντος σημείου τοῦ Α τοῦ δοθέντος κύκλου τοῦ ΒΓΔ ἐφαπτομένη εὐθεῖα γραμμὴ ἦκται ἡ ΑΒ· ὅπερ ἔδει ποιῆσαι.

Proposition 17

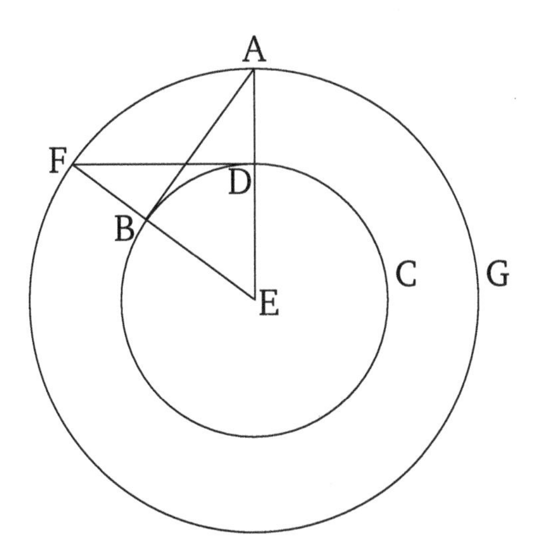

To draw a straight-line touching a given circle from a given point.

Let A be the given point, and BCD the given circle. So it is required to draw a straight-line touching circle BCD from point A.

For let the center E of the circle have been found [Prop. 3.1], and let AE have been joined. And let (the circle) AFG have been drawn with center E and radius EA. And let DF have been drawn from from (point) D, at right-angles to EA [Prop. 1.11]. And let EF and AB have been joined. I say that the (straight-line) AB has been drawn from point A touching circle BCD.

For since E is the center of circles BCD and AFG, EA is thus equal to EF, and ED to EB. So the two (straight-lines) AE, EB are equal to the two (straight-lines) FE, ED (respectively). And they contain a common angle at E. Thus, the base DF is equal to the base AB, and triangle DEF is equal to triangle EBA; and the remaining angles (are equal) to the (corresponding) remaining angles [Prop. 1.4]. Thus, (angle) EDF (is) equal to EBA. And EDF (is) a right-angle. Thus, EBA (is) also a right-angle. And EB is a radius. And a (straight-line) drawn at right-angles to the diameter of a circle, from its end, touches the circle [Prop. 3.16 corr.]. Thus, AB touches circle BCD.

Thus, the straight-line AB has been drawn touching the given circle BCD from the given point A. (Which is) the very thing it was required to do.

ΣΤΟΙΧΕΙΩΝ γ΄

ιη΄

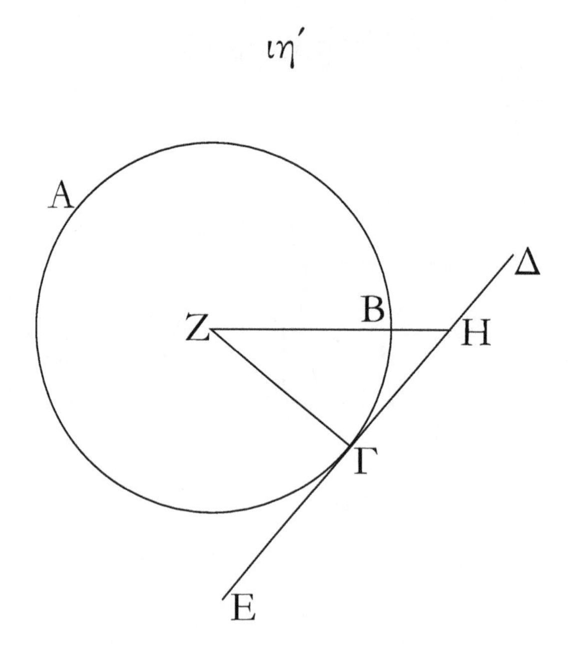

Ἐὰν κύκλου ἐφάπτηταί τις εὐθεῖα, ἀπὸ δὲ τοῦ κέντρου ἐπὶ τὴν ἁφὴν ἐπιζευχθῇ τις εὐθεῖα, ἡ ἐπιζευχθεῖσα κάθετος ἔσται ἐπὶ τὴν ἐφαπτομένην.

Κύκλου γὰρ τοῦ ΑΒΓ ἐφαπτέσθω τις εὐθεῖα ἡ ΔΕ κατὰ τὸ Γ σημεῖον, καὶ εἰλήφθω τὸ κέντρον τοῦ ΑΒΓ κύκλου τὸ Ζ, καὶ ἀπὸ τοῦ Ζ ἐπὶ τὸ Γ ἐπεζεύχθω ἡ ΖΓ· λέγω, ὅτι ἡ ΖΓ κάθετός ἐστιν ἐπὶ τὴν ΔΕ.

Εἰ γὰρ μή, ἤχθω ἀπὸ τοῦ Ζ ἐπὶ τὴν ΔΕ κάθετος ἡ ΖΗ.

Ἐπεὶ οὖν ἡ ὑπὸ ΖΗΓ γωνία ὀρθή ἐστιν, ὀξεῖα ἄρα ἐστὶν ἡ ὑπὸ ΖΓΗ· ὑπὸ δὲ τὴν μείζονα γωνίαν ἡ μείζων πλευρὰ ὑποτείνει· μείζων ἄρα ἡ ΖΓ τῆς ΖΗ· ἴση δὲ ἡ ΖΓ τῇ ΖΒ· μείζων ἄρα καὶ ἡ ΖΒ τῆς ΖΗ ἡ ἐλάττων τῆς μείζονος· ὅπερ ἐστὶν ἀδύνατον. οὐκ ἄρα ἡ ΖΗ κάθετός ἐστιν ἐπὶ τὴν ΔΕ. ὁμοίως δὴ δεῖξομεν, ὅτι οὐδ᾽ ἄλλη τις πλὴν τῆς ΖΓ· ἡ ΖΓ ἄρα κάθετός ἐστιν ἐπὶ τὴν ΔΕ.

Ἐὰν ἄρα κύκλου ἐφάπτηταί τις εὐθεῖα, ἀπὸ δὲ τοῦ κέντρου ἐπὶ τὴν ἁφὴν ἐπιζευχθῇ τις εὐθεῖα, ἡ ἐπιζευχθεῖσα κάθετος ἔσται ἐπὶ τὴν ἐφαπτομένην· ὅπερ ἔδει δεῖξαι.

Proposition 18

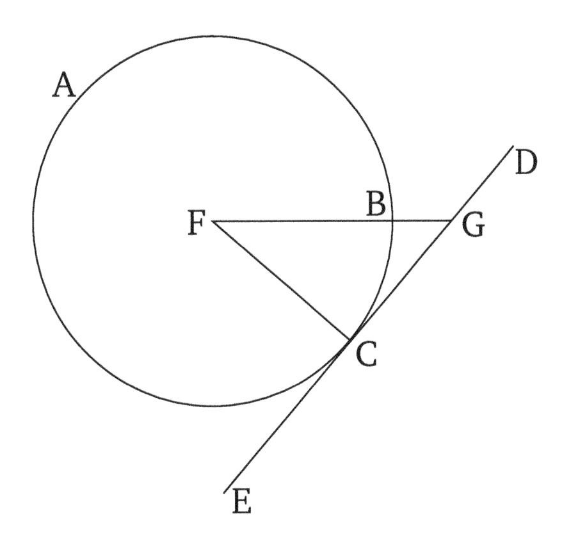

If some straight-line touches a circle, and some (other) straight-line is joined from the center (of the circle) to the point of contact, then the (straight-line) so joined will be perpendicular to the tangent.

For let some straight-line DE touch the circle ABC at point C, and let the center F of circle ABC have been found [Prop. 3.1], and let FC have been joined from F to C. I say that FC is perpendicular to DE.

For if not, let FG have been drawn from F, perpendicular to DE [Prop. 1.12].

Therefore, since angle FGC is a right-angle, (angle) FCG is thus acute [Prop. 1.17]. And the greater angle subtends the greater side [Prop. 1.19]. Thus, FC (is) greater than FG. And FC (is) equal to FB. Thus, FB (is) also greater than FG, the lesser than the greater. The very thing is impossible. Thus, FG is not perpendicular to DE. So, similarly, we can show that neither (is) any other (straight-line) than FC. Thus, FC is perpendicular to DE.

Thus, if some straight-line touches a circle, and some (other) straight-line is joined from the center (of the circle) to the point of contact, then the (straight-line) so joined will be perpendicular to the tangent. (Which is) the very thing it was required to show.

ιθ΄

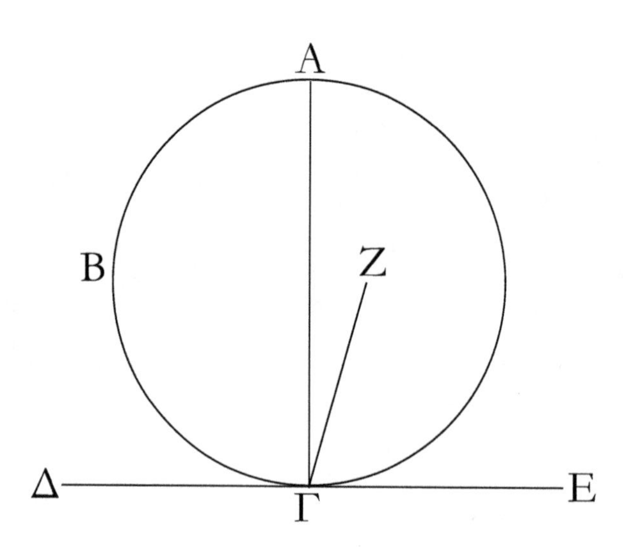

Ἐὰν κύκλου ἐφάπτηταί τις εὐθεῖα, ἀπὸ δὲ τῆς ἁφῆς τῇ ἐφαπτομένῃ πρὸς ὀρθὰς [γωνίας] εὐθεῖα γραμμὴ ἀχθῇ, ἐπὶ τῆς ἀχθείσης ἔσται τὸ κέντρον τοῦ κύκλου.

Κύκλου γὰρ τοῦ ΑΒΓ ἐφαπτέσθω τις εὐθεῖα ἡ ΔΕ κατὰ τὸ Γ σημεῖον, καὶ ἀπὸ τοῦ Γ τῇ ΔΕ πρὸς ὀρθὰς ἤχθω ἡ ΓΑ· λέγω, ὅτι ἐπὶ τῆς ΑΓ ἐστι τὸ κέντρον τοῦ κύκλου.

Μὴ γάρ, ἀλλ᾽ εἰ δυνατόν, ἔστω τὸ Ζ, καὶ ἐπεζεύχθω ἡ ΓΖ.

Ἐπεὶ [οὖν] κύκλου τοῦ ΑΒΓ ἐφάπτεταί τις εὐθεῖα ἡ ΔΕ, ἀπὸ δὲ τοῦ κέντρου ἐπὶ τὴν ἁφὴν ἐπέζευκται ἡ ΖΓ, ἡ ΖΓ ἄρα κάθετός ἐστιν ἐπὶ τὴν ΔΕ· ὀρθὴ ἄρα ἐστὶν ἡ ὑπὸ ΖΓΕ. ἐστὶ δὲ καὶ ἡ ὑπὸ ΑΓΕ ὀρθή· ἴση ἄρα ἐστὶν ἡ ὑπὸ ΖΓΕ τῇ ὑπὸ ΑΓΕ ἡ ἐλάττων τῇ μείζονι· ὅπερ ἐστὶν ἀδύνατον. οὐκ ἄρα τὸ Ζ κέντρον ἐστὶ τοῦ ΑΒΓ κύκλου. ὁμοίως δὴ δείξομεν, ὅτι οὐδ᾽ ἄλλο τι πλὴν ἐπὶ τῆς ΑΓ.

Ἐὰν ἄρα κύκλου ἐφάπτηταί τις εὐθεῖα, ἀπὸ δὲ τῆς ἁφῆς τῇ ἐφαπτομένῃ πρὸς ὀρθὰς εὐθεῖα γραμμὴ ἀχθῇ, ἐπὶ τῆς ἀχθείσης ἔσται τὸ κέντρον τοῦ κύκλου· ὅπερ ἔδει δεῖξαι.

Proposition 19

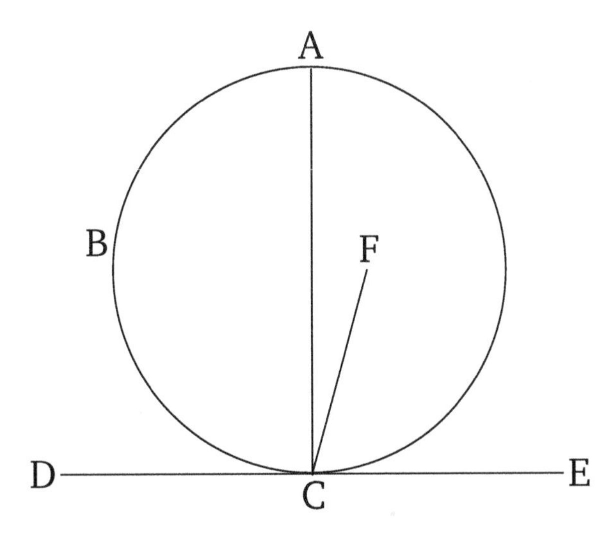

If some straight-line touches a circle, and a straight-line is drawn from the point of contact, at right-[angles] to the tangent, then the center (of the circle) will be on the (straight-line) so drawn.

For let some straight-line DE touch the circle ABC at point C. And let CA have been drawn from C, at right-angles to DE [Prop. 1.11]. I say that the center of the circle is on AC.

For (if) not, if possible, let F be (the center of the circle), and let CF have been joined.

[Therefore], since some straight-line DE touches the circle ABC, and FC has been joined from the center to the point of contact, FC is thus perpendicular to DE [Prop. 3.18]. Thus, FCE is a right-angle. And ACE is also a right-angle. Thus, FCE is equal to ACE, the lesser to the greater. The very thing is impossible. Thus, F is not the center of circle ABC. So, similarly, we can show that neither is any (point) other (than one) on AC.

Thus, if some straight-line touches a circle, and a straight-line is drawn from the point of contact, at right-angles to the tangent, then the center (of the circle) will be on the (straight-line) so drawn. (Which is) the very thing it was required to show.

ΣΤΟΙΧΕΙΩΝ γ´

κ´

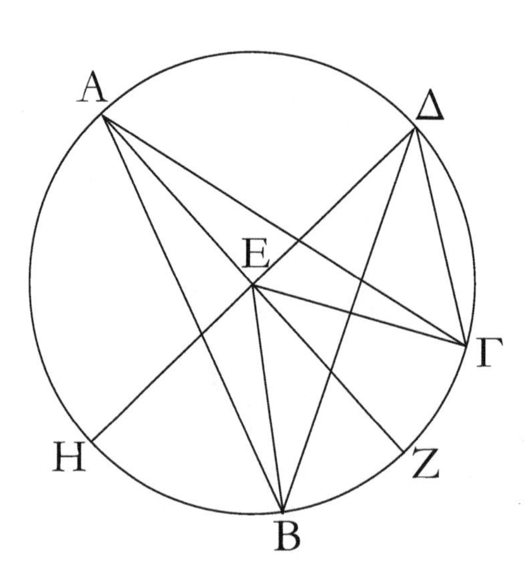

Ἐν κύκλῳ ἡ πρὸς τῷ κέντρῳ γωνία διπλασίων ἐστὶ τῆς πρὸς τῇ περιφερείᾳ, ὅταν τὴν αὐτὴν περιφέρειαν βάσιν ἔχωσιν αἱ γωνίαι.

Ἔστω κύκλος ὁ ΑΒΓ, καὶ πρὸς μὲν τῷ κέντρῳ αὐτοῦ γωνία ἔστω ἡ ὑπὸ ΒΕΓ, πρὸς δὲ τῇ περιφερείᾳ ἡ ὑπὸ ΒΑΓ, ἐχέτωσαν δὲ τὴν αὐτὴν περιφέρειαν βάσιν τὴν ΒΓ· λέγω, ὅτι διπλασίων ἐστὶν ἡ ὑπὸ ΒΕΓ γωνία τῆς ὑπὸ ΒΑΓ.

Ἐπιζευχθεῖσα γὰρ ἡ ΑΕ διήχθω ἐπὶ τὸ Ζ.

Ἐπεὶ οὖν ἴση ἐστὶν ἡ ΕΑ τῇ ΕΒ, ἴση καὶ γωνία ἡ ὑπὸ ΕΑΒ τῇ ὑπὸ ΕΒΑ· αἱ ἄρα ὑπὸ ΕΑΒ, ΕΒΑ γωνίαι τῆς ὑπὸ ΕΑΒ διπλασίους εἰσίν. ἴση δὲ ἡ ὑπὸ ΒΕΖ ταῖς ὑπὸ ΕΑΒ, ΕΒΑ· καὶ ἡ ὑπὸ ΒΕΖ ἄρα τῆς ὑπὸ ΕΑΒ ἐστι διπλῆ. διὰ τὰ αὐτὰ δὴ καὶ ἡ ὑπὸ ΖΕΓ τῆς ὑπὸ ΕΑΓ ἐστι διπλῆ. ὅλη ἄρα ἡ ὑπὸ ΒΕΓ ὅλης τῆς ὑπὸ ΒΑΓ ἐστι διπλῆ.

Κεκλάσθω δὴ πάλιν, καὶ ἔστω ἑτέρα γωνία ἡ ὑπὸ ΒΔΓ, καὶ ἐπιζευχθεῖσα ἡ ΔΕ ἐκβεβλήσθω ἐπὶ τὸ Η. ὁμοίως δὴ δείξομεν, ὅτι διπλῆ ἐστιν ἡ ὑπὸ ΗΕΓ γωνία τῆς ὑπὸ ΕΔΓ, ὧν ἡ ὑπὸ ΗΕΒ διπλῆ ἐστι τῆς ὑπὸ ΕΔΒ· λοιπὴ ἄρα ἡ ὑπὸ ΒΕΓ διπλῆ ἐστι τῆς ὑπὸ ΒΔΓ.

Ἐν κύκλῳ ἄρα ἡ πρὸς τῷ κέντρῳ γωνία διπλασίων ἐστὶ τῆς πρὸς τῇ περιφερείᾳ, ὅταν τὴν αὐτὴν περιφέρειαν βάσιν ἔχωσιν [αἱ γωνίαι]· ὅπερ ἔδει δεῖξαι.

Proposition 20

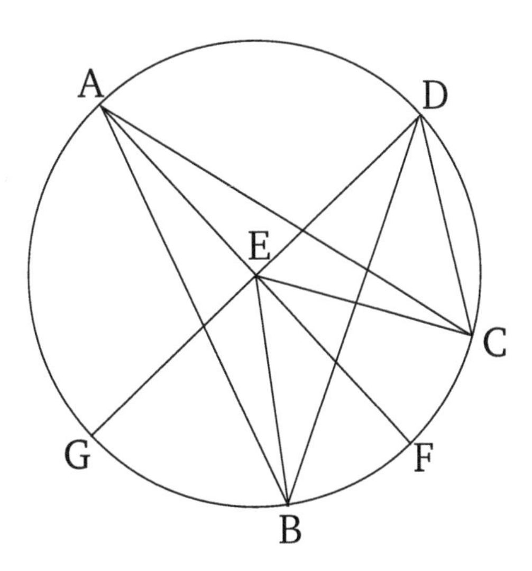

In a circle, the angle at the center is double that at the circumference, when the angles have the same circumference base.

Let ABC be a circle, and let BEC be an angle at its center, and BAC (one) at (its) circumference. And let them have the same circumference base BC. I say that angle BEC is double (angle) BAC.

For being joined, let AE have been drawn through to F.

Therefore, since EA is equal to EB, angle EAB (is) also equal to EBA [Prop. 1.5]. Thus, angle EAB and EBA is double (angle) EAB. And BEF (is) equal to EAB and EBA [Prop. 1.32]. Thus, BEF is also double EAB. So, for the same (reasons), FEC is also double EAC. Thus, the whole (angle) BEC is double the whole (angle) BAC.

So let a (straight-line) have been inflected again, and let there be another angle, BDC. And DE being joined, let it have been produced to G. So, similarly, we can show that angle GEC is double EDC, of which GEB is double EDB. Thus, the remaining (angle) BEC is double the (remaining angle) BDC.

Thus, in a circle, the angle at the center is double that at the circumference, when [the angles] have the same circumference base. (Which is) the very thing it was required to show.

κα΄

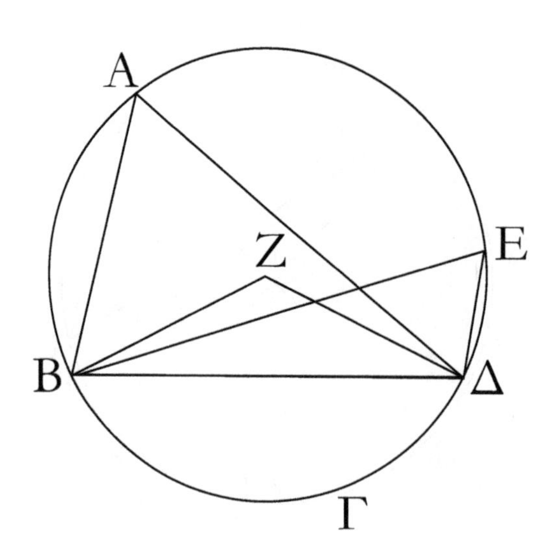

Ἐν κύκλῳ αἱ ἐν τῷ αὐτῷ τμήματι γωνίαι ἴσαι ἀλλήλαις εἰσίν.

Ἔστω κύκλος ὁ ΑΒΓΔ, καὶ ἐν τῷ αὐτῷ τμήματι τῷ ΒΑΕΔ γωνίαι ἔστωσαν αἱ ὑπὸ ΒΑΔ, ΒΕΔ· λέγω, ὅτι αἱ ὑπὸ ΒΑΔ, ΒΕΔ γωνίαι ἴσαι ἀλλήλαις εἰσίν.

Εἰλήφθω γὰρ τοῦ ΑΒΓΔ κύκλου τὸ κέντρον, καὶ ἔστω τὸ Ζ, καὶ ἐπεζεύχθωσαν αἱ ΒΖ, ΖΔ.

Καὶ ἐπεὶ ἡ μὲν ὑπὸ ΒΖΔ γωνία πρὸς τῷ κέντρῳ ἐστίν, ἡ δὲ ὑπὸ ΒΑΔ πρὸς τῇ περιφερείᾳ, καὶ ἔχουσι τὴν αὐτὴν περιφέρειαν βάσιν τὴν ΒΓΔ, ἡ ἄρα ὑπὸ ΒΖΔ γωνία διπλασίων ἐστὶ τῆς ὑπὸ ΒΑΔ. διὰ τὰ αὐτὰ δὴ ἡ ὑπὸ ΒΖΔ καὶ τῆς ὑπὸ ΒΕΔ ἐστι διπλσίων· ἴση ἄρα ἡ ὑπὸ ΒΑΔ τῇ ὑπὸ ΒΕΔ.

Ἐν κύκλῳ ἄρα αἱ ἐν τῷ αὐτῷ τμήματι γωνίαι ἴσαι ἀλλήλαις εἰσίν· ὅπερ ἔδει δεῖξαι.

Proposition 21

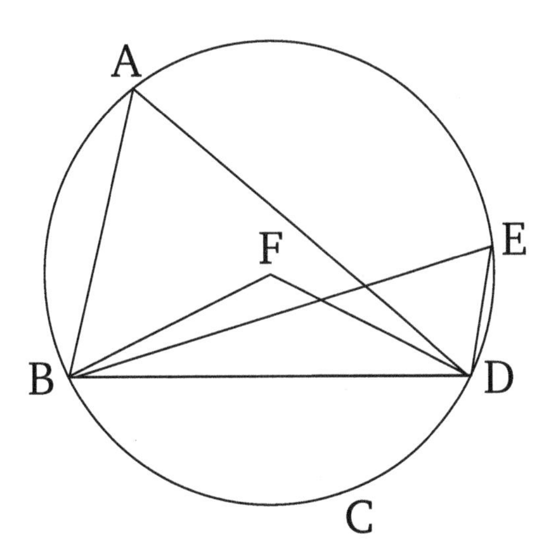

In a circle, angles in the same segment are equal to one another.

Let $ABCD$ be a circle, and let BAD and BED be angles in the same segment $BAED$. I say that angles BAD and BED are equal to one another.

For let the center of circle $ABCD$ have been found [Prop. 3.1], and let it be (at point) F. And let BF and FD have been joined.

And since angle BFD is at the center, and BAD at the circumference, and they have the same circumference base BCD, angle BFD is thus double BAD [Prop. 3.20]. So, for the same (reasons), BFD is also double BED. Thus, BAD (is) equal to BED.

Thus, in a circle, angles in the same segment are equal to one another. (Which is) the very thing it was required to show.

ΣΤΟΙΧΕΙΩΝ γ´

κβ´

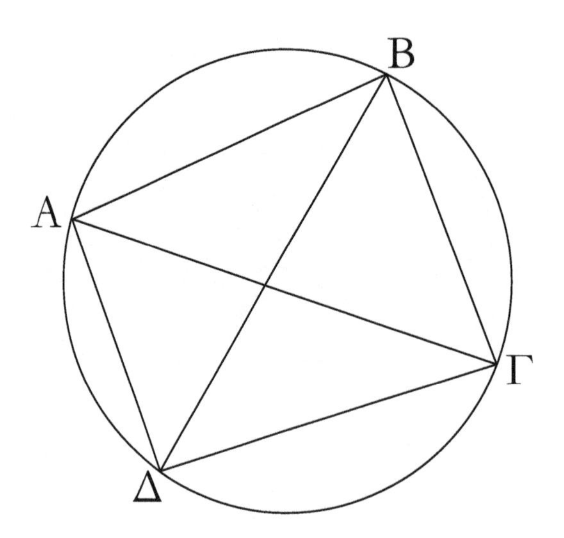

Τῶν ἐν τοῖς κύκλοις τετραπλεύρων αἱ ἀπεναντίον γωνίαι δυσὶν ὀρθαῖς ἴσαι εἰσίν.

Ἔστω κύκλος ὁ ΑΒΓΔ, καὶ ἐν αὐτῷ τετράπλευρον ἔστω τὸ ΑΒΓΔ· λέγω, ὅτι αἱ ἀπεναντίον γωνίαι δυσὶν ὀρθαῖς ἴσαι εἰσίν.

Ἐπεζεύχθωσαν αἱ ΑΓ, ΒΔ.

Ἐπεὶ οὖν παντὸς τριγώνου αἱ τρεῖς γωνίαι δυσὶν ὀρθαῖς ἴσαι εἰσίν, τοῦ ΑΒΓ ἄρα τριγώνου αἱ τρεῖς γωνίαι αἱ ὑπὸ ΓΑΒ, ΑΒΓ, ΒΓΑ δυσὶν ὀρθαῖς ἴσαι εἰσίν. ἴση δὲ ἡ μὲν ὑπὸ ΓΑΒ τῇ ὑπὸ ΒΔΓ· ἐν γὰρ τῷ αὐτῷ τμήματί εἰσι τῷ ΒΑΔΓ· ἡ δὲ ὑπὸ ΑΓΒ τῇ ὑπὸ ΑΔΒ· ἐν γὰρ τῷ αὐτῷ τμήματί εἰσι τῷ ΑΔΓΒ· ὅλη ἄρα ἡ ὑπὸ ΑΔΓ ταῖς ὑπὸ ΒΑΓ, ΑΓΒ ἴση ἐστίν. κοινὴ προσκείσθω ἡ ὑπὸ ΑΒΓ· αἱ ἄρα ὑπὸ ΑΒΓ, ΒΑΓ, ΑΓΒ ταῖς ὑπὸ ΑΒΓ, ΑΔΓ ἴσαι εἰσίν. ἀλλ᾽ αἱ ὑπὸ ΑΒΓ, ΒΑΓ, ΑΓΒ δυσὶν ὀρθαῖς ἴσαι εἰσίν. καὶ αἱ ὑπὸ ΑΒΓ, ΑΔΓ ἄρα δυσὶν ὀρθαῖς ἴσαι εἰσίν. ὁμοίως δὴ δείξομεν, ὅτι καὶ αἱ ὑπὸ ΒΑΔ, ΔΓΒ γωνίαι δυσὶν ὀρθαῖς ἴσαι εἰσίν.

Τῶν ἄρα ἐν τοῖς κύκλοις τετραπλεύρων αἱ ἀπεναντίον γωνίαι δυσὶν ὀρθαῖς ἴσαι εἰσίν· ὅπερ ἔδει δεῖξαι.

Proposition 22

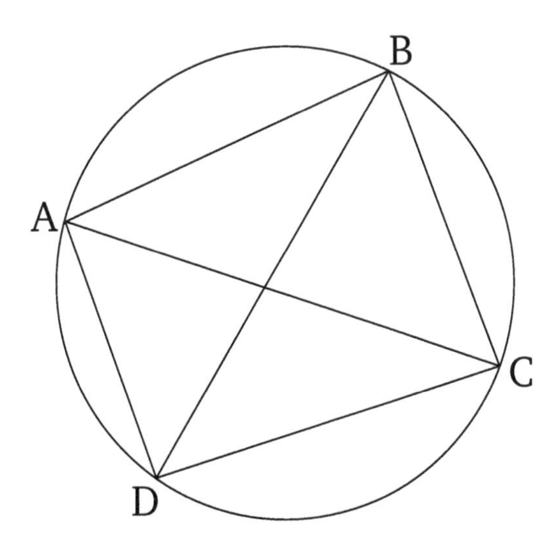

For quadrilaterals within circles, the (sum of the) opposite angles is equal to two right-angles.

Let $ABCD$ be a circle, and let $ABCD$ be a quadrilateral within it. I say that the (sum of the) opposite angles is equal to two right-angles.

Let AC and BD have been joined.

Therefore, since the three angles of every triangle are equal to two right-angles [Prop. 1.32], the three angles CAB, ABC, and BCA of triangle ABC are thus equal to two right-angles. And CAB (is) equal to BDC. For they are in the same segment $BADC$ [Prop. 3.21]. And ACB (is equal) to ADB. For they are in the same segment $ADCB$ [Prop. 3.21]. Thus, the whole of ADC is equal to BAC and ACB. Let ABC have been added to both. Thus, ABC, BAC, and ACB are equal to ABC and ADC. But, ABC, BAC, and ACB are equal to two right-angles. Thus, ABC and ADC are also equal to two right-angles. Similarly, we can show that angles BAD and DCB are also equal to two right-angles.

Thus, for quadrilaterals within circles, the (sum of the) opposite angles is equal to two right-angles. (Which is) the very thing it was required to show.

κγ´

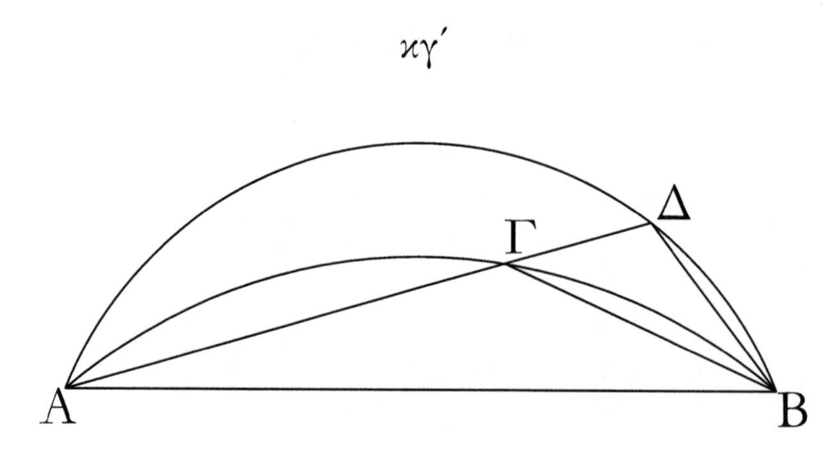

Ἐπὶ τῆς αὐτῆς εὐθείας δύο τμήματα κύκλων ὅμοια καὶ ἄνισα οὐ συσταθήσεται ἐπὶ τὰ αὐτὰ μέρη.

Εἰ γὰρ δυνατόν, ἐπὶ τῆς αὐτῆς εὐθείας τῆς ΑΒ δύο τμήματα κύκλων ὅμοια καὶ ἄνισα συνεστάτω ἐπὶ τὰ αὐτὰ μέρη τὰ ΑΓΒ, ΑΔΒ, καὶ διήχθω ἡ ΑΓΔ, καὶ ἐπεζεύχθωσαν αἱ ΓΒ, ΔΒ.

Ἐπεὶ οὖν ὅμοιόν ἐστι τὸ ΑΓΒ τμῆμα τῷ ΑΔΒ τμήματι, ὅμοια δὲ τμήματα κύκλων ἐστὶ τὰ δεχόμενα γωνίας ἴσας, ἴση ἄρα ἐστὶν ἡ ὑπὸ ΑΓΒ γωνία τῇ ὑπὸ ΑΔΒ ἡ ἐκτὸς τῇ ἐντός· ὅπερ ἐστὶν ἀδύνατον.

Οὐκ ἄρα ἐπὶ τῆς αὐτῆς εὐθείας δύο τμήματα κύκλων ὅμοια καὶ ἄνισα συσταθήσεται ἐπὶ τὰ αὐτὰ μέρη· ὅπερ ἔδει δεῖξαι.

Proposition 23

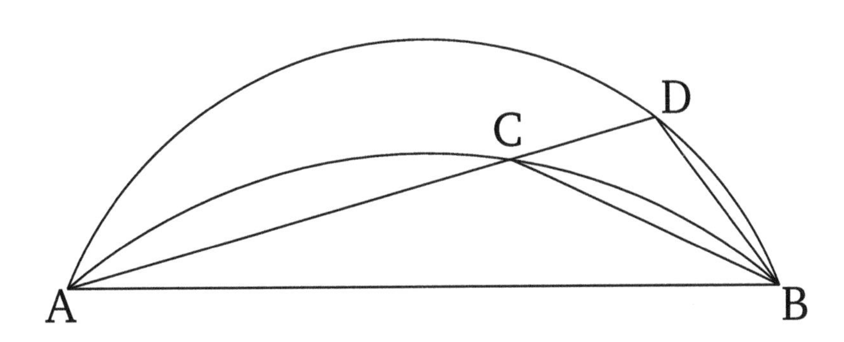

Two similar and unequal segments of circles cannot be constructed on the same side of the same straight-line.

For, if possible, let the two similar and unequal segments of circles, ACB and ADB, have been constructed on the same side of the same straight-line AB. And let ACD have been drawn through (the segments), and let CB and DB have been joined.

Therefore, since segment ACB is similar to segment ADB, and similar segments of circles are those accepting equal angles [Def. 3.11], angle ACB is thus equal to ADB, the external to the internal. The very thing is impossible [Prop. 1.16].

Thus, two similar and unequal segments of circles cannot be constructed on the same side of the same straight-line.

ΣΤΟΙΧΕΙΩΝ γ΄

κδ΄

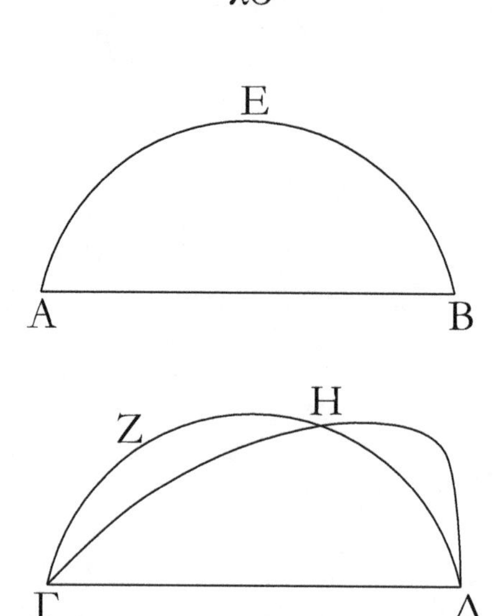

Τὰ ἐπὶ ἴσων εὐθειῶν ὅμοια τμήματα κύλων ἴσα ἀλλήλοις ἐστίν.

Ἔστωσαν γὰρ ἐπὶ ἴσων εὐθειῶν τῶν ΑΒ, ΓΔ ὅμοια τμήματα κύκλων τὰ ΑΕΒ, ΓΖΔ· λέγω, ὅτι ἴσον ἐστὶ τὸ ΑΕΒ τμῆμα τῷ ΓΖΔ τμήματι.

Ἐφαρμοζομένου γὰρ τοῦ ΑΕΒ τμήματος ἐπὶ τὸ ΓΖΔ καὶ τιθεμένου τοῦ μὲν Α σημείου ἐπὶ τὸ Γ τῆς δὲ ΑΒ εὐθείας ἐπὶ τὴν ΓΔ, ἐφαρμόσει καὶ τὸ Β σημεῖον ἐπὶ τὸ Δ σημεῖον διὰ τὸ ἴσην εἶναι τὴν ΑΒ τῇ ΓΔ· τῆς δὲ ΑΒ ἐπὶ τὴν ΓΔ ἐφαρμοσάσης ἐφαρμόσει καὶ τὸ ΑΕΒ τμῆμα ἐπὶ τὸ ΓΖΔ. εἰ γὰρ ἡ ΑΒ εὐθεῖα ἐπὶ τὴν ΓΔ ἐφαρμόσει, τὸ δὲ ΑΕΒ τμῆμα ἐπὶ τὸ ΓΖΔ μὴ ἐφαρμόσει, ἤτοι ἐντὸς αὐτοῦ πεσεῖται ἢ ἐκτὸς ἢ παραλλάξει, ὡς τὸ ΓΗΔ, καὶ κύκλος κύκλον τέμνει κατὰ πλείονα σημεῖα ἢ δύο· ὅπερ ἐστίν ἀδύνατον. οὐκ ἄρα ἐφαρμοζομένης τῆς ΑΒ εὐθείας ἐπὶ τὴν ΓΔ οὐκ ἐφαρμόσει καὶ τὸ ΑΕΒ τμῆμα ἐπὶ τὸ ΓΖΔ· ἐφαρμόσει ἄρα, καὶ ἴσον αὐτῷ ἔσται.

Τὰ ἄρα ἐπὶ ἴσων εὐθειῶν ὅμοια τμήματα κύκλων ἴσα ἀλλήλοις ἐστίν· ὅπερ ἔδει δεῖξαι.

Proposition 24

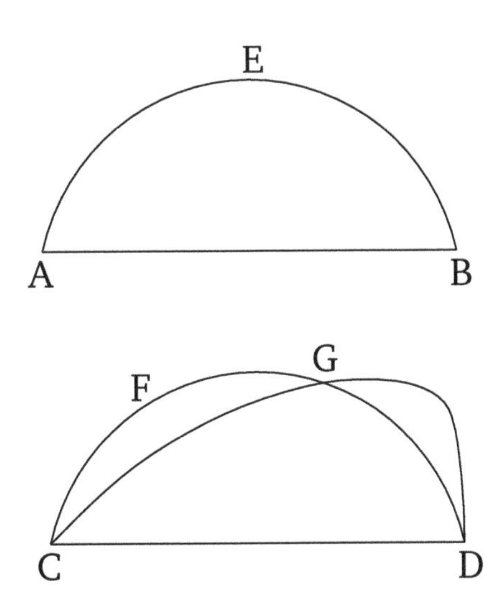

Similar segments of circles on equal straight-lines are equal to one another.

For let AEB and CFD be similar segments of circles on the equal straight-lines AB and CD (respectively). I say that segment AEB is equal to segment CFD.

For let the segment AEB be applied to the segment CFD, the point A being placed on (point) C, and the straight-line AB on CD. The point B will also coincide with point D, on account of AB being equal to CD. And if AB coincides with CD, the segment AEB will also coincide with CFD. For if the straight-line AB coincides with CD, and the segment AEB does not coincide with CFD, then it will surely either fall inside it, outside (it),[45] or it will miss like CGD (in the figure), and a circle (will) cut (another) circle at more than two points. The very thing is impossible [Prop. 3.10]. Thus, if the straight-line AB is applied to CD, the segment AEB cannot fail to also coincide with CFD. Thus, it will coincide, and will be equal to it [C.N. 4].

Thus, similar segments of circles on equal straight-lines are equal to one another. (Which is) the very thing it was required to show.

[45]Both this possibilility, and the previous one, are precluded by Prop. 3.23.

ΣΤΟΙΧΕΙΩΝ γ´

κε´

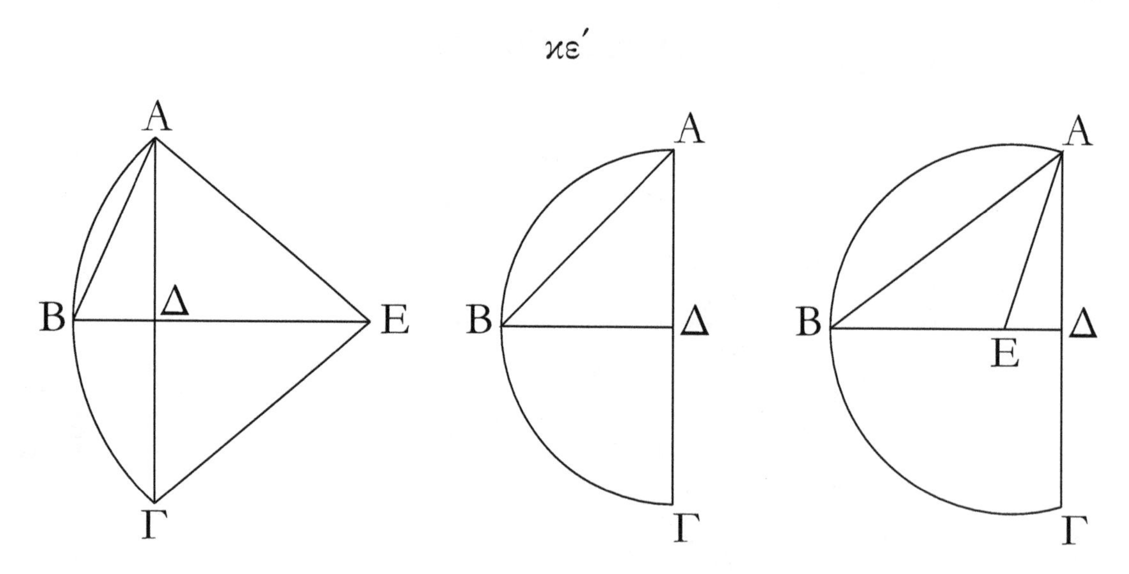

Κύκλου τμήματος δοθέντος προσαναγράψαι τὸν κύκλον, οὗπέρ ἐστι τμῆμα.

Ἔστω τὸ δοθὲν τμῆμα κύκλου τὸ ΑΒΓ· δεῖ δὴ τοῦ ΑΒΓ τμήματος προσαναγράψαι τὸν κύκλον, οὗπέρ ἐστι τμῆμα.

Τετμήσθω γὰρ ἡ ΑΓ δίχα κατὰ τὸ Δ, καὶ ἤχθω ἀπὸ τοῦ Δ σημείου τῇ ΑΓ πρὸς ὀρθὰς ἡ ΔΒ, καὶ ἐπεζεύχθω ἡ ΑΒ· ἡ ὑπὸ ΑΒΔ γωνία ἄρα τῆς ὑπὸ ΒΑΔ ἤτοι μείζων ἐστὶν ἢ ἴση ἢ ἐλάττων.

Ἔστω πρότερον μείζων, καὶ συνεστάτω πρὸς τῇ ΒΑ εὐθείᾳ καὶ τῷ πρὸς αὐτῇ σημείῳ τῷ Α τῇ ὑπὸ ΑΒΔ γωνίᾳ ἴση ἡ ὑπὸ ΒΑΕ, καὶ διήχθω ἡ ΔΒ ἐπὶ τὸ Ε, καὶ ἐπεζεύχθω ἡ ΕΓ. ἐπεὶ οὖν ἴση ἐστὶν ἡ ὑπὸ ΑΒΕ γωνία τῇ ὑπὸ ΒΑΕ, ἴση ἄρα ἐστὶ καὶ ἡ ΕΒ εὐθεῖα τῇ ΕΑ. καὶ ἐπεὶ ἴση ἐστὶν ἡ ΑΔ τῇ ΔΓ, κοινὴ δὲ ἡ ΔΕ, δύο δὴ αἱ ΑΔ, ΔΕ δύο ταῖς ΓΔ, ΔΕ ἴσαι εἰσὶν ἑκατέρα ἑκατέρᾳ· καὶ γωνία ἡ ὑπὸ ΑΔΕ γωνίᾳ τῇ ὑπὸ ΓΔΕ ἐστιν ἴση· ὀρθὴ γὰρ ἑκατέρα· βάσις ἄρα ἡ ΑΕ βάσει τῇ ΓΕ ἐστιν ἴση. ἀλλὰ ἡ ΑΕ τῇ ΒΕ ἐδείχθη ἴση· καὶ ἡ ΒΕ ἄρα τῇ ΓΕ ἐστιν ἴση· αἱ τρεῖς ἄρα αἱ ΑΕ, ΕΒ, ΕΓ ἴσαι ἀλλήλαις εἰσίν· ὁ ἄρα κέντρῳ τῷ Ε διαστήματι δὲ ἑνὶ τῶν ΑΕ, ΕΒ, ΕΓ κύκλος γραφόμενος ἥξει καὶ διὰ τῶν λοιπῶν σημείων καὶ ἔσται προσαναγεγραμμένος. κύκλου ἄρα τμήματος δοθέντος προσαναγέγραπται ὁ κύκλος. καὶ δῆλον, ὡς τὸ ΑΒΓ τμῆμα ἔλαττόν ἐστιν ἡμικυκλίου διὰ τὸ τὸ Ε κέντρον ἐκτὸς αὐτοῦ τυγχάνειν.

Ὁμοίως [δὲ] κἂν ᾖ ἡ ὑπὸ ΑΒΔ γωνία ἴση τῇ ὑπὸ ΒΑΔ, τῆς ΑΔ ἴσης γενομένης ἑκατέρᾳ τῶν ΒΔ, ΔΓ αἱ τρεῖς αἱ ΔΑ, ΔΒ, ΔΓ ἴσαι ἀλλήλαις ἔσονται, καὶ ἔσται τὸ Δ κέντρον τοῦ προσαναπεπληρωμένου κύκλου, καὶ δηλαδὴ ἔσται τὸ ΑΒΓ ἡμικύκλιον.

Ἐὰν δὲ ἡ ὑπὸ ΑΒΔ ἐλάττων ᾖ τῆς ὑπὸ ΒΑΔ, καὶ συστησώμεθα πρὸς τῇ ΒΑ εὐθείᾳ καὶ τῷ πρὸς αὐτῇ σημείῳ τῷ Α τῇ ὑπὸ ΑΒΔ γωνίᾳ ἴσην, ἐντὸς τοῦ ΑΒΓ τμήματος πεσεῖται τὸ κέντρον ἐπὶ τῆς ΔΒ, καὶ ἔσται δηλαδὴ τὸ ΑΒΓ τμῆμα μεῖζον ἡμικυκλίου.

Κύκλου ἄρα τμήματος δοθέντος προσαναγέγραπται ὁ κύκλος· ὅπερ ἔδει ποιῆσαι.

Proposition 25

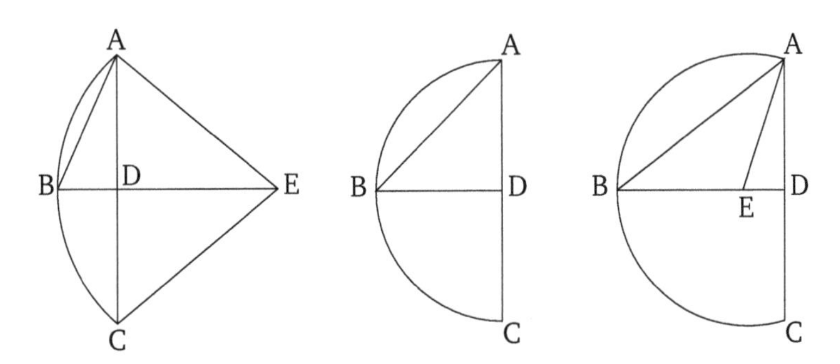

To complete the circle for a given segment of a circle, the very one of which it is a segment.

Let ABC be the given segment of a circle. So it is required to complete the circle for segment ABC, the very one of which it is a segment.

For let AC have been cut in half at (point) D [Prop. 1.10], and let DB have been drawn from point D, at right-angles to AC [Prop. 1.11]. And let AB have been joined. Thus, angle ABD is surely either greater than, equal to, or less than (angle) BAD.

First of all, let it be greater. And let (angle) BAE have been constructed, equal to angle ABD, at the point A on the straight-line BA [Prop. 1.23]. And let DB have been drawn through to E, and let EC have been joined. Therefore, since angle ABE is equal to BAE, the straight-line EB is thus also equal to EA [Prop. 1.6]. And since AD is equal to DC, and DE (is) common, the two (straight-lines) AD, DE are equal to the two (straight-lines) CD, DE, respectively. And angle ADE is equal to angle CDE. For each (is) a right-angle. Thus, the base AE is equal to the base CE [Prop. 1.4]. But, AE was shown (to be) equal to BE. Thus, BE is also equal to CE. Thus, the three (straight-lines) AE, EB, and EC are equal to one another. Thus, if a circle is drawn with center E, and radius one of AE, EB, or EC, it will also go through the remaining points (of the segment), and the (associated circle) will be completed [Prop. 3.9]. Thus, a circle has been completed from the given segment of a circle. And (it is) clear that the segment ABC is less than a semi-circle, on account of the center E lying outside it.

[And], similarly, even if angle ABD is equal to BAD, (since) AD becomes equal to each of BD [Prop. 1.6] and DC, the three (straight-lines) DA, DB, and DC will be equal to one another. And point D will be the center of the completed circle. And ABC will manifestly be a semi-circle.

And if ABD is less than BAD, and we construct (angle BAE), equal to angle ABD, at the point A on the straight-line BA [Prop. 1.23], then the center will fall on DB, inside the segment ABC. And segment ABC will manifestly be greater than a semi-circle.

Thus, a circle has been completed from the given segment of a circle. (Which is) the very thing it was required to do.

κϛ´

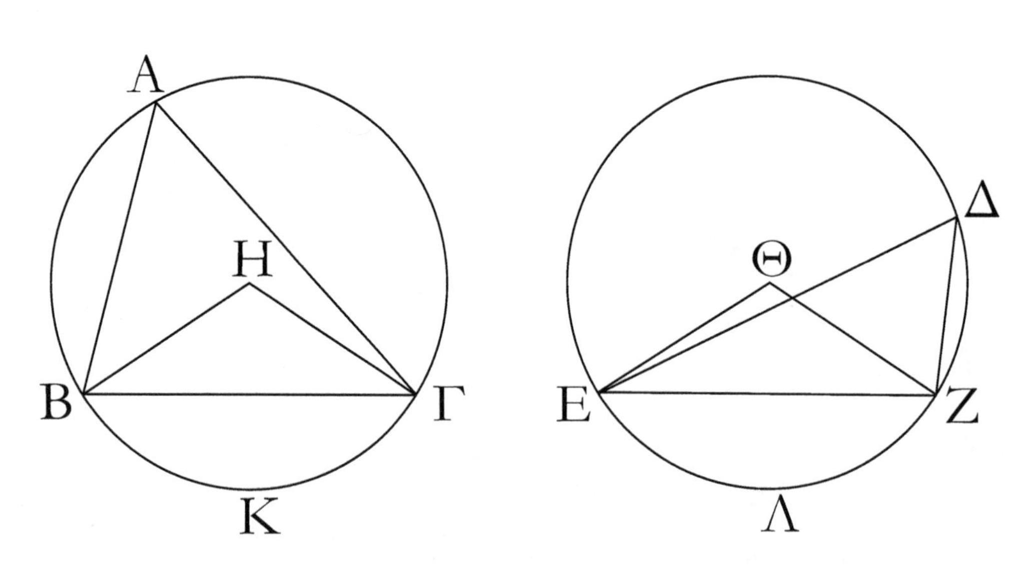

Ἐν τοῖς ἴσοις κύκλοις αἱ ἴσαι γωνίαι ἐπὶ ἴσων περιφερειῶν βεβήκασιν, ἐάν τε πρὸς τοῖς κέντροις ἐάν τε πρὸς ταῖς περιφερείαις ὦσι βεβηκυῖαι.

Ἔστωσαν ἴσοι κύκλοι οἱ ΑΒΓ, ΔΕΖ καὶ ἐν αὐτοῖς ἴσαι γωνίαι ἔστωσαν πρὸς μὲν τοῖς κέντροις αἱ ὑπὸ ΒΗΓ, ΕΘΖ, πρὸς δὲ ταῖς περιφερείαις αἱ ὑπὸ ΒΑΓ, ΕΔΖ· λέγω, ὅτι ἴση ἐστὶν ἡ ΒΚΓ περιφέρεια τῇ ΕΛΖ περιφερείᾳ.

Ἐπεζεύχθωσαν γὰρ αἱ ΒΓ, ΕΖ.

Καὶ ἐπεὶ ἴσοι εἰσὶν οἱ ΑΒΓ, ΔΕΖ κύκλοι, ἴσαι εἰσὶν αἱ ἐκ τῶν κέντρων· δύο δὴ αἱ ΒΗ, ΗΓ δύο ταῖς ΕΘ, ΘΖ ἴσαι· καὶ γωνία ἡ πρὸς τῷ Η γωνίᾳ τῇ πρὸς τῷ Θ ἴση· βάσις ἄρα ἡ ΒΓ βάσει τῇ ΕΖ ἐστιν ἴση. καὶ ἐπεὶ ἴση ἐστὶν ἡ πρὸς τῷ Α γωνία τῇ πρὸς τῷ Δ, ὅμοιον ἄρα ἐστὶ τὸ ΒΑΓ τμῆμα τῷ ΕΔΖ τμήματι· καί εἰσιν ἐπὶ ἴσων εὐθειῶν [τῶν ΒΓ, ΕΖ]· τὰ δὲ ἐπὶ ἴσων εὐθειῶν ὅμοια τμήματα κύκλων ἴσα ἀλλήλοις ἐστίν· ἴσον ἄρα τὸ ΒΑΓ τμῆμα τῷ ΕΔΖ. ἔστι δὲ καὶ ὅλος ὁ ΑΒΓ κύκλος ὅλῳ τῷ ΔΕΖ κύκλῳ ἴσος· λοιπὴ ἄρα ἡ ΒΚΓ περιφέρεια τῇ ΕΛΖ περιφερείᾳ ἐστὶν ἴση.

Ἐν ἄρα τοῖς ἴσοις κύκλοις αἱ ἴσαι γωνίαι ἐπὶ ἴσων περιφερειῶν βεβήκασιν, ἐάν τε πρὸς τοῖς κέντροις ἐάν τε πρὸς ταῖς περιφερείας ὦσι βεβηκυῖαι· ὅπερ ἔδει δεῖξαι.

Proposition 26

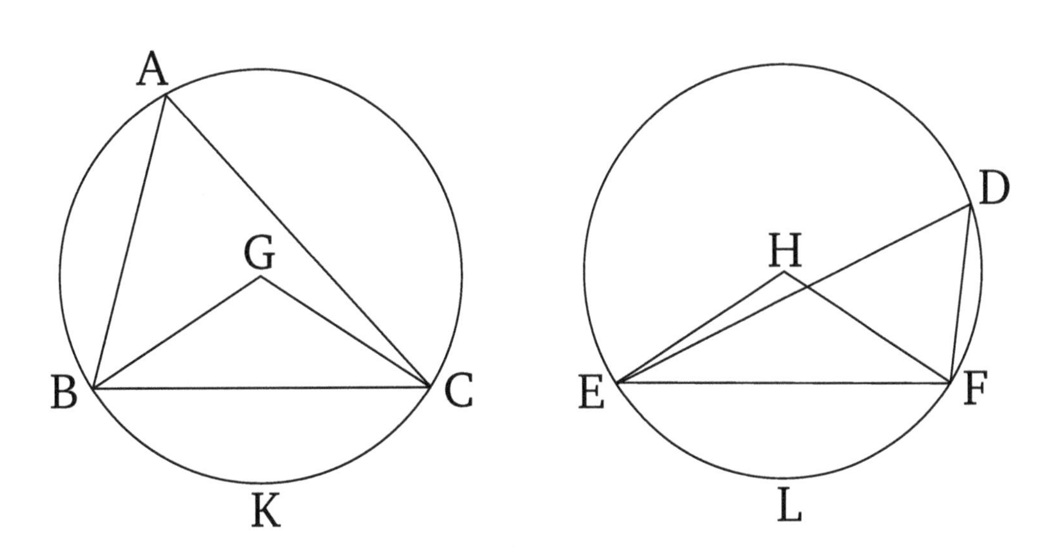

Equal angles stand upon equal circumferences in equal circles, whether they are standing at the center or at the circumference.

Let ABC and DEF be equal circles, and within them let BGC and EHF be equal angles at the center, and BAC and EDF (equal angles) at the circumference. I say that circumference BKC is equal to circumference ELF.

For let BC and EF have been joined.

And since circles ABC and DEF are equal, their radii are equal. So the two (straight-lines) BG, GC (are) equal to the two (straight-lines) EH, HF (respectively). And the angle at G (is) equal to the angle at H. Thus, the base BC is equal to the base EF [Prop. 1.4]. And since the angle at A is equal to the (angle) at D, the segment BAC is thus similar to the segment EDF [Def. 3.11]. And they are on equal straight-lines [BC and EF]. And similar segments of circles on equal straight-lines are equal to one another [Prop. 3.24]. Thus, segment BAC is equal to (segment) EDF. And the whole circle ABC is also equal to the whole circle DEF. Thus, the remaining circumference BKC is equal to the (remaining) circumference ELF.

Thus, equal angles stand upon equal circumferences in equal circles, whether they are standing at the center or at the circumference. (Which is) the very thing which it was required to show.

κζ´

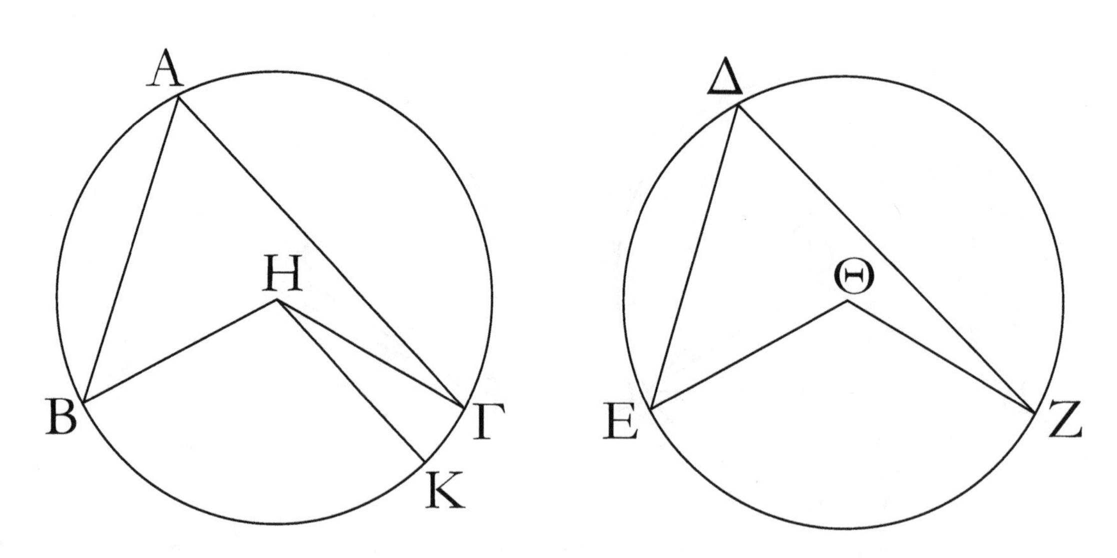

Ἐν τοῖς ἴσοις κύκλοις αἱ ἐπὶ ἴσων περιφερειῶν βεβηκυῖαι γωνίαι ἴσαι ἀλλήλαις εἰσίν, ἐάν τε πρὸς τοῖς κέντροις ἐάν τε πρὸς ταῖς περιφερείαις ὦσι βεβηκυῖαι.

Ἐν γὰρ ἴσοις κύκλοις τοῖς ΑΒΓ, ΔΕΖ ἐπὶ ἴσων περιφερειῶν τῶν ΒΓ, ΕΖ πρὸς μὲν τοῖς Η, Θ κέντροις γωνίαι βεβηκέτωσαν αἱ ὑπὸ ΒΗΓ, ΕΘΖ, πρὸς δὲ ταῖς περιφερείαις αἱ ὑπὸ ΒΑΓ, ΕΔΖ· λέγω, ὅτι ἡ μὲν ὑπὸ ΒΗΓ γωνία τῇ ὑπὸ ΕΘΖ ἐστιν ἴση, ἡ δὲ ὑπὸ ΒΑΓ τῇ ὑπὸ ΕΔΖ ἐστιν ἴση.

Εἰ γὰρ ἄνισός ἐστιν ἡ ὑπὸ ΒΗΓ τῇ ὑπὸ ΕΘΖ, μία αὐτῶν μείζων ἐστίν. ἔστω μείζων ἡ ὑπὸ ΒΗΓ, καὶ συνεστάτω πρὸς τῇ ΒΗ εὐθείᾳ καὶ τῷ πρὸς αὐτῇ σημείῳ τῷ Η τῇ ὑπὸ ΕΘΖ γωνίᾳ ἴση ἡ ὑπὸ ΒΗΚ· αἱ δὲ ἴσαι γωνίαι ἐπὶ ἴσων περιφερειῶν βεβήκασιν, ὅταν πρὸς τοῖς κέντροις ὦσιν· ἴση ἄρα ἡ ΒΚ περιφέρεια τῇ ΕΖ περιφερείᾳ. ἀλλὰ ἡ ΕΖ τῇ ΒΓ ἐστιν ἴση· καὶ ἡ ΒΚ ἄρα τῇ ΒΓ ἐστιν ἴση ἡ ἐλάττων τῇ μείζονι· ὅπερ ἐστὶν ἀδύνατον. οὐκ ἄρα ἄνισός ἐστιν ἡ ὑπὸ ΒΗΓ γωνία τῇ ὑπὸ ΕΘΖ· ἴση ἄρα. καί ἐστι τῆς μὲν ὑπὸ ΒΗΓ ἡμίσεια ἡ πρὸς τῷ Α, τῆς δὲ ὑπὸ ΕΘΖ ἡμίσεια ἡ πρὸς τῷ Δ· ἴση ἄρα καὶ ἡ πρὸς τῷ Α γωνία τῇ πρὸς τῷ Δ.

Ἐν ἄρα τοῖς ἴσοις κύκλοις αἱ ἐπὶ ἴσων περιφερειῶν βεβηκυῖαι γωνίαι ἴσαι ἀλλήλαις εἰσίν, ἐάν τε πρὸς τοῖς κέντροις ἐάν τε πρὸς ταῖς περιφερείαις ὦσι βεβηκυῖαι· ὅπερ ἔδει δεῖξαι.

Proposition 27

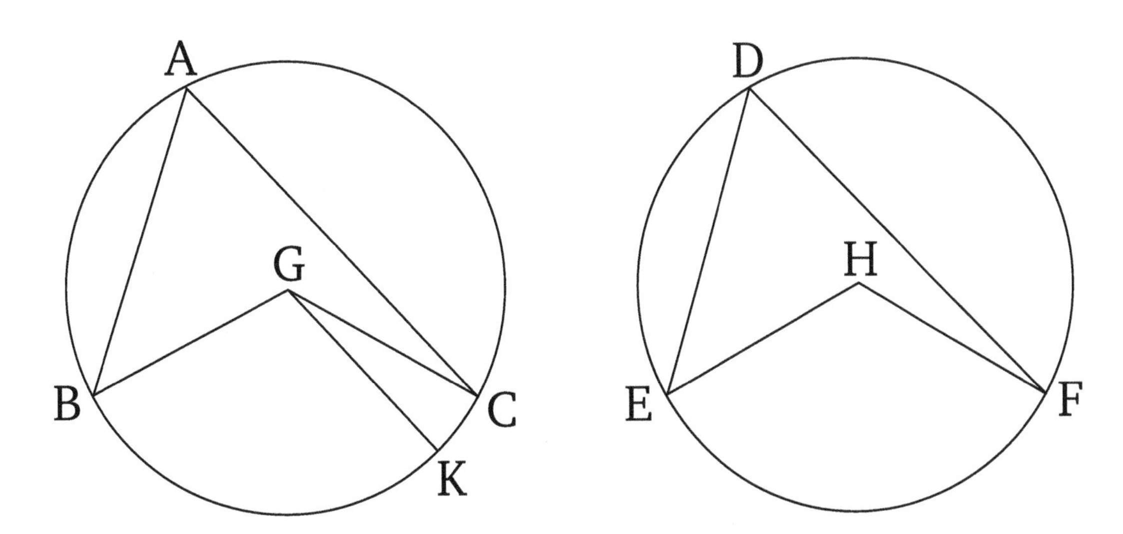

Angles standing upon equal circumferences in equal circles are equal to one another, whether they are standing at the center or at the circumference.

For let the angles BGC and EHF at the centers G and H, and the (angles) BAC and EDF at the circumferences, stand upon the equal circumferences BC and EF, in the equal circles ABC and DEF (respectively). I say that angle BGC is equal to (angle) EHF, and BAC is equal to EDF.

For if BGC is unequal to EHF, one of them is greater. Let BGC be greater, and let the (angle) BGK, equal to the angle EHF, have been constructed at the point G on the straight-line BG [Prop. 1.23]. But equal angles (in equal circles) stand upon equal circumferences, when they are at the centers [Prop. 3.26]. Thus, circumference BK (is) equal to circumference EF. But, EF is equal to BC. Thus, BK is also equal to BC, the lesser to the greater. The very thing is impossible. Thus, angle BGC is not unequal to EHF. Thus, (it is) equal. And the (angle) at A is half BGC, and the (angle) at D half EHF [Prop. 3.20]. Thus, the angle at A (is) also equal to the (angle) at D.

Thus, angles standing upon equal circumferences in equal circles are equal to one another, whether they are standing at the center or at the circumference. (Which is) the very thing it was required to show.

ΣΤΟΙΧΕΙΩΝ γ΄

κη΄

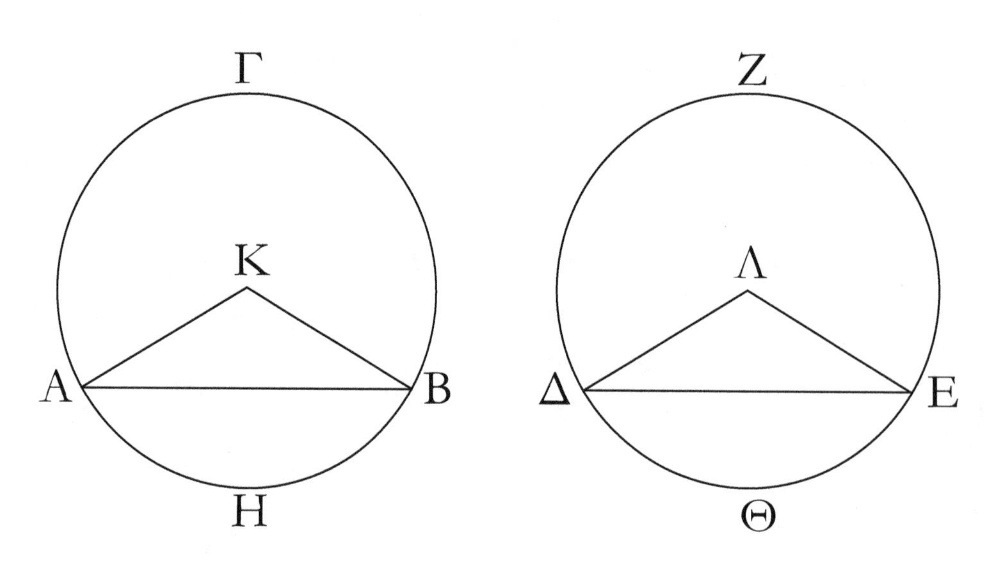

Ἐν τοῖς ἴσοις κύκλοις αἱ ἴσαι εὐθεῖαι ἴσας περιφερείας ἀφαιροῦσι τὴν μὲν μείζονα τῇ μείζονι τὴν δὲ ἐλάττονα τῇ ἐλάττονι.

Ἔστωσαν ἴσοι κύκλοι οἱ ΑΒΓ, ΔΕΖ, καὶ ἐν τοῖς κύκλοις ἴσαι εὐθεῖαι ἔστωσαν αἱ ΑΒ, ΔΕ τὰς μὲν ΑΓΒ, ΑΖΕ περιφερείας μείζονας ἀφαιροῦσαι τὰς δὲ ΑΗΒ, ΔΘΕ ἐλάττονας· λέγω, ὅτι ἡ μὲν ΑΓΒ μείζων περιφέρεια ἴση ἐστὶ τῇ ΔΖΕ μείζονι περιφερείᾳ ἡ δὲ ΑΗΒ ἐλάττων περιφέρεια τῇ ΔΘΕ.

Εἰλήφθω γὰρ τὰ κέντρα τῶν κύκλων τὰ Κ, Λ, καὶ ἐπεζεύχθωσαν αἱ ΑΚ, ΚΒ, ΔΛ, ΛΕ.

Καὶ ἐπεὶ ἴσοι κύκλοι εἰσίν, ἴσαι εἰσὶ καὶ αἱ ἐκ τῶν κέντρων· δύο δὴ αἱ ΑΚ, ΚΒ δυσὶ ταῖς ΔΛ, ΛΕ ἴσαι εἰσίν· καὶ βάσις ἡ ΑΒ βάσει τῇ ΔΕ ἴση· γωνία ἄρα ἡ ὑπὸ ΑΚΒ γωνίᾳ τῇ ὑπὸ ΔΛΕ ἴση ἐστίν. αἱ δὲ ἴσαι γωνίαι ἐπὶ ἴσων περιφερειῶν βεβήκασιν, ὅταν πρὸς τοῖς κέντροις ὦσιν· ἴση ἄρα ἡ ΑΗΒ περιφέρεια τῇ ΔΘΕ. ἐστὶ δὲ καὶ ὅλος ὁ ΑΒΓ κύκλος ὅλῳ τῷ ΔΕΖ κύκλῳ ἴσος· καὶ λοιπὴ ἄρα ἡ ΑΓΒ περιφέρεια λοιπῇ τῇ ΔΖΕ περιφερείᾳ ἴση ἐστίν.

Ἐν ἄρα τοῖς ἴσοις κύκλοις αἱ ἴσαι εὐθεῖαι ἴσας περιφερείας ἀφαιροῦσι τὴν μὲν μείζονα τῇ μείζονι τὴν δὲ ἐλάττονα τῇ ἐλάττονι· ὅπερ ἔδει δεῖξαι.

Proposition 28

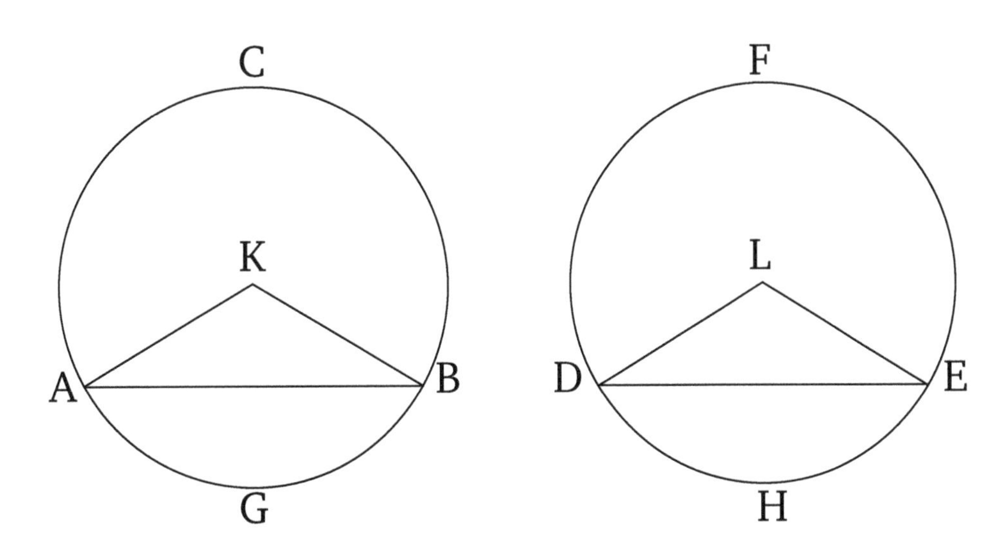

Equal straight-lines cut off equal circumferences in equal circles, the greater (circumference being equal) to the greater, and the lesser to the lesser.

Let ABC and DEF be equal circles, and let AB and DE be equal straight-lines in these circles, cutting off the greater circumferences ACB and DFE, and the lesser (circumferences) AGB and DHE (respectively). I say that the greater circumference ACB is equal to the greater circumference DFE, and the lesser circumference AGB to (the lesser) DHE.

For let the centers of the circles, K and L, have been found [Prop. 3.1], and let AK, KB, DL, and LE have been joined.

And since (ABC and DEF) are equal circles, their radii are also equal [Def. 3.1]. So the two (straight-lines) AK, KB are equal to the two (straight-lines) DL, LE (respectively). And the base AB (is) equal to the base DE. Thus, angle AKB is equal to angle DLE [Prop. 1.8]. And equal angles stand upon equal circumferences, when they are at the centers [Prop. 3.26]. Thus, circumference AGB (is) equal to DHE. And the whole circle ABC is also equal to the whole circle DEF. Thus, the remaining circumference ACB is also equal to the remaining circumference DFE.

Thus, equal straight-lines cut off equal circumferences in equal circles, the greater (circumference being equal) to the greater, and the lesser to the lesser. (Which is) the very thing it was required to show.

κθ΄

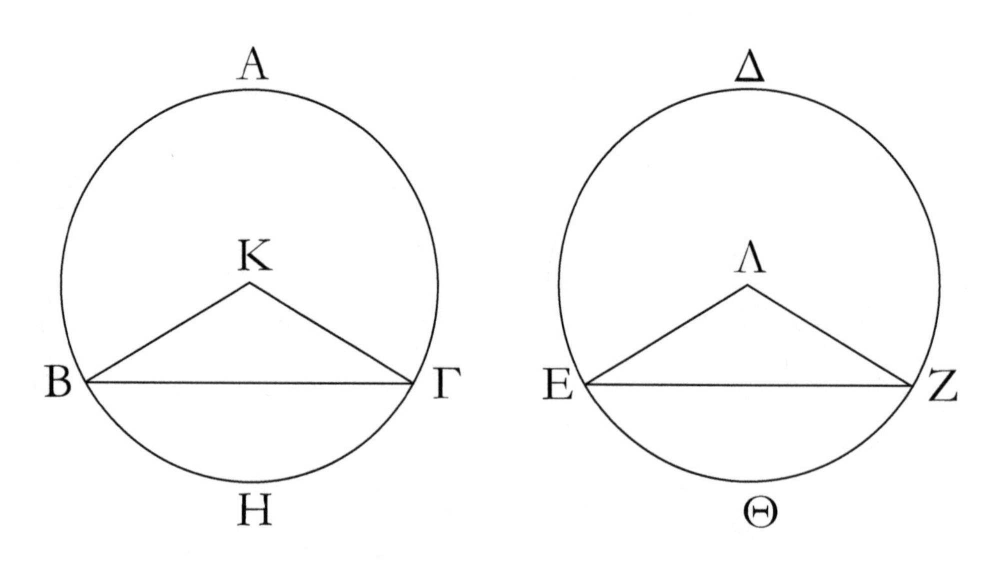

Ἐν τοῖς ἴσοις κύκλοις τὰς ἴσας περιφερείας ἴσαι εὐθεῖαι ὑποτείνουσιν.

Ἔστωσαν ἴσοι κύκλοι οἱ ΑΒΓ, ΔΕΖ, καὶ ἐν αὐτοῖς ἴσαι περιφέρειαι ἀπειλήφθωσαν αἱ ΒΗΓ, ΕΘΖ, καὶ ἐπεζεύχθωσαν αἱ ΒΓ, ΕΖ εὐθεῖαι· λέγω, ὅτι ἴση ἐστὶν ἡ ΒΓ τῇ ΕΖ.

Εἰλήφθω γὰρ τὰ κέντρα τῶν κύκλων, καὶ ἔστω τὰ Κ, Λ, καὶ ἐπεζεύχθωσαν αἱ ΒΚ, ΚΓ, ΕΛ, ΛΖ.

Καὶ ἐπεὶ ἴση ἐστὶν ἡ ΒΗΓ περιφέρεια τῇ ΕΘΖ περιφερείᾳ, ἴση ἐστὶ καὶ γωνία ἡ ὑπὸ ΒΚΓ τῇ ὑπὸ ΕΛΖ. καὶ ἐπεὶ ἴσοι εἰσὶν οἱ ΑΒΓ, ΔΕΖ κύκλοι, ἴσαι εἰσὶ καὶ αἱ ἐκ τῶν κέντρων· δύο δὴ αἱ ΒΚ, ΚΓ δυσὶ ταῖς ΕΛ, ΛΖ ἴσαι εἰσίν· καὶ γωνίας ἴσας περιέχουσιν· βάσις ἄρα ἡ ΒΓ βάσει τῇ ΕΖ ἴση ἐστίν·

Ἐν ἄρα τοῖς ἴσοις κύκλοις τὰς ἴσας περιφερείας ἴσαι εὐθεῖαι ὑποτείνουσιν· ὅπερ ἔδει δεῖξαι.

Proposition 29

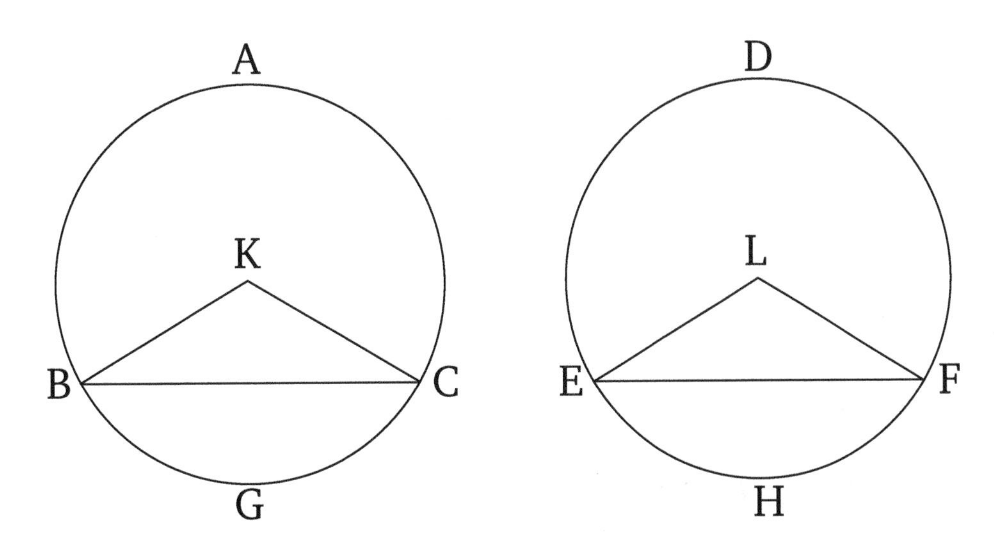

Equal straight-lines subtend equal circumferences in equal circles.

Let ABC and DEF be equal circles, and within them let the equal circumferences BGC and EHF have been cut off. And let the straight-lines BC and EF have been joined. I say that BC is equal to EF.

For let the centers of the circles have been found [Prop. 3.1], and let them be (at) K and L. And let BK, KC, EL, and LF have been joined.

And since the circumference BGC is equal to the circumference EHF, the angle BKC is also equal to (angle) ELF [Prop. 3.27]. And since the circles ABC and DEF are equal, their radii are also equal [Def. 3.1]. So the two (straight-lines) BK, KC are equal to the two (straight-lines) EL, LF (respectively). And they contain equal angles. Thus, the base BC is equal to the base EF [Prop. 1.4].

Thus, equal straight-lines subtend equal circumferences in equal circles. (Which is) the very thing it was required to show.

λʹ

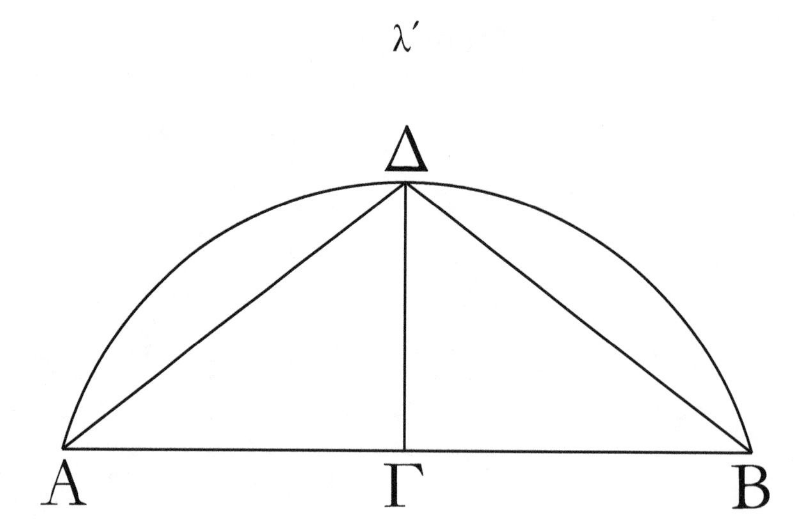

Τὴν δοθεῖσαν περιφέρειαν δίχα τεμεῖν.

Ἔστω ἡ δοθεῖσα περιφέρεια ἡ ΑΔΒ· δεῖ δὴ τὴν ΑΔΒ περιφέρειαν δίχα τεμεῖν.

Ἐπεζεύχθω ἡ ΑΒ, καὶ τετμήσθω δίχα κατὰ τὸ Γ, καὶ ἀπὸ τοῦ Γ σημείου τῇ ΑΒ εὐθείᾳ πρὸς ὀρθὰς ἤχθω ἡ ΓΔ, καὶ ἐπεζεύχθωσαν αἱ ΑΔ, ΔΒ.

Καὶ ἐπεὶ ἴση ἐστὶν ἡ ΑΓ τῇ ΓΒ, κοινὴ δὲ ἡ ΓΔ, δύο δὴ αἱ ΑΓ, ΓΔ δυσὶ ταῖς ΒΓ, ΓΔ ἴσαι εἰσίν· καὶ γωνία ἡ ὑπὸ ΑΓΔ γωνίᾳ τῇ ὑπὸ ΒΓΔ ἴση· ὀρθὴ γὰρ ἑκατέρα· βάσις ἄρα ἡ ΑΔ βάσει τῇ ΔΒ ἴση ἐστίν. αἱ δὲ ἴσαι εὐθεῖαι ἴσας περιφερείας ἀφαιροῦσι τὴν μὲν μείζονα τῇ μείζονι τὴν δὲ ἐλάττονα τῇ ἐλάττονι· κάι ἐστιν ἑκατέρα τῶν ΑΔ, ΔΒ περιφερειῶν ἐλάττων ἡμικυκλίου· ἴση ἄρα ἡ ΑΔ περιφέρεια τῇ ΔΒ περιφερείᾳ.

Ἡ ἄρα δοθεῖσα περιφέρεια δίχα τέτμηται κατὰ τὸ Δ σημεῖον· ὅπερ ἔδει ποιῆσαι.

Proposition 30

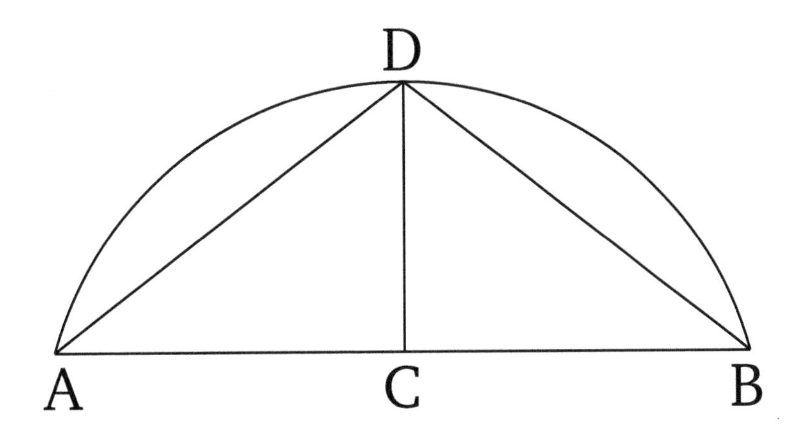

To cut a given circumference in half.

Let ADB be the given circumference. So it is required to cut circumference ADB in half.

Let AB have been joined, and let it have been cut in half at (point) C [Prop. 1.10]. And let CD have been drawn from point C, at right-angles to AB [Prop. 1.11]. And let AD, and DB have been joined.

And since AC is equal to CB, and CD (is) common, the two (straight-lines) AC, CD are equal to the two (straight-lines) BC, CD (respectively). And angle ACD (is) equal to angle BCD. For (they are) each right-angles. Thus, the base AD is equal to the base DB [Prop. 1.4]. And equal straight-lines cut off equal circumferences, the greater (circumference being equal) to the greater, and the lesser to the lesser [Prop. 1.28]. And the circumferences AD and DB are each less than a semi-circle. Thus, circumference AD (is) equal to circumference DB.

Thus, the given circumference has been cut in half at point D. (Which is) the very thing it was required to do.

ΣΤΟΙΧΕΙΩΝ γ´

λα´

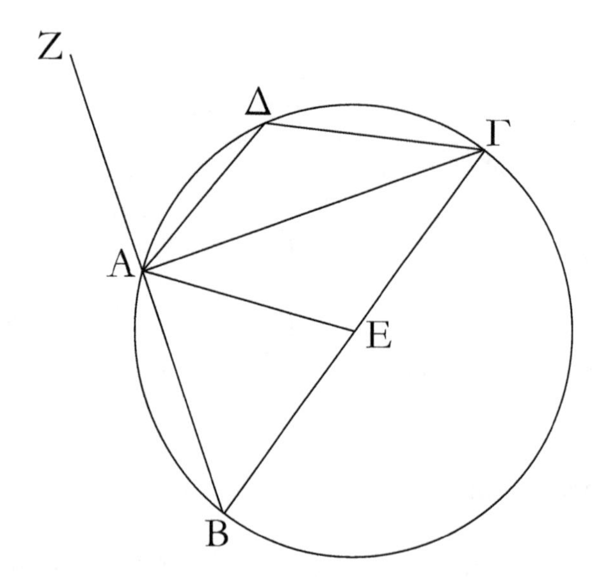

Ἐν κύκλῳ ἡ μὲν ἐν τῷ ἡμικυκλίῳ γωνία ὀρθή ἐστιν, ἡ δὲ ἐν τῷ μείζονι τμήματι ἐλάττων ὀρθῆς, ἡ δὲ ἐν τῷ ἐλάττονι τμήματι μείζων ὀρθῆς· καὶ ἔπι ἡ μὲν τοῦ μείζονος τμήματος γωνία μείζων ἐστὶν ὀρθῆς, ἡ δὲ τοῦ ἐλάττονος τμήματος γωνία ἐλάττων ὀρθῆς.

Ἔστω κύκλος ὁ ΑΒΓΔ, διάμετρος δὲ αὐτοῦ ἔστω ἡ ΒΓ, κέντρον δὲ τὸ Ε, καὶ ἐπεζεύχθωσαν αἱ ΒΑ, ΑΓ, ΑΔ, ΔΓ· λέγω, ὅτι ἡ μὲν ἐν τῷ ΒΑΓ ἡμικυκλίῳ γωνία ἡ ὑπὸ ΒΑΓ ὀρθή ἐστιν, ἡ δὲ ἐν τῷ ΑΒΓ μείζονι τοῦ ἡμικυκλίου τμήματι γωνία ἡ ὑπὸ ΑΒΓ ἐλάττων ἐστὶν ὀρθῆς, ἡ δὲ ἐν τῷ ΑΔΓ ἐλάττονι τοῦ ἡμικυκλίου τμήματι γωνία ἡ ὑπὸ ΑΔΓ μείζων ἐστὶν ὀρθῆς.

Ἐπεζεύχθω ἡ ΑΕ, καὶ διήχθω ἡ ΒΑ ἐπὶ τὸ Ζ.

Καὶ ἐπεὶ ἴση ἐστὶν ἡ ΒΕ τῇ ΕΑ, ἴση ἐστὶ καὶ γωνία ἡ ὑπὸ ΑΒΕ τῇ ὑπὸ ΒΑΕ. πάλιν, ἐπεὶ ἴση ἐστὶν ἡ ΓΕ τῇ ΕΑ, ἴση ἐστὶ καὶ ἡ ὑπὸ ΑΓΕ τῇ ὑπὸ ΓΑΕ· ὅλη ἄρα ἡ ὑπὸ ΒΑΓ δυσὶ ταῖς ὑπὸ ΑΒΓ, ΑΓΒ ἴση ἐστίν. ἐστὶ δὲ καὶ ἡ ὑπὸ ΖΑΓ ἐκτὸς τοῦ ΑΒΓ τριγώνου δυσὶ ταῖς ὑπὸ ΑΒΓ, ΑΓΒ γωνίαις ἴση· ἴση ἄρα καὶ ἡ ὑπὸ ΒΑΓ γωνία τῇ ὑπὸ ΖΑΓ· ὀρθὴ ἄρα ἑκατέρα· ἡ ἄρα ἐν τῷ ΒΑΓ ἡμικυκλίῳ γωνία ἡ ὑπὸ ΒΑΓ ὀρθή ἐστιν.

Καὶ ἐπεὶ τοῦ ΑΒΓ τρίγωνου δύο γωνίαι αἱ ὑπὸ ΑΒΓ, ΒΑΓ δύο ὀρθῶν ἐλάττονές εἰσιν, ὀρθὴ δὲ ἡ ὑπὸ ΒΑΓ, ἐλάττων ἄρα ὀρθῆς ἐστιν ἡ ὑπὸ ΑΒΓ γωνία· καί ἐστιν ἐν τῷ ΑΒΓ μείζονι τοῦ ἡμικυκλίου τμήματι.

Καὶ ἐπεὶ ἐν κύκλῳ τετράπλευρόν ἐστι τὸ ΑΒΓΔ, τῶν δὲ ἐν τοῖς κύκλοις τετραπλεύρων αἱ ἀπεναντίον γωνίαι δυσὶν ὀρθαῖς ἴσαι εἰσίν [αἱ ἄρα ὑπὸ ΑΒΓ, ΑΔΓ γωνίαι δυσὶν ὀρθαῖς ἴσας εἰσίν], καί ἐστιν ἡ ὑπὸ ΑΒΓ ἐλάττων ὀρθῆς· λοιπὴ ἄρα ἡ ὑπὸ ΑΔΓ γωνία μείζων ὀρθῆς ἐστιν· καί ἐστιν ἐν τῷ ΑΔΓ ἐλάττονι τοῦ ἡμικυκλίου τμήματι.

Proposition 31

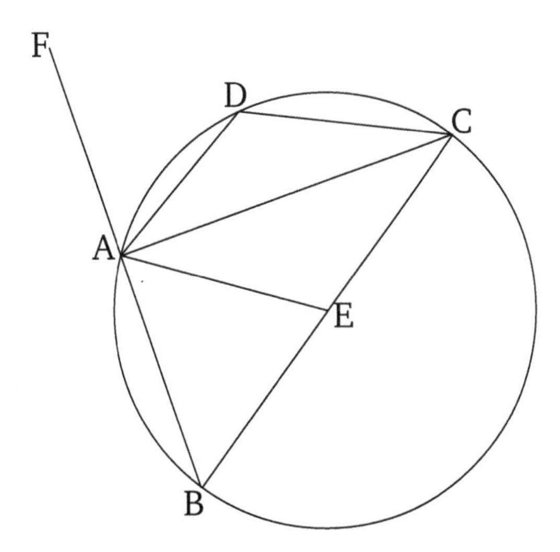

In a circle, the angle in a semi-circle is a right-angle, and that in a greater segment (is) less than a right-angle, and that in a lesser segment (is) greater than a right-angle. And, further, the angle of a segment greater (than a semi-circle) is greater than a right-angle, and the angle of a segment less (than a semi-circle) is less than a right-angle.

Let $ABCD$ be a circle, and let BC be its diameter, and E its center. And let BA, AC, AD, and DC have been joined. I say that the angle BAC in the semi-circle BAC is a right-angle, and the angle ABC in the segment ABC, (which is) greater than a semi-circle, is less than a right-angle, and the angle ADC in the segment ADC, (which is) less than a semi-circle, is greater than a right-angle.

Let AE have been joined, and let BA have been drawn through to F.

And since BE is equal to EA, angle ABE is also equal to BAE [Prop. 1.5]. Again, since CE is equal to EA, ACE is also equal to CAE [Prop. 1.5]. Thus, the whole (angle) BAC is equal to the two (angles) ABC and ACB. And FAC, (which is) external to triangle ABC, is also equal to the two angles ABC and ACB [Prop. 1.32]. Thus, angle BAC (is) also equal to FAC. Thus, (they are) each right-angles. [Def. 1.10]. Thus, the angle BAC in the semi-circle BAC is a right-angle.

And since the two angles ABC and BAC of triangle ABC are less than two right-angles [Prop. 1.17], and BAC is a right-angle, angle ABC is thus less than a right-angle. And it is in segment ABC, (which is) greater than a semi-circle.

And since $ABCD$ is a quadrilateral within a circle, and for quadrilaterals within circles the (sum of the) opposite angles is equal to two right-angles [Prop. 3.22] [angles ABC and ADC are thus equal to two right-angles], and (angle) ABC is less than a right-angle. The remaining angle ADC is thus greater than a right-angle. And it is in segment ADC, (which is) less than a semi-circle.

ΣΤΟΙΧΕΙΩΝ γ΄

λα΄

Λέγω, ὅτι καὶ ἡ μὲν τοῦ μείζονος τμήματος γωνία ἡ περιεχομένη ὑπό [τε] τῆς ΑΒΓ περιφερείας καὶ τῆς ΑΓ εὐθείας μείζων ἐστὶν ὀρθῆς, ἡ δὲ τοῦ ἐλάττονος τμήματος γωνία ἡ περιεχομένη ὑπό [τε] τῆς ΑΔ[Γ] περιφερείας καὶ τῆς ΑΓ εὐθείας ἐλάττων ἐστὶν ὀρθῆς. καί ἐστιν αὐτόθεν φανερόν. ἐπεὶ γὰρ ἡ ὑπὸ τῶν ΒΑ, ΑΓ εὐθειῶν ὀρθή ἐστιν, ἡ ἄρα ὑπὸ τῆς ΑΒΓ περιφερείας καὶ τῆς ΑΓ εὐθείας περιεχομένη μείζων ἐστὶν ὀρθῆς. πάλιν, ἐπεὶ ἡ ὑπὸ τῶν ΑΓ, ΑΖ εὐθειῶν ὀρθή ἐστιν, ἡ ἄρα ὑπὸ τῆς ΓΑ εὐθείας καὶ τῆς ΑΔ[Γ] περιφερείας περιεχομένη ἐλάττων ἐστὶν ὀρθῆς.

Ἐν κύκλῳ ἄρα ἡ μὲν ἐν τῷ ἡμικυκλίῳ γωνία ὀρθή ἐστιν, ἡ δὲ ἐν τῷ μείζονι τμήματι ἐλάττων ὀρθῆς, ἡ δὲ ἐν τῷ ἐλάττονι [τμήματι] μείζων ὀρθῆς· καὶ ἔπι ἡ μὲν τοῦ μείζονος τμήματος [γωνία] μείζων [ἐστὶν] ὀρθῆς, ἡ δὲ τοῦ ἐλάττονος τμήματος [γωνία] ἐλάττων ὀρθῆς· ὅπερ ἔδει δεῖξαι.

Proposition 31

I also say that the angle of the greater segment, (namely) that contained by the circumference ABC and the straight-line AC, is greater than a right-angle. And the angle of the lesser segment, (namely) that contained by the circumference $AD[C]$ and the straight-line AC, is less than a right-angle. And this is immediately apparent. For since the (angle contained by) the two straight-lines BA and AC is a right-angle, the (angle) contained by the circumference ABC and the straight-line AC is thus greater than a right-angle. Again, since the (angle contained by) the straight-lines AC and AF is a right-angle, the (angle) contained by the circumference $AD[C]$ and the straight-line CA is less than a right-angle.

Thus, in a circle, the angle in a semi-circle is a right-angle, and that in a greater segment (is) less than a right-angle, and that in a lesser [segment] (is) greater than a right-angle. And, further, the [angle] of a segment greater (than a semi-circle) [is] greater than a right-angle, and the [angle] of a segment less (than a semi-circle) is less than a right-angle. (Which is) the very thing it was required to show.

ΣΤΟΙΧΕΙΩΝ γ´

λβ´

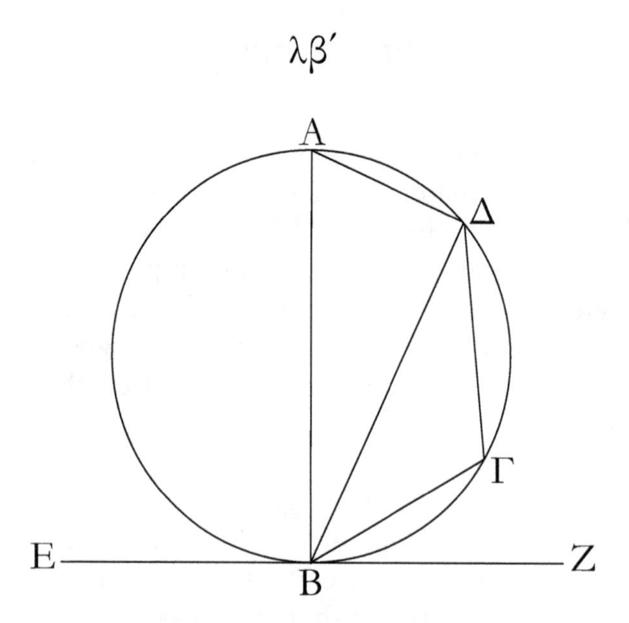

Ἐὰν κύκλου ἐφάπτηταί τις εὐθεῖα, ἀπὸ δὲ τῆς ἁφῆς εἰς τὸν κύκλον διαχθῇ τις εὐθεῖα τέμνουσα τὸν κύκλον, ἃς ποιεῖ γωνίας πρὸς τῇ ἐφαπτομένῃ, ἴσαι ἔσονται ταῖς ἐν τοῖς ἐναλλὰξ τοῦ κύκλου τμήμασι γωνίαις.

Κύκλου γὰρ τοῦ ΑΒΓΔ ἐφαπτέσθω τις εὐθεῖα ἡ ΕΖ κατὰ τὸ Β σημεῖον, καὶ ἀπὸ τοῦ Β σημείου διήχθω τις εὐθεῖα εἰς τὸν ΑΒΓΔ κύκλον τέμνουσα αὐτὸν ἡ ΒΔ. λέγω, ὅτι ἃς ποιεῖ γωνίας ἡ ΒΔ μετὰ τῆς ΕΖ ἐφαπτομένης, ἴσας ἔσονται ταῖς ἐν τοῖς ἐναλλὰξ τμήμασι τοῦ κύκλου γωνίαις, τουτέστιν, ὅτι ἡ μὲν ὑπὸ ΖΒΔ γωνία ἴση ἐστὶ τῇ ἐν τῷ ΒΑΔ τμήματι συνισταμένῃ γωνίᾳ, ἡ δὲ ὑπὸ ΕΒΔ γωνία ἴση ἐστὶ τῇ ἐν τῷ ΔΓΒ τμήματι συνισταμένῃ γωνίᾳ.

Ἤχθω γὰρ ἀπὸ τοῦ Β τῇ ΕΖ πρὸς ὀρθὰς ἡ ΒΑ, καὶ εἰλήφθω ἐπὶ τῆς ΒΔ περιφερείας τυχὸν σημεῖον τὸ Γ, καὶ ἐπεζεύχθωσαν αἱ ΑΔ, ΔΓ, ΓΒ.

Καὶ ἐπεὶ κύκλου τοῦ ΑΒΓΔ ἐφάπτεταί τις εὐθεῖα ἡ ΕΖ κατὰ τὸ Β, καὶ ἀπὸ τῆς ἁφῆς ἦκται τῇ ἐφαπτομένῃ πρὸς ὀρθὰς ἡ ΒΑ, ἐπὶ τῆς ΒΑ ἄρα τὸ κέντρον ἐστὶ τοῦ ΑΒΓΔ κύκλου. ἡ ΒΑ ἄρα διάμετός ἐστι τοῦ ΑΒΓΔ κύκλου· ἡ ἄρα ὑπὸ ΑΔΒ γωνία ἐν ἡμικυκλίῳ οὖσα ὀρθή ἐστιν. λοιπαὶ ἄρα αἱ ὑπὸ ΒΑΔ, ΑΒΔ μιᾷ ὀρθῇ ἴσαι εἰσίν. ἐστὶ δὲ καὶ ἡ ὑπὸ ΑΒΖ ὀρθή· ἡ ἄρα ὑπὸ ΑΒΖ ἴση ἐστὶ ταῖς ὑπὸ ΒΑΔ, ΑΒΔ. κοινὴ ἀφῃρήσθω ἡ ὑπὸ ΑΒΔ· λοιπὴ ἄρα ἡ ὑπὸ ΔΒΖ γωνία ἴση ἐστὶ τῇ ἐν τῷ ἐναλλὰξ τμήματι τοῦ κύκλου γωνίᾳ τῇ ὑπὸ ΒΑΔ. καὶ ἐπεὶ ἐν κύκλῳ τετράπλευρόν ἐστι τὸ ΑΒΓΔ, αἱ ἀπεναντίον αὐτοῦ γωνίαι δυσὶν ὀρθαῖς ἴσαι εἰσίν. εἰσὶ δὲ καὶ αἱ ὑπὸ ΔΒΖ, ΔΒΕ δυσὶν ὀρθαῖς ἴσαι· αἱ ἄρα ὑπὸ ΔΒΖ, ΔΒΕ ταῖς ὑπὸ ΒΑΔ, ΒΓΔ ἴσαι εἰσίν, ὧν ἡ ὑπὸ ΒΑΔ τῇ ὑπὸ ΔΒΖ ἐδείχθη ἴση· λοιπὴ ἄρα ἡ ὑπὸ ΔΒΕ τῇ ἐν τῷ ἐναλλὰξ τοῦ κύκλου τμήματι τῷ ΔΓΒ τῇ ὑπὸ ΔΓΒ γωνίᾳ ἐστὶν ἴση.

Ἐὰν ἄρα κύκλου ἐφάπτηταί τις εὐθεῖα, ἀπὸ δὲ τῆς ἁφῆς εἰς τὸν κύκλον διαχθῇ τις εὐθεῖα τέμνουσα τὸν κύκλον, ἃς ποιεῖ γωνίας πρὸς τῇ ἐφαπτομένῃ, ἴσαι ἔσονται ταῖς ἐν τοῖς ἐναλλὰξ τοῦ κύκλου τμήμασι γωνίαις· ὅπερ ἔδει δεῖξαι.

Proposition 32

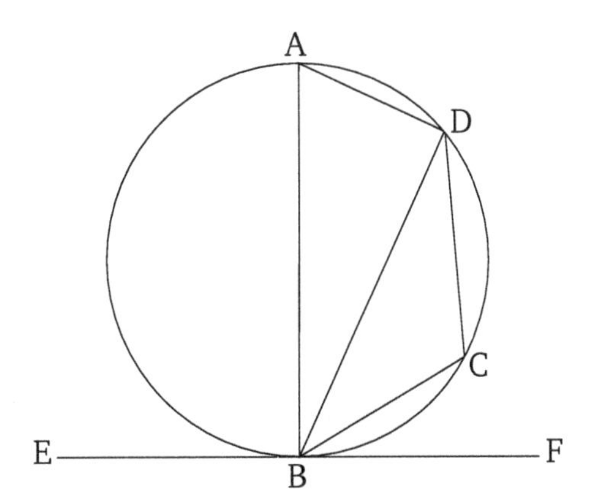

If some straight-line touches a circle, and some (other) straight-line is drawn across, from the point of contact into the circle, cutting the circle (in two), then those angles the (straight-line) makes with the tangent will be equal to the angles in the alternate segments of the circle.

For let some straight-line EF touch the circle $ABCD$ at the point B, and let some (other) straight-line BD have been drawn from point B into the circle $ABCD$, cutting it (in two). I say that the angles BD makes with the tangent EF will be equal to the angles in the alternate segments of the circle. That is to say, that angle FBD is equal to one (of the) angle(s) constructed in segment BAD, and angle EBD is equal to one (of the) angle(s) constructed in segment DCB.

For let BA have been drawn from B, at right-angles to EF [Prop. 1.11]. And let the point C have been taken somewhere on the circumference BD. And let AD, DC, and CB have been joined.

And since some straight-line EF touches the circle $ABCD$ at point B, and BA has been drawn from the point of contact, at right-angles to the tangent, the center of circle $ABCD$ is thus on BA [Prop. 3.19]. Thus, BA is a diameter of circle $ABCD$. Thus, angle ADB, being in a semi-circle, is a right-angle [Prop, 3.31]. Thus, the remaining angles (of triangle ADB) BAD and ABD are equal to one right-angle [Prop, 1.32] And ABF is also a right-angle. Thus, ABF is equal to BAD and ABD. Let ABD have been subtracted from both. Thus, the remaining angle DBF is equal to the angle BAD in the alternate segment of the circle. And since $ABCD$ is a quadrilateral in a circle, (the sum of) its opposite angles is equal to two right-angles [Prop. 3.22]. And DBF and DBE is also equal to two right-angles [Prop. 1.13]. Thus, DBF and DBE is equal to BAD and BCD, of which BAD was shown (to be) equal to DBF. Thus, the remaining angle DBE is equal to the angle DCB in the alternate segment DCB of the circle.

Thus, if some straight-line touches a circle, and some (other) straight-line is drawn across, from the point of contact into the circle, cutting the circle (in two), then those angles the (straight-line) makes with the tangent will be equal to the angles in the alternate segments of the circle. (Which is) the very thing it was required to show.

λγ´

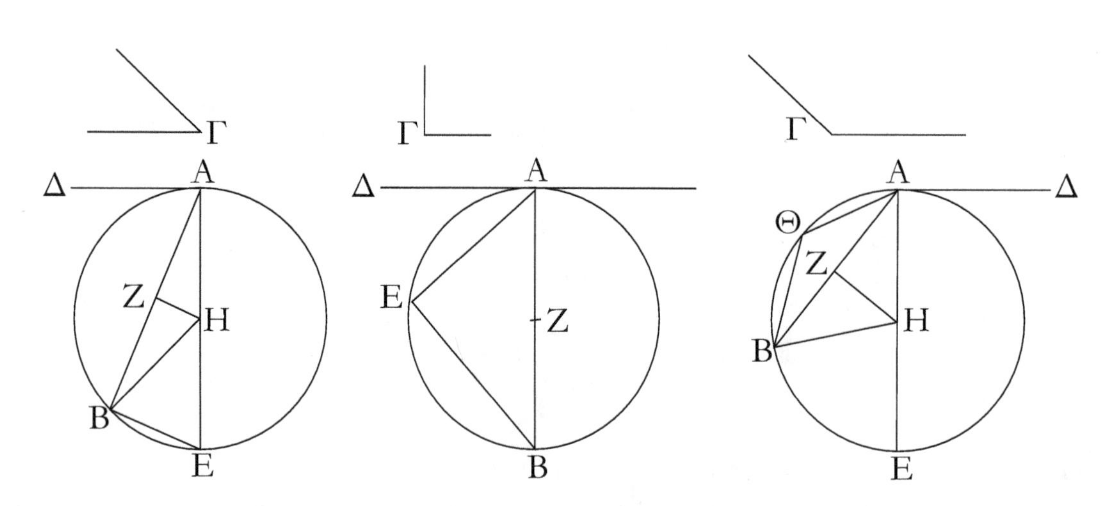

Ἐπὶ τῆς δοθείσης εὐθείας γράψαι τμῆμα κύκλου δεχόμενον γωνίαν ἴσην τῇ δοθείσῃ γωνίᾳ εὐθυγράμμῳ.

Ἔστω ἡ δοθεῖσα εὐθεῖα ἡ ΑΒ, ἡ δὲ δοθεῖσα γωνία εὐθύγραμμος ἡ πρὸς τῷ Γ· δεῖ δὴ ἐπὶ τῆς δοθείσης εὐθείας τῆς ΑΒ γράψαι τμῆμα κύκλου δεχόμενον γωνίαν ἴσην τῇ πρὸς τῷ Γ.

Ἡ δὴ πρὸς τῷ Γ [γωνία] ἤτοι ὀξεῖά ἐστιν ἢ ὀρθὴ ἢ ἀμβλεῖα· ἔστω πρότερον ὀξεῖα, καὶ ὡς ἐπὶ τῆς πρώτης καταγραφῆς συνεστάτω πρὸς τῇ ΑΒ εὐθείᾳ καὶ τῷ Α σημείῳ τῇ πρὸς τῷ Γ γωνίᾳ ἴση ἡ ὑπὸ ΒΑΔ· ὀξεῖα ἄρα ἐστὶ καὶ ἡ ὑπὸ ΒΑΔ. ἤχθω τῇ ΔΑ πρὸς ὀρθὰς ἡ ΑΕ, καὶ τετμήσθω ἡ ΑΒ δίχα κατὰ τὸ Ζ, καὶ ἤχθω ἀπὸ τοῦ Ζ σημείου τῇ ΑΒ πρὸς ὀρθὰς ἡ ΖΗ, καὶ ἐπεζεύχθω ἡ ΗΒ.

Καὶ ἐπεὶ ἴση ἐστὶν ἡ ΑΖ τῇ ΖΒ, κοινὴ δὲ ἡ ΖΗ, δύο δὴ αἱ ΑΖ, ΖΗ δύο ταῖς ΒΖ, ΖΗ ἴσαι εἰσίν· καὶ γωνία ἡ ὑπὸ ΑΖΗ [γωνίᾳ] τῇ ὑπὸ ΒΖΗ ἴση· βάσις ἄρα ἡ ΑΗ βάσει τῇ ΒΗ ἴση ἐστίν. ὁ ἄρα κέντρῳ μὲν τῷ Η διαστήματι δὲ τῷ ΗΑ κύκλος γραφόμενος ἥξει καὶ διὰ τοῦ Β. γεγράφθω καὶ ἔστω ὁ ΑΒΕ, καὶ ἐπεζεύχθω ἡ ΕΒ. ἐπεὶ οὖν ἀπ᾽ ἄκρας τῆς ΑΕ διαμέτρου ἀπὸ τοῦ Α τῇ ΑΕ πρὸς ὀρθάς ἐστιν ἡ ΑΔ, ἡ ΑΔ ἄρα ἐφάπτεται τοῦ ΑΒΕ κύκλου· ἐπεὶ οὖν κύκλου τοῦ ΑΒΕ ἐφάπτεταί τις εὐθεῖα ἡ ΑΔ, καὶ ἀπὸ τῆς κατὰ τὸ Α ἁφῆς εἰς τὸν ΑΒΕ κύκλον διῆκταί τις εὐθεῖα ἡ ΑΒ, ἡ ἄρα ὑπὸ ΔΑΒ γωνία ἴση ἐστὶ τῇ ἐν τῷ ἐναλλὰξ τοῦ κύκλου τμήματι γωνίᾳ τῇ ὑπὸ ΑΕΒ. ἀλλ᾽ ἡ ὑπὸ ΔΑΒ τῇ πρὸς τῷ Γ ἐστιν ἴση· καὶ ἡ πρὸς τῷ Γ ἄρα γωνία ἴση ἐστὶ τῇ ὑπὸ ΑΕΒ.

Ἐπὶ τῆς δοθείσης ἄρα εὐθείας τῆς ΑΒ τμῆμα κύκλου γέγραπται τὸ ΑΕΒ δεχόμενον γωνίαν τὴν ὑπὸ ΑΕΒ ἴσην τῇ δοθείσῃ τῇ πρὸς τῷ Γ.

Ἀλλὰ δὴ ὀρθὴ ἔστω ἡ πρὸς τῷ Γ· καὶ δέον πάλιν ἔστω ἐπὶ τῆς ΑΒ γράψαι τμῆμα κύκλου δεχόμενον γωνίαν ἴσην τῇ πρὸς τῷ Γ ὀρθῇ [γωνίᾳ].συνεστάτω [πάλιν] τῇ πρὸς τῷ Γ ὀρθῇ γωνίᾳ

Proposition 33

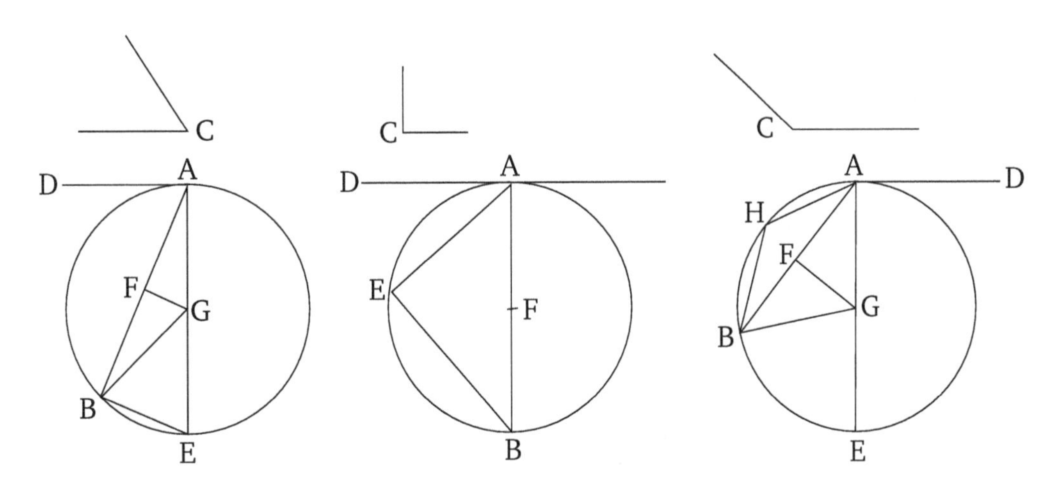

To draw a segment of a circle, accepting an angle equal to a given rectilinear angle, on a given straight-line.

Let AB be the given straight-line, and C the given rectilinear angle. So it is required to draw a segment of a circle, accepting an angle equal to C, on the given straight-line AB.

So the [angle] C is surely either acute, a right-angle, or obtuse. First of all, let it be acute. And, as in the first diagram (from the left), let (angle) BAD, equal to angle C, have been constructed at the point A on the straight-line AB [Prop. 1.23]. Thus, BAD is also acute. Let AE have been drawn, at right-angles to DA [Prop. 1.11]. And let AB have been cut in half at F [Prop. 1.10]. And let FG have been drawn from point F, at right-angles to AB [Prop. 1.11]. And let GB have been joined.

And since AF is equal to FB, and FG (is) common, the two (straight-lines) AF, FG are equal to the two (straight-lines) BF, FG (respectively). And angle AFG (is) equal to [angle] BFG. Thus, the base AG is equal to the base BG [Prop. 1.4]. Thus, the circle drawn with center G, and radius GA, will also go through B (as well as A). Let it have been drawn, and let it be (denoted) ABE. And let EB have been joined. Therefore, since AD is at the end of diameter AE, at (point) A, at right-angles to AE, the (straight-line) AD thus touches the circle ABE [Prop. 3.16 corr.]. Therefore, since some straight-line AD touches the circle ABE, and some (other) straight-line AB has been drawn across from the point of contact A into circle ABE, angle DAB is thus equal to the angle AEB in the alternate segment of the circle [Prop. 3.32]. But, DAB is equal to C. Thus, angle C is also equal to AEB.

Thus, a segment AEB of a circle, accepting the angle AEB (which is) equal to the given (angle) C, has been drawn on the given straight-line AB.

λγ´

ἴση ἡ ὑπὸ ΒΑΔ, ὡς ἔχει ἐπὶ τῆς δευτέρας καταγραφῆς, καὶ τετμήσθω ἡ ΑΒ δίχα κατὰ τὸ Ζ, καὶ κέντρῳ τῷ Ζ, διαστήματι δὲ ὁποτέρῳ τῶν ΖΑ, ΖΒ, κύκλος γεγράφθω ὁ ΑΕΒ.

Ἐφάπτεται ἄρα ἡ ΑΔ εὐθεῖα τοῦ ΑΒΕ κύκλου διὰ τὸ ὀρθὴν εἶναι τὴν πρὸς τῷ Α γωνίαν. καὶ ἴση ἐστὶν ἡ ὑπὸ ΒΑΔ γωνία τῇ ἐν τῷ ΑΕΒ τμήματι· ὀρθὴ γὰρ καὶ αὐτὴ ἐν ἡμικυκλίῳ οὖσα. ἀλλὰ καὶ ἡ ὑπὸ ΒΑΔ τῇ πρὸς τῷ Γ ἴση ἐστίν. καὶ ἡ ἐν τῷ ΑΕΒ ἄρα ἴση ἐστὶ τῇ πρὸς τῷ Γ.

Γέγραπται ἄρα πάλιν ἐπὶ τῆς ΑΒ τμῆμα κύκλου τὸ ΑΕΒ δεχόμενον γωνίαν ἴσην τῇ πρὸς τῷ Γ.

Ἀλλὰ δὴ ἡ πρὸς τῷ Γ ἀμβλεῖα ἔστω· καὶ συνεστάτω αὐτῇ ἴση πρὸς τῇ ΑΒ εὐθείᾳ καὶ τῷ Α σημείῳ ἡ ὑπὸ ΒΑΔ, ὡς ἔχει ἐπὶ τῆς τρίτης καταγραφῆς, καὶ τῇ ΑΔ πρὸς ὀρθὰς ἤχθω ἡ ΑΕ, καὶ τετμήσθω πάλιν ἡ ΑΒ δίχα κατὰ τὸ Ζ, καὶ τῇ ΑΒ πρὸς ὀρθὰς ἤχθω ἡ ΖΗ, καὶ ἐπεζεύχθω ἡ ΗΒ.

Καὶ ἐπεὶ πάλιν ἴση ἐστὶν ἡ ΑΖ τῇ ΖΒ, καὶ κοινὴ ἡ ΖΗ, δύο δὴ αἱ ΑΖ, ΖΗ δύο ταῖς ΒΖ, ΖΗ ἴσαι εἰσίν· καὶ γωνία ἡ ὑπὸ ΑΖΗ γωνίᾳ τῇ ὑπὸ ΒΖΗ ἴση· βάσις ἄρα ἡ ΑΗ βάσει τῇ ΒΗ ἴση ἐστίν· ὁ ἄρα κέντρῳ μὲν τῷ Η διαστήματι δὲ τῷ ΗΑ κύκλος γραφόμενος ἥξει καὶ διὰ τοῦ Β. ἐρχέσθω ὡς ὁ ΑΕΒ. καὶ ἐπεὶ τῇ ΑΕ διαμέτρῳ ἀπ᾽ ἄκρας πρὸς ὀρθάς ἐστιν ἡ ΑΔ, ἡ ΑΔ ἄρα ἐφάπτεται τοῦ ΑΕΒ κύκλου. καὶ ἀπὸ τῆς κατὰ τὸ Α ἐπαφῆς διῆκται ἡ ΑΒ· ἡ ἄρα ὑπὸ ΒΑΔ γωνία ἴση ἐστὶ τῇ ἐν τῷ ἐναλλὰξ τοῦ κύκλου τμήματι τῷ ΑΘΒ συνισταμένῃ γωνίᾳ. ἀλλ᾽ ἡ ὑπὸ ΒΑΔ γωνία τῇ πρὸς τῷ Γ ἴση ἐστίν. καὶ ἡ ἐν τῷ ΑΘΒ ἄρα τμήματι γωνία ἴση ἐστὶ τῇ πρὸς τῷ Γ.

Ἐπὶ τῆς ἄρα δοθείσης εὐθείας τῆς ΑΒ γέγραπται τμῆμα κύκλου τὸ ΑΘΒ δεχόμενον γωνίαν ἴσην τῇ πρὸς τῷ Γ· ὅπερ ἔδει ποιῆσαι.

Proposition 33

And so let C be a right-angle. And let it again be necessary to draw a segment of a circle on AB, accepting an angle equal to the right-[angle] C. Let the (angle) BAD [again] have been constructed, equal to the right-angle C [Prop. 1.23], as in the second diagram (from the left). And let AB have been cut in half at F [Prop. 1.10]. And let the circle AEB have been drawn with center F, and radius either FA or FB.

Thus, the straight-line AD touches the circle ABE, on account of the angle at A being a right-angle [Prop. 3.16 corr.]. And angle BAD is equal to the angle in segment AEB. For (the latter angle), being in a semi-circle, is also a right-angle [Prop. 3.31]. But, BAD is also equal to C. Thus, the (angle) in (segment) AEB is also equal to C.

Thus, a segment AEB of a circle, accepting an angle equal to C, has again been drawn on AB.

And so let (angle) C be obtuse. And let (angle) BAD, equal to (C), have been constructed at the point A on the straight-line AB [Prop. 1.23], as in the third diagram (from the left). And let AE have been drawn, at right-angles to AD [Prop. 1.11]. And let AB have again been cut in half at F [Prop. 1.10]. And let FG have been drawn, at right-angles to AB [Prop. 1.10]. And let GB have been joined.

And again, since AF is equal to FB, and FG (is) common, the two (straight-lines) AF, FG are equal to the two (straight-lines) BF, FG (respectively). And angle AFG (is) equal to angle BFG. Thus, the base AG is equal to the base BG [Prop. 1.4]. Thus, a circle of center G, and radius GA, being drawn, will also go through B (as well as A). Let it go like AEB (in the third diagram from the left). And since AD is at right-angles to the diameter AE, at the end, AD thus touches circle AEB [Prop. 3.16 corr.]. And AB has been drawn across (the circle) from the point of contact A. Thus, angle BAD is equal to the angle constructed in the alternate segment AHB of the circle [Prop. 3.32]. But, angle BAD is equal to C. Thus, the angle in segment AHB is also equal to C.

Thus, a segment AHB of a circle, accepting an angle equal to C, has been drawn on the given straight-line AB. (Which is) the very thing it was required to do.

ΣΤΟΙΧΕΙΩΝ γ΄

λδ΄

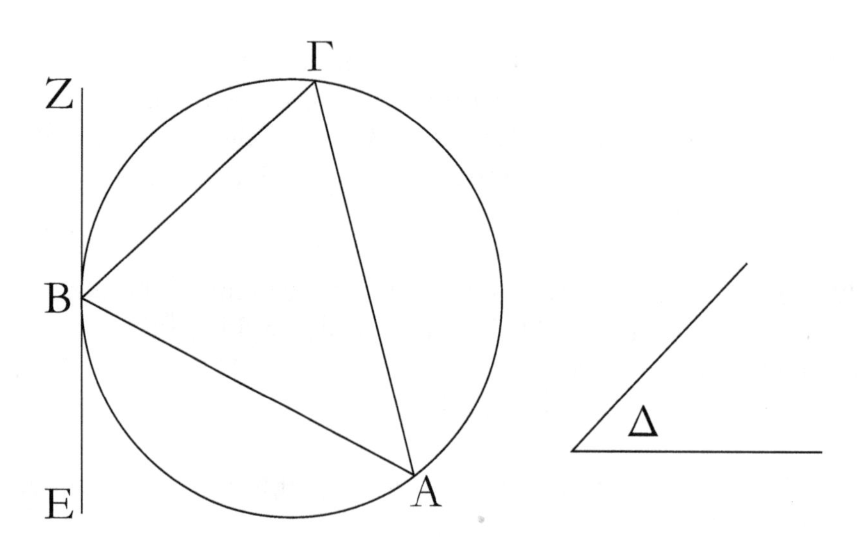

Ἀπὸ τοῦ δοθέντος κύκλου τμῆμα ἀφελεῖν δεχόμενον γωνίαν ἴσην τῇ δοθείσῃ γωνίᾳ εὐθυγράμμῳ.

Ἔστω ὁ δοθεὶς κύκλος ὁ ΑΒΓ, ἡ δὲ δοθεῖσα γωνία εὐθύγραμμος ἡ πρὸς τῷ Δ· δεῖ δὴ ἀπὸ τοῦ ΑΒΓ κύκλου τμῆμα ἀφελεῖν δεχόμενον γωνίαν ἴσην τῇ δοθείσῃ γωνίᾳ εὐθυγράμμῳ τῇ πρὸς τῷ Δ.

Ἤχθω τοῦ ΑΒΓ ἐφαπτομένη ἡ ΕΖ κατὰ τὸ Β σημεῖον, καὶ συνεστάτω πρὸς τῇ ΖΒ εὐθείᾳ καὶ τῷ πρὸς αὐτῇ σημείῳ τῷ Β τῇ πρὸς τῷ Δ γωνίᾳ ἴση ἡ ὑπὸ ΖΒΓ.

Ἐπεὶ οὖν κύκλου τοῦ ΑΒΓ ἐφάπτεταί τις εὐθεῖα ἡ ΕΖ, καὶ ἀπὸ τῆς κατὰ τὸ Β ἐπαφῆς διῆκται ἡ ΒΓ, ἡ ὑπὸ ΖΒΓ ἄρα γωνία ἴση ἐστὶ τῇ ἐν τῷ ΒΑΓ ἐναλλὰξ τμήματι συνισταμένῃ γωνίᾳ. ἀλλ᾽ ἡ ὑπὸ ΖΒΓ τῇ πρὸς τῷ Δ ἐστιν ἴση· καὶ ἡ ἐν τῷ ΒΑΓ ἄρα τμήματι ἴση ἐστὶ τῇ πρὸς τῷ Δ [γωνίᾳ].

Ἀπὸ τοῦ δοθέντος ἄρα κύκλου τοῦ ΑΒΓ τμῆμα ἀφῄρηται τὸ ΒΑΓ δεχόμενον γωνίαν ἴσην τῇ δοθείσῃ γωνίᾳ εὐθυγράμμῳ τῇ πρὸς τῷ Δ· ὅπερ ἔδει ποιῆσαι.

Proposition 34

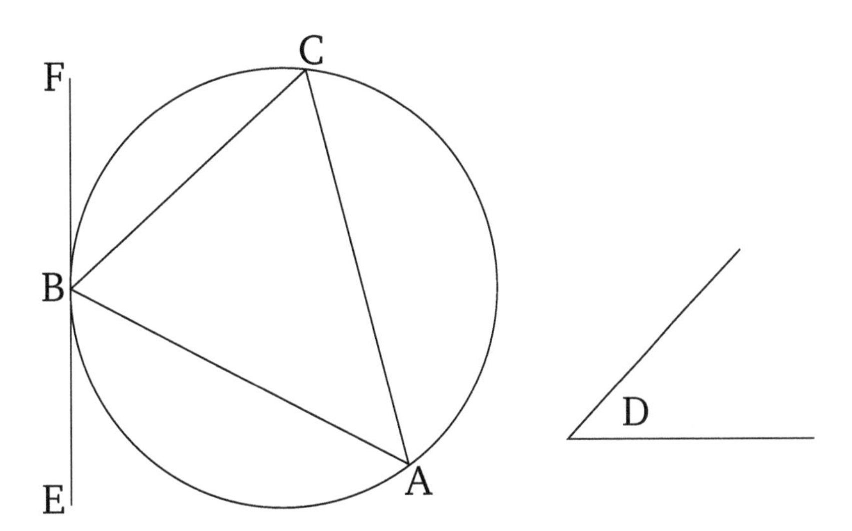

To cut off a segment, accepting an angle equal to a given rectilinear angle, from a given circle.

Let ABC be the given circle, and D the given rectilinear angle. So it is required to cut off a segment, accepting an angle equal to the given rectilinear angle D, from the given circle ABC.

Let EF have been drawn touching ABC at point B.[46] And let (angle) FBC, equal to angle D, have been constructed at the point B on the straight-line FB [Prop. 1.23].

Therefore, since some straight-line EF touches the circle ABC, and BC has been drawn across (the circle) from the point of contact B, angle FBC is thus equal to the angle constructed in the alternate segment BAC [Prop. 1.32]. But, FBC is equal to D. Thus, the (angle) in the segment BAC is also equal to [angle] D.

Thus, the segment BAC, accepting an angle equal to the given rectilinear angle D, has been cut off from the given circle ABC. (Which is) the very thing it was required to do.

[46]Presumably, by finding the center of ABC [Prop. 3.1], drawing a straight-line between the center and point B, and then drawing EF through point B, at right-angles to the aforementioned straight-line [Prop. 1.11].

ΣΤΟΙΧΕΙΩΝ γ΄

λε΄

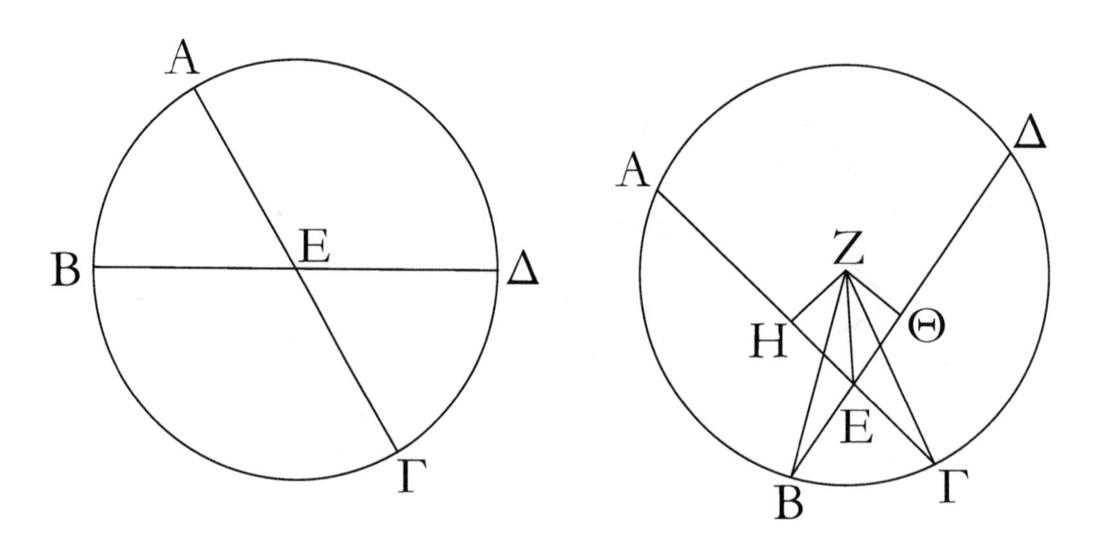

Ἐὰν ἐν κύκλῳ δύο εὐθεῖαι τέμνωσιν ἀλλήλας, τὸ ὑπὸ τῶν τῆς μιᾶς τμημάτων περιεχόμενον ὀρθογώνιον ἴσον ἐστὶ τῷ ὑπὸ τῶν τῆς ἑτέρας τμημάτων περιεχομένῳ ὀρθογωνίῳ.

Ἐν γὰρ κύκλῳ τῷ ΑΒΓΔ δύο εὐθεῖαι αἱ ΑΓ, ΒΔ τεμνέτωσαν ἀλλήλας κατὰ τὸ Ε σημεῖον· λέγω, ὅτι τὸ ὑπὸ τῶν ΑΕ, ΕΓ περιεχόμενον ὀρθογώνιον ἴσον ἐστὶ τῷ ὑπὸ τῶν ΔΕ, ΕΒ περιεχομένῳ ὀρθογωνίῳ.

Εἰ μὲν οὖν αἱ ΑΓ, ΒΔ διὰ τοῦ κέντρου εἰσὶν ὥστε τὸ Ε κέντρον εἶναι τοῦ ΑΒΓΔ κύκλου, φανερόν, ὅτι ἴσων οὐσῶν τῶν ΑΕ, ΕΓ, ΔΕ, ΕΒ καὶ τὸ ὑπὸ τῶν ΑΕ, ΕΓ περιεχόμενον ὀρθογώνιον ἴσον ἐστὶ τῷ ὑπὸ τῶν ΔΕ, ΕΒ περιεχομένῳ ὀρθογωνίῳ.

Μὴ ἔστωσαν δὴ αἱ ΑΓ, ΔΒ διὰ τοῦ κέντρου, καὶ εἰλήφθω τὸ κέντρον τοῦ ΑΒΓΔ, καὶ ἔστω τὸ Ζ, καὶ ἀπὸ τοῦ Ζ ἐπὶ τὰς ΑΓ, ΔΒ εὐθείας κάθετοι ἤχθωσαν αἱ ΖΗ, ΖΘ, καὶ ἐπεζεύχθωσαν αἱ ΖΒ, ΖΓ, ΖΕ.

Καὶ ἐπεὶ εὐθεῖά τις διὰ τοῦ κέντρου ἡ ΗΖ εὐθεῖάν τινα μὴ διὰ τοῦ κέντρου τὴν ΑΓ πρὸς ὀρθὰς τέμνει, καὶ δίχα αὐτὴν τέμνει· ἴση ἄρα ἡ ΑΗ τῇ ΗΓ. ἐπεὶ οὖν εὐθεῖα ἡ ΑΓ τέτμηται εἰς μὲν ἴσα κατὰ τὸ Η, εἰς δὲ ἄνισα κατὰ τὸ Ε, τὸ ἄρα ὑπὸ τῶν ΑΕ, ΕΓ περιεχόμενον ὀρθογώνιον μετὰ τοῦ ἀπὸ τῆς ΕΗ τετραγώνου ἴσον ἐστὶ τῷ ἀπὸ τῆς ΗΓ· [κοινὸν] προσκείσθω τὸ ἀπὸ τῆς ΗΖ· τὸ ἄρα ὑπὸ τῶν ΑΕ, ΕΓ μετὰ τῶν ἀπὸ τῶν ΗΕ, ΗΖ ἴσον ἐστὶ τοῖς ἀπὸ τῶν ΓΗ, ΗΖ. ἀλλὰ τοῖς μὲν ἀπὸ τῶν ΕΗ, ΗΖ ἴσον ἐστὶ τὸ ἀπὸ τῆς ΖΕ, τοὶς δὲ ἀπὸ τῶν ΓΗ, ΗΖ ἴσον ἐστὶ τὸ ἀπὸ τῆς ΖΓ· τὸ ἄρα ὑπὸ τῶν ΑΕ, ΕΓ μετὰ τοῦ ἀπὸ τῆς ΖΕ ἴσον ἐστὶ τῷ ἀπὸ τῆς ΖΓ. ἴση δὲ ἡ ΖΓ τῇ ΖΒ· τὸ ἄρα ὑπὸ τῶν ΑΕ, ΕΓ μετὰ τοῦ ἀπὸ τῆς ΕΖ ἴσον ἐστὶ τῷ ἀπὸ τῆς ΖΒ. διὰ τὰ αὐτὰ δὴ καὶ τὸ ὑπὸ τῶν ΔΕ, ΕΒ μετὰ τοῦ ἀπὸ τῆς ΖΕ ἰσον ἐστὶ τῷ ἀπὸ τῆς ΖΒ. ἐδείχθη δὲ καὶ τὸ ὑπὸ τῶν ΑΕ, ΕΓ μετὰ τοῦ ἀπὸ τῆς ΖΕ ἴσον τῷ ἀπὸ τῆς ΖΒ· τὸ ἄρα ὑπὸ τῶν ΑΕ, ΕΓ μετὰ τοῦ ἀπὸ τῆς ΖΕ ἴσον ἐστὶ τῷ ὑπὸ τῶν ΔΕ, ΕΒ μετὰ τοῦ ἀπὸ τῆς ΖΕ. κοινὸν ἀφῃρήσθω

Proposition 35

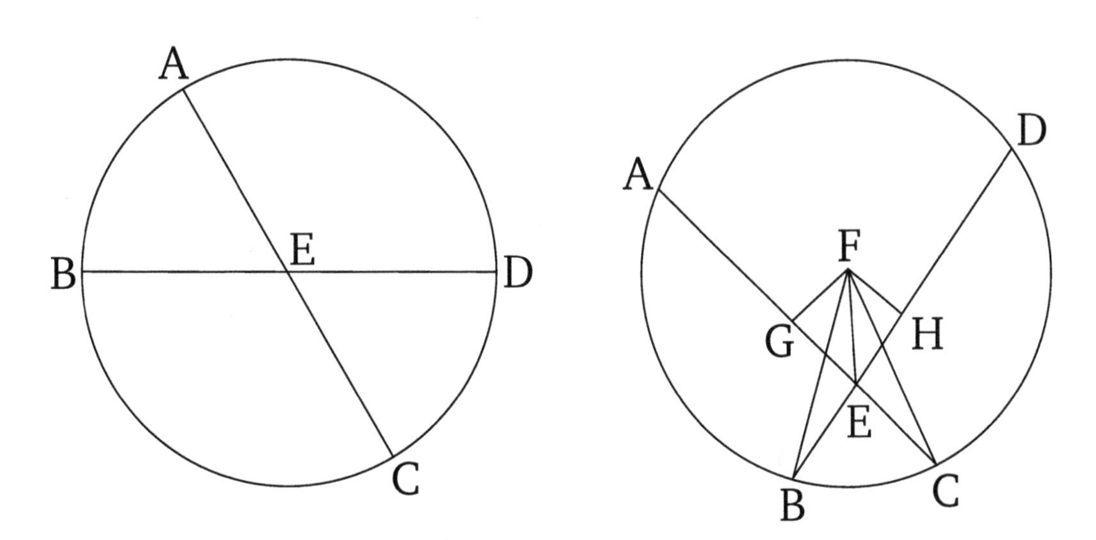

If two straight-lines in a circle cut one another then the rectangle contained by the pieces of one is equal to the rectangle contained by the pieces of the other.

For let the two straight-lines AC and BD, in the circle $ABCD$, cut one another at point E. I say that the rectangle contained by AE and EC is equal to the rectangle contained by DE and EB.

In fact, if AC and BD are through the center (as in the first diagram from the left), so that E is the center of circle $ABCD$, then (it is) clear that, AE, EC, DE, and EB being equal, the rectangle contained by AE and EC is also equal to the rectangle contained by DE and EB.

So let AC and DB not be though the center (as in the second diagram from the left), and let the center of $ABCD$ have been found [Prop. 3.1], and let it be (at) F. And let FG and FH have been drawn from F, perpendicular to the straight-lines AC and DB (respectively) [Prop. 1.12]. And let FB, FC, and FE have been joined.

And since some straight-line, GF, through the center cuts at right-angles some (other) straight-line, AC, not through the center, then it also cuts it in half [Prop. 3.3]. Thus, AG (is) equal to GC. Therefore, since the straight-line AC is cut equally at G, and unequally at E, the rectangle contained by AE and EC plus the square on EG is thus equal to the (square) on GC [Prop. 2.5]. Let the (square) on GF have been added [to both]. Thus, the (rectangle contained) by AE and EC plus the (sum of the squares) on GE and GF is equal to the (sum of the squares) on CG and GF. But, the (sum of the squares) on EG and GF is equal to the (square) on FE [Prop. 1.47], and the (sum of the squares) on CG and GF is equal to the (square) on FC [Prop. 1.47]. Thus, the (rectangle contained) by AE and EC plus the (square) on FE is equal to the (square) on FC. And FC (is) equal to FB. Thus, the (rectangle contained) by AE and EC plus the (square) on FE is equal to the (square) on FB. So, for the same (reasons), the (rectangle contained) by

λε´

τὸ ἀπὸ τῆς ΖΕ· λοιπὸν ἄρα τὸ ὑπὸ τῶν ΑΕ, ΕΓ περιεχόμενον ὀρθογώνιον ἴσον ἐστὶ τῷ ὑπὸ τῶν ΔΕ, ΕΒ περιεχομένῳ ὀρθογωνίῳ.

Ἐὰν ἄρα ἐν κύκλῳ εὐθεῖαι δύο τέμνωσιν ἀλλήλας, τὸ ὑπὸ τῶν τῆς μιᾶς τμημάτων περιεχόμενον ὀρθογώνιον ἴσον ἐστὶ τῷ ὑπὸ τῶν τῆς ἑτέρας τμημάτων περιεχομένῳ ὀρθογωνίῳ· ὅπερ ἔδει δεῖξαι.

Proposition 35

DE and EB plus the (square) on FE is equal to the (square) on FB. And the (rectangle contained) by AE and EC plus the (square) on FE was also shown (to be) equal to the (square) on FB. Thus, the (rectangle contained) by AE and EC plus the (square) on FE is equal to the (rectangle contained) by DE and EB plus the (square) on FE. Let the (square) on FE have been taken from both. Thus, the remaining rectangle contained by AE and EC is equal to the rectangle contained by DE and EB.

Thus, if two straight-lines in a circle cut one another then the rectangle contained by the pieces of one is equal to the rectangle contained by the pieces of the other. (Which is) the very thing it was required to show.

ΣΤΟΙΧΕΙΩΝ γ´

λϛ´

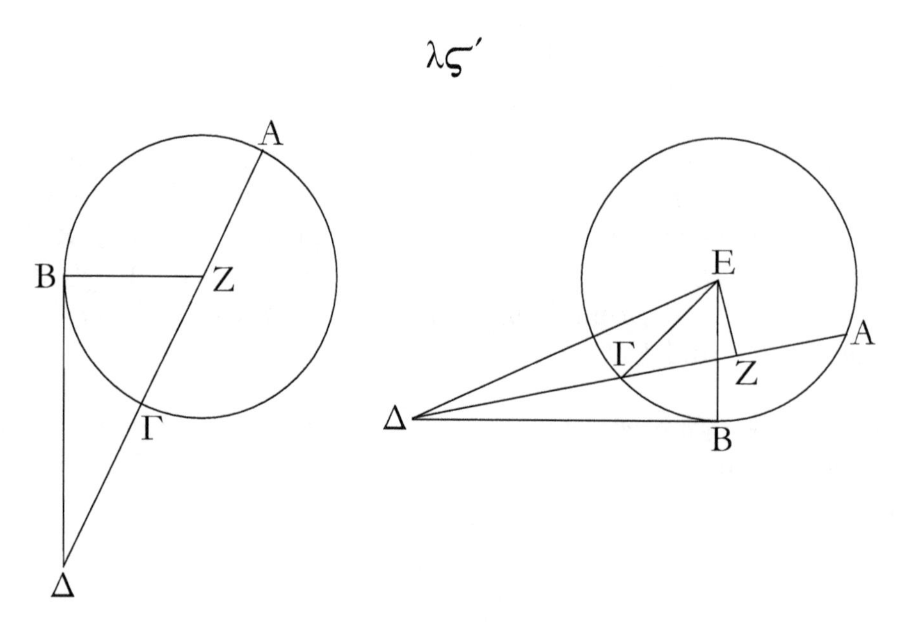

Ἐὰν κύκλου ληφθῇ τι σημεῖον ἐκτός, καὶ ἀπ᾽ αὐτοῦ πρὸς τὸν κύκλον προσπίπτωσι δύο εὐθεῖαι, καὶ ἡ μὲν αὐτῶν τέμνῃ τὸν κύκλον, ἡ δὲ ἐφάπτηται, ἔσται τὸ ὑπὸ ὅλης τῆς τεμνούσης καὶ τῆς ἐκτὸς ἀπολαμβανομένης μεταξὺ τοῦ τε σημείου καὶ τῆς κυρτῆς περιφερείας ἴσον τῷ ἀπὸ τῆς ἐφαπτομένης τετραγώνῳ.

Κύκλου γὰρ τοῦ ΑΒΓ εἰλήφθω τι σημεῖον ἐκτὸς τὸ Δ, καὶ ἀπὸ τοῦ Δ πρὸς τὸν ΑΒΓ κύκλον προσπιπτέτωσαν δύο εὐθεῖαι αἱ ΔΓ[Α], ΔΒ· καὶ ἡ μὲν ΔΓΑ τεμνέτω τὸν ΑΒΓ κύκλον, ἡ δὲ ΒΔ ἐφαπτέσθω· λέγω, ὅτι τὸ ὑπὸ τῶν ΑΔ, ΔΓ περιεχόμενον ὀρθογώνιον ἴσον ἐστὶ τῷ ἀπὸ τῆς ΔΒ τετραγώνῳ.

Ἡ ἄρα [Δ]ΓΑ ἤτοι διὰ τοῦ κέντρου ἐστὶν ἢ οὔ. ἔστω πρότερον διὰ τοῦ κέντρου, καὶ ἔστω τὸ Ζ κέντρον τοῦ ΑΒΓ κύκλου, καὶ ἐπεζεύχθω ἡ ΖΒ· ὀρθὴ ἄρα ἐστὶν ἡ ὑπὸ ΖΒΔ. καὶ ἐπεὶ εὐθεῖα ἡ ΑΓ δίχα τέτμηται κατὰ τὸ Ζ, πρόσκειται δὲ αὐτῇ ἡ ΓΔ, τὸ ἄρα ὑπὸ τῶν ΑΔ, ΔΓ μετὰ τοῦ ἀπὸ τῆς ΖΓ ἴσον ἐστὶ τῷ ἀπὸ τῆς ΖΔ. ἴση δὲ ἡ ΖΓ τῇ ΖΒ· τὸ ἄρα ὑπὸ τῶν ΑΔ, ΔΓ μετὰ τοῦ ἀπὸ τῆς ΖΒ ἴσον ἐστὶ τῷ ἀπὸ τῆς ΖΔ. τῷ δὲ ἀπὸ τῆς ΖΔ ἴσα ἐστὶ τὰ ἀπὸ τῶν ΖΒ, ΒΔ· τὸ ἄρα ὑπὸ τῶν ΑΔ, ΔΓ μετὰ τοῦ ἀπὸ τῆς ΖΒ ἴσον ἐστὶ τοῖς ἀπὸ τῶν ΖΒ, ΒΔ. κοινὸν ἀφῃρήσθω τὸ ἀπὸ τῆς ΖΒ· λοιπὸν ἄρα τὸ ὑπὸ τῶν ΑΔ, ΔΓ ἴσον ἐστὶ τῷ ἀπὸ τῆς ΔΒ ἐφαπτομένης.

ἀλλὰ δὴ ἡ ΔΓΑ μὴ ἔστω διὰ τοῦ κέντρου τοῦ ΑΒΓ κύκλου, καὶ εἰλήφθω τὸ κέντρον τὸ Ε, καὶ ἀπὸ τοῦ Ε ἐπὶ τὴν ΑΓ κάθετος ἤχθω ἡ ΕΖ, καὶ ἐπεζεύχθωσαν αἱ ΕΒ, ΕΓ, ΕΔ· ὀρθὴ ἄρα ἐστὶν ἡ ὑπὸ ΕΒΔ. καὶ ἐπεὶ εὐθεῖά τις διὰ τοῦ κέντρου ἡ ΕΖ εὐθεῖάν τινα μὴ διὰ τοῦ κέντρου τὴν ΑΓ πρὸς ὀρθὰς τέμνει, καὶ δίχα αὐτὴν τέμνει· ἡ ΑΖ ἄρα τῇ ΖΓ ἐστιν ἴση. καὶ ἐπεὶ εὐθεῖα ἡ ΑΓ τέτμηται δίχα κατὰ τὸ Ζ σημεῖον, πρόσκειται δὲ αὐτῇ ἡ ΓΔ, τὸ ἄρα ὑπὸ τῶν ΑΔ, ΔΓ μετὰ τοῦ ἀπὸ τῆς ΖΓ ἴσον ἐστὶ τῷ ἀπὸ τῆς ΖΔ. κοινὸν προσκείσθω τὸ ἀπὸ τῆς ΖΕ· τὸ ἄρα ὑπὸ τῶν ΑΔ, ΔΓ μετὰ τῶν ἀπὸ τῶν ΓΖ, ΖΕ ἴσον ἐστὶ τοῖς ἀπὸ τῶν ΖΔ, ΖΕ. τοῖς δὲ ἀπὸ τῶν ΓΖ, ΖΕ ἴσον ἐστὶ τὸ ἀπὸ τῆς ΕΓ· ὀρθὴ γὰρ [ἐστιν] ἡ ὑπὸ ΕΖΓ [γωνία]· τοῖς δὲ ἀπὸ τῶν ΔΖ, ΖΕ ἴσον ἐστὶ τὸ ἀπὸ τῆς ΕΔ· τὸ ἄρα ὑπὸ τῶν ΑΔ, ΔΓ μετὰ τοῦ ἀπὸ τῆς ΕΓ ἴσον ἐστὶ τῷ ἀπὸ τῆς ΕΔ. ἴση

Proposition 36

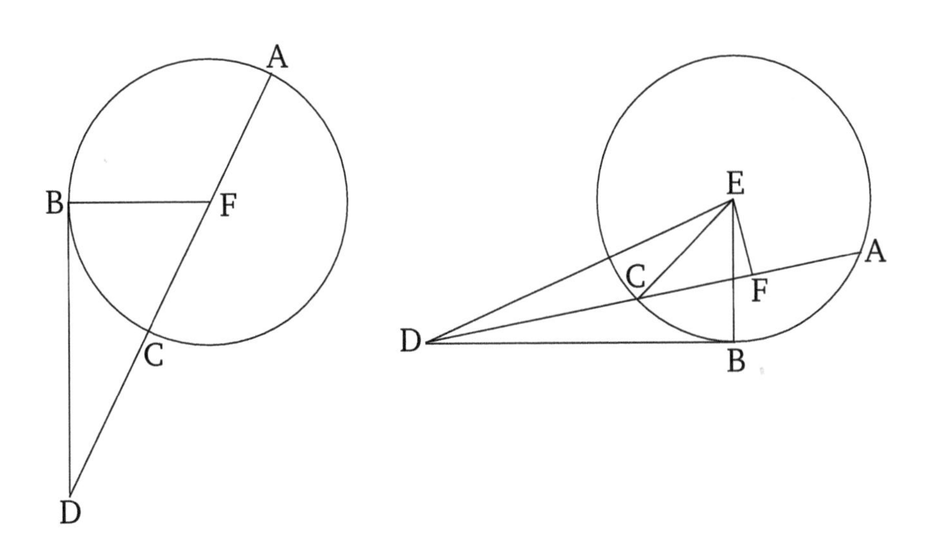

If some point is taken outside a circle, and two straight-lines radiate from it towards the circle, and (one) of them cuts the circle, and the (other) touches (it), then the (rectangle contained) by the whole (straight-line) cutting (the circle), and the (part of it) cut off outside (the circle), between the point and the convex circumference, will be equal to the square on the tangent (line).

For let some point D have been taken outside circle ABC, and let two straight-lines, $DC[A]$ and DB, radiate from D towards circle ABC. And let DCA cut circle ABC, and let BD touch (it). I say that the rectangle contained by AD and DC is equal to the square on DB.

$[D]CA$ is surely either through the center, or not. Let it first of all be through the center, and let F be the center of circle ABC, and let FB have been joined. Thus, (angle) FBD is a right-angle [Prop. 3.18]. And since straight-line AC is cut in half at F, let CD have been added to it. Thus, the (rectangle contained) by AD and DC plus the (square) on FC is equal to the (square) on FD [Prop. 2.6]. And FC (is) equal to FB. Thus, the (rectangle contained) by AD and DC plus the (square) on FB is equal to the (square) on FD. And the (square) on FD is equal to the (sum of the squares) on FB and BD [Prop. 1.47]. Thus, the (rectangle contained) by AD and DC plus the (square) on FB is equal to the (sum of the squares) on FB and BD. Let the (square) on FB have been subtracted from both. Thus, the remaining (rectangle contained) by AD and DC is equal to the (square) on the tangent DB.

And so let DCA not be through the center of circle ABC, and let the center E have been found, and let EF have been drawn from E, perpendicular to AC [Prop. 1.12]. And let EB, EC, and ED have been joined. (Angle) EBD (is) thus a right-angle [Prop. 3.18]. And since some straight-line, EF, through the center cuts some (other) straight-line, AC, not through the center, at right-angles, it also cuts it in half [Prop. 3.3]. Thus, AF is equal to FC. And since the straight-line AC is cut in half at point F, let CD have been added to it. Thus, the (rectangle contained) by AD and

λϛ´

δὲ ἡ ΕΓ τῇ ΕΒ· τὸ ἄρα ὑπὸ τῶν ΑΔ, ΔΓ μετὰ τοῦ ἀπὸ τῆς ΕΒ ἴσον ἐστὶ τῷ ἀπὸ τῆς ΕΔ. τῷ δὲ ἀπὸ τῆς ΕΔ ἴσα ἐστὶ τὰ ἀπὸ τῶν ΕΒ, ΒΔ· ὀρθὴ γὰρ ἡ ὑπὸ ΕΒΔ γωνία· τὸ ἄρα ὑπὸ τῶν ΑΔ, ΔΓ μετὰ τοῦ ἀπὸ τῆς ΕΒ ἴσον ἐστὶ τοῖς ἀπὸ τῶν ΕΒ, ΒΔ. κοινὸν ἀφῃρήσθω τὸ ἀπὸ τῆς ΕΒ· λοιπὸν ἄρα τὸ ὑπὸ τῶν ΑΔ, ΔΓ ἴσον ἐστὶ τῷ ἀπὸ τῆς ΔΒ.

Ἐὰν ἄρα κύκλου ληφθῇ τι σημεῖον ἐκτός, καὶ ἀπ᾽ αὐτοῦ πρὸς τὸν κύκλον προσπίπτωσι δύο εὐθεῖαι, καὶ ἡ μὲν αὐτῶν τέμνῃ τὸν κύκλον, ἡ δὲ ἐφάπτηται, ἔσται τὸ ὑπὸ ὅλης τῆς τεμνούσης καὶ τῆς ἐκτὸς ἀπολαμβανομένης μεταξὺ τοῦ τε σημείου καὶ τῆς κυρτῆς περιφερείας ἴσον τῷ ἀπὸ τῆς ἐφαπτομένης τετραγώνῳ· ὅπερ ἔδει δεῖξαι.

Proposition 36

DC plus the (square) on FC is equal to the (square) on FD [Prop. 2.6]. Let the (square) on FE have been added to both. Thus, the (rectangle contained) by AD and DC plus the (sum of the squares) on CF and FE is equal to the (sum of the squares) on FD and FE. But the (sum of the squares) on CF and FE is equal to the (square) on EC. For [angle] EFC [is] a right-angle [Prop. 1.47]. And the (sum of the squares) on DF and FE is equal to the (square) on ED [Prop. 1.47]. Thus, the (rectangle contained) by AD and DC plus the (square) on EC is equal to the (square) on ED. And EC (is) equal to EB. Thus, the (rectangle contained) by AD and DC plus the (square) on EB is equal to the (square) on ED. And the (square) on ED is equal to the (sum of the squares) on EB and BD. For EBD (is) a right-angle [Prop. 1.47]. Thus, the (rectangle contained) by AD and DC plus the (square) on EB is equal to the (sum of the squares) on EB and BD. Let the (square) on EB have been subtracted from both. Thus, the remaining (rectangle contained) by AD and DC is equal to the (square) on BD.

Thus, if some point is taken outside a circle, and two straight-lines radiate from it towards the circle, and (one) of them cuts the circle, and (the other) touches (it), then the (rectangle contained) by the whole (straight-line) cutting (the circle), and the (part of it) cut off outside (the circle), between the point and the convex circumference, will be equal to the square on the tangent (line). (Which is) the very thing it was required to show.

λζ΄

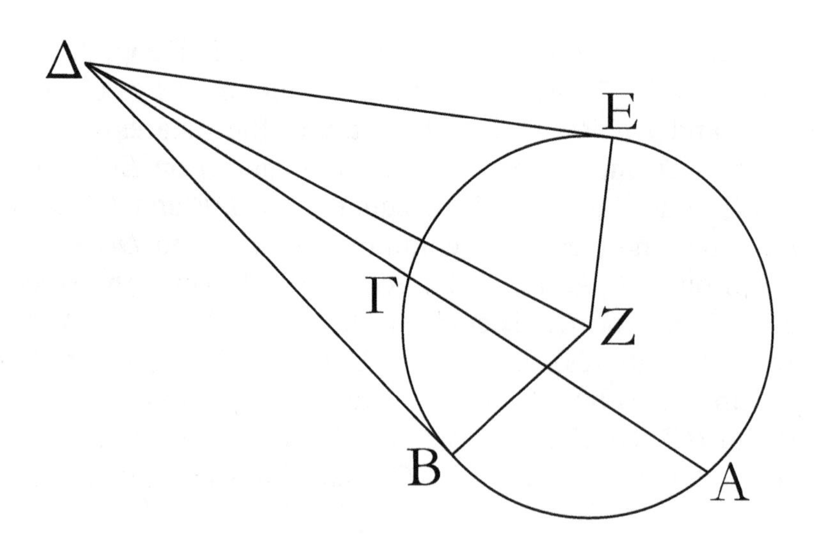

Ἐὰν κύκλου ληφθῇ τι σημεῖον ἐκτός, ἀπὸ δὲ τοῦ σημείου πρὸς τὸν κύκλον προσπίπτωσι δύο εὐθεῖαι, καὶ ἡ μὲν αὐτῶν τέμνῃ τὸν κύκλον, ἡ δὲ προσπίπτῃ, ᾖ δὲ τὸ ὑπὸ [τῆς] ὅλης τῆς τεμνούσης καὶ τῆς ἐκτὸς ἀπολαμβανομένης μεταξὺ τοῦ τε σημείου καὶ τῆς κυρτῆς περιφερείας ἴσον τῷ ἀπὸ τῆς προσπιπτούσης, ἡ προσπίπτουσα ἐφάψεται τοῦ κύκλου.

κύκλου γὰρ τοῦ ΑΒΓ εἰλήφθω τι σημεῖον ἐκτὸς τὸ Δ, καὶ ἀπὸ τοῦ Δ πρὸς τὸν ΑΒΓ κύκλον προσπιπτέτωσαν δύο εὐθεῖαι αἱ ΔΓΑ, ΔΒ, καὶ ἡ μὲν ΔΓΑ τεμνέτω τὸν κύκλον, ἡ δὲ ΔΒ προσπιπτέτω, ἔστω δὲ τὸ ὑπὸ τῶν ΑΔ, ΔΓ ἴσον τῷ ἀπὸ τῆς ΔΒ. λέγω, ὅτι ἡ ΔΒ ἐφάπτεται τοῦ ΑΒΓ κύκλου.

Ἤχθω γὰρ τοῦ ΑΒΓ ἐφαπτομένη ἡ ΔΕ, καὶ εἰλήφθω τὸ κέντρον τοῦ ΑΒΓ κύκλου, καὶ ἔστω τὸ Ζ, καὶ ἐπεζεύχθωσαν αἱ ΖΕ, ΖΒ, ΖΔ. ἡ ἄρα ὑπὸ ΖΕΔ ὀρθή ἐστιν. καὶ ἐπεὶ ἡ ΔΕ ἐφάπτεται τοῦ ΑΒΓ κύκλου, τέμνει δὲ ἡ ΔΓΑ, τὸ ἄρα ὑπὸ τῶν ΑΔ, ΔΓ ἴσον ἐστὶ τῷ ἀπὸ τῆς ΔΕ. ἦν δὲ καὶ τὸ ὑπὸ τῶν ΑΔ, ΔΓ ἴσον τῷ ἀπὸ τῆς ΔΒ· τὸ ἄρα ἀπὸ τῆς ΔΕ ἴσον ἐστὶ τῷ ἀπὸ τῆς ΔΒ· ἴση ἄρα ἡ ΔΕ τῇ ΔΒ. ἐστὶ δὲ καὶ ἡ ΖΕ τῇ ΖΒ ἴση· δύο δὴ αἱ ΔΕ, ΕΖ δύο ταῖς ΔΒ, ΒΖ ἴσαι εἰσίν· καὶ βάσις αὐτῶν κοινὴ ἡ ΖΔ· γωνία ἄρα ἡ ὑπὸ ΔΕΖ γωνίᾳ τῇ ὑπὸ ΔΒΖ ἐστιν ἴση. ὀρθὴ δὲ ἡ ὑπὸ ΔΕΖ· ὀρθὴ ἄρα καὶ ἡ ὑπὸ ΔΒΖ. καί ἐστιν ἡ ΖΒ ἐκβαλλομένη διάμετρος· ἡ δὲ τῇ διαμέτρῳ τοῦ κύκλου πρὸς ὀρθὰς ἀπ᾽ ἄκρας ἀγομένη ἐφάπτεται τοῦ κύκλου· ἡ ΔΒ ἄρα ἐφάπτεται τοῦ ΑΒΓ κύκλου. ὁμοίως δὴ δειχθήσεται, κἂν τὸ κέντρον ἐπὶ τῆς ΑΓ τυγχάνῃ.

Ἐὰν ἄρα κύκλου ληφθῇ τι σημεῖον ἐκτός, ἀπὸ δὲ τοῦ σημείου πρὸς τὸν κύκλον προσπίπτωσι δύο εὐθεῖαι, καὶ ἡ μὲν αὐτῶν τέμνῃ τὸν κύκλον, ἡ δὲ προσπίπτῃ, ᾖ δὲ τὸ ὑπὸ ὅλης τῆς τεμνούσης καὶ τῆς ἐκτὸς ἀπολαμβανομένης μεταξὺ τοῦ τε σημείου καὶ τῆς κυρτῆς περιφερείας ἴσον τῷ ἀπὸ τῆς προσπιπτούσης, ἡ προσπίπτουσα ἐφάψεται τοῦ κύκλου· ὅπερ ἔδει δεῖξαι.

Proposition 37

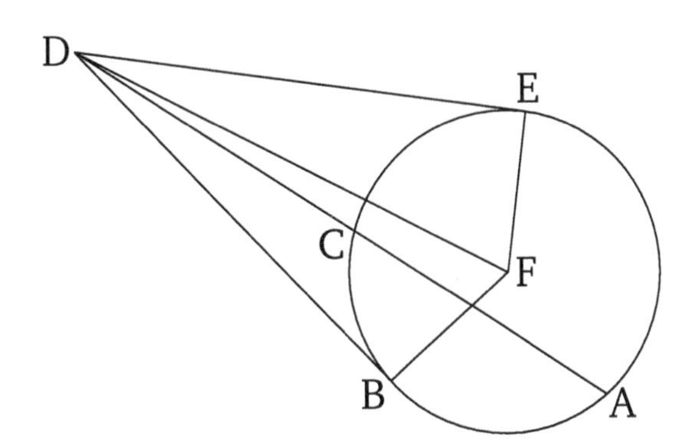

If some point is taken outside a circle, and two straight-lines radiate from the point towards the circle, and one of them cuts the circle, and the (other) meets (it), and the (rectangle contained) by the whole (straight-line) cutting (the circle), and the (part of it) cut off outside (the circle), between the point and the convex circumference, is equal to the (square) on the (straight-line) meeting (the circle), then the (straight-line) meeting (the circle) will touch the circle.

For let some point D have been taken outside circle ABC, and let two straight-lines, DCA and DB, radiate from D towards circle ABC, and let DCA cut the circle, and let DB meet (the circle). And let the (rectangle contained) by AD and DC be equal to the (square) on DB. I say that DB touches circle ABC.

For let DE have been drawn touching ABC [Prop. 3.17], and let the center of the circle ABC have been found, and let it be (at) F. And let FE, FB, and FD have been joined. (Angle) FED is thus a right-angle [Prop. 3.18]. And since DE touches circle ABC, and DCA cuts (it), the (rectangle contained) by AD and DC is thus equal to the (square) on DE [Prop. 3.36]. And the (rectangle contained) by AD and DC was also equal to the (square) on DB. Thus, the (square) on DE is equal to the (square) on DB. Thus, DE (is) equal to DB. And FE is also equal to FB. So the two (straight-lines) DE, EF are equal to the two (straight-lines) DB, BF (respectively). And their base, FD, is common. Thus, angle DEF is equal to angle DBF [Prop. 1.8]. And DEF (is) a right-angle. Thus, DBF (is) also a right-angle. And FB produced is a diameter, And a (straight-line) drawn at right-angles to a diameter of a circle, at its end, touches the circle [Prop. 3.16 corr.]. Thus, DB touches circle ABC. Similarly, (the same thing) can be shown, even if the center is somewhere on AC.

Thus, if some point is taken outside a circle, and two straight-lines radiate from the point towards the circle, and one of them cuts the circle, and the (other) meets (it), and the (rectangle contained) by the whole (straight-line) cutting (the circle), and the (part of it) cut off outside (the circle), between the point and the convex circumference, is equal to the (square) on the (straight-line) meeting (the circle), then the (straight-line) meeting (the circle) will touch the circle. (Which is) the very thing it was required to show.

ΣΤΟΙΧΕΙΩΝ δ′

ELEMENTS BOOK 4

Construction of rectilinear figures in and around circles

ΣΤΟΙΧΕΙΩΝ δʹ

Ὅροι

αʹ Σχῆμα εὐθύγραμμον εἰς σχῆμα εὐθύγραμμον ἐγγράφεσθαι λέγεται, ὅταν ἑκάστη τῶν τοῦ ἐγγραφομένου σχήματος γωνιῶν ἑκάστης πλευρᾶς τοῦ, εἰς ὃ ἐγγράφεται, ἅπτηται.

βʹ Σχῆμα δὲ ὁμοίως περὶ σχῆμα περιγράφεσθαι λέγεται, ὅταν ἑκάστη πλευρὰ τοῦ περιγραφομένου ἑκάστης γωνίας τοῦ, περὶ ὃ περιγράφεται, ἅπτηται.

γʹ Σχῆμα εὐθύγραμμον εἰς κύκλον ἐγγράφεσθαι λέγεται, ὅταν ἑκάστη γωνία τοῦ ἐγγραφομένου ἅπτηται τῆς τοῦ κύκλου περιφερείας.

δʹ Σχῆμα δὲ εὐθύγραμμον περὶ κύκλον περιγράφεσθαι λέγεται, ὅταν ἑκάστη πλευρὰ τοῦ περιγραφομένου ἐφάπτηται τῆς τοῦ κύκλου περιφερείας.

εʹ Κύκλος δὲ εἰς σχῆμα ὁμοίως ἐγγράφεσθαι λέγεται, ὅταν ἡ τοῦ κύκλου περιφέρεια ἑκάστης πλευρᾶς τοῦ, εἰς ὃ ἐγγράφεται, ἅπτηται.

ϛʹ Κύκλος δὲ περὶ σχῆμα περιγράφεσθαι λέγεται, ὅταν ἡ τοῦ κύκλου περιφέρεια ἑκάστης γωνίας τοῦ, περὶ ὃ περιγράφεται, ἅπτηται.

ζʹ Εὐθεῖα εἰς κύκλον ἐναρμόζεσθαι λέγεται, ὅταν τὰ πέρατα αὐτῆς ἐπὶ τῆς περιφερείας ᾖ τοῦ κύκλου.

ELEMENTS BOOK 4

Definitions

1 A rectilinear figure is said to be inscribed in a(nother) rectilinear figure when each of the angles of the inscribed figure touches each (respective) side of the (figure) in which it is inscribed.

2 And, similarly, a (rectilinear) figure is said to be circumscribed about a(nother rectilinear) figure when each side of the circumscribed (figure) touches each (respective) angle of the (figure) about which it is circumscribed.

3 A rectilinear figure is said to be inscribed in a circle when each angle of the inscribed (figure) touches the circumference of the circle.

4 And a rectilinear figure is said to be circumscribed about a circle when each side of the circumscribed (figure) touches the circumference of the circle.

5 And, similarly, a circle is said to be inscribed in a (rectilinear) figure when the circumference of the circle touches each side of the (figure) in which it is inscribed.

6 And a circle is said to be circumscribed about a rectilinear (figure) when the circumference of the circle touches each angle of the (figure) about which it is circumscribed.

7 A straight-line is said to be inserted into a circle when its ends are on the circumference of the circle.

ΣΤΟΙΧΕΙΩΝ δ′

α′

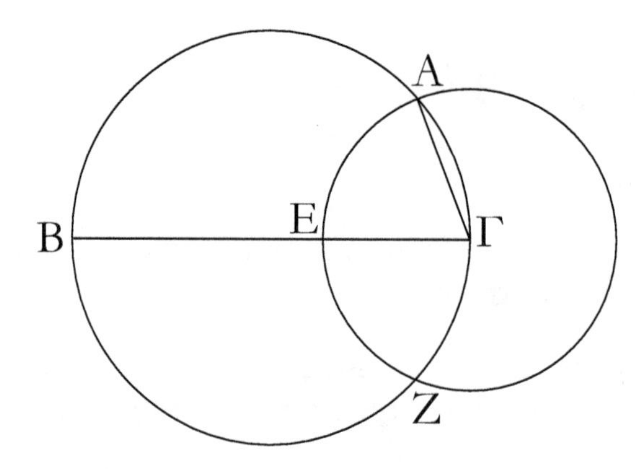

Εἰς τὸν δοθέντα κύκλον τῇ δοθείσῃ εὐθείᾳ μὴ μείζονι οὔσῃ τῆς τοῦ κύκλου διαμέτρου ἴσην εὐθεῖαν ἐναρμόσαι.

Ἔστω ὁ δοθεὶς κύκλος ὁ ΑΒΓ, ἡ δὲ δοθεῖσα εὐθεῖα μὴ μείζων τῆς τοῦ κύκλου διαμέτρου ἡ Δ. δεῖ δὴ εἰς τὸν ΑΒΓ κύκλον τῇ Δ εὐθείᾳ ἴσην εὐθεῖαν ἐναρμόσαι.

Ἤχθω τοῦ ΑΒΓ κύκλου διάμετρος ἡ ΒΓ. εἰ μὲν οὖν ἴση ἐστὶν ἡ ΒΓ τῇ Δ, γεγονὸς ἂν εἴη τὸ ἐπιταχθέν· ἐνήρμοσται γὰρ εἰς τὸν ΑΒΓ κύκλον τῇ Δ εὐθείᾳ ἴση ἡ ΒΓ. εἰ δὲ μείζων ἐστὶν ἡ ΒΓ τῆς Δ, κείσθω τῇ Δ ἴση ἡ ΓΕ, καὶ κέντρῳ τῷ Γ διαστήματι δὲ τῷ ΓΕ κύκλος γεγράφθω ὁ ΕΑΖ, καὶ ἐπεζεύχθω ἡ ΓΑ.

Ἐπεὶ οὖν το Γ σημεῖον κέντρον ἐστὶ τοῦ ΕΑΖ κύκλου, ἴση ἐστὶν ἡ ΓΑ τῇ ΓΕ. ἀλλὰ τῇ Δ ἡ ΓΕ ἐστιν ἴση· καὶ ἡ Δ ἄρα τῇ ΓΑ ἐστιν ἴση.

Εἰς ἄρα τὸν δοθέντα κύκλον τὸν ΑΒΓ τῇ δοθείσῃ εὐθείᾳ τῇ Δ ἴση ἐνήρμοσται ἡ ΓΑ· ὅπερ ἔδει ποιῆσαι.

Proposition 1

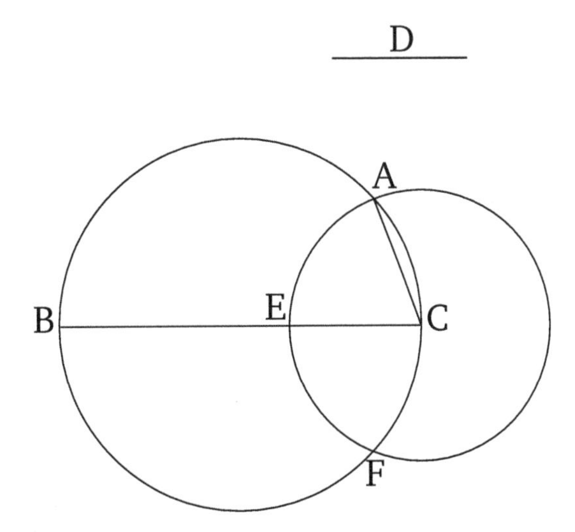

To insert a straight-line equal to a given straight-line into a circle, (the latter straight-line) not being greater than the diameter of the circle.

Let ABC be the given circle, and D the given straight-line (which is) not greater than the diameter of the circle. So it is required to insert a straight-line, equal to the straight-line D, into the circle ABC.

Let a diameter BC of circle ABC have been drawn.[47] Therefore, if BC is equal to D, then that (which) was prescribed has taken place. For the (straight-line) BC, equal to the straight-line D, has been inserted into the circle ABC. And if BC is greater than D, then let CE be made equal to D [Prop. 1.3], and let the circle EAF have been drawn with center C and radius CE. And let CA have been joined.

Therefore, since the point C is the center of circle EAF, CA is equal to CE. But, CE is equal to D. Thus, D is also equal to CA.

Thus, CA, equal to the given straight-line D, has been inserted into the given circle ABC. (Which is) the very thing it was required to do.

[47]Presumably, by finding the center of the circle [Prop. 3.1], and then drawing a line through it.

ΣΤΟΙΧΕΙΩΝ δ′

β′

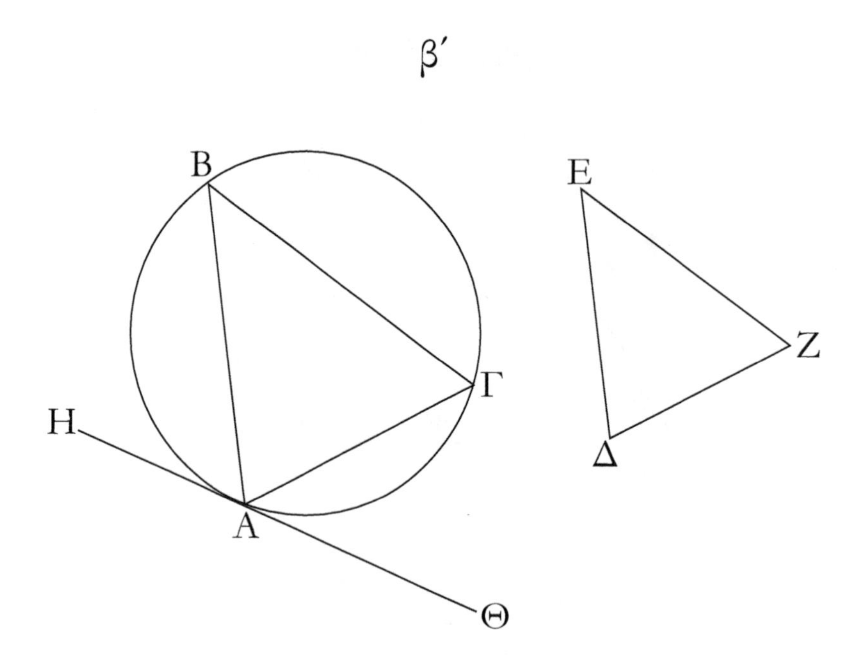

Εἰς τὸν δοθέντα κύκλον τῷ δοθέντι τριγώνῳ ἰσογώνιον τρίγωνον ἐγγράψαι.

Ἔστω ὁ δοθεὶς κύκλος ὁ ΑΒΓ, τὸ δὲ δοθὲν τριγωνον τὸ ΔΕΖ· δεῖ δὴ εἰς τὸν ΑΒΓ κύκλον τῷ ΔΕΖ τριγώνῳ ἰσογώνιον τρίγωνον ἐγγράψαι.

Ἤχθω τοῦ ΑΒΓ κύκλου ἐφαπτομένη ἡ ΗΘ κατὰ τὸ Α, καὶ συνεστάτω πρὸς τῇ ΑΘ εὐθείᾳ καὶ τῷ πρὸς αὐτῇ σημείῳ τῷ Α τῇ ὑπὸ ΔΕΖ γωνίᾳ ἴση ἡ ὑπὸ ΘΑΓ, πρὸς δὲ τῇ ΑΗ εὐθείᾳ καὶ τῷ πρὸς αὐτῇ σημείῳ τῷ Α τῇ ὑπὸ ΔΖΕ [γωνίᾳ] ἴση ἡ ὑπὸ ΗΑΒ, καὶ ἐπεζεύχθω ἡ ΒΓ.

Ἐπεὶ οὖν κύκλου τοῦ ΑΒΓ ἐφάπτεταί τις εὐθεῖα ἡ ΑΘ, καὶ ἀπὸ τῆς κατὰ τὸ Α ἐπαφῆς εἰς τὸν κύκλον διῆκται εὐθεῖα ἡ ΑΓ, ἡ ἄρα ὑπὸ ΘΑΓ ἴση ἐστὶ τῇ ἐν τῷ ἐναλλὰξ τοῦ κύκλου τμήματι γωνίᾳ τῇ ὑπὸ ΑΒΓ. ἀλλ᾽ ἡ ὑπὸ ΘΑΓ τῇ ὑπὸ ΔΕΖ ἐστιν ἴση· καὶ ἡ ὑπὸ ΑΒΓ ἄρα γωνία τῇ ὑπὸ ΔΕΖ ἐστιν ἴση. διὰ τὰ αὐτὰ δὴ καὶ ἡ ὑπὸ ΑΓΒ τῇ ὑπὸ ΔΖΕ ἐστιν ἴση· καὶ λοιπὴ ἄρα ἡ ὑπὸ ΒΑΓ λοιπῇ τῇ ὑπὸ ΕΔΖ ἐστιν ἴση [ἰσογώνιον ἄρα ἐστὶ τὸ ΑΒΓ τρίγωνον τῷ ΔΕΖ τριγώνῳ, καὶ ἐγγέγραπται εἰς τὸν ΑΒΓ κύκλον].

Εἰς τὸν δοθέντα ἄρα κύκλον τῷ δοθέντι τριγώνῳ ἰσογώνιον τρίγωνον ἐγγέγραπται· ὅπερ ἔδει ποιῆσαι.

Proposition 2

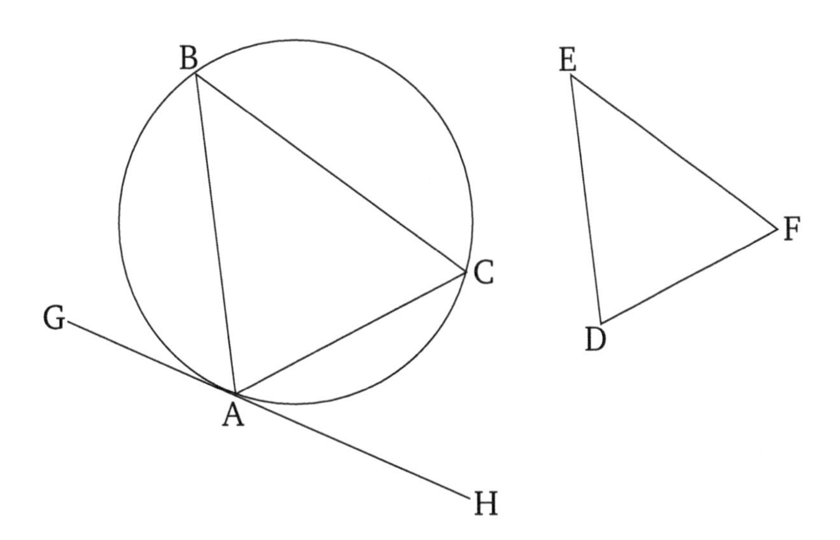

To inscribe a triangle, equiangular to a given triangle, in a given circle.

Let ABC be the given circle, and DEF the given triangle. So it is required to inscribe a triangle, equiangular to triangle DEF, in circle ABC.

Let GH have been drawn touching circle ABC at A.[48] And let (angle) HAC, equal to angle DEF, have been constructed at the point A on the straight-line AH, and (angle) GAB, equal to [angle] DFE, at the point A on the straight-line AG [Prop. 1.23]. And let BC have been joined.

Therefore, since some straight-line AH touches the circle ABC, and the straight-line AC has been drawn across (the circle) from the point of contact A, (angle) HAC is thus equal to the angle ABC in the alternate segment of the circle [Prop. 3.32]. But, HAC is equal to DEF. Thus, angle ABC is also equal to DEF. So, for the same (reasons), ACB is also equal to DFE. Thus, the remaining (angle) BAC is equal to the remaining (angle) EDF [Prop. 1.32]. [Thus, triangle ABC is equiangular to triangle DEF, and has been inscribed in circle ABC].

Thus, a triangle, equiangular to the given triangle, has been inscribed in the given circle. (Which is) the very thing it was required to do.

---

[48] See the footnote to Prop. 3.34.

ΣΤΟΙΧΕΙΩΝ δʹ

γʹ

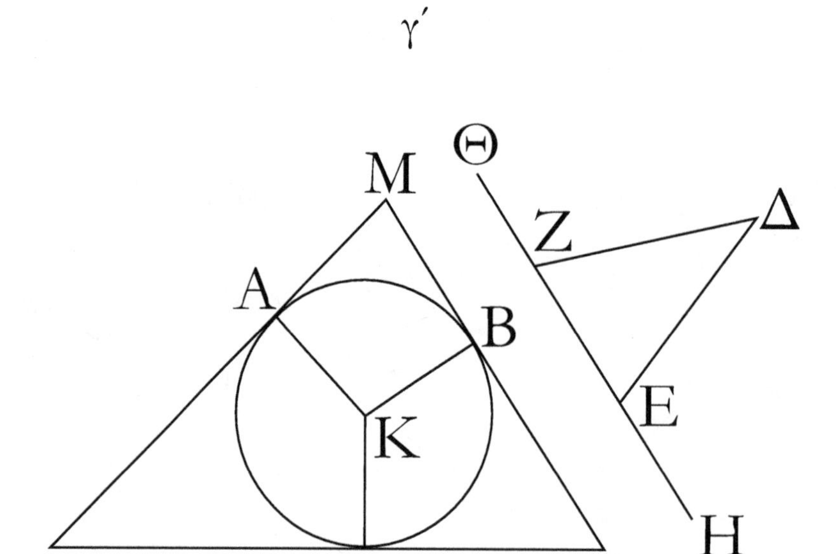

Περὶ τὸν δοθέντα κύκλον τῷ δοθέντι τριγώνῳ ἰσογώνιον τρίγωνον περιγράψαι.

Ἔστω ὁ δοθεὶς κύκλος ὁ ΑΒΓ, τὸ δὲ δοθὲν τρίγωνον τὸ ΔΕΖ· δεῖ δὴ περὶ τὸν ΑΒΓ κύκλον τῷ ΔΕΖ τριγώνῳ ἰσογώνιον τρίγωνον περιγράψαι.

Ἐκβεβλήσθω ἡ ΕΖ ἐφ᾽ ἑκάτερα τὰ μέρη κατὰ τὰ Η, Θ σημεῖα, καὶ εἰλήφθω τοῦ ΑΒΓ κύκλου κέντρον τὸ Κ, καὶ διήχθω, ὡς ἔτυχεν, εὐθεῖα ἡ ΚΒ, καὶ συνεστάτω πρὸς τῇ ΚΒ εὐθείᾳ καὶ τῷ πρὸς αὐτῇ σημείῳ τῷ Κ τῇ μὲν ὑπὸ ΔΕΗ γωνίᾳ ἴση ἡ ὑπὸ ΒΚΑ, τῇ δὲ ὑπὸ ΔΖΘ ἴση ἡ ὑπὸ ΒΚΓ, καὶ διὰ τῶν Α, Β, Γ σημείων ἤχθωσαν ἐφαπτόμεναι τοῦ ΑΒΓ κύκλου αἱ ΛΑΜ, ΜΒΝ, ΝΓΛ.

Καὶ ἐπεὶ ἐφάπτονται τοῦ ΑΒΓ κύκλου αἱ ΛΜ, ΜΝ, ΝΛ κατὰ τὰ Α, Β, Γ σημεῖα, ἀπὸ δὲ τοῦ Κ κέντρου ἐπὶ τὰ Α, Β, Γ σημεῖα ἐπεζευγμέναι εἰσὶν αἱ ΚΑ, ΚΒ, ΚΓ, ὀρθαὶ ἄρα εἰσὶν αἱ πρὸς τοῖς Α, Β, Γ σημείοις γωνίαι. καὶ ἐπεὶ τοῦ ΑΜΒΚ τετραπλεύρου αἱ τέσσαρες γωνίαι τέτρασιν ὀρθαῖς ἴσαι εἰσίν, ἐπειδήπερ καὶ εἰς δύο τρίγωνα διαιρεῖται τὸ ΑΜΒΚ, καί εἰσιν ὀρθαὶ αἱ ὑπὸ ΚΑΜ, ΚΒΜ γωνίαι, λοιπαὶ ἄρα αἱ ὑπὸ ΑΚΒ, ΑΜΒ δυσὶν ὀρθαῖς ἴσαι εἰσίν. εἰσὶ δὲ καὶ αἱ ὑπὸ ΔΕΗ, ΔΕΖ δυσὶν ὀρθαῖς ἴσαι· αἱ ἄρα ὑπὸ ΑΚΒ, ΑΜΒ ταῖς ὑπὸ ΔΕΗ, ΔΕΖ ἴσαι εἰσίν, ὧν ἡ ὑπὸ ΑΚΒ τῇ ὑπὸ ΔΕΗ ἐστιν ἴση· λοιπὴ ἄρα ἡ ὑπὸ ΑΜΒ λοιπῇ τῇ ὑπὸ ΔΕΖ ἐστιν ἴση. ὁμοίως δὴ δειχθήσεται, ὅτι καὶ ἡ ὑπὸ ΛΝΒ τῇ ὑπὸ ΔΖΕ ἐστιν ἴση· καὶ λοιπὴ ἄρα ἡ ὑπὸ ΜΛΝ [λοιπῇ] τῇ ὑπὸ ΕΔΖ ἐστιν ἴση. ἰσογώνιον ἄρα ἐστὶ τὸ ΛΜΝ τρίγωνον τῷ ΔΕΖ τριγώνῳ· καὶ περιγέγραπται περὶ τὸν ΑΒΓ κύκλον.

Περὶ τὸν δοθέντα ἄρα κύκλον τῷ δοθέντι τριγώνῳ ἰσογώνιον τρίγωνον περιγέγραπται· ὅπερ ἔδει ποιῆσαι.

Proposition 3

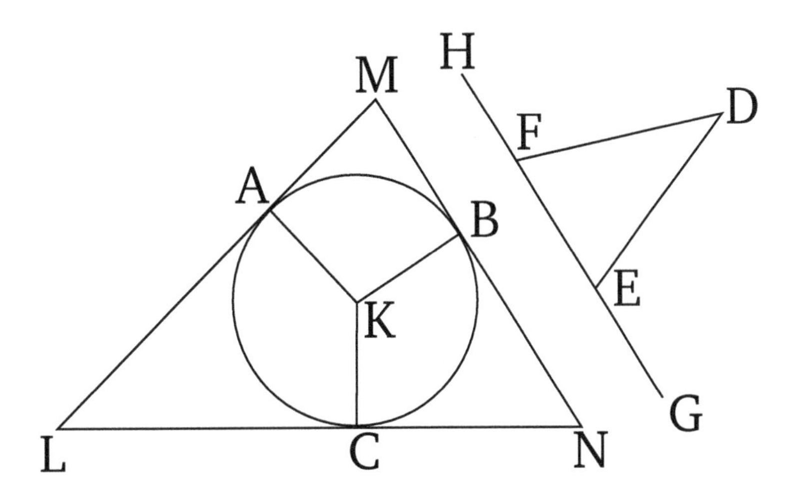

To circumscribe a triangle, equiangular to a given triangle, about a given circle.

Let ABC be the given circle, and DEF the given triangle. So it is required to circumscribe a triangle, equiangular to triangle DEF, about circle ABC.

Let EF have been produced in each direction to points G and H. And let the center K of circle ABC have been found [Prop. 3.1]. And let the straight-line KB have been drawn across (ABC), at random. And let (angle) BKA, equal to angle DEG, have been constructed at the point K on the straight-line KB, and (angle) BKC, equal to DFH [Prop. 1.23]. And let the (straight-lines) LAM, MBN, and NCL have been drawn through the points A, B, and C (respectively), touching the circle ABC.[49]

And since LM, MN, and NL touch circle ABC at points A, B, and C (respectively), and KA, KB, and KC are joined from the center K to points A, B, and C (respectively), the angles at points A, B, and C are thus right-angles [Prop. 3.18]. And since the (sum of the) four angles of quadrilateral $AMBK$ is equal to four right-angles, in as much as $AMBK$ (can) also (be) divided into two triangles [Prop. 1.32], and angles KAM and KBM are (both) right-angles, the (sum of the) remaining (angles), AKB and AMB, is thus equal to two right-angles. And DEG and DEF is also equal to two right-angles [Prop. 1.13]. Thus, AKB and AMB is equal to DEG and DEF, of which AKB is equal to DEG. Thus, the remainder AMB is equal to the remainder DEF. So, similarly, it can be shown that LNB is also equal to DFE. Thus, the remaining (angle) MLN is also equal to the [remaining] (angle) EDF [Prop. 1.32]. Thus, triangle LMN is equiangular to triangle DEF. And it has been drawn around circle ABC.

Thus, a triangle, equiangular to the given triangle, has been circumscribed about the given circle. (Which is) the very thing it was required to do.

[49] See the footnote to Prop. 3.34.

ΣΤΟΙΧΕΙΩΝ δ′

δ′

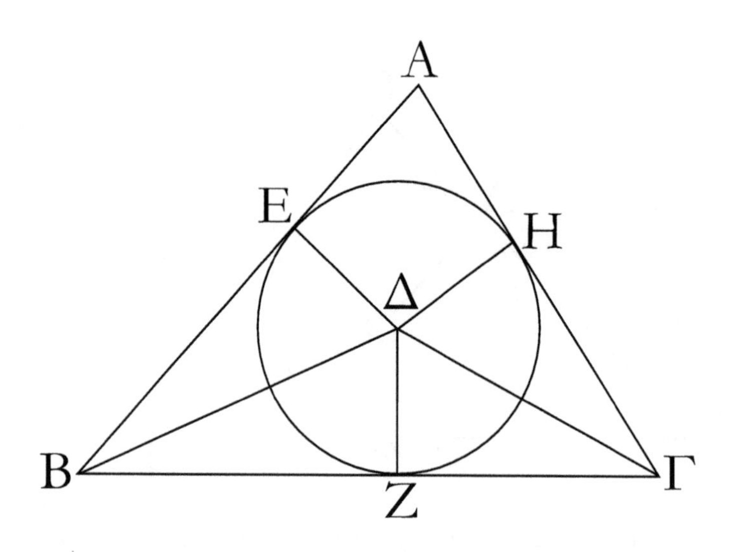

Εἰς τὸ δοθὲν τρίγωνον κύκλον ἐγγράψαι.

Ἔστω τὸ δοθὲν τρίγωνον τὸ ΑΒΓ· δεῖ δὴ εἰς τὸ ΑΒΓ τρίγωνον κύκλον ἐγγράψαι.

Τετμήσθωσαν αἱ ὑπὸ ΑΒΓ, ΑΓΒ γωνίαι δίχα ταῖς ΒΔ, ΓΔ εὐθείαις, καὶ συμβαλλέτωσαν ἀλλήλαις κατὰ τὸ Δ σημεῖον, καὶ ἤχθωσαν ἀπὸ τοῦ Δ ἐπὶ τὰς ΑΒ, ΒΓ, ΓΑ εὐθείας κάθετοι αἱ ΔΕ, ΔΖ, ΔΗ.

Καὶ ἐπεὶ ἴση ἐστὶν ἡ ὑπὸ ΑΒΔ γωνία τῇ ὑπὸ ΓΒΑ, ἐστὶ δὲ καὶ ὀρθὴ ἡ ὑπὸ ΒΕΔ ὀρθῇ τῇ ὑπὸ ΒΖΔ ἴση, δύο δὴ τρίγωνά ἐστι τὰ ΕΒΔ, ΖΒΔ τὰς δύο γωνίας ταῖς δυσὶ γωνίαις ἴσας ἔχοντα καὶ μίαν πλευρὰν μιᾷ πλευρᾷ ἴσην τὴν ὑποτείνουσαν ὑπὸ μίαν τῶν ἴσων γωνιῶν κοινὴν αὐτῶν τὴν ΒΔ· καὶ τὰς λοιπὰς ἄρα πλευρὰς ταῖς λοιπαῖς πλευραῖς ἴσας ἕξουσιν· ἴση ἄρα ἡ ΔΕ τῇ ΔΖ. διὰ τὰ αὐτὰ δὴ καὶ ἡ ΔΗ τῇ ΔΖ ἐστιν ἴση. αἱ τρεῖς ἄρα εὐθεῖαι αἱ ΔΕ, ΔΖ, ΔΗ ἴσαι ἀλλήλαις εἰσίν· ὁ ἄρα κέντρῳ τῷ Δ καὶ διαστήματι ἑνὶ τῶν Ε, Ζ, Η κύκλος γραφόμενος ἥξει καὶ διὰ τῶν λοιπῶν σημείων καὶ ἐφάψεται τῶν ΑΒ, ΒΓ, ΓΑ εὐθειῶν διὰ τὸ ὀρθὰς εἶναι τὰς πρὸς τοῖς Ε, Ζ, Η σημείοις γωνίας. εἰ γὰρ τεμεῖ αὐτάς, ἔσται ἡ τῇ διαμέτρῳ τοῦ κύκλου πρὸς ὀρθὰς ἀπ᾽ ἄκρας ἀγομένη ἐντὸς πίπτουσα τοῦ κύκλου· ὅπερ ἄτοπον ἐδείχθη· οὐκ ἄρα ὁ κέντρῳ τῷ Δ διαστήματι δὲ ἑνὶ τῶν Ε, Ζ, Η γραφόμενος κύκλος τεμεῖ τὰς ΑΒ, ΒΓ, ΓΑ εὐθείας· ἐφάψεται ἄρα αὐτῶν, καὶ ἔσται ὁ κύκλος ἐγγεγραμμένος εἰς τὸ ΑΒΓ τρίγωνον. ἐγγεγράφθω ὡς ὁ ΖΗΕ.

Εἰς ἄρα τὸ δοθὲν τρίγωνον τὸ ΑΒΓ κύκλος ἐγγέγραπται ὁ ΕΖΗ· ὅπερ ἔδει ποιῆσαι.

Proposition 4

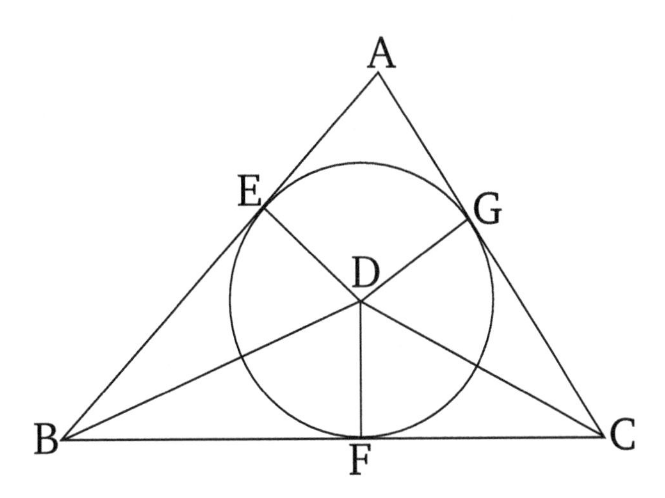

To inscribe a circle in a given triangle.

Let ABC be the given triangle. So it is required to inscribe a circle in triangle ABC.

Let the angles ABC and ACB have been cut in half by the straight-lines BD and CD (respectively) [Prop. 1.9], and let them meet one another at point D, and let DE, DF, and DG have been drawn from point D, perpendicular to the straight-lines AB, BC, and CA (respectively) [Prop. 1.12].

And since angle ABD is equal to CBD, and the right-angle BED is also equal to the right-angle BFD, EBD and FBD are thus two triangles having two angles equal to two angles, and one side equal to one side—the (one) subtending one of the equal angles (which is) common to the (triangles)—(namely), BD. Thus, they will also have the remaining sides equal to the (corresponding) remaining sides [Prop. 1.26]. Thus, DE (is) equal to DF. So, for the same (reasons), DG is also equal to DF. Thus, the three straight-lines DE, DF, and DG are equal to one another. Thus, the circle drawn with center D, and radius one of E, F, or G,[50] will also go through the remaining points, and will touch the straight-lines AB, BC, and CA, on account of the angles at E, F, and G being right-angles. For if it cuts (one of) them then it will be a (straight-line) drawn at right-angles to a diameter of the circle, from its end, falling inside the circle. They very thing was shown (to be) absurd [Prop. 3.16]. Thus, the circle drawn with center D, and radius one of E, F, or G, does not cut the straight-lines AB, BC, and CA. Thus, it will touch them. And the circle will have been inscribed in triangle ABC. Let it have been (so) inscribed, like FGE (in the figure).

Thus, the circle EFG has been inscribed in the given triangle ABC. (Which is) the very thing it was required to do.

[50]Here, and in the following propositions, it is understood that the radius is actually one of DE, DF, or DG.

ε´

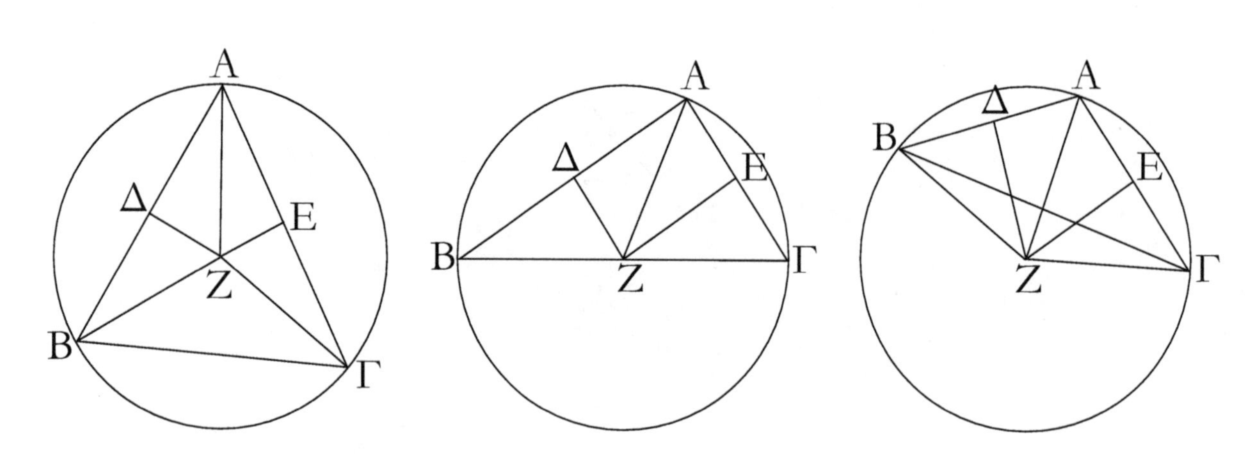

Περὶ τὸ δοθὲν τρίγωνον κύκλον περιγράψαι.

Ἔστω τὸ δοθὲν τρίγωνον τὸ ΑΒΓ· δεῖ δὲ περὶ τὸ δοθὲν τρίγωνον τὸ ΑΒΓ κύκλον περιγράψαι.

Τετμήσθωσαν αἱ ΑΒ, ΑΓ εὐθεῖαι δίχα κατὰ τὰ Δ, Ε σημεῖα, καὶ ἀπὸ τῶν Δ, Ε σημείων ταῖς ΑΒ, ΑΓ πρὸς ὀρθὰς ἤχθωσαν αἱ ΔΖ, ΕΖ· συμπεσοῦνται δὴ ἤτοι ἐντὸς τοῦ ΑΒΓ τριγώνου ἢ ἐπὶ τῆς ΒΓ εὐθείας ἢ ἐκτὸς τῆς ΒΓ.

Συμπιπτέτωσαν πρότερον ἐντὸς κατὰ τὸ Ζ, καὶ ἐπεζεύχθωσαν αἱ ΖΒ, ΖΓ, ΖΑ. καὶ ἐπεὶ ἴση ἐστὶν ἡ ΑΔ τῇ ΔΒ, κοινὴ δὲ καὶ πρὸς ὀρθὰς ἡ ΔΖ, βάσις ἄρα ἡ ΑΖ βάσει τῇ ΖΒ ἐστιν ἴση. ὁμοίως δὴ δείξομεν, ὅτι καὶ ἡ ΓΖ τῇ ΑΖ ἐστιν ἴση· ὥστε καὶ ἡ ΖΒ τῇ ΖΓ ἐστιν ἴση· αἱ τρεῖς ἄρα αἱ ΖΑ, ΖΒ, ΖΓ ἴσαι ἀλλήλαις εἰσίν. ὁ ἄρα κέντρῳ τῷ Ζ διαστήματι δὲ ἑνὶ τῶν Α, Β, Γ κύκλος γραφόμενος ἥξει καὶ διὰ τῶν λοιπῶν σημείων, καὶ ἔσται περιγεγραμμένος ὁ κύκλος περὶ τὸ ΑΒΓ τρίγωνον. περιγεγράφθω ὡς ὁ ΑΒΓ.

ἀλλὰ δὴ αἱ ΔΖ, ΕΖ συμπιπτέτωσαν ἐπὶ τῆς ΒΓ εὐθείας κατὰ τὸ Ζ, ὡς ἔχει ἐπὶ τῆς δευτέρας καταγραφῆς, καὶ ἐπεζεύχθω ἡ ΑΖ. ὁμοίως δὴ δείξομεν, ὅτι τὸ Ζ σημεῖον κέντρον ἐστὶ τοῦ περὶ τὸ ΑΒΓ τρίγωνον περιγραφομένου κύκλου.

Ἀλλὰ δὴ αἱ ΔΖ, ΕΖ συμπιπτέτωσαν ἐκτὸς τοῦ ΑΒΓ τριγώνου κατὰ τὸ Ζ πάλιν, ὡς ἔχει ἐπὶ τῆς τρίτης καταγραφῆς, καί ἐπεζεύχθωσαν αἱ ΑΖ, ΒΖ, ΓΖ. καὶ ἐπεὶ πάλιν ἴση ἐστὶν ἡ ΑΔ τῇ ΔΒ, κοινὴ δὲ καὶ πρὸς ὀρθὰς ἡ ΔΖ, βάσις ἄρα ἡ ΑΖ βάσει τῇ ΒΖ ἐστιν ἴση. ὁμοίως δὴ δείξομεν, ὅτι καὶ ἡ ΓΖ τῇ ΑΖ ἐστιν ἴση· ὥστε καὶ ἡ ΒΖ τῇ ΖΓ ἐστιν ἴση· ὁ ἄρα [πάλιν] κέντρῳ τῷ Ζ διαστήματι δὲ ἑνὶ τῶν ΖΑ, ΖΒ, ΖΓ κύκλος γραφόμενος ἥξει καὶ διὰ τῶν λοιπῶν σημείων, καὶ ἔσται περιγεγραμμένος περὶ τὸ ΑΒΓ τρίγωνον.

Περὶ τὸ δοθὲν ἄρα τρίγωνον κύκλος περιγέγραπται· ὅπερ ἔδει ποιῆσαι.

Proposition 5

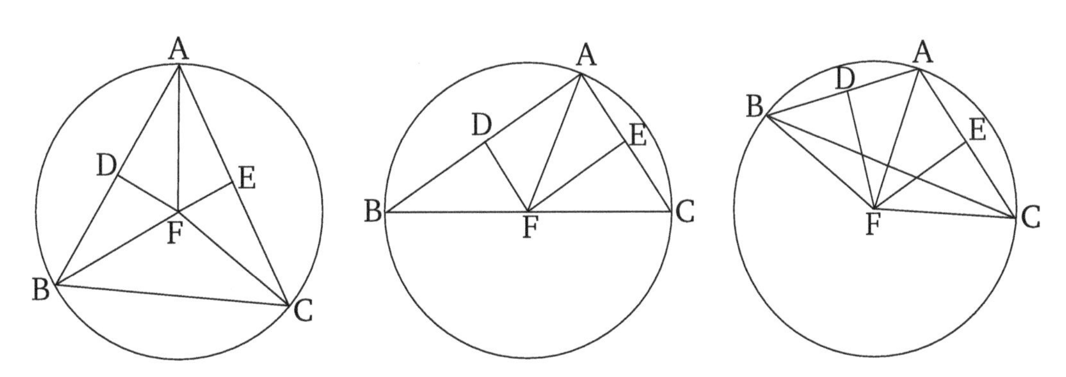

To circumscribe a circle about a given triangle.

Let ABC be the given circle. So it is required to circumscribe a circle about the given triangle ABC.

Let the straight-lines AB and AC have been cut in half at points D and E (respectively) [Prop. 1.10]. And let DF and EF have been drawn from points D and E, at right-angles to AB and AC (respectively) [Prop. 1.11]. So (DF and EF) will surely either meet inside triangle ABC, on the straight-line BC, or beyond BC.

Let them, first of all, meet inside (triangle ABC) at (point) F, and let FB, FC, and FA have been joined. And since AD is equal to DB, and DF is common and at right-angles, the base AF is thus equal to the base FB [Prop. 1.4]. So, similarly, we can show that CF is also equal to AF. So that FB is also equal to FC. Thus, the three (straight-lines) FA, FB, and FC are equal to one another. Thus, the circle drawn with center F, and radius one of A, B, or C, will also go through the remaining points. And the circle will have been circumscribed about triangle ABC. Let it have been (so) circumscribed, like ABC (in the first diagram from the left).

And so, let DF and EF meet on the straight-line BC at (point) F, like in the second diagram (from the left). And let AF have been joined. So, similarly, we can show that point F is the center of the circle circumscribed about triangle ABC.

And so, let DF and EF meet outside triangle ABC, again at (point) F, like in the third diagram (from the left). And let AF, BF, and CF have been joined. And again since AD is equal to DB, and DF is common and at right-angles, the base AF is thus equal to the base BF [Prop. 1.4]. So, similarly, we can show that CF is also equal to AF. So that BF is also equal to FC. Thus, [again] the circle drawn with center F, and radius one of FA, FB, and FC, will also go through the remaining points. And it will have been circumscribed about triangle ABC.

Thus, a circle has been circumscribed about the given triangle. (Which is) the very thing it was required to do.

ϛ′

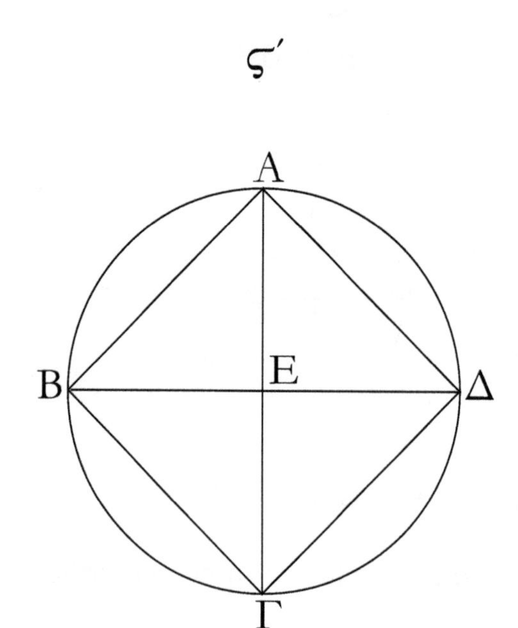

Εἰς τὸν δοθέντα κύκλον τετράγωνον ἐγγράψαι.

Ἔστω ἡ δοθεὶς κύκλος ὁ ΑΒΓΔ· δεῖ δὴ εἰς τὸν ΑΒΓΔ κύκλον τετράγωνον ἐγγράψαι.

Ἤχθωσαν τοῦ ΑΒΓΔ κύκλου δύο διάμετροι πρὸς ὀρθὰς ἀλλήλαις αἱ ΑΓ, ΒΔ, καὶ ἐπεζεύχθωσαν αἱ ΑΒ, ΒΓ, ΓΔ, ΔΑ.

Καὶ ἐπεὶ ἴση ἐστὶν ἡ ΒΕ τῇ ΕΔ· κέντρον γὰρ τὸ Ε· κοινὴ δὲ καὶ πρὸς ὀρθὰς ἡ ΕΑ, βάσις ἄρα ἡ ΑΒ βάσει τῇ ΑΔ ἴση ἐστίν. διὰ τὰ αὐτὰ δὴ καὶ ἑκατέρα τῶν ΒΓ, ΓΔ ἑκατέρᾳ τῶν ΑΒ, ΑΔ ἴση ἐστίν· ἰσόπλευρον ἄρα ἐστὶ τὸ ΑΒΓΔ τετράπλευρον. λέγω δή, ὅτι καὶ ὀρθογώνιον. ἐπεὶ γὰρ ἡ ΒΔ εὐθεῖα διάμετρός ἐστι τοῦ ΑΒΓΔ κύκλου, ἡμικύκλιον ἄρα ἐστὶ τὸ ΒΑΔ· ὀρθὴ ἄρα ἡ ὑπὸ ΒΑΔ γωνία. διὰ τὰ αὐτὰ δὴ καὶ ἑκάστη τῶν ὑπὸ ΑΒΓ, ΒΓΔ, ΓΔΑ ὀρθή ἐστιν· ὀρθογώνιον ἄρα ἐστὶ τὸ ΑΒΓΔ τετράπλευρον. ἐδείχθη δὲ καὶ ἰσόπλευρον· τετράγωνον ἄρα ἐστίν. καὶ ἐγγέγραπται εἰς τὸν ΑΒΓΔ κύκλον.

Εἰς ἄρα τὸν δοθέντα κύκλον τετράγωνον ἐγγέγραπται τὸ ΑΒΓΔ· ὅπερ ἔδει ποιῆσαι.

Proposition 6

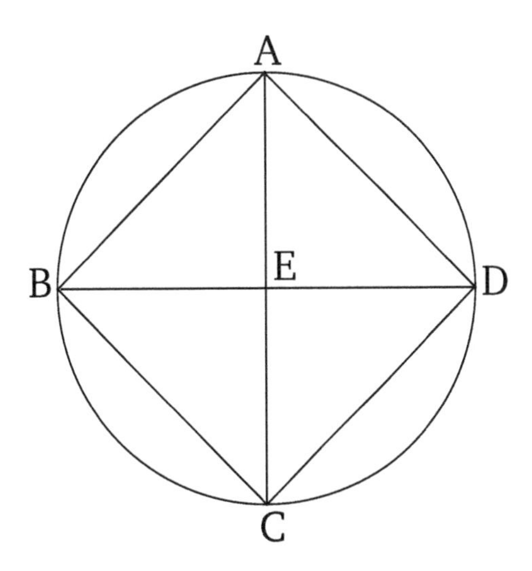

To inscribe a square in a given circle.

Let $ABCD$ be the given circle. So it is required to inscribe a square in circle $ABCD$.

Let two diameters of circle $ABCD$, AC and BD, have been drawn at right-angles to one another.[51] And let AB, BC, CD, and DA have been joined.

And since BE is equal to ED, for E (is) the center (of the circle), and EA is common and at right-angles, the base AB is thus equal to the base AD [Prop. 1.4]. So, for the same (reasons), each of BC and CD is equal to each of AB and AD. Thus, the quadrilateral $ABCD$ is equilateral. So I say that (it is) also right-angled. For since the straight-line BD is a diameter of circle $ABCD$, BAD is thus a semi-circle. Thus, angle BAD (is) a right-angle [Prop. 3.31]. So, for the same (reasons), (angles) ABC, BCD, and CDA are each right-angles. Thus, the quadrilateral $ABCD$ is right-angled. And it was also shown (to be) equilateral. Thus, it is a square [Def. 1.22]. And it has been inscribed in circle $ABCD$.

Thus, the square $ABCD$ has been inscribed in the given circle. (Which is) the very thing it was required to do.

[51] Presumably, by finding the center of the circle [Prop. 3.1], drawing a line through it, and then drawing a second line through it, at right-angles to the first [Prop. 1.11].

ζʹ

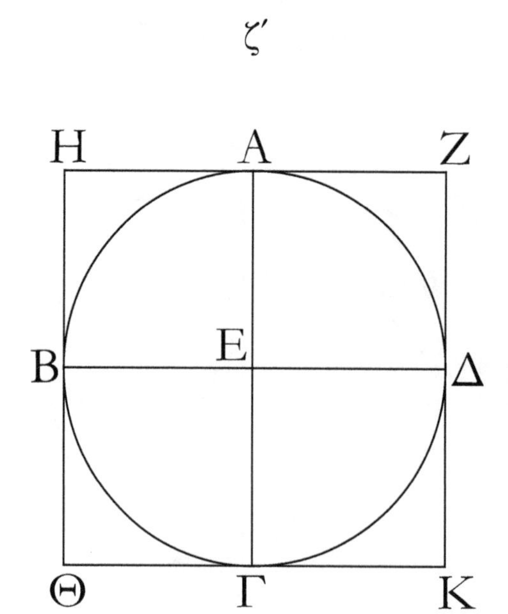

Περὶ τὸν δοθέντα κύκλον τετράγωνον περιγράψαι.

Ἔστω ὁ δοθεὶς κύκλος ὁ ΑΒΓΔ· δεῖ δὴ περὶ τὸν ΑΒΓΔ κύκλον τετράγωνον περιγράψαι.

Ἤχθωσαν τοῦ ΑΒΓΔ κύκλου δύο διάμετροι πρὸς ὀρθὰς ἀλλήλαις αἱ ΑΓ, ΒΔ, καὶ διὰ τῶν Α, Β, Γ, Δ σημείων ἤχθωσαν ἐφαπτόμεναι τοῦ ΑΒΓΔ κύκλου αἱ ΖΗ, ΗΘ, ΘΚ, ΚΖ.

Ἐπεὶ οὖν ἐφάπτεται ἡ ΖΗ τοῦ ΑΒΓΔ κύκλου, ἀπὸ δὲ τοῦ Ε κέντρου ἐπὶ τὴν κατὰ τὸ Α ἐπαφὴν ἐπέζευκται ἡ ΕΑ, αἱ ἄρα πρὸς τῷ Α γωνίαι ὀρθαί εἰσιν. διὰ τὰ αὐτὰ δὴ καὶ αἱ πρὸς τοῖς Β, Γ, Δ σημείοις γωνίαι ὀρθαί εἰσιν. καὶ ἐπεὶ ὀρθή ἐστιν ἡ ὑπὸ ΑΕΒ γωνία, ἐστὶ δὲ ὀρθὴ καὶ ἡ ὑπὸ ΕΒΗ, παράλληλος ἄρα ἐστὶν ἡ ΗΘ τῇ ΑΓ. διὰ τὰ αὐτὰ δὴ καὶ ἡ ΑΓ τῇ ΖΚ ἐστι παράλληλος. ὥστε καὶ ἡ ΗΘ τῇ ΖΚ ἐστι παράλληλος. ὁμοίως δὴ δείξομεν, ὅτι καὶ ἑκατέρα τῶν ΗΖ, ΘΚ τῇ ΒΕΔ ἐστι παράλληλος. παραλληλόγραμμα ἄρα ἐστὶ τὰ ΗΚ, ΗΓ, ΑΚ, ΖΒ, ΒΚ· ἴση ἄρα ἐστὶν ἡ μὲν ΗΖ τῇ ΘΚ, ἡ δὲ ΗΘ τῇ ΖΚ. καὶ ἐπεὶ ἴση ἐστὶν ἡ ΑΓ τῇ ΒΔ, ἀλλὰ καὶ ἡ μὲν ΑΓ ἑκατέρᾳ τῶν ΗΘ, ΖΚ, ἡ δὲ ΒΔ ἑκατέρᾳ τῶν ΗΖ, ΘΚ ἐστιν ἴση [καὶ ἑκατέρα ἄρα τῶν ΗΘ, ΖΚ ἑκατέρᾳ τῶν ΗΖ, ΘΚ ἐστιν ἴση], ἰσόπλευρον ἄρα ἐστὶ τὸ ΖΗΘΚ τετράπλευρον. λέγω δή, ὅτι καὶ ὀρθογώνιον. ἐπεὶ γὰρ παραλληλόγραμμόν ἐστι τὸ ΗΒΕΑ, καί ἐστιν ὀρθὴ ἡ ὑπὸ ΑΕΒ, ὀρθὴ ἄρα καὶ ἡ ὑπὸ ΑΗΒ. ὁμοίως δὴ δείξομεν, ὅτι καὶ αἱ πρὸς τοῖς Θ, Κ, Ζ γωνίαι ὀρθαί εἰσιν. ὀρθογώνιον ἄρα ἐστὶ τὸ ΖΗΘΚ. ἐδείχθη δὲ καὶ ἰσόπλευρον· τετράγωνον ἄρα ἐστίν. καὶ περιγέγραπται περὶ τὸν ΑΒΓΔ κύκλον.

Περὶ τὸν δοθέντα ἄρα κύκλον τετράγωνον περιγέγραπται· ὅπερ ἔδει ποιῆσαι.

Proposition 7

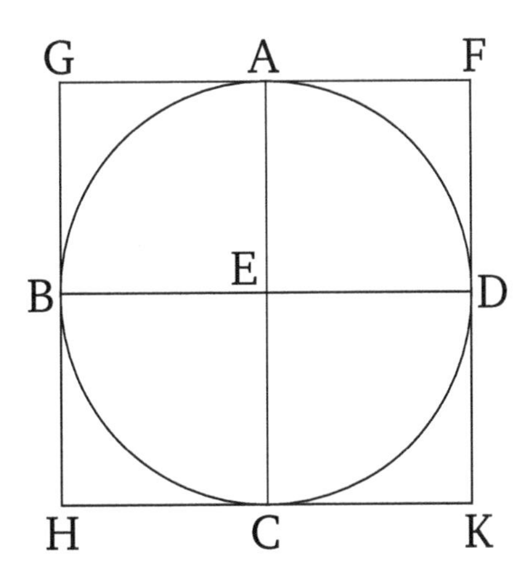

To circumscribe a square about a given circle.

Let $ABCD$ be the given circle. So it is required to circumscribe a square about circle $ABCD$.

Let two diameters of circle $ABCD$, AC and BD, have been drawn at right-angles to one another.[52] And let FG, GH, HK, and KF have been drawn through points A, B, C, and D (respectively), touching circle $ABCD$.[53]

Therefore, since FG touches circle $ABCD$, and EA has been joined from the center E to the point of contact A, the angle at A is thus a right-angle [Prop. 3.18]. So, for the same (reasons), the angles at points B, C, and D are also right-angles. And since angle AEB is a right-angle, and EBG is also a right-angle, GH is thus parallel to AC [Prop. 1.29]. So, for the same (reasons), AC is also parallel to FK. So that GH is also parallel to FK [Prop. 1.30]. So, similarly, we can show that GF and HK are each parallel to BED. Thus, GK, GC, AK, FB, and BK are (all) parallelograms. Thus, GF is equal to HK, and GH to FK [Prop. 1.34]. And since AC is equal to BD, but AC (is) also (equal) to each of GH and FK, and BD is equal to each of GF and HK [Prop. 1.34] [and each of GH and FK is thus equal to each of GF and HK], the quadrilateral $FGHK$ is thus equilateral. So I say that (it is) also right-angled. For since $GBEA$ is a parallelogram, and AEB is a right-angle, AGB is thus also a right-angle [Prop. 1.34]. So, similarly, we can show that the angles at H, K, and F are also right-angles. Thus, $FGHK$ is right-angled. And it was also shown (to be) equilateral. Thus, it is a square [Def. 1.22]. And it has been circumscribed about circle $ABCD$.

Thus, a square has been circumscribed about the given circle. (Which is) the very thing it was required to do.

[52] See the footnote to the previous proposition.

[53] See the footnote to Prop. 3.34.

ηʹ

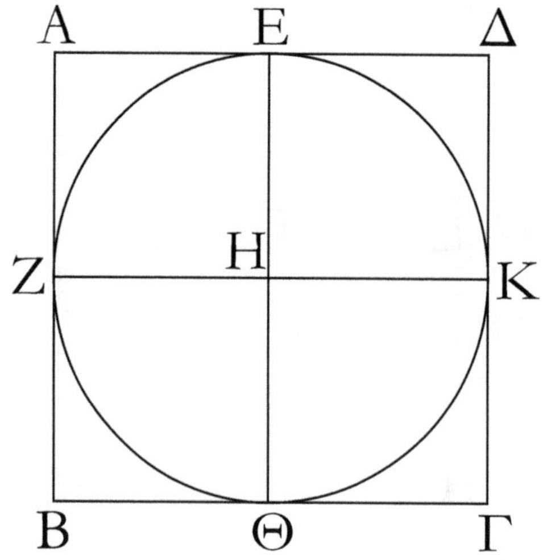

Εἰς τὸ δοθὲν τετράγωνον κύκλον ἐγγράψαι.

Ἔστω τὸ δοθὲν τετράγωνον τὸ ΑΒΓΔ. δεῖ δὴ εἰς τὸ ΑΒΓΔ τετράγωνον κύκλον ἐγγράψαι.

Τετμήσθω ἑκατέρα τῶν ΑΔ, ΑΒ δίχα κατὰ τὰ Ε, Ζ σημεῖα, καὶ διὰ μὲν τοῦ Ε ὁποτέρᾳ τῶν ΑΒ, ΓΔ παράλληλος ἤχθω ὁ ΕΘ, διὰ δὲ τοῦ Ζ ὁποτέρᾳ τῶν ΑΔ, ΒΓ παράλληλος ἤχθω ἡ ΖΚ· παραλληλόγραμμον ἄρα ἐστὶν ἕκαστον τῶν ΑΚ, ΚΒ, ΑΘ, ΘΔ, ΑΗ, ΗΓ, ΒΗ, ΗΔ, καὶ αἱ ἀπεναντίον αὐτῶν πλευραὶ δηλονότι ἴσαι [εἰσίν]. καὶ ἐπεὶ ἴση ἐστὶν ἡ ΑΔ τῇ ΑΒ, καί ἐστι τῆς μὲν ΑΔ ἡμίσεια ἡ ΑΕ, τῆς δὲ ΑΒ ἡμίσεια ἡ ΑΖ, ἴση ἄρα καὶ ἡ ΑΕ τῇ ΑΖ· ὥστε καὶ αἱ ἀπεναντίον· ἴση ἄρα καὶ ἡ ΖΗ τῇ ΗΕ. ὁμοίως δὴ δείξομεν, ὅτι καὶ ἑκατέρα τῶν ΗΘ, ΗΚ ἑκατέρᾳ τῶν ΖΗ, ΗΕ ἐστιν ἴση· αἱ τέσσαρες ἄρα αἱ ΗΕ, ΗΖ, ΗΘ, ΗΚ ἴσαι ἀλλήλαις [εἰσίν]. ὁ ἄρα κέντρῳ μὲν τῷ Η διαστήματι δὲ ἑνὶ τῶν Ε, Ζ, Θ, Κ κύκλος γραφόμενος ἥξει καὶ διὰ τῶν λοιπῶν σημείων· καὶ ἐφάψεται τῶν ΑΒ, ΒΓ, ΓΔ, ΔΑ εὐθειῶν διὰ τὸ ὀρθὰς εἶναι τὰς πρὸς τοῖς Ε, Ζ, Θ, Κ γωνίας· εἰ γὰρ τεμεῖ ὁ κύκλος τὰς ΑΒ, ΒΓ, ΓΔ, ΔΑ, ἡ τῇ διαμέτρῳ τοῦ κύκλου πρὸς ὀρθὰς ἀπ᾽ ἄκρας ἀγομένη ἐντὸς πεσεῖται τοῦ κύκλου· ὅπερ ἄτοπον ἐδείχθη. οὐκ ἄρα ὁ κέντρῳ τῷ Η διαστήματι δὲ ἑνὶ τῶν Ε, Ζ, Θ, Κ κύκλος γραφόμενος τεμεῖ τὰς ΑΒ, ΒΓ, ΓΔ, ΔΑ εὐθείας. ἐφάψεται ἄρα αὐτῶν καὶ ἔσται ἐγγεγραμμένος εἰς τὸ ΑΒΓΔ τετράγωνον.

Εἰς ἄρα τὸ δοθὲν τετράγωνον κύκλος ἐγγέγραπται· ὅπερ ἔδει ποιῆσαι.

Proposition 8

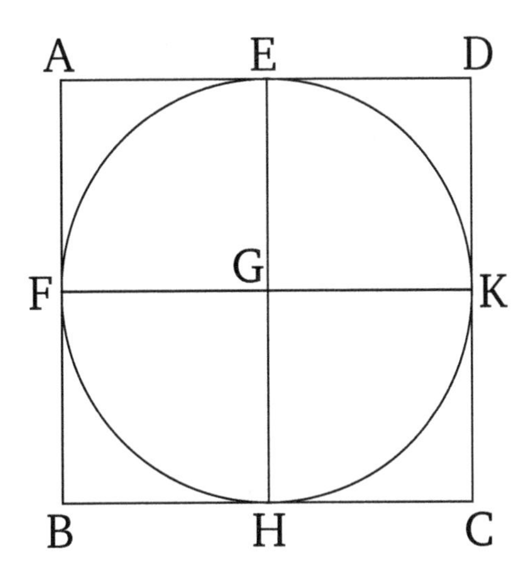

To inscribe a circle in a given square.

Let the given square be $ABCD$. So it is required to inscribe a circle in square $ABCD$.

Let AD and AB each have been cut in half at points E and F (respectively) [Prop. 1.10]. And let EH have been drawn through E, parallel to either of AB or CD, and let FK have been drawn through F, parallel to either of AD or BC [Prop. 1.31]. Thus, AK, KB, AH, HD, AG, GC, BG, and GD are each parallelograms, and their opposite sides [are] manifestly equal [Prop. 1.34]. And since AD is equal to AB, and AE is half of AD, and AF half of AB, AE (is) thus also equal to AF. So that the opposite (sides are) also (equal). Thus, FG (is) also equal to GE. So, similarly, we can also show that each of GH and GK is equal to each of FG and GE. Thus, the four (straight-lines) GE, GF, GH, and GK [are] equal to one another. Thus, the circle drawn with center G, and radius one of E, F, H, or K, will also go through the remaining points. And it will touch the straight-lines AB, BC, CD, and DA, on account of the angles at E, F, H, and K being right-angles. For if the circle cuts AB, BC, CD, or DA, then a (straight-line) drawn at right-angles to a diameter of the circle, from its end, will fall inside the circle. The very thing was shown (to be) absurd [Prop. 3.16].Thus, the circle drawn with center G, and radius one of E, F, H, or K, does not cut the straight-lines AB, BC, CD, or DA. Thus, it will touch them, and will have been inscribed in the square $ABCD$.

Thus, a circle has been inscribed in the given square. (Which is) the very thing it was required to do.

ΣΤΟΙΧΕΙΩΝ δ′

ϑ′

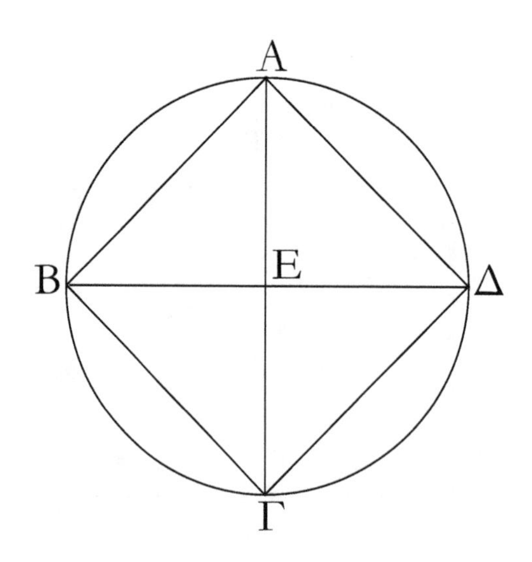

Περὶ τὸ δοθὲν τετράγωνον κύκλον περιγράψαι.

Ἔστω τὸ δοθὲν τετράγωνον τὸ ΑΒΓΔ· δεῖ δὴ περὶ τὸ ΑΒΓΔ τετράγωνον κύκλον περιγράψαι.

Ἐπιζευχθεῖσαι γὰρ αἱ ΑΓ, ΒΔ τεμνέτωσαν ἀλλήλας κατὰ τὸ Ε.

Καὶ ἐπεὶ ἴση ἐστὶν ἡ ΔΑ τῇ ΑΒ, κοινὴ δὲ ἡ ΑΓ, δύο δὴ αἱ ΔΑ, ΑΓ δυσὶ ταῖς ΒΑ, ΑΓ ἴσαι εἰσίν· καὶ βάσις ἡ ΔΓ βάσει τῇ ΒΓ ἴση· γωνία ἄρα ἡ ὑπὸ ΔΑΓ γωνίᾳ τῇ ὑπὸ ΒΑΓ ἴση ἐστίν· ἡ ἄρα ὑπὸ ΔΑΒ γωνία δίχα τέτμηται ὑπὸ τῆς ΑΓ. ὁμοίως δὴ δείξομεν, ὅτι καὶ ἑκάστη τῶν ὑπὸ ΑΒΓ, ΒΓΔ, ΓΔΑ δίχα τέτμηται ὑπὸ τῶν ΑΓ, ΔΒ εὐθειῶν. καὶ ἐπεὶ ἴση ἐστὶν ἡ ὑπὸ ΔΑΒ γωνία τῇ ὑπὸ ΑΒΓ, καί ἐστι τῆς μὲν ὑπὸ ΔΑΒ ἡμίσεια ἡ ὑπὸ ΕΑΒ, τῆς δὲ ὑπὸ ΑΒΓ ἡμίσεια ἡ ὑπὸ ΕΒΑ, καὶ ἡ ὑπὸ ΕΑΒ ἄρα τῇ ὑπὸ ΕΒΑ ἐστιν ἴση· ὥστε καὶ πλευρὰ ἡ ΕΑ τῇ ΕΒ ἐστιν ἴση. ὁμοίως δὴ δείξομεν, ὅτι καὶ ἑκατέρα τῶν ΕΑ, ΕΒ [εὐθειῶν] ἑκατέρᾳ τῶν ΕΓ, ΕΔ ἴση ἐστίν. αἱ τέσσαρες ἄρα αἱ ΕΑ, ΕΒ, ΕΓ, ΕΔ ἴσαι ἀλλήλαις εἰσίν. ὁ ἄρα κέντρῳ τῷ Ε καὶ διαστήματι ἑνὶ τῶν Α, Β, Γ, Δ κύκλος γραφόμενος ἥξει καὶ διὰ τῶν λοιπῶν σημείων καὶ ἔσται περιγεγραμμένος περὶ τὸ ΑΒΓΔ τετράγωνον. περιγεγράφθω ὡς ὁ ΑΒΓΔ.

Περὶ τὸ δοθὲν ἄρα τετράγωνον κύκλος περιγέγραπται· ὅπερ ἔδει ποιῆσαι.

Proposition 9

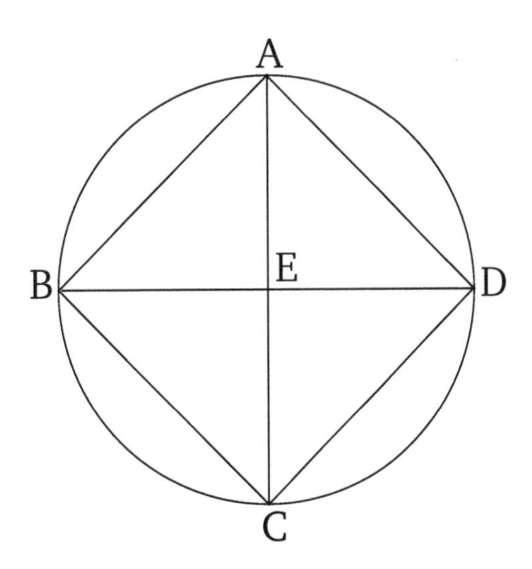

To circumscribe a circle about a given square.

Let $ABCD$ be the given square. So it is required to circumscribe a circle about square $ABCD$.

AC and BD being joined, let them cut one another at E.

And since DA is equal to AB, and AC (is) common, the two (straight-lines) DA, AC are thus equal to the two (straight-lines) BA, AC. And the base DC (is) equal to the base BC. Thus, angle DAC is equal to angle BAC [Prop. 1.8]. Thus, the angle DAB has been cut in half by AC. So, similarly, we can show that ABC, BCD, and CDA have each been cut in half by the straight-lines AC and DB. And since angle DAB is equal to ABC, and EAB is half of DAB, and EBA half of ABC, EAB is thus also equal to EBA. So that side EA is also equal to EB [Prop. 1.6]. So, similarly, we can show that each of the [straight-lines] EA and EB are also equal to each of EC and ED. Thus, the four (straight-lines) EA, EB, EC, and ED are equal to one another. Thus, the circle drawn with center E, and radius one of A, B, C, or D, will also go through the remaining points, and will have been circumscribed about the square $ABCD$. Let it have been (so) circumscribed, like $ABCD$ (in the figure).

Thus, a circle has been circumscribed about the given square. (Which is) the very thing it was required to do.

ΣΤΟΙΧΕΙΩΝ δ′

ι′

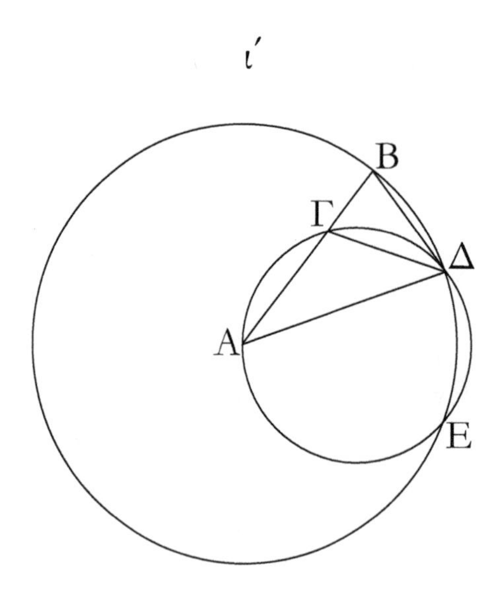

Ἰσοσκελὲς τρίγωνον συστήσασθαι ἔχον ἑκατέραν τῶν πρὸς τῇ βάσει γωνιῶν διπλασίονα τῆς λοιπῆς.

Ἐκκείσθω τις εὐθεῖα ἡ ΑΒ, καὶ τετμήσθω κατὰ τὸ Γ σημεῖον, ὥστε τὸ ὑπὸ τῶν ΑΒ, ΒΓ περιεχόμενον ὀρθογώνιον ἴσον εἶναι τῷ ἀπὸ τῆς ΓΑ τετραγώνῳ· καὶ κέντρῳ τῷ Α καὶ διαστήματι τῷ ΑΒ κύκλος γεγράφθω ὁ ΒΔΕ, καὶ ἐνηρμόσθω εἰς τὸν ΒΔΕ κύκλον τῇ ΑΓ εὐθείᾳ μὴ μείζονι οὔσῃ τῆς τοῦ ΒΔΕ κύκλου διαμέτρου ἴση εὐθεῖα ἡ ΒΔ· καὶ ἐπεζεύχθωσαν αἱ ΑΔ, ΔΓ, καὶ περιγεγράφθω περὶ τὸ ΑΓΔ τρίγωνον κύκλος ὁ ΑΓΔ.

Καὶ ἐπεὶ τὸ ὑπὸ τῶν ΑΒ, ΒΓ ἴσον ἐστὶ τῷ ἀπὸ τῆς ΑΓ, ἴση δὲ ἡ ΑΓ τῇ ΒΔ, τὸ ἄρα ὑπὸ τῶν ΑΒ, ΒΓ ἴσον ἐστὶ τῷ ἀπὸ τῆς ΒΔ. καὶ ἐπεὶ κύκλου τοῦ ΑΓΔ εἴληπταί τι σημεῖον ἐκτὸς τὸ Β, καὶ ἀπὸ τοῦ Β πρὸς τὸν ΑΓΔ κύκλον προσπεπτώκασι δύο εὐθεῖαι αἱ ΒΑ, ΒΔ, καὶ ἡ μὲν αὐτῶν τέμνει, ἡ δὲ προσπίπτει, καί ἐστι τὸ ὑπὸ τῶν ΑΒ, ΒΓ ἴσον τῷ ἀπὸ τῆς ΒΔ, ἡ ΒΔ ἄρα ἐφάπτεται τοῦ ΑΓΔ κύκλου. ἐπεὶ οὖν ἐφάπτεται μὲν ἡ ΒΔ, ἀπὸ δὲ τῆς κατὰ τὸ Δ ἐπαφῆς διῆκται ἡ ΔΓ, ἡ ἄρα ὑπὸ ΒΔΓ γωνιά ἴση ἐστὶ τῇ ἐν τῷ ἐναλλὰξ τοῦ κύκλου τμήματι γωνίᾳ τῇ ὑπὸ ΔΑΓ. ἐπεὶ οὖν ἴση ἐστὶν ἡ ὑπὸ ΒΔΓ τῇ ὑπὸ ΔΑΓ, κοινὴ προσκείσθω ἡ ὑπὸ ΓΔΑ· ὅλη ἄρα ἡ ὑπὸ ΒΔΑ ἴση ἐστὶ δυσὶ ταῖς ὑπὸ ΓΔΑ, ΔΑΓ. ἀλλὰ ταῖς ὑπὸ ΓΔΑ, ΔΑΓ ἴση ἐστὶν ἡ ἐκτὸς ἡ ὑπὸ ΒΓΔ· καὶ ἡ ὑπὸ ΒΔΑ ἄρα ἴση ἐστὶ τῇ ὑπὸ ΒΓΑ. ἀλλὰ ἡ ὑπὸ ΒΔΑ τῇ ὑπὸ ΓΒΔ ἐστιν ἴση, ἐπεὶ καὶ πλευρὰ ἡ ΑΔ τῇ ΑΒ ἐστιν ἴση· ὥστε καὶ ἡ ὑπὸ ΔΒΑ τῇ ὑπὸ ΒΓΔ ἐστιν ἴση. αἱ τρεῖς ἄρα αἱ ὑπὸ ΒΔΑ, ΔΒΑ, ΒΓΑ ἴσαι ἀλλήλαις εἰσίν. καὶ ἐπεὶ ἴση ἐστὶν ἡ ὑπὸ ΔΒΓ γωνία τῇ ὑπὸ ΒΓΔ, ἴση ἐστὶ καὶ πλευρὰ ἡ ΒΔ πλευρᾷ τῇ ΔΓ. ἀλλὰ ἡ ΒΔ τῇ ΓΑ ὑπόκειται ἴση· καὶ ἡ ΓΑ ἄρα τῇ ΓΔ ἐστιν ἴση· ὥστε καὶ γωνία ἡ ὑπὸ ΓΔΑ γωνίᾳ τῇ ὑπὸ ΔΑΓ ἐστιν ἴση· αἱ ἄρα ὑπὸ ΓΔΑ, ΔΑΓ τῆς ὑπὸ ΔΑΓ εἰσι διπλασίους. ἴση δὲ ἡ ὑπὸ ΒΓΔ ταῖς ὑπὸ ΓΔΑ, ΔΑΓ· καὶ ἡ ὑπὸ ΒΓΔ ἄρα τῆς ὑπὸ ΓΑΔ ἐστι διπλῆ. ἴση δὲ ἡ ὑπὸ ΒΓΔ ἑκατέρᾳ τῶν ὑπὸ ΒΔΑ, ΔΒΑ· καὶ ἑκατέρα ἄρα τῶν ὑπὸ ΒΔΑ, ΔΒΑ τῆς ὑπὸ ΔΑΒ ἐστι διπλῆ.

Ἰσοσκελὲς ἄρα τρίγωνον συνέσταται τὸ ΑΒΔ ἔχον ἑκατέραν τῶν πρὸς τῇ ΔΒ βάσει γωνιῶν διπλασίονα τῆς λοιπῆς· ὅπερ ἔδει ποιῆσαι.

Proposition 10

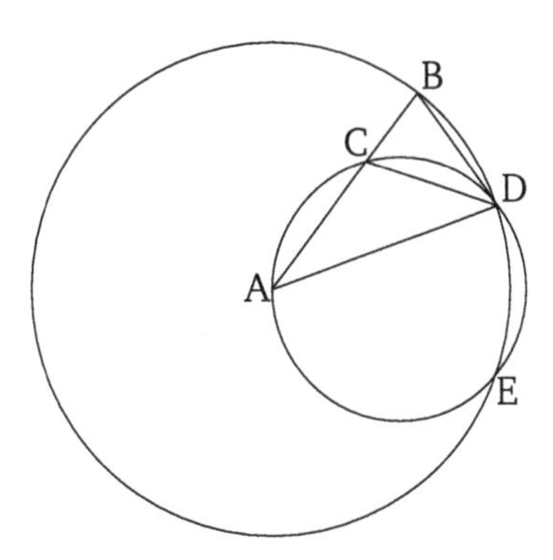

To construct an isosceles triangle having each of the angles at the base double the remaining (angle).

Let some straight-line AB be taken, and let it have been cut at point C so that the rectangle contained by AB and BC is equal to the square on CA [Prop. 2.11]. And let the circle BDE have been drawn with center A, and radius AB. And let the straight-line BD, equal to the straight-line AC, being not greater than the diameter of circle BDE, have been inserted into circle BDE [Prop. 4.1]. And let AD and DC have been joined. And let the circle ACD have been circumscribed about triangle ACD [Prop. 4.5].

And since the (rectangle contained) by AB and BC is equal to the (square) on AC, and AC (is) equal to BD, the (rectangle contained) by AB and BC is thus equal to the (square) on BD. And since some point B has been taken outside of circle ACD, and two straight-lines BA and BD have radiated from B towards the circle ABC, and (one) of them cuts (the circle), and (the other) meets (the circle), and the (rectangle contained) by AB and BC is equal to the (square) on BD, BD thus touches circle ABC [Prop. 3.37]. Therefore, since BD touches (the circle), and DC has been drawn across (the circle) from the point of contact D, the angle BDC is thus equal to the angle DAC in the alternate segment of the circle [Prop. 3.32]. Therefore, since BDC is equal to DAC, let CDA have been added to both. Thus, the whole of BDA is equal to the two (angles) CDA and DAC. But, CDA and DAC is equal to the external (angle) BCD [Prop. 1.32]. Thus, BDA is also equal to BCD. But, BDA is equal to CBD, since the side AD is also equal to AB [Prop. 1.5]. So that DBA is also equal to BCD. Thus, the three (angles) BDA, DBA, and BCD are equal to one another. And since angle DBC is equal to BCD, side BD is also equal to side DC [Prop. 1.6]. But, BD was assumed (to be) equal to CA. Thus, CA is also equal to CD. So that angle CDA is also equal to angle DAC [Prop. 1.5]. Thus, CDA and DAC is double DAC. But BCD (is) equal to CDA and DAC. Thus, BCD is also double CAD. And BCD (is) equal to to each of BDA and DBA. Thus, BDA and DBA are each double DAB.

Thus, the isosceles triangle ABD has been constructed having each of the angles at the base BD double the remaining (angle). (Which is) the very thing it was required to do.

ιαʹ

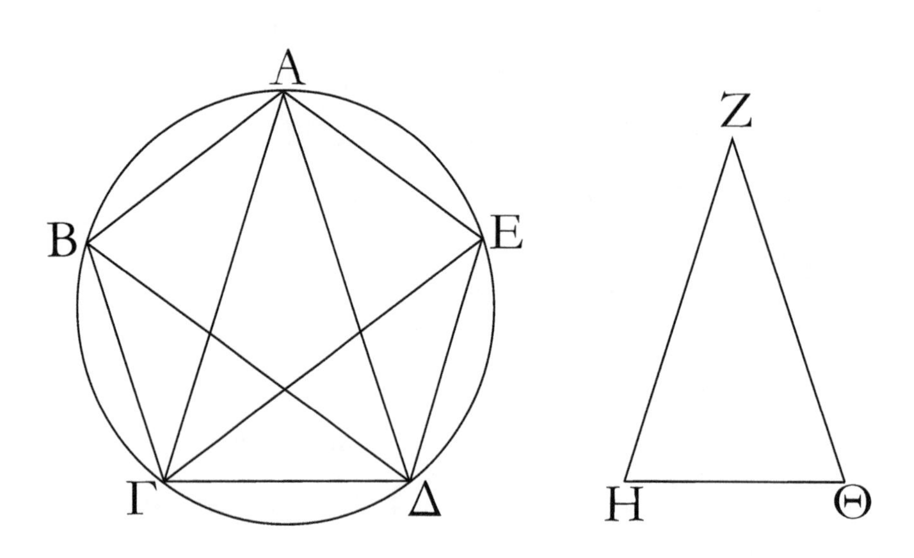

Εἰς τὸν δοθέντα κύκλον πεντάγωνον ἰσόπλευρόν τε καὶ ἰσογώνιον ἐγγράψαι.

Ἔστω ὁ δοθεὶς κύκλος ὁ ΑΒΓΔΕ· δεῖ δὴ εἰς τὸν ΑΒΓΔΕ κύκλον πεντάγωνον ἰσόπλευρόν τε καὶ ἰσογώνιον ἐγγράψαι.

Ἐκκείσθω τρίγωνον ἰσοσκελὲς τὸ ΖΗΘ διπλασίονα ἔχον ἑκατέραν τῶν πρὸς τοῖς Η, Θ γωνιῶν τῆς πρὸς τῷ Ζ, καὶ ἐγγεγράφθω εἰς τὸν ΑΒΓΔΕ κύκλον τῷ ΖΗΘ τριγώνῳ ἰσογώνον τρίγωνον τὸ ΑΓΔ, ὥστε τῇ μὲν πρὸς τῷ Ζ γωνίᾳ ἴσην εἶναι τὴν ὑπὸ ΓΑΔ, ἑκατέραν δὲ τῶν πρὸς τοῖς Η, Θ ἴσην ἑκατέρᾳ τῶν ὑπὸ ΑΓΔ, ΓΔΑ· καὶ ἑκατέρα ἄρα τῶν ὑπὸ ΑΓΔ, ΓΔΑ τῆς ὑπὸ ΓΑΔ ἐστι διπλῆ. τετμήσθω δὴ ἑκατέρα τῶν ὑπὸ ΑΓΔ, ΓΔΑ δίχα ὑπὸ ἑκατέρας τῶν ΓΕ, ΔΒ εὐθειῶν, καὶ ἐπεζεύχθωσαν αἱ ΑΒ, ΒΓ, [ΓΔ], ΔΕ, ΕΑ.

Ἐπεὶ οὖν ἑκατέρα τῶν ὑπὸ ΑΓΔ, ΓΔΑ γωνιῶν διπλασίων ἐστὶ τῆς ὑπὸ ΓΑΔ, καὶ τετμημέναι εἰσὶ δίχα ὑπὸ τῶν ΓΕ, ΔΒ εὐθειῶν, αἱ πέντε ἄρα γωνίαι αἱ ὑπὸ ΔΑΓ, ΑΓΕ, ΕΓΔ, ΓΔΒ, ΒΔΑ ἴσαι ἀλλήλαις εἰσίν. αἱ δὲ ἴσαι γωνίαι ἐπὶ ἴσων περιφερειῶν βεβήκασιν· αἱ πέντε ἄρα περιφέρειαι αἱ ΑΒ, ΒΓ, ΓΔ, ΔΕ, ΕΑ ἴσαι ἀλλήλαις εἰσίν. ὑπὸ δὲ τὰς ἴσας περιφερείας ἴσαι εὐθεῖαι ὑποτείνουσιν· αἱ πέντε ἄρα εὐθεῖαι αἱ ΑΒ, ΒΓ, ΓΔ, ΔΕ, ΕΑ ἴσαι ἀλλήλαις εἰσίν· ἰσόπλευρον ἄρα ἐστὶ τὸ ΑΒΓΔΕ πεντάγωνον. λέγω δή, ὅτι καὶ ἰσογώνιον. ἐπεὶ γὰρ ἡ ΑΒ περιφέρεια τῇ ΔΕ περιφερείᾳ ἐστὶν ἴση, κοινὴ προσκείσθω ἡ ΒΓΔ· ὅλη ἄρα ἡ ΑΒΓΔ περιφέρια ὅλη τῇ ΕΔΓΒ περιφερείᾳ ἐστὶν ἴση. καὶ βέβηκεν ἐπὶ μὲν τῆς ΑΒΓΔ περιφερείας γωνία ἡ ὑπὸ ΑΕΔ, ἐπὶ δὲ τῆς ΕΔΓΒ περιφερείας γωνία ἡ ὑπὸ ΒΑΕ· καὶ ἡ ὑπὸ ΒΑΕ ἄρα γωνία τῇ ὑπὸ ΑΕΔ ἐστιν ἴση. διὰ τὰ αὐτὰ δὴ καὶ ἑκάστη τῶν ὑπὸ ΑΒΓ, ΒΓΔ, ΓΔΕ γωνιῶν ἑκατέρᾳ τῶν ὑπὸ ΒΑΕ, ΑΕΔ ἐστιν ἴση· ἰσογώνιον ἄρα ἐστὶ τὸ ΑΒΓΔΕ πεντάγωνον. ἐδείχθη δὲ καὶ ἰσόπλευρον.

Εἰς ἄρα τὸν δοθέντα κύκλον πεντάγωνον ἰσόπλευρόν τε καὶ ἰσογώνιον ἐγγέγραπται· ὅπερ ἔδει ποιῆσαι.

Proposition 11

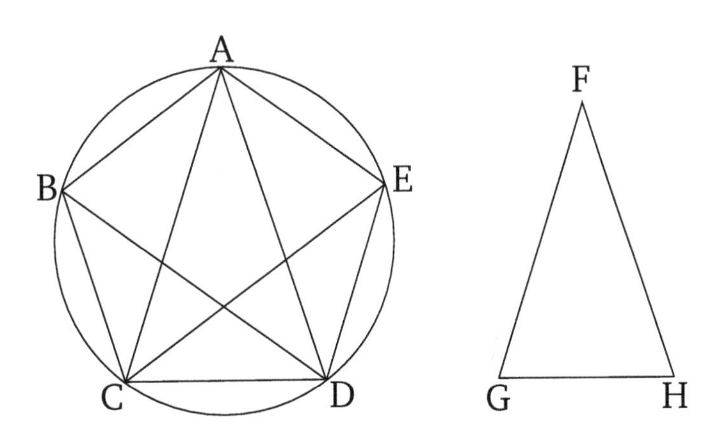

To inscribe an equilateral and equiangular pentagon in a given circle.

Let $ABCDE$ be the given circle. So it is required to inscribed an equilateral and equiangular pentagon in circle $ABCDE$.

Let the the isosceles triangle FGH be set up having each of the angles at G and H double the (angle) at F [Prop. 4.10]. And let triangle ACD, equiangular to FGH, have been inscribed in circle $ABCDE$, so that CAD is equal to the angle at F, and each of the (angles) at G and H (are) equal to each of ACD and CDA (respectively) [Prop. 4.2]. Thus, ACD and CDA are each double CAD. So let ACD and CDA have each been cut in half by each of the straight-lines CE and DB (respectively) [Prop. 1.9]. And let AB, BC, [CD], DE and EA have been joined.

Therefore, since angles ACD and CDA are each double CAD, and are cut in half by the straight-lines CE and DB, the five angles DAC, ACE, ECD, CDB, and BDA are thus equal to one another. And equal angles stand upon equal circumferences [Prop. 3.26]. Thus, the five circumferences AB, BC, CD, DE, and EA are equal to one another [Prop. 3.29]. Thus, the pentagon $ABCDE$ is equilateral. So I say that (it is) also equiangular. For since the circumference AB is equal to the circumference DE, let BCD have been added to both. Thus, the whole circumference $ABCD$ is equal to the whole circumference $EDCB$. And the angle AED stands upon circumference $ABCD$, and angle BAE upon circumference $EDCB$. Thus, angle BAE is also equal to AED [Prop. 3.27]. So, for the same (reasons), each of the angles ABC, BCD, and CDE are also equal to each of BAE and AED. Thus, pentagon $ABCDE$ is equiangular. And it was also shown (to be) equilateral.

Thus, an equilateral and equiangular pentagon has been inscribed in the given circle. (Which is) the very thing it was required to do.

ιβ´

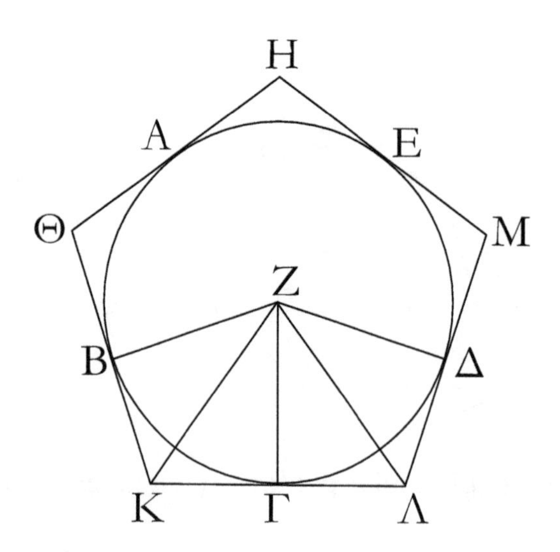

Περὶ τὸν δοθέντα κύκλον πεντάγωνον ἰσόπλευρόν τε καὶ ἰσογώνιον περιγράψαι.

Ἔστω ὁ δοθεὶς κύκλος ὁ ΑΒΓΔΕ· δεῖ δὲ περὶ τὸν ΑΒΓΔΕ κύκλον πεντάγωνον ἰσόπλευρόν τε καὶ ἰσογώνιον περιγράψαι.

Νενοήσθω τοῦ ἐγγεγραμμένου πενταγώνου τῶν γωνιῶν σημεῖα τὰ Α, Β, Γ, Δ, Ε, ὥστε ἴσας εἶναι τὰς ΑΒ, ΒΓ, ΓΔ, ΔΕ, ΕΑ περιφερείας· καὶ διὰ τῶν Α, Β, Γ, Δ, Ε ἤχθωσαν τοῦ κύκλου ἐφαπτόμεναι αἱ ΗΘ, ΘΚ, ΚΛ, ΛΜ, ΜΗ, καὶ εἰλήφθω τοῦ ΑΒΓΔΕ κύκλου κέντρον τὸ Ζ, καὶ ἐπεζεύχθωσαν αἱ ΖΒ, ΖΚ, ΖΓ, ΖΛ, ΖΔ.

Καὶ ἐπεὶ ἡ μὲν ΚΛ εὐθεῖα ἐφάπτεται τοῦ ΑΒΓΔΕ κατὰ τὸ Γ, ἀπὸ δὲ τοῦ Ζ κέντρου ἐπὶ τὴν κατὰ τὸ Γ ἐπαφὴν ἐπέζευκται ἡ ΖΓ, ἡ ΖΓ ἄρα κάθετός ἐστιν ἐπὶ τὴν ΚΛ· ὀρθὴ ἄρα ἐστὶν ἑκατέρα τῶν πρὸς τῷ Γ γωνιῶν. διὰ τὰ αὐτὰ δὴ καὶ αἱ πρὸς τοῖς Β, Δ σημείοις γωνίαι ὀρθαί εἰσιν. καὶ ἐπεὶ ὀρθή ἐστιν ἡ ὑπὸ ΖΓΚ γωνία, τὸ ἄρα ἀπὸ τῆς ΖΚ ἴσον ἐστὶ τοῖς ἀπὸ τῶν ΖΓ, ΓΚ. διὰ τὰ αὐτὰ δὴ καὶ τοῖς ἀπὸ τῶν ΖΒ, ΒΚ ἴσον ἐστὶ τὸ ἀπὸ τῆς ΖΚ· ὥστε τὰ ἀπὸ τῶν ΖΓ, ΓΚ τοῖς ἀπὸ τῶν ΖΒ, ΒΚ ἐστιν ἴσα, ὧν τὸ ἀπὸ τῆς ΖΓ τῷ ἀπὸ τῆς ΖΒ ἐστιν ἴσον· λοιπὸν ἄρα τὸ ἀπὸ τῆς ΓΚ τῷ ἀπὸ τῆς ΒΚ ἐστιν ἴσον. ἴση ἄρα ἡ ΒΚ τῇ ΓΚ. καὶ ἐπεὶ ἴση ἐστὶν ἡ ΖΒ τῇ ΖΓ, καὶ κοινὴ ἡ ΖΚ, δύο δὴ αἱ ΒΖ, ΖΚ δυσὶ ταῖς ΓΖ, ΖΚ ἴσαι εἰσίν· καὶ βάσις ἡ ΒΚ βάσει τῇ ΓΚ [ἐστιν] ἴση· γωνία ἄρα ἡ μὲν ὑπὸ ΒΖΚ [γωνίᾳ] τῇ ὑπὸ ΚΖΓ ἐστιν ἴση· ἡ δὲ ὑπὸ ΒΚΖ τῇ ὑπὸ ΖΚΓ· διπλῆ ἄρα ἡ μὲν ὑπὸ ΒΖΓ τῆς ὑπὸ ΚΖΓ, ἡ δὲ ὑπὸ ΒΚΓ τῆς ὑπὸ ΖΚΓ. διὰ τὰ αὐτὰ δὴ καὶ ἡ μὲν ὑπὸ ΓΖΔ τῆς ὑπὸ ΓΖΛ ἐστι διπλῆ, ἡ δὲ ὑπὸ ΔΛΓ τῆς ὑπὸ ΖΛΓ. καὶ ἐπεὶ ἴση ἐστὶν ἡ ΒΓ περιφέρεια τῇ ΓΔ, ἴση ἐστὶ καὶ γωνία ἡ ὑπὸ ΒΖΓ τῇ ὑπὸ ΓΖΔ. καί ἐστιν ἡ μὲν ὑπὸ ΒΖΓ τῆς ὑπὸ ΚΖΓ διπλῆ, ἡ δὲ ὑπὸ ΔΖΓ τῆς ὑπὸ ΛΖΓ· ἴση ἄρα καὶ ἡ ὑπὸ ΚΖΓ τῇ ὑπὸ ΛΖΓ· ἐστὶ δὲ καὶ ἡ ὑπὸ ΖΓΚ γωνία τῇ ὑπὸ ΖΓΛ ἴση. δύο δὴ τρίγωνά ἐστι τὰ ΖΚΓ, ΖΛΓ τὰς δύο γωνίας ταῖς δυσὶ γωνίαις ἴσας ἔχοντα καὶ μίαν πλευρὰν μιᾷ πλευρᾷ ἴσην κοινὴν αὐτῶν τὴν ΖΓ· καὶ τὰς λοιπὰς ἄρα πλευρὰς ταῖς λοιπαῖς πλευραῖς ἴσας ἕξει καὶ τὴν λοιπὴν γωνίαν τῇ λοιπῇ

Proposition 12

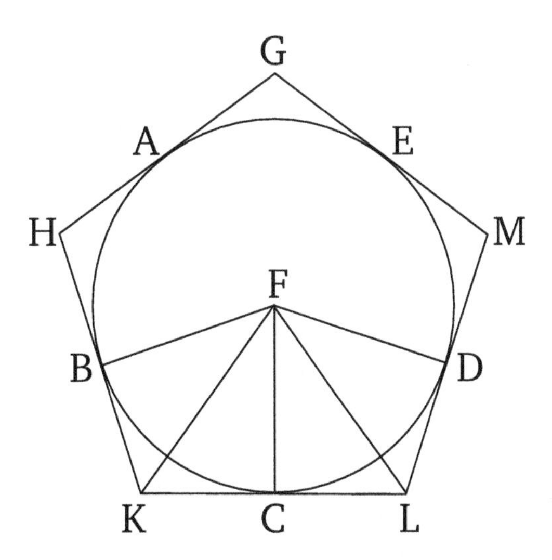

To circumscribe an equilateral and equiangular pentagon about a given circle.

Let $ABCDE$ be the given circle. So it is required to circumscribe an equilateral and equiangular pentagon about circle $ABCDE$.

Let A, B, C, D, and E have been conceived as the angular points of a pentagon having been inscribed (in circle $ABCDE$) [Prop. 3.11], such that the circumferences AB, BC, CD, DE, and EA are equal. And let GH, HK, KL, LM, and MG have been drawn through (points) A, B, C, D, and E (respectively), touching the circle.[54] And let the center F of the circle $ABCDE$ have been found [Prop. 3.1]. And let FB, FK, FC, FL, and FD have been joined.

And since the straight-line KL touches (circle) $ABCDE$ at C, and FC has been joined from the center F to the point of contact C, FC is thus perpendicular to KL [Prop. 3.18]. Thus, each of the angles at C is a right-angle. So, for the same (reasons), the angles at B and D are also right-angles. And since angle FCK is a right-angle, the (square) on FK is thus equal to the (sum of the squares) on FC and CK [Prop. 1.47]. So, for the same (reasons), the (square) on FK is also equal to the (sum of the squares) on FB and BK. So that the (sum of the squares) on FC and CK is equal to the (sum of the squares) on FB and BK, of which the (square) on FC is equal to the (square) on FB. Thus, the remaining (square) on CK is equal to the remaining (square) on BK. Thus, BK (is) equal to CK. And since FB is equal to FC, and FK (is) common, the two (straight-lines) BF, FK are equal to the two (straight-lines) CF, FK. And the base BK [is] equal to the base CK. Thus, angle BFK is equal to [angle] KFC [Prop. 1.8]. And BKF (is equal) to FKC [Prop. 1.8]. Thus, BFC (is) double KFC, and BKC (is double) FKC. So, for the same (reasons), CFD is also double CFL, and DLC (is also double) FLC. And since circum-

[54] See the footnote to Prop. 3.34.

γωνίᾳ· ἴση ἄρα ἡ μὲν ΚΓ εὐθεῖα τῇ ΓΛ, ἡ δὲ ὑπὸ ΖΚΓ γωνία τῇ ὑπὸ ΖΛΓ. καὶ ἐπεὶ ἴση ἐστὶν ἡ ΚΓ τῇ ΓΛ, διπλῆ ἄρα ἡ ΚΛ τῆς ΚΓ. διὰ τὰ αὐτα δὴ δειχθήσεται καὶ ἡ ΘΚ τῆς ΒΚ διπλῆ. καί ἐστιν ἡ ΒΚ τῇ ΚΓ ἴση· καὶ ἡ ΘΚ ἄρα τῇ ΚΛ ἐστιν ἴση. ὁμοίως δὴ δειχθήσεται καὶ ἑκάστη τῶν ΘΗ, ΗΜ, ΜΛ ἑκατέρᾳ τῶν ΘΚ, ΚΛ ἴση· ἰσόπλευρον ἄρα ἐστὶ τὸ ΗΘΚΛΜ πεντάγωνον. λέγω δή, ὅτι καὶ ἰσογώνιον. ἐπεὶ γὰρ ἴση ἐστὶν ἡ ὑπὸ ΖΚΓ γωνία τῇ ὑπὸ ΖΛΓ, καὶ ἐδείχθη τῆς μὲν ὑπὸ ΖΚΓ διπλῆ ἡ ὑπὸ ΘΚΛ, τῆς δὲ ὑπὸ ΖΛΓ διπλῆ ἡ ὑπὸ ΚΛΜ, καὶ ἡ ὑπὸ ΘΚΛ ἄρα τῇ ὑπὸ ΚΛΜ ἐστιν ἴση. ὁμοίως δὴ δειχθήσεται καὶ ἑκάστη τῶν ὑπὸ ΚΘΗ, ΘΗΜ, ΗΜΛ ἑκατέρᾳ τῶν ὑπὸ ΘΚΛ, ΚΛΜ ἴση· αἱ πέντε ἄρα γωνίαι αἱ ὑπὸ ΗΘΚ, ΘΚΛ, ΚΛΜ, ΛΜΗ, ΜΚΘ ἴσαι ἀλλήλαις εἰσίν. ἰσογώνιον ἄρα ἐστὶ τὸ ΗΘΚΛΜ πεντάγωνον. ἐδείχθη δὲ καὶ ἰσόπλευρον, καὶ περιγέγραπται περὶ τὸν ΑΒΓΔΕ κύκλον.

[Περὶ τὸν δοθέντα ἄρα κύκλον πεντάγωνον ἰσόπλευρόν τε καὶ ἰσογώνιον περιγέγραπται]· ὅπερ ἔδει ποιῆσαι.

Proposition 12

-ference BC is equal to CD, angle BFC is also equal to CFD [Prop. 3.27]. And BFC is double KFC, and DFC (is double) LFC. Thus, KFC is also equal to LFC. And angle FCK is also equal to FCL. So, FKC and FLC are two triangles having two angles equal to two angles, and one side equal to one side, (namely) their common (side) FC. Thus, they will also have the remaining sides equal to the (corresponding) remaining sides, and the remaining angle to the remaining angle [Prop. 1.26]. Thus, the straight-line KC (is) equal to CL, and the angle FKC to FLC. And since KC is equal to LC, KL (is) thus double KC. So, for the same (reasons), it can be shown that HK (is) also double BK. And BK is equal to KC. Thus, HK is also equal to KL. So, similarly, each of HG, GM, and ML can also be shown (to be) equal to each of HK and KL. Thus, pentagon $GHKLM$ is equilateral. So I say that (it is) also equiangular. For since angle FKC is equal to FLC, and HKL was shown (to be) double FKC, and KLM double FLC, HKL is thus also equal to KLM. So, similarly, each of KHG, HGM, and GML can also be shown (to be) equal to each of HKL and KLM. Thus, the five angles GHK, HKL, KLM, LMG, and MGH are equal to one another. Thus, the pentagon $GHKLM$ is equiangular. And it was also shown (to be) equilateral, and has been circumscribed about circle $ABCDE$.

[Thus, an equilateral and equiangular pentagon has been circumscribed about the given circle]. (Which is) the very thing it was required to do.

ΣΤΟΙΧΕΙΩΝ δ´

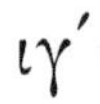

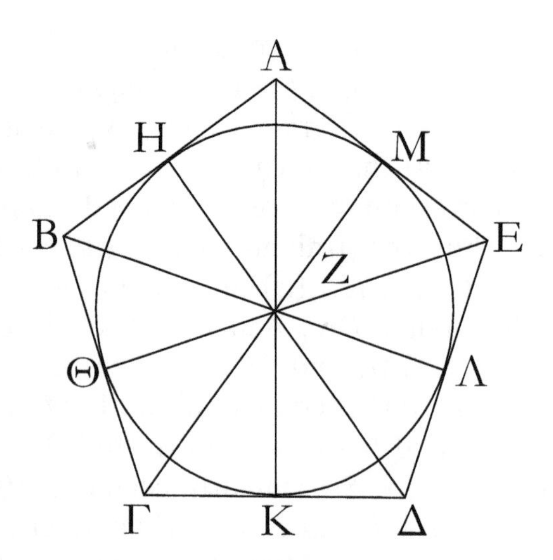

Εἰς τὸ δοθὲν πεντάγωνον, ὅ ἐστιν ἰσόπλευρόν τε καὶ ἰσογώνιον, κύκλον ἐγγράψαι.

Ἔστω τὸ δοθὲν πεντάγωνον ἰσόπλευρόν τε καὶ ἰσογώνιον τὸ ΑΒΓΔΕ· δεῖ δὴ εἰς τὸ ΑΒΓΔΕ πεντάγωνον κύκλον ἐγγράψαι.

Τετμήσθω γὰρ ἑκατέρα τῶν ὑπὸ ΒΓΔ, ΓΔΕ γωνιῶν δίχα ὑπὸ ἑκατέρας τῶν ΓΖ, ΔΖ εὐθειῶν· καὶ ἀπὸ τοῦ Ζ σημείου, καθ᾽ ὃ συμβάλλουσιν ἀλλήλαις αἱ ΓΖ, ΔΖ εὐθεῖαι, ἐπεζεύχθωσαν αἱ ΖΒ, ΖΑ, ΖΕ εὐθεῖαι. καὶ ἐπεὶ ἴση ἐστὶν ἡ ΒΓ τῇ ΓΔ, κοινὴ δὲ ἡ ΓΖ, δύο δὴ αἱ ΒΓ, ΓΖ δυσὶ ταῖς ΔΓ, ΓΖ ἴσαι εἰσίν· καὶ γωνία ἡ ὑπὸ ΒΓΖ γωνίᾳ τῇ ὑπὸ ΔΓΖ [ἐστιν] ἴση· βάσις ἄρα ἡ ΒΖ βάσει τῇ ΔΖ ἐστιν ἴση, καὶ τὸ ΒΓΖ τρίγωνον τῷ ΔΓΖ τριγώνῳ ἐστιν ἴσον, καὶ αἱ λοιπαὶ γωνίαι ταῖς λοιπαῖς γωνίαις ἴσαι ἔσονται, ὑφ᾽ ἃς αἱ ἴσαι πλευραὶ ὑποτείνουσιν· ἴση ἄρα ἡ ὑπὸ ΓΒΖ γωνία τῇ ὑπὸ ΓΔΖ. καὶ ἐπεὶ διπλῆ ἐστιν ἡ ὑπὸ ΓΔΕ τῆς ὑπὸ ΓΔΖ, ἴση δὲ ἡ μὲν ὑπὸ ΓΔΕ τῇ ὑπὸ ΑΒΓ, ἡ δὲ ὑπὸ ΓΔΖ τῇ ὑπὸ ΓΒΖ, καὶ ἡ ὑπὸ ΓΒΑ ἄρα τῆς ὑπὸ ΓΒΖ ἐστι διπλῆ· ἴση ἄρα ἡ ὑπὸ ΑΒΖ γωνία τῇ ὑπὸ ΖΒΓ· ἡ ἄρα ὑπὸ ΑΒΓ γωνία δίχα τέτμηται ὑπὸ τῆς ΒΖ εὐθείας. ὁμοίως δὴ δειχθήσεται, ὅτι καὶ ἑκατέρα τῶν ὑπὸ ΒΑΕ, ΑΕΔ δίχα τέτμηται ὑπὸ ἑκατέρας τῶν ΖΑ, ΖΕ εὐθειῶν. ἤχθωσαν δὴ ἀπὸ τοῦ Ζ σημείου ἐπὶ τὰς ΑΒ, ΒΓ, ΓΔ, ΔΕ, ΕΑ εὐθείας κάθετοι αἱ ΖΗ, ΖΘ, ΖΚ, ΖΛ, ΖΜ. καὶ ἐπεὶ ἴση ἐστὶν ἡ ὑπὸ ΘΓΖ γωνία τῇ ὑπὸ ΚΓΖ, ἐστὶ δὲ καὶ ὀρθὴ ἡ ὑπὸ ΖΘΓ [ὀρθῇ] τῇ ὑπὸ ΖΚΓ ἴση, δύο δὴ τρίγωνά ἐστι τὰ ΖΘΓ, ΖΚΓ τὰς δύο γωνίας δυσὶ γωνίαις ἴσας ἔχοντα καὶ μίαν πλευρὰν μιᾷ πλευρᾷ ἴσην κοινὴν αὐτῶν τὴν ΖΓ ὑποτείνουσαν ὑπὸ μίαν τῶν ἴσων γωνιῶν· καὶ τὰς λοιπὰς ἄρα πλευρὰς ταῖς λοιπαῖς πλευραῖς ἴσας ἕξει· ἴση ἄρα ἡ ΖΘ κάθετος τῇ ΖΚ καθέτῳ. ὁμοίως δὴ δειχθήσεται, ὅτι καὶ ἑκάστη τῶν ΖΛ, ΖΜ, ΖΗ ἑκατέρᾳ τῶν ΖΘ, ΖΚ ἴση ἐστίν· αἱ πέντε ἄρα εὐθεῖαι αἱ ΖΗ, ΖΘ, ΖΚ, ΖΛ, ΖΜ ἴσαι ἀλλήλαις εἰσίν. ὁ ἄρα κέντρῳ τῷ Ζ διαστήματι δὲ ἑνὶ τῶν Η, Θ, Κ, Λ, Μ κύκλος γραφόμενος ἥξει καὶ διὰ τῶν λοιπῶν σημείων καὶ ἐφάψεται τῶν ΑΒ, ΒΓ, ΓΔ, ΔΕ, ΕΑ εὐθειῶν διὰ τὸ ὀρθὰς εἶναι τὰς πρὸς τοῖς Η, Θ, Κ, Λ, Μ σημείοις γωνίας. εἰ γὰρ οὐκ ἐφάψεται αὐτῶν, ἀλλὰ τεμεῖ αὐτάς, συμβήσεται τὴν τῇ διαμέτρῳ τοῦ κύκλου πρὸς ὀρθὰς ἀπ᾽ ἄκρας ἀγομένην ἐντὸς πίπτειν τοῦ κύκλου· ὅπερ

Proposition 13

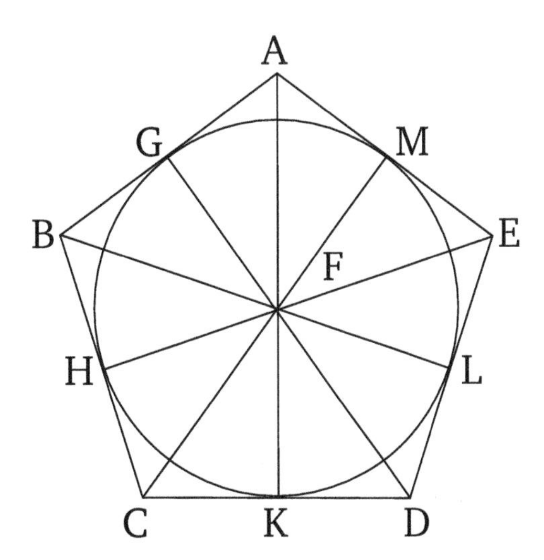

To inscribe a circle in a given pentagon, which is equilateral and equiangular.

Let $ABCDE$ be the given equilateral and equiangular pentagon. So it is required to inscribe a circle in pentagon $ABCDE$.

For let angles BCD and CDE have each been cut in half by each of the straight-lines CF and DF (respectively) [Prop. 1.9]. And from the point F, at which the straight-lines CF and DF meet one another, let the straight-lines FB, FA, and FE have been joined. And since BC is equal to CD, and CF (is) common, the two (straight-lines) BC, CF are equal to the two (straight-lines) DC, CF. And angle BCF [is] equal to angle DCF. Thus, the base BF is equal to the base DF, and triangle BCF is equal to triangle DCF, and the remaining angles will be equal to the (corresponding) remaining angles, which the equal sides subtend [Prop. 1.4]. Thus, angle CBF (is) equal to CDF. And since CDE is double CDF, and CDE (is) equal to ABC, and CDF to CBF, CBA is thus also double CBF. Thus, angle ABF is equal to FBC. Thus, angle ABC has been cut in half by the straight-line BF. So, similarly, it can be shown that BAE and AED have each been cut in half by each of the straight-lines FA and FE (respectively). So let FG, FH, FK, FL, and FM have been drawn from point F, perpendicular to the straight-lines AB, BC, CD, DE, and EA (respectively) [Prop. 1.12]. And since angle HCF is equal to KCF, and the right-angle FHC is also equal to the [right-angle] FKC, FHC and FKC are two triangles having two angles equal to two angles, and one side equal to one side, (namely) their common (side) FC, subtending one of the equal angles. Thus, they will also have the remaining sides equal to the (corresponding) remaining sides [Prop. 1.26]. Thus, the perpendicular FH (is) equal to the perpendicular FK. So, similarly, it can be shown that FL, FM, and FG are each equal to each of FH and FK. Thus, the five straight-lines FG, FH, FK, FL, and FM are equal to one another. Thus, the circle drawn with center F, and radius one of G, H, K, L, or M, will also go through the remaining points, and will touch the straight-lines AB, BC, CD, DE, and EA, on account of

ιγʹ

ἄτοπον ἐδείχθη. οὐκ ἄρα ὁ κέντρῳ τῷ Ζ διαστήματι δὲ ἑνὶ τῶν Η, Θ, Κ, Λ, Μ σημείων γραφόμενος κύκλος τεμεῖ τὰς ΑΒ, ΒΓ, ΓΔ, ΔΕ, ΕΑ εὐθείας· ἐφάψεται ἄρα αὐτῶν. γεγράφθω ὡς ὁ ΗΘΚΛΜ.

Εἰς ἄρα τὸ δοθὲν πεντάγωνον, ὅ ἐστιν ἰσόπλευρόν τε καὶ ἰσογώνιον, κύκλος ἐγγέγραπται· ὅπερ ἔδει ποιῆσαι.

Proposition 13

the angles at points G, H, K, L, and M being right-angles. For if it does not touch them, but cuts them, it follows that a (straight-line) drawn at right-angles to the diameter of the circle, from the end, falls inside the circle. The very thing was shown (to be) absurd [Prop. 3.16]. Thus, the circle drawn with center F, and radius one of G, H, K, L, or M, does not cut the straight-lines AB, BC, CD, DE, or EA. Thus, it will touch them. Let it have been drawn, like $GHKLM$ (in the figure).

Thus, a circle has been inscribed in the given pentagon, which is equilateral and equiangular. (Which is) the very thing it was required to do.

ΣΤΟΙΧΕΙΩΝ δ΄

ιδ΄

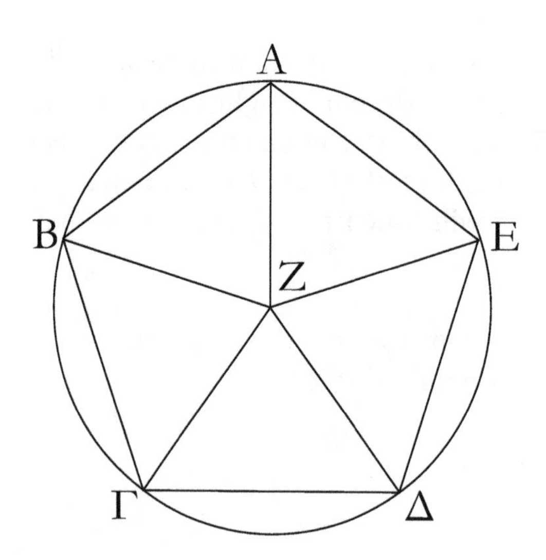

Περὶ τὸ δοθὲν πεντάγωνον, ὅ ἐστιν ἰσόπλευρόν τε καὶ ἰσογώνιον, κύκλον περιγράψαι.

Ἔστω τὸ δοθὲν πεντάγωνον, ὅ ἐστιν ἰσόπλευρόν τε καὶ ἰσογώνιον, τὸ ΑΒΓΔΕ· δεῖ δὴ περὶ τὸ ΑΒΓΔΕ πεντάγωνον κύκλον περιγράψαι.

Τετμήσθω δὴ ἑκατέρα τῶν ὑπὸ ΒΓΔ, ΓΔΕ γωνιῶν δίχα ὑπὸ ἑκατέρας τῶν ΓΖ, ΔΖ, καὶ ἀπὸ τοῦ Ζ σημείου, καθ᾽ ὃ συμβάλλουσιν αἱ εὐθεῖαι, ἐπὶ τὰ Β, Α, Ε σημεῖα ἐπεζεύχθωσαν εὐθεῖαι αἱ ΖΒ, ΖΑ, ΖΕ. ὁμοίως δὴ τῷ πρὸ τούτου δειχθήσεται, ὅτι καὶ ἑκάστη τῶν ὑπὸ ΓΒΑ, ΒΑΕ, ΑΕΔ γωνιῶν δίχα τέτμηται ὑπὸ ἑκάστης τῶν ΖΒ, ΖΑ, ΖΕ εὐθειῶν. καὶ ἐπεὶ ἴση ἐστὶν ἡ ὑπὸ ΒΓΔ γωνία τῇ ὑπὸ ΓΔΕ, καί ἐστι τῆς μὲν ὑπὸ ΒΓΔ ἡμίσεια ἡ ὑπὸ ΖΓΔ, τῆς δὲ ὑπὸ ΓΔΕ ἡμίσεια ἡ ὑπὸ ΓΔΖ, καὶ ἡ ὑπὸ ΖΓΔ ἄρα τῇ ὑπὸ ΖΔΓ ἐστιν ἴση· ὥστε καὶ πλευρὰ ἡ ΖΓ πλευρᾷ τῇ ΖΔ ἐστιν ἴση. ὁμοίως δὴ δειχθήσεται, ὅτι καὶ ἑκάστη τῶν ΖΒ, ΖΑ, ΖΕ ἑκατέρᾳ τῶν ΖΓ, ΖΔ ἐστιν ἴση· αἱ πέντε ἄρα εὐθεῖαι αἱ ΖΑ, ΖΒ, ΖΓ, ΖΔ, ΖΕ ἴσαι ἀλλήλαις εἰσίν. ὁ ἄρα κέντρῳ τῷ Ζ καὶ διαστήματι ἑνὶ τῶν ΖΑ, ΖΒ, ΖΓ, ΖΔ, ΖΕ κύκλος γραφόμενος ἥξει καὶ διὰ τῶν λοιπῶν σημείων καὶ ἔσται περιγεγραμμένος. περιγεγράφθω καὶ ἔστω ὁ ΑΒΓΔΕ.

Περὶ ἄρα τὸ δοθὲν πεντάγωνον, ὅ ἐστιν ἰσόπλευρόν τε καὶ ἰσογώνιον, κύκλος περιγέγραπται· ὅπερ ἔδει ποιῆσαι.

Proposition 14

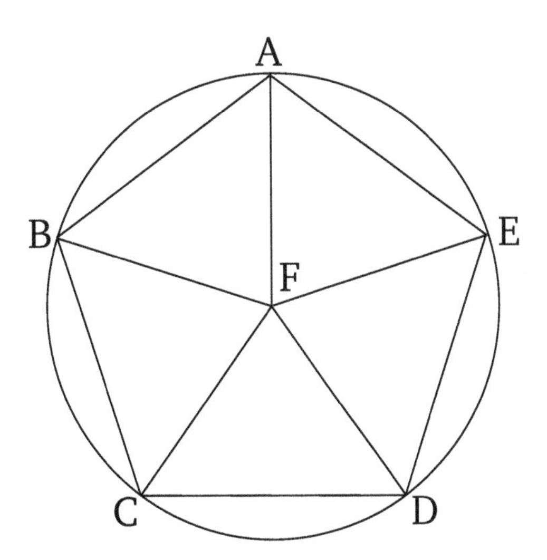

To circumscribe a circle about a given pentagon, which is equilateral and equiangular.

Let $ABCDE$ be the given pentagon, which is equilateral and equiangular. So it is required to circumscribe a circle about the pentagon $ABCDE$.

So let angles BCD and CDE have each been cut in half by each of the (straight-lines) CF and DF (respectively) [Prop. 1.9]. And let the straight-lines FB, FA, and FE have been joined from point F, at which the straight-lines meet, to the points B, A, and E (respectively). So, similarly, to the (proposition) before this (one), it can be shown that angles CBA, BAE, and AED have also each been cut in half by each of the straight-lines FB, FA, and FE (respectively). And since angle BCD is equal to CDE, and FCD is half of BCD, and CDF half of CDE, FCD is thus also equal to FDC. So that side FC is also equal to side FD [Prop. 1.6]. So, similarly, it can be shown that FB, FA, and FE are also each equal to each of FC and FD. Thus, the five straight-lines FA, FB, FC, FD, and FE are equal to one another. Thus, the circle drawn with center F, and radius one of FA, FB, FC, FD, or FE, will also go through the remaining points, and will have been circumscribed. Let it have been (so) circumscribed, and let it be $ABCDE$.

Thus, a circle has been circumscribed about the given pentagon, which is equilateral and equiangular. (Which is) the very thing it was required to do.

ΣΤΟΙΧΕΙΩΝ δ΄

ιε΄

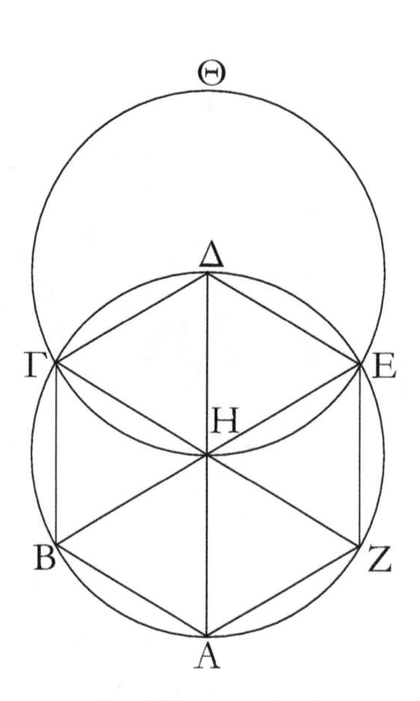

Εἰς τὸν δοθέντα κύκλον ἑξάγωνον ἰσόπλευρόν τε καὶ ἰσογώνιον ἐγγράψαι.

Ἔστω ὁ δοθεὶς κύκλος ὁ ΑΒΓΔΕΖ· δεῖ δὴ εἰς τὸν ΑΒΓΔΕΖ κύκλον ἑξάγωνον ἰσόπλευρόν τε καὶ ἰσογώνιον ἐγγράψαι.

Ἤχθω τοῦ ΑΒΓΔΕΖ κύκλου διάμετρος ἡ ΑΔ, καὶ εἰλήφθω τὸ κέντρον τοῦ κύκλου τὸ Η, καὶ κέντρῳ μὲν τῷ Δ διαστήματι δὲ τῷ ΔΗ κύκλος γεγράφθω ὁ ΕΗΓΘ, καὶ ἐπιζευχθεῖσαι αἱ ΕΗ, ΓΗ διήχθωσαν ἐπὶ τὰ Β, Ζ σημεῖα, καὶ ἐπεζεύχθωσαν αἱ ΑΒ, ΒΓ, ΓΔ, ΔΕ, ΕΖ, ΖΑ· λέγω, ὅτι τὸ ΑΒΓΔΕΖ ἑξάγωνον ἰσόπλευρόν τέ ἐστι καὶ ἰσογώνιον.

Ἐπεὶ γὰρ τὸ Η σημεῖον κέντρον ἐστὶ τοῦ ΑΒΓΔΕΖ κύκλου, ἴση ἐστὶν ἡ ΗΕ τῇ ΗΔ. πάλιν, ἐπεὶ τὸ Δ σημεῖον κέντρον ἐστὶ τοῦ ΗΓΘ κύκλου, ἴση ἐστὶν ἡ ΔΕ τῇ ΔΗ. ἀλλ᾽ ἡ ΗΕ τῇ ΗΔ ἐδείχθη ἴση· καὶ ἡ ΗΕ ἄρα τῇ ΕΔ ἴση ἐστίν· ἰσόπλευρον ἄρα ἐστὶ τὸ ΕΗΔ τρίγωνον· καὶ αἱ τρεῖς ἄρα αὐτοῦ γωνίαι αἱ ὑπὸ ΕΗΔ, ΗΔΕ, ΔΕΗ ἴσαι ἀλλήλαις εἰσίν, ἐπειδήπερ τῶν ἰσοσκελῶν τριγώνων αἱ πρὸς τῇ βάσει γωνίαι ἴσαι ἀλλήλαις εἰσίν· καί εἰσιν αἱ τρεῖς τοῦ τριγώνου γωνίαι δυσὶν ὀρθαῖς ἴσαι· ἡ ἄρα ὑπὸ ΕΗΔ γωνία τρίτον ἐστὶ δύο ὀρθῶν. ὁμοίως δὴ δειχθήσεται καὶ ἡ ὑπὸ ΔΗΓ τρίτον δύο ὀρθῶν. καὶ ἐπεὶ ἡ ΓΗ εὐθεῖα ἐπὶ τὴν ΕΒ σταθεῖσα τὰς ἐφεξῆς γωνίας τὰς ὑπὸ ΕΗΓ, ΓΗΒ δυσὶν ὀρθαῖς ἴσας ποιεῖ, καὶ λοιπὴ ἄρα ἡ ὑπὸ ΓΗΒ τρίτον ἐστὶ δύο ὀρθῶν· αἱ ἄρα ὑπὸ ΕΗΔ, ΔΗΓ, ΓΗΒ γωνίαι ἴσαι ἀλλήλαις εἰσίν· ὥστε καὶ αἱ κατὰ κορυφὴν αὐταῖς αἱ ὑπὸ ΒΗΑ, ΑΗΖ, ΖΗΕ ἴσαι εἰσὶν [ταῖς ὑπὸ ΕΗΔ, ΔΗΓ, ΓΗΒ]. αἱ ἓξ ἄρα γωνίαι αἱ ὑπὸ ΕΗΔ, ΔΗΓ, ΓΗΒ, ΒΗΑ, ΑΗΖ, ΖΗΕ ἴσαι ἀλλήλαις εἰσίν. αἱ δὲ ἴσαι γωνίαι ἐπὶ ἴσων περιφερειῶν βεβήκασιν· αἱ ἓξ ἄρα περιφέρειαι αἱ ΑΒ, ΒΓ, ΓΔ, ΔΕ, ΕΖ, ΖΑ ἴσαι ἀλλήλαις εἰσίν. ὑπὸ δὲ τὰς ἴσας περιφερείας αἱ ἴσαι εὐθεῖαι ὑποτείνουσιν· αἱ ἓξ ἄρα εὐθεῖαι ἴσαι ἀλλήλαις εἰσίν· ἰσόπλευρον ἄρα ἐστὶ το ΑΒΓΔΕΖ ἑξάγωνον. λέγω δή, ὅτι καὶ ἰσογώνιον. ἐπεὶ γὰρ ἴση ἐστὶν ἡ ΖΑ περιφέρεια τῇ ΕΔ περιφερείᾳ, κοινὴ προσκείσθω ἡ ΑΒΓΔ περιφέρεια· ὅλη ἄρα ἡ ΖΑΒΓΔ ὅλῃ τῇ ΕΔΓΒΑ ἐστιν

Proposition 15

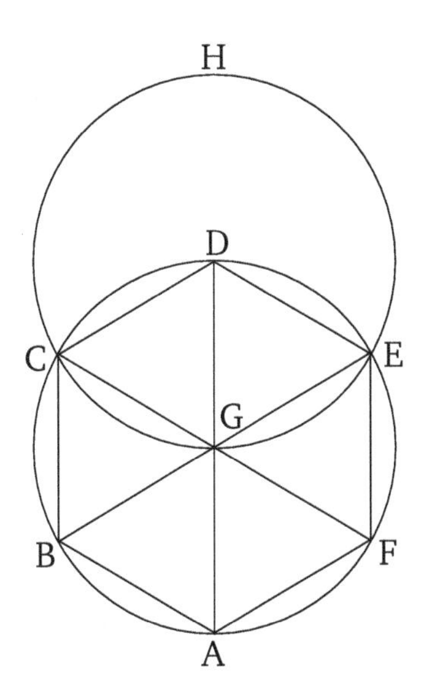

To inscribe an equilateral and equiangular hexagon in a given circle.

Let $ABCDEF$ be the given circle. So it is required to inscribe an equilateral and equiangular hexagon in circle $ABCDEF$.

Let the diameter AD of circle $ABCDEF$ have been drawn,[55] and let the center G of the circle have been found [Prop. 3.1]. And let the circle $EGCH$ have been drawn, with center D, and radius DG. And EG and CG being joined, let them have been drawn across (the circle) to points B and F (respectively). And let AB, BC, CD, DE, EF, and FA have been joined. I say that the hexagon $ABCDEF$ is equilateral and equiangular.

For since point G is the center of circle $ABCDEF$, GE is equal to GD. Again, since point D is the center of circle GCH, DE is equal to DG. But, GE was shown (to be) equal to GD. Thus, GE is also equal to ED. Thus, triangle EGD is equilateral. Thus, its three angles EGD, GDE, and DEG are also equal to one another, inasmuch as the angles at the base of isosceles triangles are equal to one another [Prop. 1.5]. And the three angles of the triangle are equal to two right-angles [Prop. 1.32]. Thus, angle EGD is one third of two right-angles. So, similarly, DGC can also be shown (to be) one third of two right-angles. And since the straight-line CG, standing on EB, makes adjacent angles EGC and CGB equal to two right-angles [Prop. 1.13], the remaining angle CGB is thus also equal to one third of two right-angles. Thus, angles EGD, DGC, and CGB are equal to one another. And hence the (angles) opposite to them BGA, AGF, and FGE are also equal [to EGD, DGC, and CGB (respectively)] [Prop. 1.15]. Thus, the six angles EGD, DGC, CGB, BGA, AGF, and FGE are equal to one another. And equal angles stand on equal

[55] See the footnote to Prop. 4.6.

ΣΤΟΙΧΕΙΩΝ δʹ

ιεʹ

ἴση· καὶ βέβηκεν ἐπὶ μὲν τῆς ΖΑΒΓΔ περιφερείας ἡ ὑπὸ ΖΕΔ γωνία, ἐπὶ δὲ τῆς ΕΔΓΒΑ περιφερείας ἡ ὑπὸ ΑΖΕ γωνία· ἴση ἄρα ἡ ὑπὸ ΑΖΕ γωνία τῇ ὑπὸ ΔΕΖ. ὁμοίως δὴ δειχθήσεται, ὅτι καὶ αἱ λοιπαὶ γωνίαι τοῦ ΑΒΓΔΕΖ ἑξαγώνου κατὰ μίαν ἴσαι εἰσὶν ἑκατέρᾳ τῶν ὑπὸ ΑΖΕ, ΖΕΔ γωνιῶν· ἰσογώνιον ἄρα ἐστὶ τὸ ΑΒΓΔΕΖ ἑξάγωνον. ἐδείχθη δὲ καὶ ἰσόπλευρον· καὶ ἐγγέγραπται εἰς τὸν ΑΒΓΔΕΖ κύκλον.

Εἰς ἄρα τὸν δοθέντα κύκλον ἑξάγωνον ἰσόπλευρόν τε καὶ ἰσογώνιον ἐγγέγραπται· ὅπερ ἔδει ποιῆσαι.

Πόρισμα

Ἐκ δὴ τούτου φανερόν, ὅτι ἡ τοῦ ἑξαγώνου πλευρὰ ἴση ἐστὶ τῇ ἐκ τοῦ κέντρου τοῦ κύκλου.

Ὁμοίως δὲ τοῖς ἐπὶ τοῦ πενταγώνου ἐὰν διὰ τῶν κατὰ τὸν κύκλον διαιρέσεων ἐφαπτομένας τοῦ κύκλου ἀγάγωμεν, περιγραφήσεται περὶ τὸν κύκλον ἑξάγωνον ἰσόπλευρόν τε καὶ ἰσογώνιον ἀκολούθως τοῖς ἐπὶ τοῦ πενταγώνου εἰρημένοις. καὶ ἔτι διὰ τῶν ὁμοίων τοῖς ἐπὶ τοῦ πενταγώνου εἰρημένοις εἰς τὸ δοθὲν ἑξάγωνον κύκλον ἐγγράψομέν τε καὶ περιγράψομεν· ὅπερ ἔδει ποιῆσαι.

Proposition 15

circumferences [Prop. 3.26]. Thus, the six circumferences AB, BC, CD, DE, EF, and FA are equal to one another. And equal straight-lines subtend equal circumferences [Prop. 3.29]. Thus, the six straight-lines (AB, BC, CD, DE, EF, and FA) are equal to one another. Thus, hexagon $ABCDEF$ is equilateral. So, I say that (it is) also equiangular. For since circumference FA is equal to circumference ED, let circumference $ABCD$ have been added to both. Thus, the whole of $FABCD$ is equal to the whole of $EDCBA$. And angle FED stands on circumference $FABCD$, and angle AFE on circumference $EDCBA$. Thus, angle AFE is equal to DEF [Prop. 3.27]. Similarly, it can also be shown that the remaining angles of hexagon $ABCDEF$ are individually equal to each of angles AFE and FED. Thus, hexagon $ABCDEF$ is equiangular. And it was also shown (to be) equilateral. And it has been inscribed in circle $ABCDE$.

Thus, an equilateral and equiangular hexagon has been inscribed in the given circle. (Which is) the very thing it was required to do.

Corollary

So, from this, (it is) manifest that a side of the hexagon is equal to the radius of the circle.

And similarly to a pentagon, if we draw tangents to the circle through the (sixfold) divisions of the (circumference of the) circle, an equilateral and equiangular hexagon can be circumscribed about the circle, analogously to the aforementioned pentagon. And, further, by (means) similar to the aforementioned pentagon, we can inscribe and circumscribe a circle in (and about) a given hexagon. (Which is) the very thing it was required to do.

ΣΤΟΙΧΕΙΩΝ δʹ

ιϛʹ

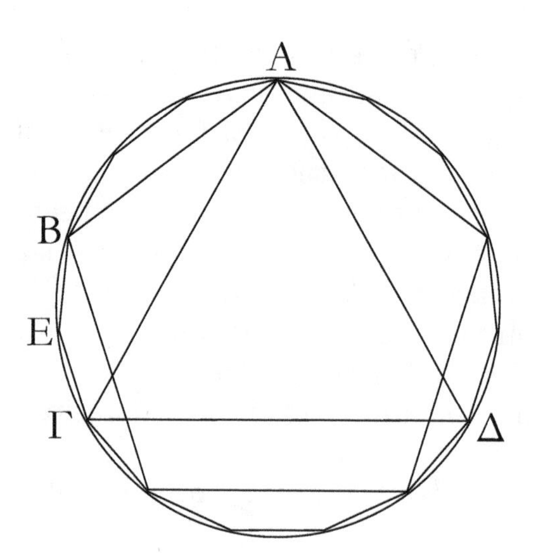

Εἰς τὸν δοθέντα κύκλον πεντεκαιδεκάγωνον ἰσόπλευρόν τε καὶ ἰσογώνιον ἐγγράψαι.

Ἔστω ὁ δοθεὶς κύκλος ὁ ΑΒΓΔ· δεῖ δὴ εἰς τὸν ΑΒΓΔ κύκλον πεντεκαιδεκάγωνον ἰσόπλευρόν τε καὶ ἰσογώνιον ἐγγράψαι.

Ἐγγεγράφθω εἰς τὸν ΑΒΓΔ κύκλον τριγώνου μὲν ἰσοπλεύρου τοῦ εἰς αὐτὸν ἐγγραφομένου πλευρὰ ἡ ΑΓ, πενταγώνου δὲ ἰσοπλεύρου ἡ ΑΒ· οἵων ἄρα ἐστὶν ὁ ΑΒΓΔ κύκλος ἴσων τμήματων δεκαπέντε, τοιούτων ἡ μὲν ΑΒΓ περιφέρεια τρίτον οὖσα τοῦ κύκλου ἔσται πέντε, ἡ δὲ ΑΒ περιφέρεια πέμτον οὖσα τοῦ κύκλου ἔσται τριῶν· λοιπὴ ἄρα ἡ ΒΓ τῶν ἴσων δύο. τετμήσθω ἡ ΒΓ δίχα κατὰ τὸ Ε· ἑκατέρα ἄρα τῶν ΒΕ, ΕΓ περιφερειῶν πεντεκαιδέκατόν ἐστι τοῦ ΑΒΓΔ κύκλου.

Ἐὰν ἄρα ἐπιζεύξαντες τὰς ΒΕ, ΕΓ ἴσας αὐταῖς κατὰ τὸ συνεχὲς εὐθείας ἐναρμόσωμεν εἰς τὸν ΑΒΓΔ[Ε] κύκλον, ἔσται εἰς αὐτὸν ἐγγεγραμμένον πεντεκαιδεκάγωνον ἰσόπλευρόν τε καὶ ἰσογώνιον· ὅπερ ἔδει ποιῆσαι.

Ὁμοίως δὲ τοῖς ἐπὶ τοῦ πενταγώνου ἐὰν διὰ τῶν κατὰ τὸν κύκλον διαιρέσεων ἐφαπτομένας τοῦ κύκλου ἀγάγωμεν, περιγραφήσεται περὶ τὸν κύκλον πεντεκαιδεκάγωνον ἰσόπλευρόν τε καὶ ἰσογώνιον. ἔτι δὲ διὰ τῶν ὁμοίων τοῖς ἐπὶ τοῦ πενταγώνου δείξεων καὶ εἰς τὸ δοθὲν πεντεκαιδεκάγωνον κύκλον ἐγγράψομέν τε καὶ περιγράψομεν· ὅπερ ἔδει ποιῆσαι.

Proposition 16

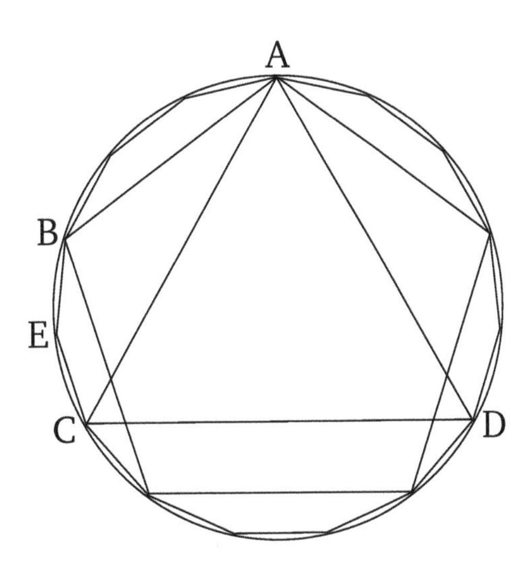

To inscribe an equilateral and equiangular fifteen-sided figure in a given circle.

Let $ABCD$ be the given circle. So it is required to inscribe an equilateral and equiangular fifteen-sided figure in circle $ABCD$.

Let the side AC of an equilateral triangle inscribed in (the circle) [Prop. 4.2], and (the side) AB of an (inscribed) equilateral pentagon [Prop. 4.11], have been inscribed in circle $ABCD$. Thus, just as the circle $ABCD$ is (made up) of fifteen equal pieces, the circumference ABC, being a third of the circle, will be (made up) of five such (pieces), and the circumference AB, being a fifth of the circle, will be (made up) of three. Thus, the remainder BC (will be made up) of two equal (pieces). Let (circumference) BC have been cut in half at E [Prop. 3.30]. Thus, each of the circumferences BE and EC is one fifteenth of the circle $ABCDE$.

Thus, if, joining BE and EC, we continuously insert straight-lines equal to them into circle $ABCD[E]$ [Prop. 4.1], then an equilateral and equiangular fifteen-sided figure will have been inserted into (the circle). (Which is) the very thing it was required to do.

And similarly to the pentagon, if we draw tangents to the circle through the (fifteenfold) divisions of the (circumference of the) circle, we can circumscribe an equilateral and equiangular fifteen-sided figure about the circle. And, further, through similar proofs to the pentagon, we can also inscribe and circumscribe a circle in (and about) a given fifteen-sided figure. (Which is) the very thing it was required to do.

GREEK–ENGLISH LEXICON

Abbreviations: *act* - active; *adj* - adjective; *adv* - adverb; *conj* - conjunction; *gen* - genitive; *imperat* - imperative; *ind* - indeclinable; *indic* - indicative; *intr* - intransitive; *mid* - middle; *no* - noun; *par* - particle; *part* - participle; *pass* - passive; *perf* - perfect; *pre* - preposition; *pres* - present; *pro* - pronoun; *sg* - singular; *tr* - transitive; *vb* - verb.

ἄγω, ἄξω, ἤγαγον, -ῆχα, ἦγμαι, ἤχθην : *vb*, lead, draw (a line).

ἀδύνατος -ον : *adj*, impossible.

ἀεὶ : *adv*, always, for ever.

ἀιτέω, αἰτήσω, ἤτησα, ᾔτηκα, ᾔτημαι, ᾐτήθη : *vb*, postulate.

αἴτημα -ατος, τό : *no*, postulate.

ἀκόλουθος -ον : *adj*, analogous.

ἄκρος -α -ον : *adj*, outermost, end.

ἀλλά : *conj*, but, otherwise.

ἀμβλυγώνιος -ον : *adj*, obtuse-angled; τὸ ἀμβλυγώνιον, *no*, obtuse angle.

ἀμβλύς -εῖα -ύ : *adj*, obtuse.

ἀναγράφω : *vb*, describe (a figure); see γράφω.

ἄνισος -ον : *adj*, unequal, uneven.

ἅπας, ἅπασα, ἅπαν : *adj*, quite all, the whole.

ἄπειρος -ον : *adj*, infinite.

ἀπεναντίον : *ind*, opposite.

ἀπέχω : *vb*, be far from, be away from; see ἔχω.

ἀπλατής -ές : *adj*, without breadth.

ἀπολαμβάνω : *vb*, take from, subtract from, cut off from; see λαμβάνω.

ἅπτω, ἅψω, ἧψα, —, ἧμμαι, — : *vb*, touch, join, meet.

ἀπώτερος -α -ον : *adj*, further off.

ἄρα : *par*, thus, as it seems (inferential).

ἄτμητος -ον : *adj*, uncut.

ἀτόπος -ον : *adj*, absurd, paradoxical.

αὐτόθεν : *adv*, immediately, obviously.

GREEK–ENGLISH LEXICON

ἀφαίρεω, ἀφήσω, ἀφε[ῖ]λον, ἀφήρηκα, ἀφηρήμαι, ἀφαιρέθην : *vb*, take from, subtract from, cut off from.

ἁφή, ἡ : *no*, point of contact.

βαίνω, -βήσομαι, -έβην, βέβηκα, —, — : *vb*, walk; *perf*, stand (of angle).

βάσις -εως, ἡ : *no*, base (of a triangle).

γάρ : *conj*, for (explanatory).

γίγνομαι, γενήσομαι, ἐγενόμην, γέγονα, γεγένημαι, — : *vb*, happen, become.

γνώμων -ονος, ἡ : *no*, gnomon.

γραμμή, ἡ : *no*, line.

γράφω, γράψω, ἔγρα[ψ/φ]α, γέγραφα, γέγραμμαι, ἐραψάμην : *vb*, draw (a figure).

γωνία, ἡ : *no*, angle.

δεῖ : *vb*, be necessary; δεῖ, *it is necessary*; ἔδει, *it was necassary*; δέον, *being necessary*.

δεῖξις -εως, ἡ : *no*, proof.

δείχνῦμι, δείξω, ἔδειξα, δέδειχα, δέδειγμαι, ἐδείχθην : *vb*, show, demonstrate.

δέχομαι, δέξομαι, ἐδεξάμην, —, δέδεγμαι, ἐδέχθην : *vb*, receive, accept.

δή : *conj*, so (explanatory).

δηλαδή : *ind*, quite clear, manifest.

δῆλος -η -ον : *adj*, clear.

δηλονότι : *adv*, manifestly.

διάγω : *vb*, carry over, draw through, draw across; see ἄγω.

διάμετρος -ον : *adj*, diametrical; ἡ διάμετρος, *no*, diameter, diagonal.

διαίρεσις -εως, ἡ : *no*, division.

διαιρέω : *vb*, divide (in two); see αφαιρέω.

διάστημα -ατος, τό : *no*, radius.

δίδωμι, δώσω, ἔδωκα, δέδωκα, δέδομαι, ἐδόθην : *vb*, give.

διπλάσιος -α -ον : *adj*, double, twofold.

διπλοῦς -ῆ -οῦν : *adj*, double.

δίς : *adv*, twice.

δίχα : *adv*, in two, in half.

δυνατός -ή -όν : *adj*, possible.

ἐγγίων -ον : *adj*, nearer, nearest.

ἐγγράφω : *vb*, inscribe; see γράφω.

εἴρω/λέγω, ἐρῶ/ερέω, εἶπον, εἴρηκα, εἴρημαι, ἐρρήθην : *vb*, say, speak; *per pass part*, ειρημένος -η -ον, *adj*, said, aforementioned.

ἕκαστος -η -ον : *pro*, each, every one.

ἑκατέρος -α -ον : *pro*, each (of two).

ἐκβάλλω, ἐκβαλῶ, ἐκέβαλον, ἐκβέβίωκα, ἐκβέβλημαι, ἐκβληθήν : *vb*, produce (a line).

ἔκκειμαι : *vb*, be set out, be taken; see κεῖμαι.

ἐκτός : *pre + gen*, outside, external.

ἐλά[σσ/ττ]ων -ον : *adj*, less, lesser.

ἐμπίπτω : *vb*, meet (of lines), fall on; see πίπτω.

ἐναλλάξ : *ind*, alternate.

ἐναρμόζω : *vb*, insert; *perf indic pass 3rd sg*, ἐνήρμοσται.

ἔννοια, ἡ : *no*, notion.

ἐντός : *pre + gen*, inside, interior, within, internal.

ἑξάγωνος -ον : *adj*, hexagonal; τὸ ἑξάγωνον, *no*, hexagon.

ἐπαφή, ἡ : *no*, point of contact.

ἐπεί : *conj*, since (causal).

ἐπειδήπερ : *ind*, inasmuch as, seeing that.

ἐπιζεύγνῦμι, ἐπιζεύξω, ἐπέζευξα, —, ἐπέζευγμαι, ἐπέζεύχθην : *vb*, join (by a line).

ἐπιπέδος -ον : *adj*, level, flat, plane.

ἐπιτάσσω : *vb*, put upon, enjoin; τὸ ἐπιταχθέν, *no*, the (thing) prescribed.

ἐπιφάνεια, ἡ : *no*, surface.

ἔρχομαι, ἐλεύσομαι, ἦλθον, ἐλήλυθα, —, — : *vb*, come, go.

ἑτερόμηκης -ες : *adj*, oblong; τὸ ἑτερόμηκες, *no*, rectangle.

ἕτερος -α -ον : *adj*, other (of two).

ἔτι : *par*, yet, still, besides.

εὐθύγραμμος -ον : *adj*, rectilinear; τὸ εὐθύγραμμον, *no*, rectilinear figure.

εὐθύς -εῖα -ύ : *adj*, straight; ἡ εὐθεῖα, *no*, straight-line; ἐπ᾽ εὐθείας, in a straight-line, straight-on.

εὑρίσκω, εὑρήσκω, ηὗρον, εὕρεκα, εὕρημαι, εὑρέθην : *vb*, find.

ἐφάπτω : *vb*, bind to; *mid*, touch; see ἅπτω; ἡ ἐφαπτομένη, *no*, tangent.

ἐφαρμόζω, ἐφαρμόσω, ἐφήρμοσα, ἐφήμοκα, ἐφήμοσμαι, ἐφήμόσθην : *vb*, coincide; *pass*, be applied.

ἐφεξῆς : *adv*, in order, adjacent.

ἐφίστημι : *vb*, set, stand, place upon; see ἵστημι.

ἔχω, ἕξω, ἔσχον, ἔσχηκα, -έσχημαι, — : *vb*, have.

ἥκω, ἥξω, —, —, —, — : *vb*, have come, be present.

ἡμικύκλιον, τό : *no*, semi-circle.

ἥμισυς -εια -υ : *adj*, half.

ἤτοι . . . ἤ : *par*, surely, either . . . or; in fact, either . . . or.

ἰσογώνιος -ον : *adj*, equiangular.

ἰσόπλευρος -ον : *adj*, equilateral.

ἴσος -η -ον : *adj*, equal; ἐξ ἴσου, equally, evenly.

ἰσοσκελής -ές : *adj*, isosceles.

ἵστημι, στήσω, ἔστησα, —, —, ἐσταθην : *vb tr*, stand (something).

ἵστημι, στήσω, ἔστην, ἕστηκα, ἕσταμαι, ἐσταθην : *vb intr*, stand up (oneself); Note: perfect *I have stood up* can be taken to mean present *I am standing*.

κάθετος -ον : *adj*, perpendicular.

κἄν = καὶ ἄν : *ind*, even if, and if.

καταγραφή, ἡ : *no*, diagram, figure.

καταγράφω : *vb*, describe/draw (a figure); see γράφω.

GREEK–ENGLISH LEXICON

καταλείπω, καταλείψω, κατέλιπον, καταλέλοιπα, καταλέλειμμαι, κατελείφθην : *vb*, leave behind; τὰ καταλειπόμενα, *no*, remainder.

κατασκευάζω : *vb*, furnish, construct.

κεῖμαι, κεῖσομαι, —, —, —, — : *vb*, have been placed, lie, be made; see τίθημι.

κέντρον, τό : *no*, center.

κλάω : *vb*, break off, inflect.

κλίσις -εως, ἡ : *no*, inclination, bending.

κοῖλος -η -ον : *adj*, hollow, concave.

κορυφή, ἡ : *no*, top, summit, apex; κατὰ κορυφήν, vertically opposite (of angles).

κύκλος, ὁ : *no*, circle.

κυρτός -ή -όν : *adj*, convex.

λαμβάνω, λήψομαι, ἔλαβον, εἴληφα εἴλημμαι, ἐλήφθην : *vb*, take.

λέγω : *vb*, say; *pres pass part*, λεγόμενος -η -ον, *no*, so-called; see ἔιρω.

λοιπός -ή -όν : *adj*, remaining.

μείζων -ον : *adj*, greater.

μέρος -ους, τό : *no*, part, direction, side.

μεταλαμβάνω : *vb*, take up; see λαμβάνω.

μεταξύ : *adv*, between.

μηδέτερος -α -ον : *pro*, neither (of two).

μῆκος -εος, τό : *no*, length.

μήν : *par*, truely, indeed.

νοέω, —, νόησα, νενόηκα, νενόημαι, ἐνοήθην : *vb*, apprehend, conceive.

οἷος -α -ον : *pre*, such as, of what sort.

ὅλος -η -ον : *adj*, whole.

ὅμοιος -α -ον : *adj*, similar.

ὁμοίως : *adv*, similarly.

ὀξυγώνιος -ον : *adj*, acute-angled; τὸ ὀξυγώνιον, *no*, acute angle.

ὀξύς -εῖα -ύ : *adj*, acute.

ὁποιοσοῦν = ὁποῖος -α -ον + οὖν : *adj*, of whatever kind.

ὁπότερος -α -ον : *pro*, either (of two), which (of two).

ὀρθογώνιον, τό : *no*, rectangle, right-angle.

ὀρθός -ή -όν : *adj*, straight, right-angled; πρὸς ὀρθὰς γωνίας, at right-angles.

ὅρος, ὁ : *no*, boundary, definition.

ὁσαδηποτοῦν = ὅσα + δή + ποτέ + οὖν : *ind*, any number whatsoever.

ὅσπερ, ἥπερ, ὅπερ : *pro*, the very man who, the very thing which.

ὅστις, ἥτις, ὅ τι : *pro*, anyone who, anything which.

ὅταν : *adv*, when, whenever.

οὐδείς, οὐδεμία, οὐδέν : *pro*, not one, nothing.

οὐθέν : *ind*, nothing.

οὖν : *adv*, therefore, in fact.

παραβάλλω : *vb*, apply (a figure).

παραλλάσσω, παραλλάξω, —, παρήλλαχα, —, — : *vb*, miss, fall awry.

παραλληλόγραμμος -ον : *adj*, bounded by parallel lines; τὸ παραλληλόγραμμον, *no*, parallelogram.

παράλληλος -ον : *adj*, parallel; τὸ παράλληλον, *no*, parallel, parallel-line.

παραπλήρωμα -ατος, τό : *no*, complement (of a parallelogram).

παρεμπίπτω : *vb*, insert; see πίπτω.

πεντάγωνος -ον : *adj*, pentagonal; τὸ πεντάγωνον, *no*, pentagon.

πεντεκαιδεκάγωνον, τό : *no*, fifteen-sided figure.

πεπερασμένος -η -ον : *adj*, finite, limited; see περαίνω.

περαίνω, περανῶ, ἐπέρανα, —, πεπέρανμαι, ἐπερανάνθην : *vb*, bring to end; *pass*, be finite.

πέρας -ατος, τό : *no*, end, extremity.

περατόω, —, —, —, —, — : *vb*, bring to an end.

περιγράφω : *vb*, circumscribe; see γράφω.

περιέχω : *vb*, encompass, surround, contain, comprise; see ἔχω.

περιφέρεια, ἡ : *no*, circumference.

πίπτω, πεσοῦμαι, ἔπεσον, πέπτωκα, —, — : *vb*, fall.

πλάτος -εος, τό : *no*, breadth, width.

πλείων -ον : *adj*, more.

πλευρά, ἡ : *no*, side.

πλήν : *adv & prep + gen*, more than.

πολύπλευρος -ον : *adj*, multilateral.

πόρισμα -ατος, τό : *no*, corollary.

προερέω : *vb*, say beforehand; see εἴρω; *perf pass part*, προειρημένος -η -ον, *adj*, aforementioned.

προσαναπληρόω : *vb*, fill up, complete.

προσαναγράφω : *vb*, complete (tracing of); see γράφω.

προσεκβάλλω : *vb*, produce (a line); see ἐκβάλλω.

πρόσκειμαι : *vb*, be laid on, have been added to; see κεῖμαι.

προσπίπτω : *vb*, fall on, fall toward, meet; see πίπτω.

προστίθημι : *vb*, add; see τίθημι.

πρότερος -α -ον : *adj*, first (comparative).

ῥομβοειδής -ές : *adj*, rhomboidal; τὸ ῥομβοειδές, *no*, romboid.

ῥόμβος, ὁ *no*, rhombus.

σημεῖον, τό : *no*, point.

σκαληνός -ή -όν : *adj*, scalene.

στοιχεῖον, τό : *no*, element.

σύγκειμαι : *vb*, lie together, be the sum of; see κεῖμαι.

συμβαίω : *vb*, come to pass, happen, follow; see βαίνω.

συμβάλλω : *vb*, throw together, meet; see εκβάλλω.

συμπίπτω : *vb*, meet together (of lines); see πίπτω.

συναμφότεροι -αι -α : *adj*, both together; τὰ συναμφότερα, *no*, sum (of two things).

συναφή, ἡ : *no*, point of junction.

συνεχής -ές : *adj*, continuous; κατὰ τὸ συνεχές, continuously.

συ[ν]ίστημι : *vb*, construct (a figure), set up together; *perf imperat pass 3rd sg*, συνεστάτω; see ἵστημι.

σχῆμα -ατος, τό : *no*, figure.

τέμνω, τεμνῶ, ἔτεμον, -τέτμηκα, τέτμημαι, ἐτμήθην : *vb*, cut; *pres indic act 3rd sg*, τέμει.

τετράγωνος -ον : *adj*, square; τὸ τετράγωνον, *no*, square.

τετράκις : *adv*, four times.

τετραπλάσιος -α -ον : *adj*, quadruple.

τετράπλευρος -ον : *adj*, quadrilateral.

τίθημι, θήσω, ἔθηκα, τέθηκα, κεῖμαι, ἐτέθην : *vb*, place, put.

τμῆμα -ατος, τό : *no*, part cut off, piece, segment (of circle).

τοίνυν : *par*, accordingly.

τοιοῦτος -αύτη -οῦτο : *pro*, such as this.

τομή, ἡ : *no*, cutting, stump.

τομεύς -έως, ὁ : *no*, sector (of circle).

τόπος, ὁ : *no*, place, space.

τουτέστι = τοῦτ᾽ ἔστι : *par*, that is to say.

τραπέζιον, τό : *no*, trapezium.

τρίγωνος -ον : *adj*, triangular; τὸ τρίγωνον, *no*, triangle.

τρίπλευρος -ον : *adj*, trilateral.

τυγχάνω, τεύξομαι, ἔτυχον, τετύχηκα, τέτευγμαι, ἐτεύχθην : *vb*, hit, happen to be at (a place).

ὑπερέχω : *vb*, exceed; see ἔχω.

ὑπόκειμαι : *vb*, underlie, be assumed (as hypothesis); see κεῖμαι.

ὑποτείνω, ὑποτενῶ, ὑπέτεινα, ὑποτέτακα, ὑποτέταμαι, ὑπετάθην : *vb*, subtend.

φανερός -ά -όν : *adj*, visible, manifest.

χώριον, τό : *no*, place, spot, area, figure.

ὡς : *par*, as, like, for instance.

ὡς ἔτυχεν : *par*, at random.

ὥστε : *conj*, so that (causal).